光盘使用说明

140 多个实用范例演练，读者可以实战操作、制作效果。
600 多分钟语音视频演示，全程同步重现实例制作的过程。
4600 多款海量超值资源赠送，读者可以随调随用，提高效率。

光盘主界面操作说明

将光盘放入光驱中，几秒钟后光盘将自动运行。若光盘未自动运行，则可以在光盘文件夹中，双击 start.exe 文件，将进入光盘界面。

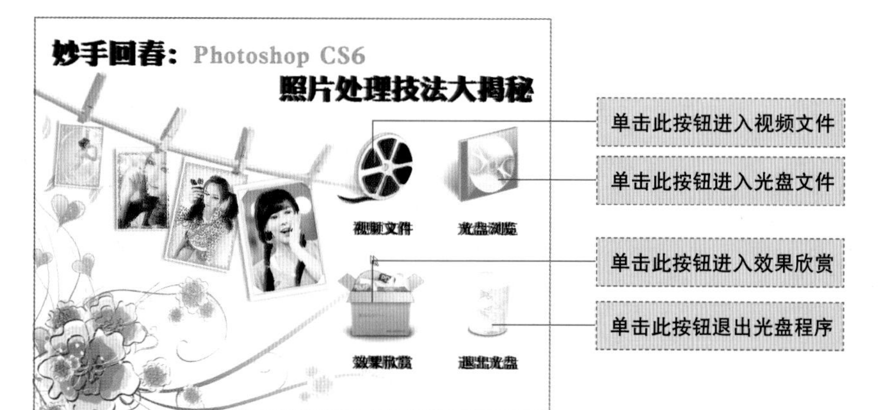

单击此按钮进入视频文件

单击此按钮进入光盘文件

单击此按钮进入效果欣赏

单击此按钮退出光盘程序

视频文件播放演示

在播放界面上，单击相应的按钮，可以控制视频的播放。

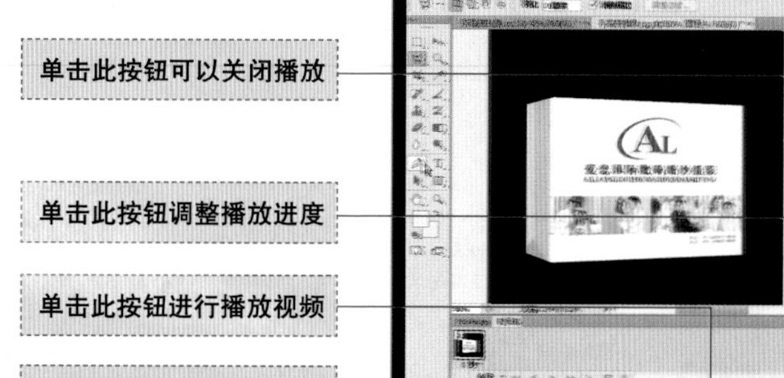

单击此按钮可以关闭播放

单击此按钮调整播放进度

单击此按钮进行播放视频

单击此按钮停止播放视频

效果欣赏光盘界面

通过“效果欣赏”按钮，可以欣赏本书部分精彩效果。

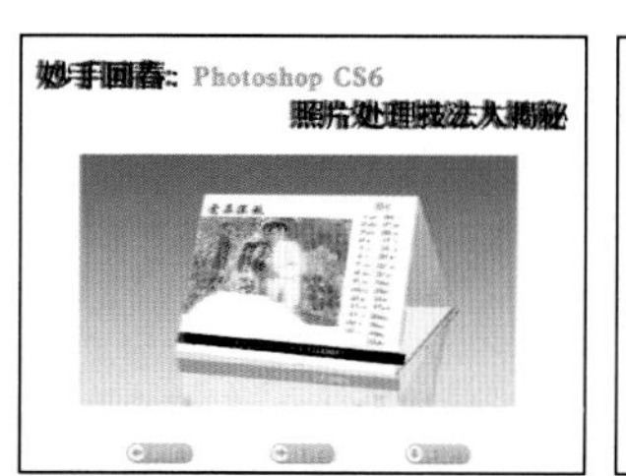

超值素材赠送

1 50 款婚纱模板

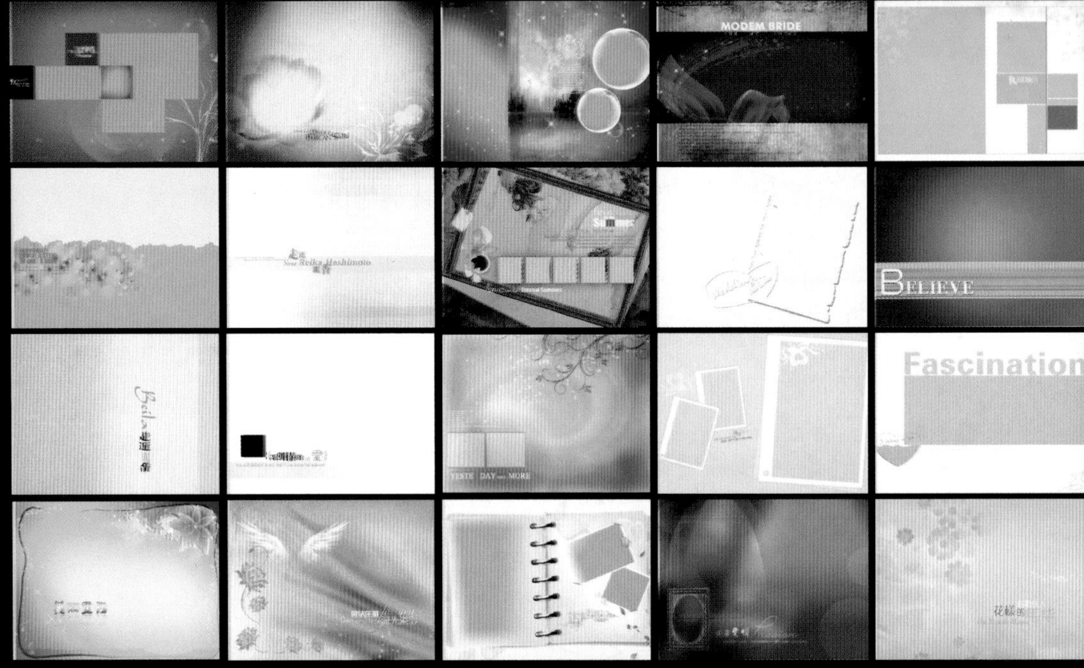

赠送资源位置：DVD\光盘\赠送资料\50款婚纱模板
以上素材为PSD和JPEG格式。

2 100 款精美底色模板

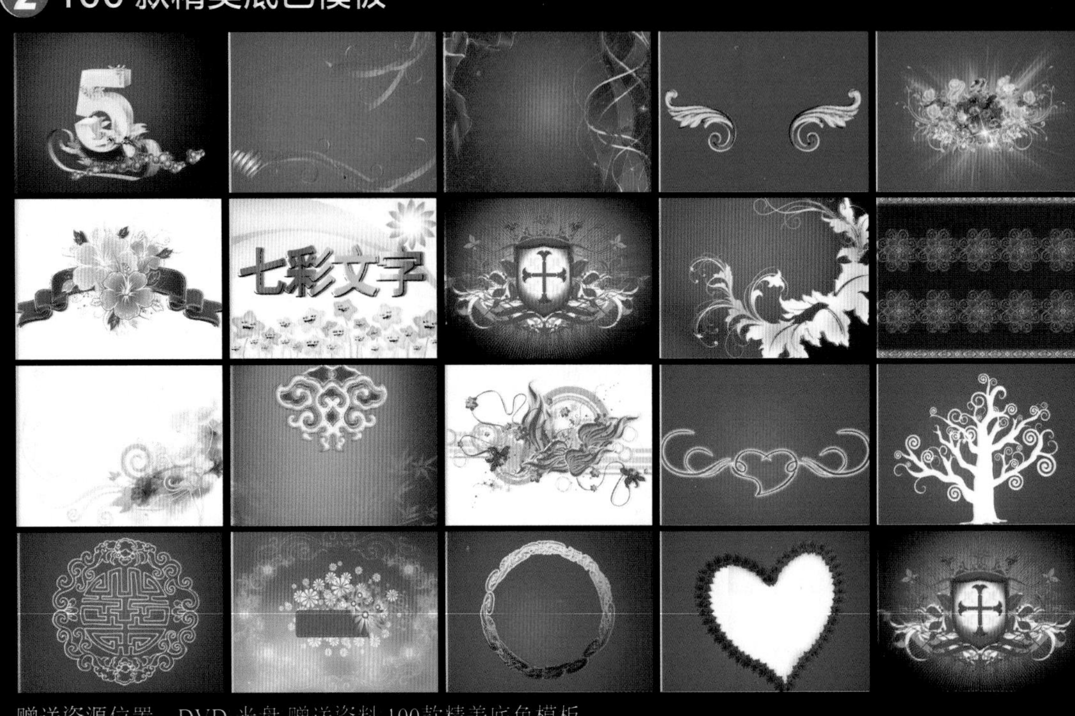

赠送资源位置：DVD\光盘\赠送资料\100款精美底色模板

3 150 款炫酷动作

赠送资源位置：DVD\光盘文件\赠送资料\177款炫酷动作

载入方法：单击“窗口”|“动作”命令，打开“动作”面板，单击“动作”面板上方的三角形按钮，在弹出的快捷菜单中选择“载入动作”选项，然后单击“载入”按钮即可。

4 1800 个高清画笔

赠送资源位置：DVD\光盘\赠送资料\1800个高清画笔

载入方法：单击“编辑”|“预设”|“预设管理器”命令，打开“预设管理器”对话框，单击“预设类型”

右侧的下拉按钮，在弹出的列表框中选择“画笔”选项，然后单击“载入”按钮即可。

5 2500 款超炫渐变

赠送资源位置：DVD\光盘\赠送资料\2500款超炫渐变.grd

载入方法：单击“编辑”|“预设”|“预设管理器”命令，打开“预设管理器”对话框，单击“预设类型”

右侧的下拉按钮，在弹出的列表框中选择“渐变”选项，然后单击“载入”按钮即可。

3.1.1　使用裁剪工具裁剪照片

3.2.6　扶正照片

3.3.5　缩放照片

4.1.1 去除照片的污点

4.1.2 去除照片中的噪点

4.1.3 去除照片上的日期

4.1.4 去除照片中的红眼

4.2.1 淡化老照片中的污渍

4.1.5　恢复照片自然颜色

4.2.2　修复模糊的老照片

4.3.1　虚化背景突出主体

4.3.3　替换照片背景图像

5.1.2　调整照片的饱和度

5.1.3　调整照片的色彩平衡

5.1.4　调整照片的色相

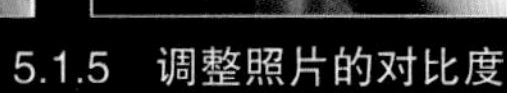

5.1.5　调整照片的对比度

4.4.1　使用“USM 锐化”滤镜锐化照片

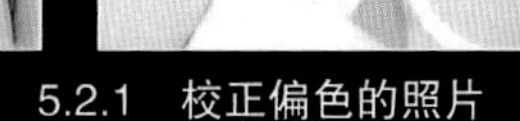

5.2.1　校正偏色的照片

5.2.2　替换照片的颜色

6.1.1 均化照片色调

6.1.3 匹配照片色调

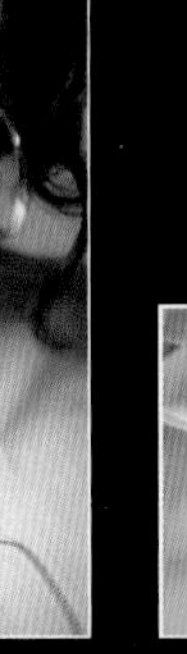

6.1.4 调整逆光照片

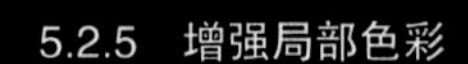

5.2.5 增强局部色彩

6.2.3 制作绿色调照片

6.2.5 制作渐变色调照片

6.2.1 制作冷色调照片

7.2.2 制作彩霞效果

7.2.3 制作镜头光晕效果

7.2.5 制作繁星闪烁效果

8.1.1 将彩色照片变黑白照片

7.2.4 制作朦胧烛光效果

8.1.2 将彩色照片变发黄照片

8.1.3 将黑白照片变发黄照片

8.2.1 为褪色照片上色

9.1.1 添加水平文字

9.2.1　添加雪景效果

9.2.3　添加云雾效果

10.2.1　合成人像风景照

11.1.3　变换眼睛颜色

11.2.3　添加脸部腮红

12.1　制作卡角艺术效果

12.2　制作那份凝望效果

12.3　制作风华绝代效果

12.5　制作为爱远行效果

12.4　制作无敌小公主效果　　　　12.6　制作大眼睛美女效果

13.1　制作鸟语花香效果

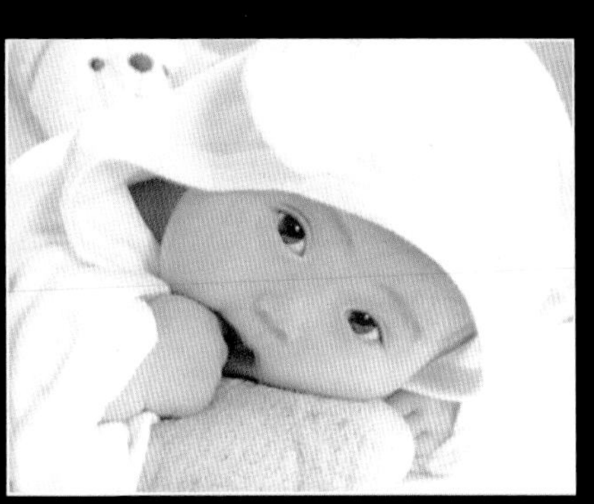

13.3　制作温暖童年效果

13.5　制作老年回忆效果

14.2　制作相亲相爱效果

15.4　制作手机挂件效果

15.6　制作个性台历效果

16.1 制作光盘封面效果

16.4 制作书籍包装效果

16.5　制作房产广告效果

16.6　制作手提袋包装效果

妙手回春：Photoshop CS6照片处理技法大揭秘

柏松/编著

清华大学出版社
北京

内容简介

本书由4大篇组成：新手入门篇＋基本校正篇＋特效处理篇＋综合应用篇。

本书最大的特色是：最完备的功能查询＋最全面的内容介绍＋最丰富的案例说明＋最细致的选项讲解＋最超值的赠送光盘。

本书的细节特色是：4600款超值素材赠送＋1700张图片全程图解＋980个图解标注说明＋600多分钟视频播放＋360个素材效果奉献＋140个技能实例奉献＋106个专家提醒奉献＋66个选项功能详解＋30个综合实例设计＋20个步骤分解说明＋16个技术专题精解＋4大篇幅内容安排。

本书具体内容包括：照片的获取与查看方法，Photoshop CS6快速上手，照片的裁剪、旋转与调整，照片的修复与修饰，照片色彩的简单与高级调整，照片色调的简单与高级处理，照片的曝光与光影效果调整，巧妙处理黑白与彩色照片，添加文字与特殊效果，照片的抠图与合成技巧，人像照片的精修与美化，相框与非主流照片处理，儿童与老年人照片的处理，婚纱与写真照片的处理，照片在生活中的应用以及照片在平面设计中的应用等。读者学后可以融会贯通，举一反三，制作出更多精彩、完美的效果。

本书结构清晰、语言简洁，适合Photoshop CS6的初、中级读者阅读，包括图像处理人员、照片处理人员、影楼后期修片人员、平面广告设计人员、网络广告设计人员、动漫设计人员等，同时也可作为中职中专、高职高专等院校及社会培训机构相关专业的辅导教材。

图书在版编目（CIP）数据

妙手回春：Photoshop CS6照片处理技法大揭秘 / 柏松编著．—北京：清华大学出版社，2012.9

ISBN 978-7-302-29128-2

I. ①妙… II. ①柏… III. ①图像处理软件 IV. ①TP391.41

中国版本图书馆CIP数据核字（2012）第132748号

责任编辑：杜长清
封面设计：刘　超
版式设计：文森时代
责任校对：张彩凤
责任印制：王静怡

出版发行：清华大学出版社
网　　址：http://www.tup.com.cn，http://www.wqbook.com
地　　址：北京清华大学学研大厦A座　　邮　　编：100084
社 总 机：010-62770175　　邮　　购：010-62786544
投稿与读者服务：010-62776969，c-service@tup.tsinghua.edu.cn
质 量 反 馈：010-62772015，zhiliang@tup.tsinghua.edu.cn
印 刷 者：北京鑫丰华彩印有限公司
装 订 者：三河市金元印装有限公司
经　　销：全国新华书店
开　　本：203mm×260mm　印　张：25.25　插　页：8　字　数：690千字
（附DVD光盘1张）
版　　次：2012年10月第1版　　印　　次：2012年10月第1次印刷
印　　数：1～5000
定　　价：79.80元

产品编号：046813-01

Photoshop CS6

前 言

软件简介

作为一款专业的图像处理软件，Photoshop 一经推出，便以其友好的交互界面、强大的功能、简单易用的特点迅速赢得广大摄影爱好者、平面设计师、插画师以及图像处理爱好者的欢迎。随着功能的扩充、完善，其版本不断更新，目前最新版本是 Photoshop CS6。本书将针对照片处理，通过大量实例的演练操作和技巧详解，帮助读者全面掌握并熟练运用 Photoshop CS6。

本书主要特色

最完备的功能查询

工具、按钮、菜单、命令、快捷键……各种功能应有尽有，非常详细、完备。可以说，本书不仅是一本自学手册，更是一本即查即学、即用手册。

最全面的内容介绍

选区、色彩、路径、文字、图层、通道、蒙版、滤镜、相框、非主流照片、儿童照片、老年照片、婚纱照片以及平面广告设计等全面、详细。

最丰富的案例说明

8 大专业领域、30 个大型综合实例，以及 140 个专项技能实例，为读者提供了最直接、最有效的实战指导，读者可以边学边用。

最细致的选项讲解

20 个步骤分解说明、66 个选项功能详解、106 个专家提醒、980 个图解标注，每一个知识点都变得更加通俗易懂，读者可以快速领会、轻松上手。

最超值的赠送光盘

360 个与书中同步的素材与效果源文件，600 多分钟书中所有实例操作重现的演示视频、4600 款海量超值素材赠送，可以随调随用。

本书细节特色

4 大篇幅内容安排

本书层次合理、结构清晰。全书共分为 4 大篇：新手入门篇、基本校正篇、特效处理篇以及综合应用篇。读者可以从零开始，跟随实例演示边学边练，逐步掌握 Photoshop 的核心功能，不断提高照片处理水平。

16个 技术专题精解

本书内容丰富、体系完整。全书运用Photoshop CS6进行照片处理，循序渐进、由浅入深地进行了16章专题的软件技术讲解，其中包括照片处理基础、照片色彩调整、照片色调调整、照片曝光调整、照片抠图与合成等。

20个 步骤分解说明

本书是一本全操作性的实战指导书，步骤讲解详尽清晰，其中有20个步骤还进行了分解说明。与同类书相比，读者可以节省大量学习理论的时间，轻松掌握更多的实用技能。

30个 综合实例设计

书中最后安排了5大设计门类，30个大型综合性实例，其中包括卡角艺术、那份凝望、无敌小公主、为爱远行、鸟语花香、快乐童真、幸福相伴、爱的告白、生如夏花、时尚胸卡、房产广告等。

66个 选项功能详解

书中对涉及到的菜单、对话框和面板等，进行了系统的选项功能评解，共达66个。通过对这些选项功能的介绍，可以帮助读者逐步掌握Photoshop CS6软件的核心技能。

106个 专家提醒奉献

在编写本书时，作者将软件中106个实战技巧、设计经验，毫无保留地奉献给读者，不仅大大丰富和提高了本书的含金量，更方便读者提升实战技能，提高学习与工作效率。

140个 技能实例奉献

全书将软件各项内容细分，通过140个经典实例，并结合相应的理论知识，帮助读者逐步掌握软件的核心技能与操作技巧。通过大量的实战演练，相信读者能够很快从新手步入设计高手的行列。

360个 素材效果奉献

全书使用的素材与制作效果文件共达360个，其中包含230个素材文件和130个效果文件，涉及风景、人物、美食、水果、花草、树木、花纹、家居、广告以及家装饰品等，应有尽有。

600多 分钟视频播放

书中的所有技能实例，以及最后300个综合案例，全部录制成了带语音讲解的视频，时间长度达600多分钟。该视频全程同步重现书中所有技能实例操作，读者可以结合书本，也可以独立观看视频来学习。

980个 图解标注说明

本书针对日常学习、工作和生活中的实际需要，对操作步骤进行了图注说明，共计980个，以帮助读者在实战操作中，逐步掌握Photoshop CS6软件的核心技能与操作方法。

1700张 图片全程图解

本书采用1700张图片，对软件的功能、实例的操作进行了全程式图解。通过这些辅助的图片，知识点变得更加通俗易懂，读者可以一目了然，快速领会，从而大大提高学习效率。

4600款 超值素材赠送

配书光盘中为读者赠送了4600款Photoshop精美素材，其中包括50款婚纱模板、100款精美底色模板、150款酷炫动作模板、1800款高清画笔、2500炫彩渐变模板等。

本书主要内容

本书共分为4篇，即新手入门篇、基本校正篇、特效处理篇以及综合应用篇，具体内容安排如下。

篇	内容
新手入门篇	第1～3章，专业讲解了照片的获取方式、查看数码照片的方法、Photoshop CS6的工作界面、掌握照片的基本操作、裁剪照片、旋转照片，以及变换照片等内容。
基本校正篇	第4～7章，专业讲解了修复照片中的瑕疵、修复破损的旧照片、照片色彩的简单调整、照片色彩的高级调整、照片色调的简单调整、照片色调的高级调整、照片的曝光处理，以及照片的光影效果处理等内容。
特效处理篇	第8～11章，专业讲解了彩色照片与黑白照片的平衡处理、在照片中添加特效、照片抠图的6种技法、眼部精修与美化、脸部与头发精修、身体部分精修等内容。
综合应用篇	第12～16章，专业讲解了大型实例的制作，如卡角艺术、那份凝望、为爱远行、鸟语花香、快乐童真、幸福相伴、爱的告白、生如夏花、时尚胸卡以及房产广告等。

作者与售后

本书由柏松编著，其他参与编写与整理资料的人员还有谭贤、杨闰艳、刘嫔、苏高、刘东姣、宋金梅、卢颖、余小芳、符光宇、曾慧、朱俐、黎玲、代君、周旭阳、袁淑敏、谭俊杰、徐茜、杨端阳、谭中阳、王力建、张国文等。由于时间仓促，书中难免存在疏漏与不妥之处，欢迎广大读者批评指正。联系邮箱：ducqing@163.com。

版权声明

编　者

Ps Photoshop CS6

目 录

第1篇 新手入门篇

本章视频时长10分钟

Chapter 01 照片的获取与查看方法 2

本章视频时长12分钟

Chapter 02 Photoshop CS6快速上手 14

第2篇 基本校正篇

本章视频时长33分钟

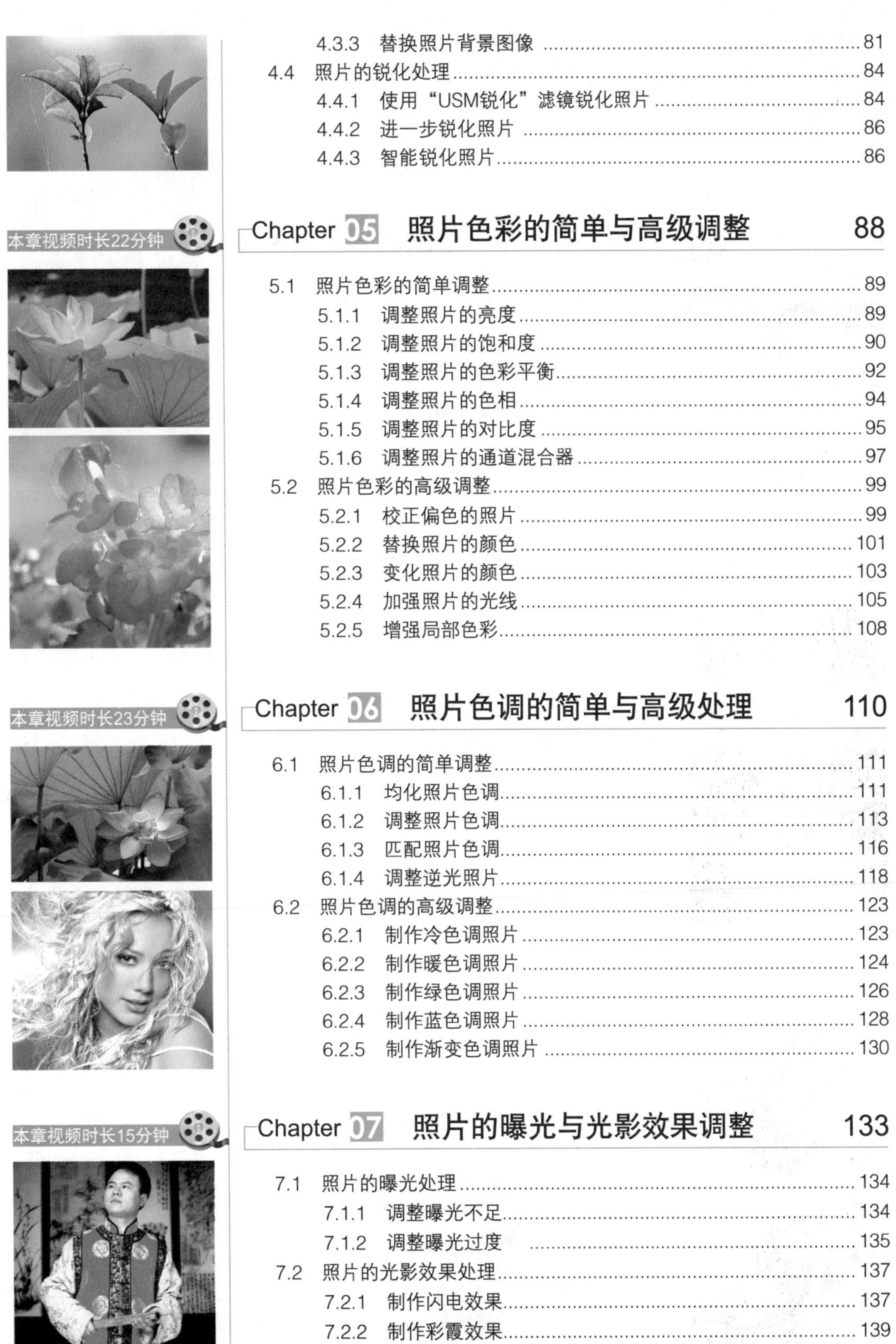
本章视频时长22分钟
本章视频时长23分钟
本章视频时长15分钟

第3篇 特效处理篇

Chapter 08 巧妙处理黑白与彩色照片 154

Chapter 09 添加文字与特殊效果 173

Chapter 10 照片的抠图与合成技巧 193

本章视频时长50分钟

Chapter 15 照片在生活中的应用 341

本章视频时长73分钟

Chapter 16 照片在平面设计中的应用 363

第 1 篇　新手入门篇

本篇专业讲解了照片的获取与查看方法，Photoshop CS6快速上手，照片的裁剪、旋转与调整等内容。

第1章　照片的获取与查看方法

学习提示

随着社会的发展，数码相机已逐渐成为日常工作、生活中不可缺少的电子产品，越来越多的人通过它来记录工作、生活中的点点滴滴，留下美好的回忆。本章通过介绍获取照片的方式以及查看数码相片的方法等基础知识，使读者对数码照片有一个基本的了解。

主要内容

- 获取照片的方式
- 查看数码照片的方法
- 使用 Adobe Bridge 管理照片

重点与难点

- 从相机中获取
- 从存储卡中获取
- 通过 Windows 图片和传真查看器查看
- 通过“画图”程序查看照片
- 认识迷你 Bridge 界面
- 以幻灯片模式浏览图像

学完本章后你会做什么

- 掌握通过美图看看查看照片的操作方法
- 掌握在 Bridge 中全屏浏览图像的操作方法
- 掌握在 Bridge 中排序文件的操作方法

视频文件

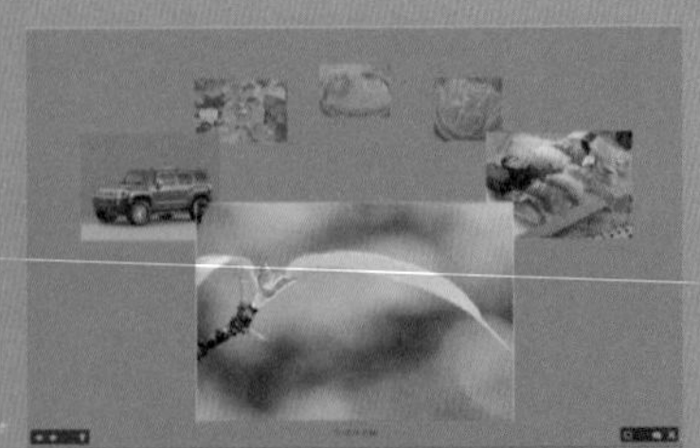

1.1 获取照片的方式

获取数码照片的方式主要有两种，即从相机中获取和从存储卡中获取。下面分别介绍。

1.1.1 从相机中获取

将拍摄好的照片导入到计算机中，主要的操作是为相机添加向导，将其中存储的照片复制到指定的文件夹中。

步骤 1 将数码相机的 USB 接口和计算机的相应接口进行连接，在弹出的对话框中选择“Microsoft 扫描仪和照相机向导”选项，如图 1-1 所示。

图 1-1 选择“Microsoft 扫描仪和照相机向导”选项

步骤 2 单击“确定”按钮，弹出相应的对话框，系统将自动读取照片信息，如图 1-2 所示。

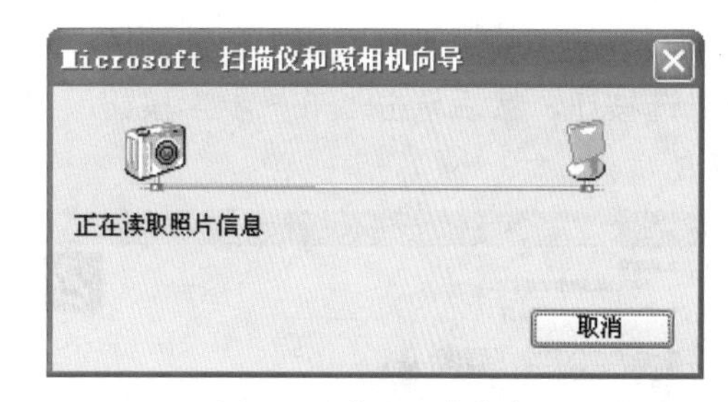

图 1-2 读取照片信息

步骤 3 稍后将弹出“扫描仪和照相机向导”对话框，单击“下一步”按钮，如图 1-3 所示。

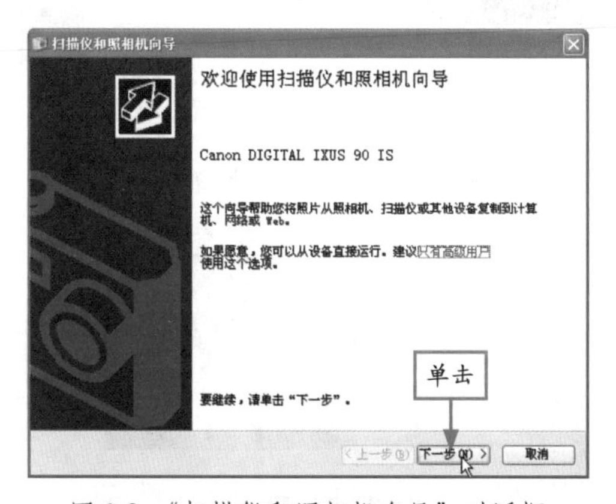

图 1-3 “扫描仪和照相机向导”对话框

步骤 4 稍后打开“选择要复制的照片”界面，从中选择要导出的照片，然后单击“下一步”按钮，如图 1-4 所示。

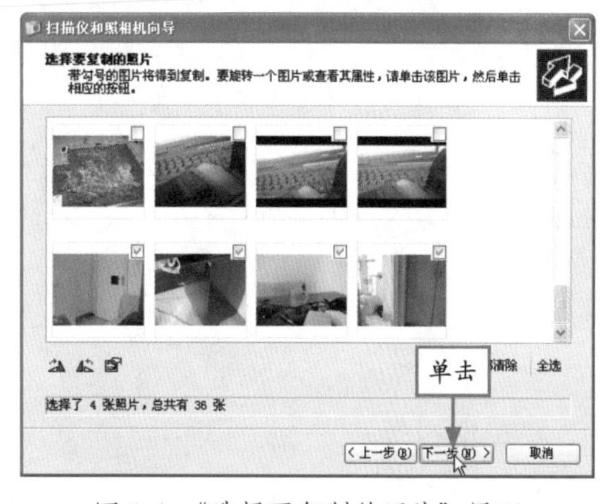

图 1-4 “选择要复制的照片”界面

专家提醒 在“选择要复制的照片”界面中，单击“全部清除”按钮，可以取消选中所有图片右上方的复选框。

步骤 5 打开“照片名和目标”界面，从中为照片命名并设置保存路径，然后单击“下一步”按钮，如图 1-5 所示。

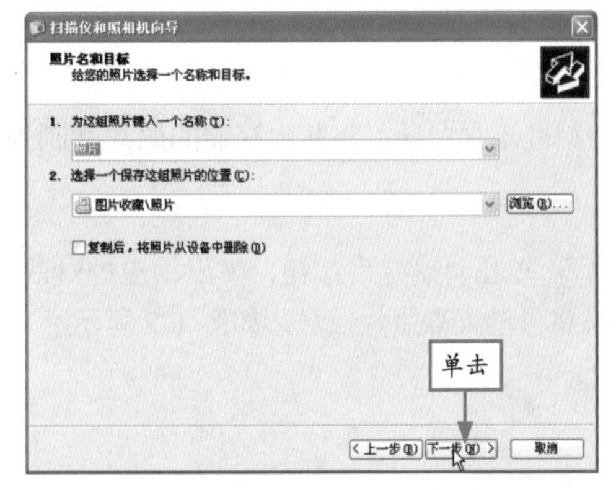

图 1-5 “照片名和目标”界面

步骤 6 打开“正在复制照片”界面，系统自动将数码照相机中的照片进行导出，如图 1-6 所示。

图 1-6 自动导出照片

步骤 7 稍后打开“其他选项”界面，选中相应的单选按钮，然后单击“下一步”按钮，如图 1-7 所示。

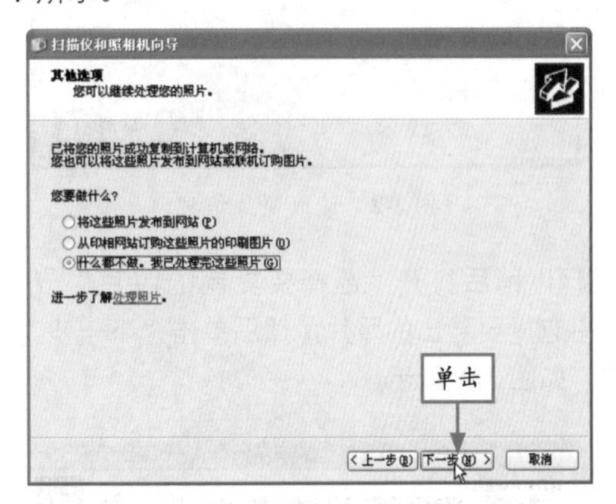

图 1-7 “其他选项”界面

步骤 8 打开“正在完成扫描仪和照相机向导”界面，单击“完成”按钮，如图 1-8 所示。

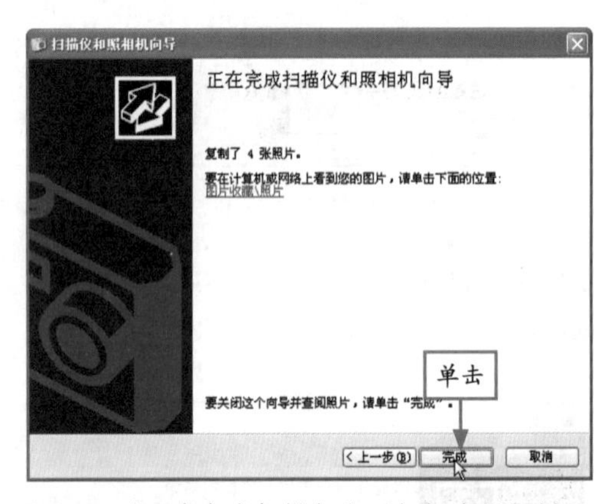

图 1-8 “正在完成扫描仪和照相机向导”界面

步骤 9 打开“我的电脑”窗口，在设置的保存文件夹中即可浏览照片，如图 1-9 所示。

图 1-9 浏览照片

1.1.2 从存储卡中获取

读卡器是一种读取存储卡的专用设备，计算机将会把存储卡当做一个可移动磁盘来读取。连接好计算机与读卡器后，即可使用读卡器导出照片。具体操作步骤如下：

步骤 1 连接好计算机与读卡器之后，在“我的电脑”窗口中双击相应的可移动磁盘图标，打开“可移动磁盘”窗口，如图 1-10 所示。

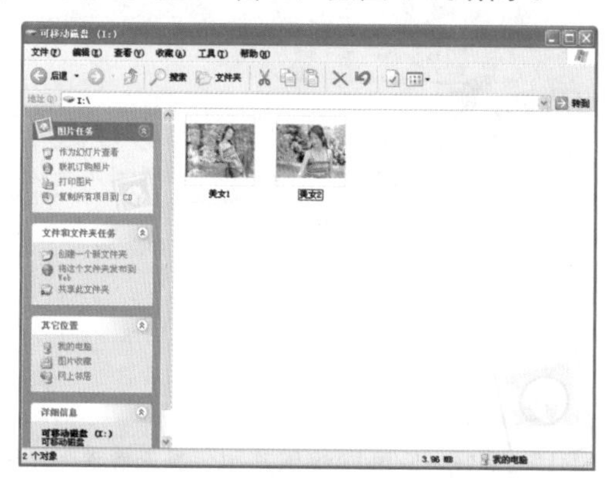

图 1-10 “可移动磁盘”窗口

步骤 2 选择要导入的照片后单击鼠标右键，在弹出的快捷菜单中选择“复制”命令，如图 1-11 所示。

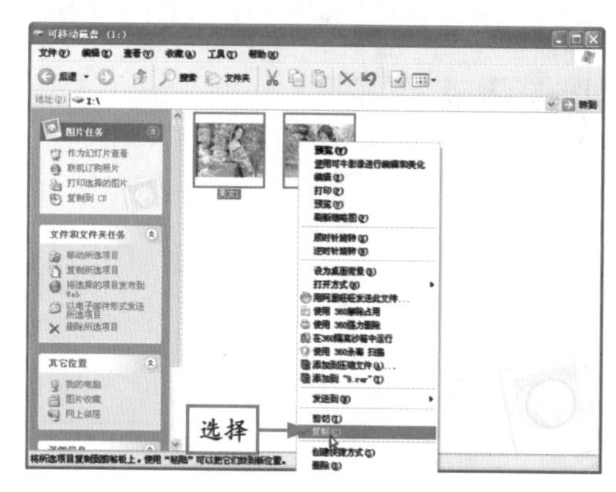

图 1-11 选择“复制”命令

步骤 3 在其他磁盘的目标文件夹中，单击鼠标右键，在弹出的快捷菜单中选择“粘贴”命令，如图 1-12 所示。

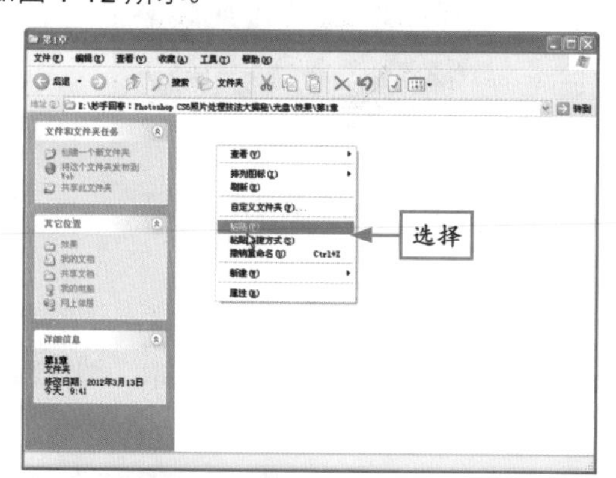

图 1-12 选择“粘贴”命令

步骤 4 弹出“正在复制”对话框，其中显示了复制进度。复制完成后，即可从存储卡中获取照片，如图 1-13 所示。

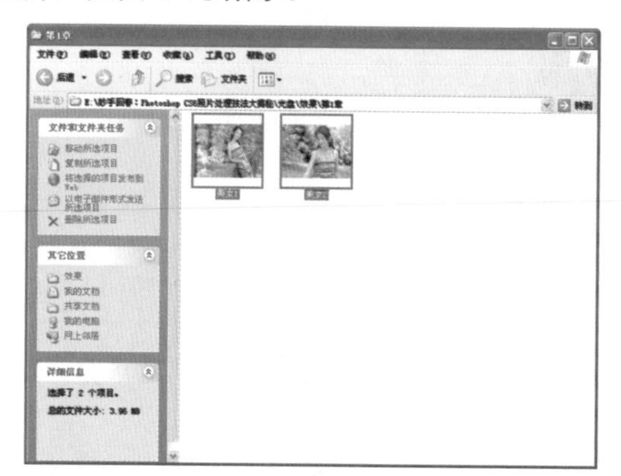

图 1-13 从存储卡中获取照片

专家提醒 除了上述方法外，用户还可以在选择图片后，按 Ctrl + C 组合键进行复制，在目标文件夹中按 Ctrl + V 组合键进行粘贴。

1.2 查看数码照片的方法

获取数码照片后，用户可以运用多种方法来查看。本节将分别介绍通过 Windows 图片和传真查看器、ACDSee、“画图”程序以及美图看看来查看照片的操作方法。

1.2.1 通过Windows图片和传真查看器查看

利用 Windows 图片和传真查看器可以直接对对象进行编辑，无须再打开图像编辑应用程序，存储在“图片收藏”文件夹中的图像将自动生成预览窗口。

步骤 1 在“我的电脑”窗口中打开相应文件夹，从中选择要查看的照片，如图 1-14 所示。

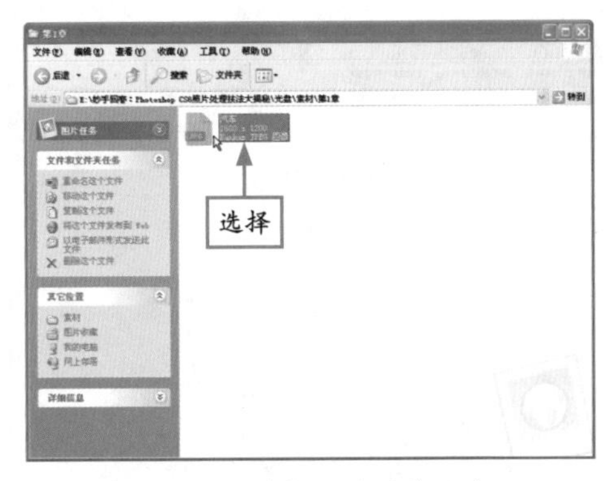

图 1-14 选择要查看的照片

步骤 2 在所选对象上单击鼠标右键，在弹出的快捷菜单中选择“打开方式”|“Windows 图片和传真查看器”命令，如图 1-15 所示。

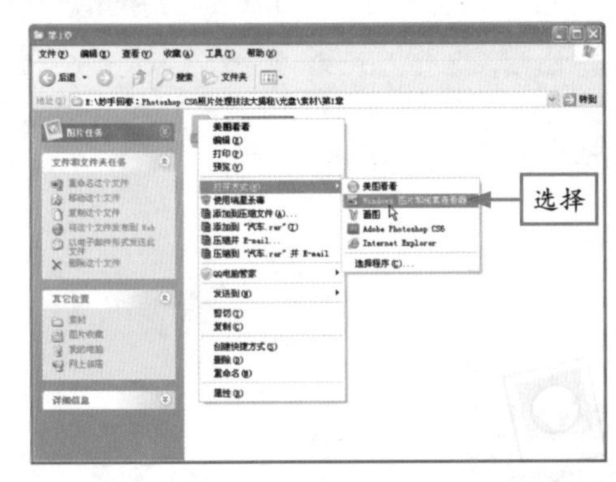

图 1-15 选择“Windows 图片和传真查看器”命令

步骤 3 执行操作后，在弹出的“Windows 图片和传真查看器”窗口中即可查看数码照片，如图 1-16 所示。

图 1-16 查看数码照片效果

1.2.2 通过ACDSee查看照片

ACDSee 是一款专业的图像浏览软件，也是目前最流行的看图软件之一，具有获取、浏览和处理图像等强大功能。

步骤 1 双击桌面上的 ACDSee 快捷方式图标，打开 ACDSee 程序窗口，如图 1-17 所示。

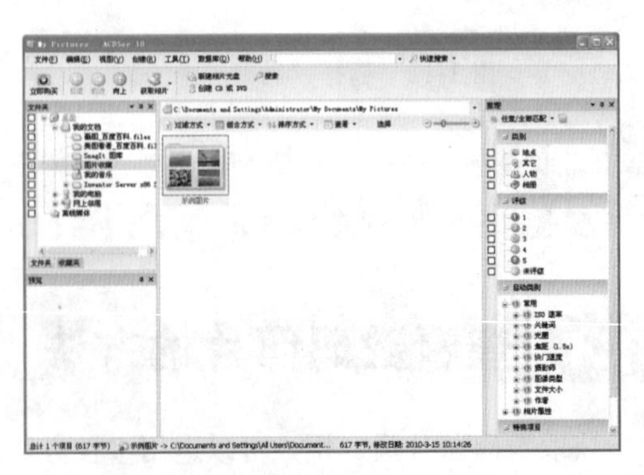

图 1-17 打开 ACDSee 程序窗口

步骤 2　在该窗口中，选择要预览的照片，如图 1-18 所示。

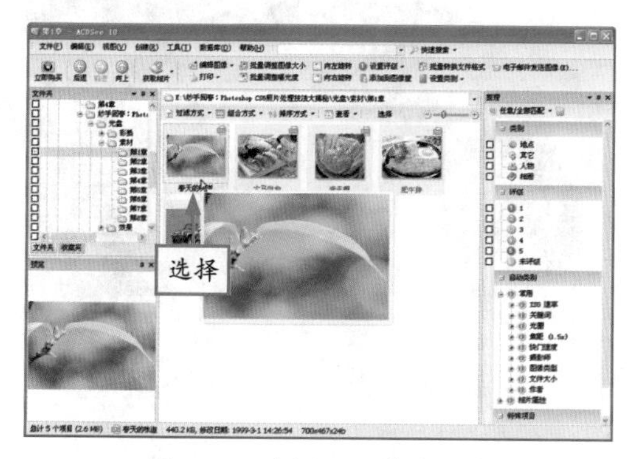

图 1-18　选择要预览的照片

步骤 3　在选择的照片上单击鼠标右键，在弹出的快捷菜单中选择“查看”命令，如图 1-19 所示。

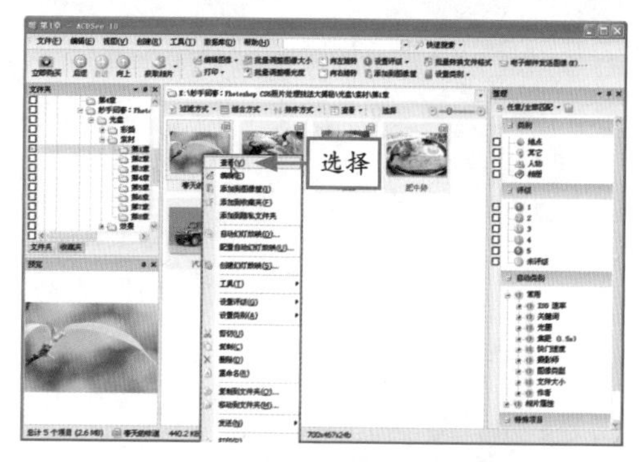

图 1-19　选择“查看”命令

步骤 4　执行操作后，在弹出的 ACDSee 窗口中即可查看照片，如图 1-20 所示。

图 1-20　通过 ACDSee 查看照片

1.2.3　通过“画图”程序查看照片

“画图”是一个简单的绘图程序，是微软公司 Windows 操作系统的预载软件之一。作为一个位图编辑器，它可以对各种位图格式的图画进行查看并编辑。

步骤 1　在“我的电脑”窗口中打开相应文件夹，从中选择要查看的照片，如图 1-21 所示。

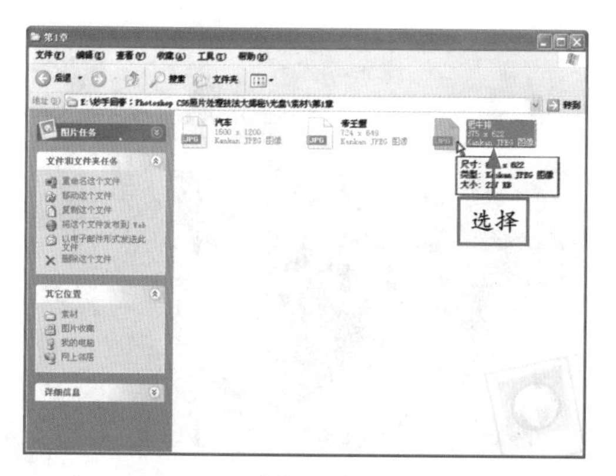

图 1-21　选择要查看的照片

步骤 2　在选择的对象上单击鼠标右键，在弹出的快捷菜单中选择“打开方式”|“画图”命令，如图 1-22 所示。

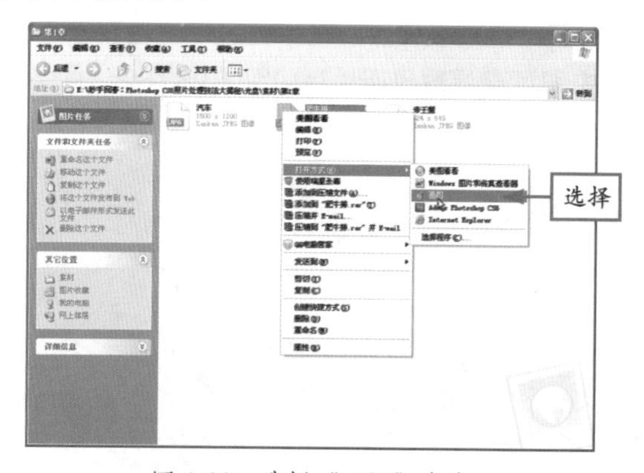

图 1-22　选择“画图”命令

步骤 3　执行操作后，在弹出的“画图”窗口中即可查看数码照片，如图 1-23 所示。

图 1-23　查看数码照片效果

1.2.4　通过美图看看查看照片

美图看看是目前最小、最快的万能看图软件之一，完美兼容所有主流图片格式，拥有简洁友好的界面，用户好评度极高。

步骤 1　在“我的电脑”窗口中打开相应文件夹，从中选择要查看的照片，如图 1-24 所示。

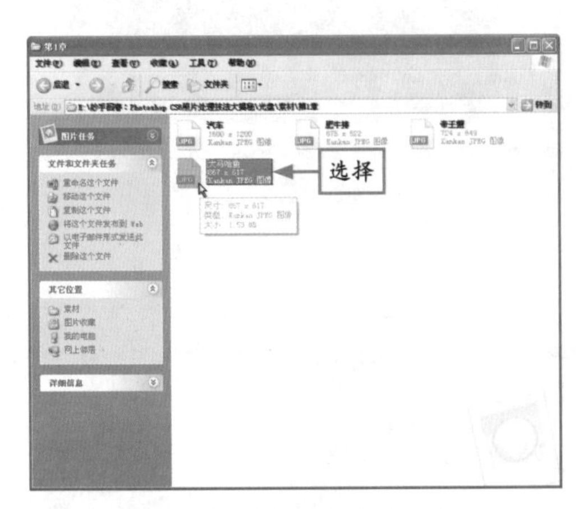

图 1-24　选择要查看的照片

步骤 2　在选择的对象上单击鼠标右键，在弹出的快捷菜单中选择“美图看看”命令，如图 1-25 所示。

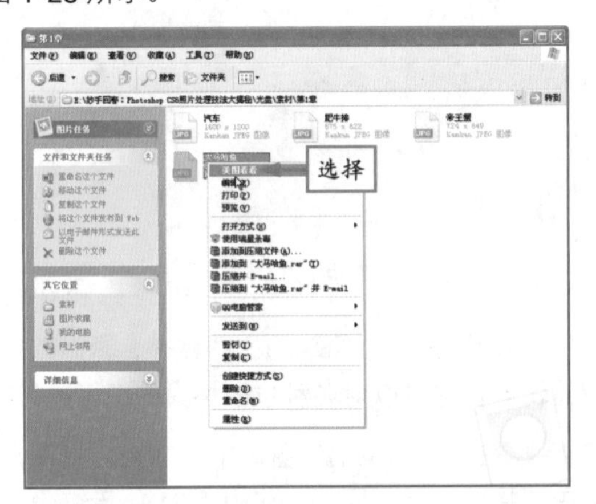

图 1-25　选择“美图看看”命令

步骤 3　执行操作后，在弹出的“美图看看”窗口中即可查看数码照片，如图 1-26 所示。

图 1-26　查看数码照片效果

1.3 使用Adobe Bridge管理照片

Adobe Bridge 是 Adobe Creative Suite 附带的组件之一，可以组织、浏览和查找文件，创建供印刷、Web、电视、DVD、电影及移动设备使用的内容，并轻松访问原始 Adobe 文件（如 PSD 和 PDF）以及非 Adobe 文件。

1.3.1 认识Adobe Bridge操作界面

在默认情况下，来自数码照相机或者扫描仪的照片都存储在“我的文档”下的“图片收藏”文件夹中。可以在“图片收藏”文件夹下分门别类地创建一些子文件夹，再将不同类别的照片放入相应的子文件夹中。在 Photoshop CS6 工作界面中，选择“文件”|“在 Bridge 中浏览”命令，打开 Adobe Bridge 界面，如图 1-27 所示。

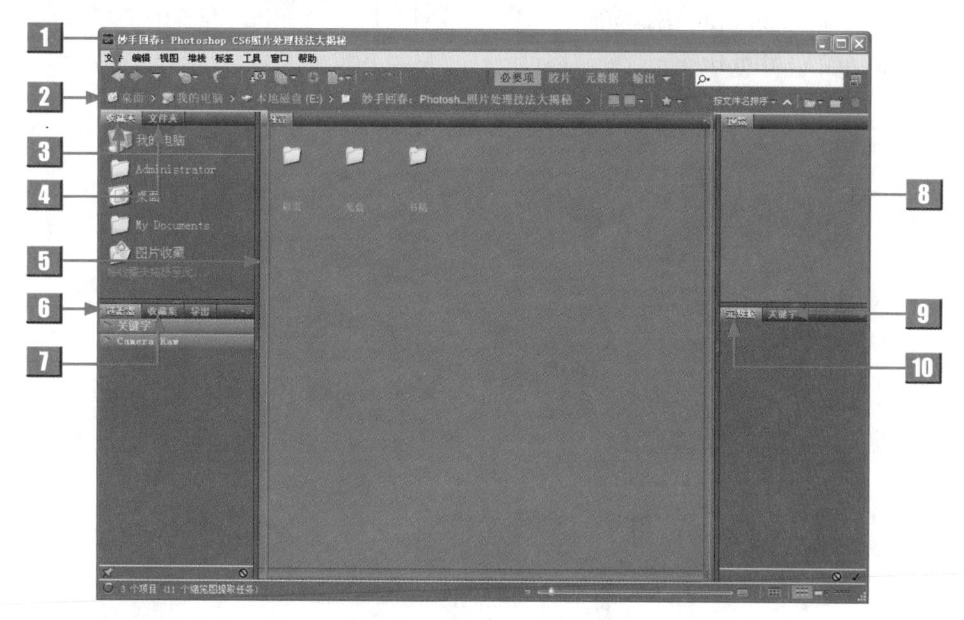

图 1-27 Adobe Bridge 界面

标　号	名　称	介　绍
1	应用程序栏	提供了基本任务按钮，如文件夹层次结构导航、切换工作区及搜索文件
2	路径栏	显示了正在查看的文件夹的路径，允许导航到该目录
3	“收藏夹”面板	可以快速访问文件夹以及Version Cue和Bridge Home
4	“文件夹”面板	显示文件夹层次结构，使用它可以浏览文件夹
5	“内容”面板	显示由导航菜单按钮、路径栏、“收藏夹”面板或“文件夹”面板指定的文件
6	“过滤器”面板	可以排序和删选“内容”面板中显示的文件
7	“收藏集”面板	允许创建、查找、打开收藏集和智能收藏集
8	“预览”面板	显示所选的一个或多个文件预览效果。它不同于“内容”面板中显示的缩览图，并通常大于缩览图。可以通过调整面板大小来缩小或扩大预览效果

续表

标号	名称	介绍
9	“关键字”面板	帮助用户通过附加关键字组织图像
10	“元数据”面板	包含所选文件的元数据信息。如果选择了多个文件，则会列出共享数据（如关键字、创建日期和曝光度设置等）

专家提醒 除了上述方法外，用户还可以按 Alt + Ctrl + O 组合键来打开 Adobe Bridge 界面。

1.3.2 认识Mini Bridge界面

Mini Bridge 是简化版的 Bridge。如果用户只需要查找和浏览照片素材，就可以使用 Mini Bridge 来进行操作。在 Photoshop CS6 工作界面中，选择“文件”|“在 Mini Bridge 中浏览”命令，或选择“窗口”|“扩展功能”| Mini Bridge 命令，都可以打开 Mini Bridge 界面，如图 1-28 所示。

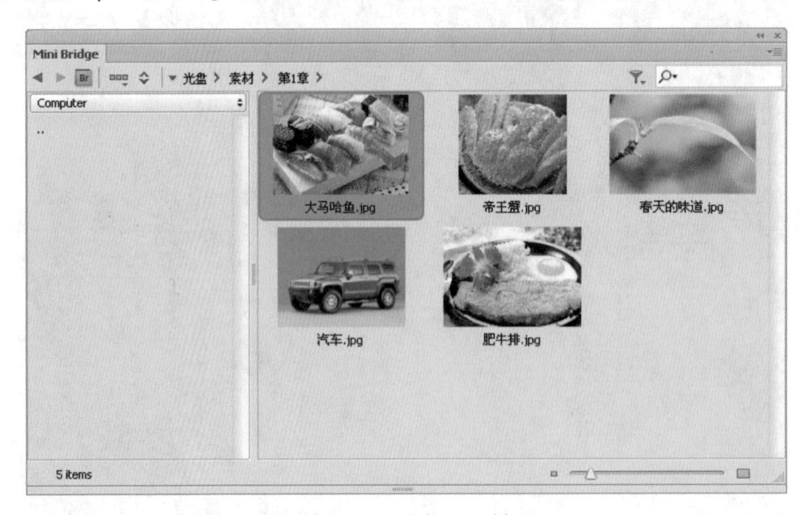

图 1-28 Mini Bridge 界面

1.3.3 以幻灯片模式浏览图像

在 Adobe Bridge 界面中，选择“视图”|“幻灯片放映”命令，即可以幻灯片放映的形式自动播放图像，如图 1-29 所示。

图 1-29 以幻灯片模式浏览图像

专家提醒 除了上述方法外，用户还可以按 Ctrl + L 组合键快速进入幻灯片放映。

1.3.4 在Bridge中全屏浏览图像

在 Adobe Bridge 界面中，用户可以通过“全屏预览”命令全屏浏览图像。具体操作步骤如下：

步骤 1 在 Adobe Bridge 界面中，选择要浏览的图像，然后选择“视图”|“全屏预览”命令，如图 1-30 所示。

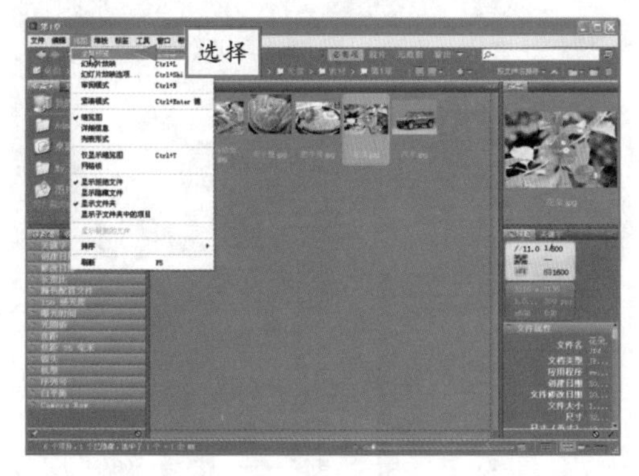

图 1-30 选择“全屏预览”命令

步骤 2 稍后，即可全屏浏览图像，效果如图 1-31 所示。

图 1-31 全屏浏览图像

专家提醒 除了上述方法外，用户还可以直接按键盘上的空格键快速进入全屏预览模式。

1.3.5 以审阅模式浏览图像

审阅模式是 Adobe Bridge 界面中一种非常时尚的图像浏览方式，具有 3D 动画效果。

步骤 1 在 Adobe Bridge 界面中，选择“视图”|“审阅模式”命令，如图 1-32 所示。

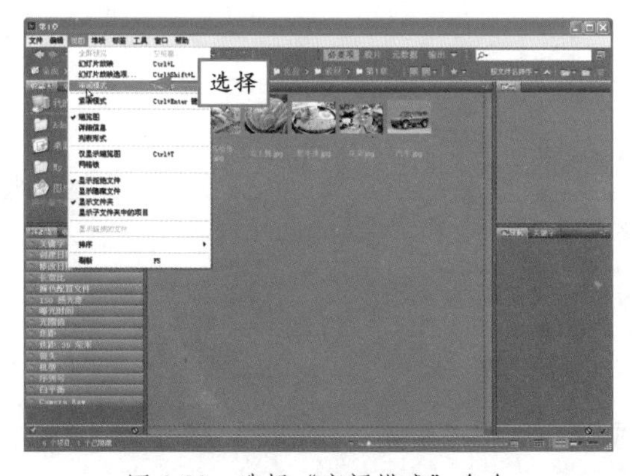

图 1-32 选择“审阅模式”命令

步骤 2 执行操作后，即可以审阅模式浏览图像，效果如图 1-33 所示。

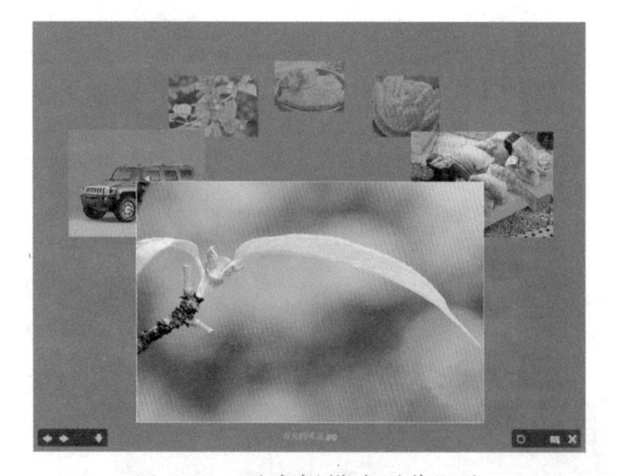

图 1-33 以审阅模式浏览图像

专家提醒 除了上述方法外，用户还可以按 Ctrl + B 组合键进入审阅模式。

1.3.6　在Bridge中排序文件

在 Adobe Bridge 界面中，可以按照所定义的规则对所选文件进行排序。具体操作步骤如下：

步骤 1　在 Adode Bridge 界面中，打开相应的文件夹，选择所有的照片，如图 1-34 所示。

图 1-34　选择所有的照片

步骤 2　在选择的照片上单击鼠标右键，在弹出的快捷菜单中选择“排序”|“按尺寸”命令，如图 1-35 所示。

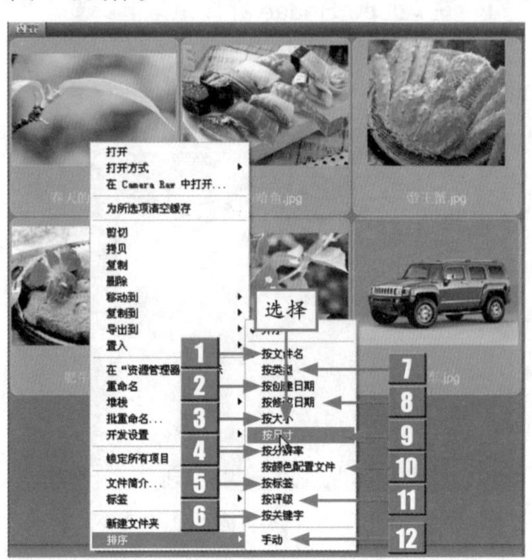

图 1-35　选择“按尺寸”命令

标　号	名　称	介　绍
1	按文件名	选择该命令，将按照名称排序文件
2	按创建日期	选择该命令，将按照创建日期排序文件
3	按大小	选择该命令，将按照大小排序文件
4	按分辨率	选择该命令，将按照分辨率排序文件
5	按标签	选择该命令，将按照标签排序文件
6	按关键字	选择该命令，将按照名称前的关键字排序文件
7	按类型	选择该命令，将按照格式类型排序文件
8	按修改日期	选择该命令，将按照最后修改日期排序文件
9	按尺寸	选择该命令，将按照尺寸排序文件
10	按颜色配置文件	选择该命令，将按照颜色排序文件
11	按评级	选择该命令，将按照评分等级排序文件
12	手动	选择该命令，可以手动排序文件

步骤 3 执行操作后，即可在 Adobe Bridge 界面中按尺寸大小排列文件，效果如图 1-36 所示。

图 1-36　排列文件效果

专家提醒 除了上述方法外，用户还可以选择“视图”|“排序”命令，在弹出的子菜单中选择相应的命令来排序文件。

第 2 章　Photoshop CS6快速上手

|学 习 提 示|

由于摄影初学者的经验不足，拍摄出来的照片可能会存在各种问题。于是，一些摄影爱好者开始使用各种图像处理软件进行后期处理，以使照片呈现出最好的一面。本章将详细介绍一款由 Adobe 公司推出的图像处理软件——Photoshop CS6，揭开其神秘的面纱。

|主 要 内 容|

- 了解 Photoshop CS6 工作界面
- 掌握照片的基本操作
- 查看照片的方式
- 设置照片属性
- 照片辅助工具的应用

|重点与难点|

- 新建文件
- 打开文件
- 保存文件
- 以标准屏幕模式查看
- 以全屏模式查看
- 显示标尺

|学完本章后你会做什么|

- 掌握导出文件的操作
- 掌握通过缩放工具查看照片的方法
- 掌握应用参考线的操作方法

|视 频 文 件|

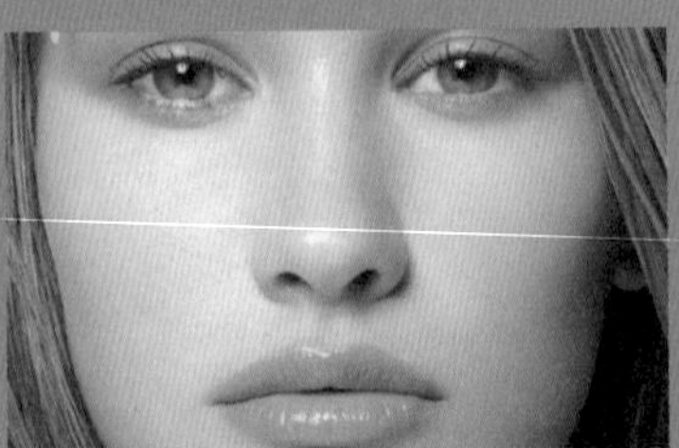

2.1 了解Photoshop CS6的工作界面

Photoshop CS6 的工作界面在原有基础上进行了创新，优化了许多功能选项，如图 2-1 所示。该工作界面主要由菜单栏、工具属性栏、工具箱、状态栏、图像编辑窗口和浮动控制面板 6 部分组成。

图 2-1 Photoshop CS6 的工作界面

标　号	名　称	介　绍
1	菜单栏	集中了所有的操作命令，单击任一菜单项，即可打开相应的下拉菜单
2	工具属性栏	用来设置工具的各种属性，它会随着所选工具的不同而变换内容
3	工具箱	提供了执行各种操作的工具，如创建选区、移动图像等
4	状态栏	其中显示了打开文档的大小、尺寸、当前工具和窗口缩放比例等信息
5	图像编辑窗口	创建编辑图像的主要工作区域
6	浮动控制面板	用来帮助用户编辑图像，设置相关属性等

2.1.1 菜单栏

菜单栏位于整个窗口的顶端，主要由“文件”、“编辑”、“图像”、“图层”、“文字”、“选择”、“滤镜”、3D、“视图”、“窗口”和“帮助”等 11 个菜单项组成，如图 2-2 所示。单击任一菜单项，在弹出的下拉菜单中选择所需命令，即可执行相应的操作。Photoshop CS6 中的绝大部分功能都可以利用菜单命令来实现。在菜单栏的右侧还显示了“最小化”、“最大化（还原）”、“关闭”3 个按钮，用于控制文档窗口的显示状态。

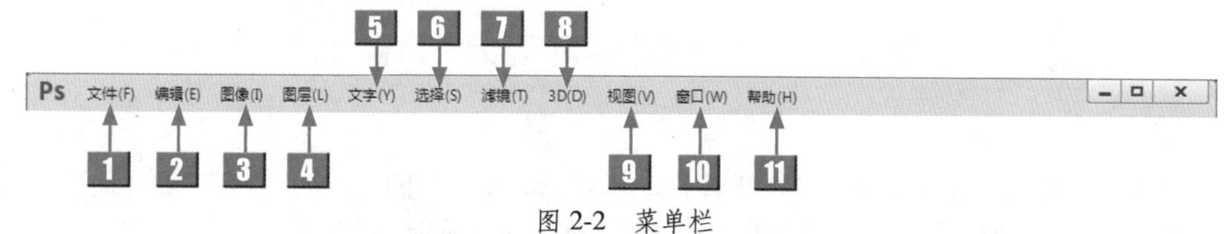

图 2-2 菜单栏

标号	名称	介绍
1	文件	利用该菜单中的相应命令，可以执行新建、打开、存储、关闭、置入以及打印等一系列针对文件的操作
2	编辑	该菜单中的命令用于对图像进行各种编辑，如还原、剪切、复制、粘贴、填充、变换以及定义图案等
3	图像	该菜单中的命令主要是针对图像模式、颜色、大小等进行调整及设置
4	图层	该菜单中的命令主要是针对图层进行各种操作，如新建图层、复制图层、蒙版图层、文字图层等，为图层的应用和管理提供了很大便利
5	文字	该菜单的命令主要用于对文字对象进行创建和设置，包括创建工作路径、转换为形状、变形文字以及字体预览大小等
6	选择	该菜单中的命令主要是针对选区进行各种操作，如反向、修改、变换、扩大、载入选区等。这些命令结合选区工具，更便于对选区的操作
7	滤镜	利用菜单中的命令可以为图像设置各种不同的特殊效果，在制作特效方面更是功不可没
8	3D	针对3D图像，利用该菜单中的命令可以打开3D文件、将2D图像创建为3D图像、进行3D渲染等操作
9	视图	利用该菜单中的命令可对整个视图进行调整及设置，包括缩放视图、改变屏幕模式、显示标尺、设置参考线等
10	窗口	该菜单中的命令主要用于控制Photoshop CS6工作界面中的工具箱和各个面板的显示和隐藏
11	帮助	在该菜单中提供了Photoshop CS6的各种帮助信息。在使用Photoshop CS6的过程中，若遇到问题，可以查看该菜单，及时了解各种命令、工具和功能的使用方法

专家提醒 相对于以前的版本，Photoshop CS6 的菜单栏变化比较大，原来独立显示的标题栏被合并到其中。另外，如果菜单中的命令呈现灰色，则表示该命令在当前编辑状态下不可用；如果菜单命令右侧有一个三角形符号，则表示其下包含子菜单，将光标移动到该命令上，即可打开其子菜单；如果菜单命令右侧有一个省略号“...”，则执行此命令时将打开与之相关的对话框。

2.1.2 工具属性栏

工具属性栏一般位于菜单栏的下方，主要用于对所选工具的属性进行设置。其中包含各种控制工具属性的选项，具体显示内容会根据所选工具的不同而发生变化。在工具箱中选择所需工具后，在其属性栏中就会显示相应的功能选项。例如，选择工具箱中的画笔工具，在其属性栏中就会出现与画笔相关的参数设置，如图 2-3 所示。

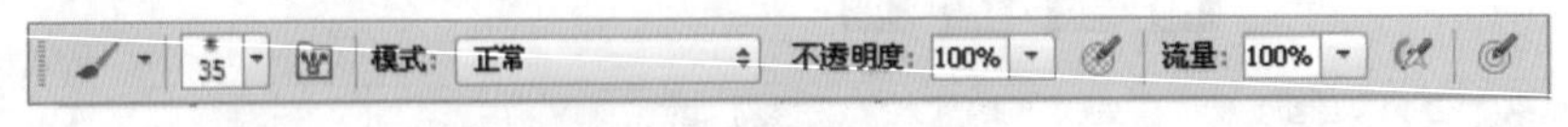

图 2-3 画笔工具属性栏

单击工具属性栏左侧的“点按可打开‘工具预设’选取器”下拉按钮，打开“工具预设”选取器，如图 2-4 所示。取消选中“仅限当前工具”复选框，即可显示其他工具，如图 2-5 所示。

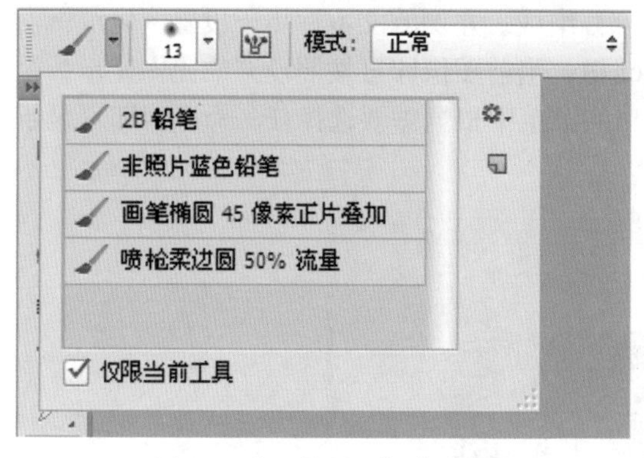

图 2-4 “工具预设”选取器

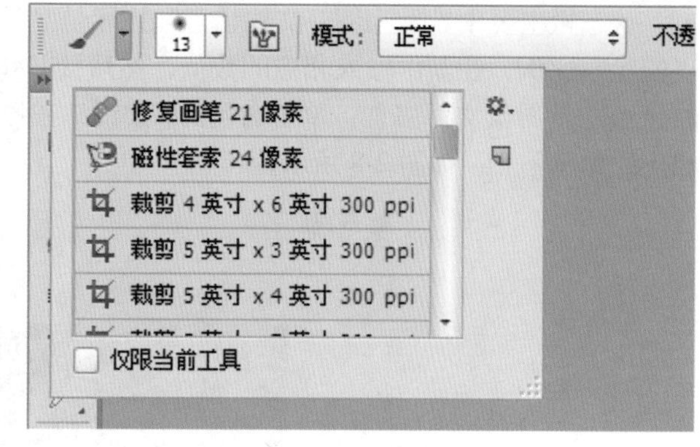

图 2-5 显示其他工具

2.1.3 工具箱

工具箱位于工作界面的左侧，由 50 多个工具按钮组成，如图 2-6 所示。要使用工具箱中的工具，只要从中单击相应的工具按钮即可。

若工具按钮的右下角带有一个小三角形图标，表示该工具位于一个工具组中，其下还有一些隐藏的工具。在该工具按钮上单击鼠标右键，即可显示该工具组中隐藏的工具，如图 2-7 所示。

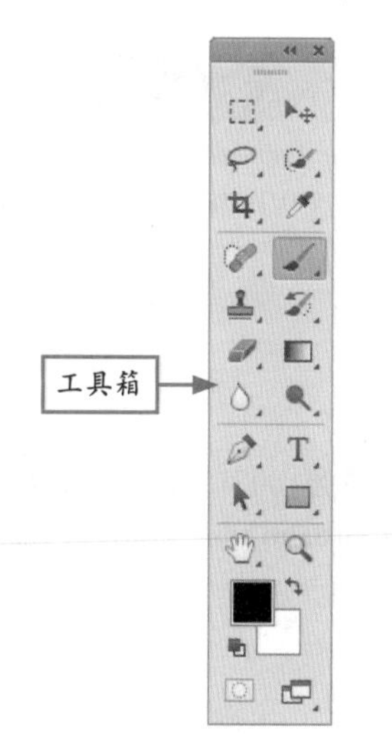

图 2-6 工具箱

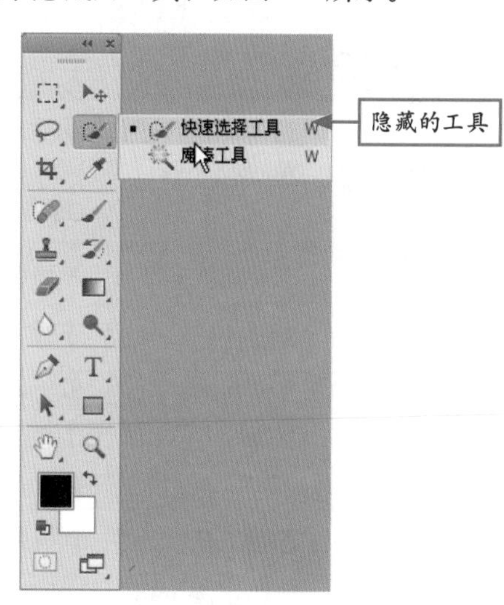

图 2-7 显示隐藏的工具

专家提醒 除了上述方法外，用户还可以使用以下两种方法来选择隐藏工具。

- 按住 Alt 键的同时，单击工具箱中的某一工具组按钮，即可切换一种工具；当用户需要选取的工具出现后，释放 Alt 键即可。
- 将光标移至需要选择的工具组按钮处，按下鼠标左键不放，稍等片刻，即可出现相应的隐藏工具。

2.1.4 状态栏

状态栏位于图像编辑窗口的底部，主要用于显示当前文档的大小尺寸，当前工具和窗口缩放比例等信息。

状态栏主要由显示比例、文件信息和提示信息等部分组成。左侧的文本框用于设置图像编辑窗口的显示比例，在其中输入相应的数值，然后按Enter键，当前图像即可按照设置的比例显示；中间显示的是图像文件信息；单击右侧的▶按钮，在弹出的菜单中根据需要选择任一命令，即可显示相应的提示信息，如图2-8所示。

图2-8 状态栏

标号	名称	介绍
1	Adobe Drive	显示文档的VersionCue工作组状态。Adobe Drive可以帮助用户链接到VersionCue CS6服务器，链接成功后，可以在Window资源管理器或Mac OS Finder中查看服务器的项目文件
2	文档配置文件	显示图像使用的颜色配置文件的名称
3	测量比例	查看文档的比例
4	效率	查看执行操作实际用的时间百分比。当效率为100时，表示当前处理的图像在内存中生成；如果低于100，则表示Photoshop正在使用暂存盘，操作速度也会变慢
5	当前工具	查看当前使用的工具名称
6	保存进度	读取当前文档的保存进度
7	文档大小	显示图像中数据量的相关信息。选择该命令后，状态栏中会出现两组数字，左边的数字代表拼合图层并存储文件后的大小，右边的数字代表包图层和通道的近似大小
8	文档尺寸	查看图像的尺寸
9	暂存盘大小	查看处理图像的内存和Photoshop暂存盘的相关信息。选择该命令后，状态栏中会出现两组数字，左边的数字代表程序用来显示所有打开图像的内存量，右边的数字代表用于处理图像的总内存量
10	计时	查看完成上一次操作所用的时间
11	32位曝光	用于调整预览图像，以便在计算机显示器上查看32位图像的选项

2.1.5 浮动控制面板

浮动控制面板通常位于工作界面的右侧，主要用于对当前图像的颜色、图层、通道、路径及样式等进行设置。

若要打开某个面板，单击菜单栏中的“窗口”菜单项，在弹出的下拉菜单中选择相应的命令即可；若要隐藏某个面板，在“窗口”菜单中选择前面带有“✓”标记的相应命令即可，如图 2-9 所示。

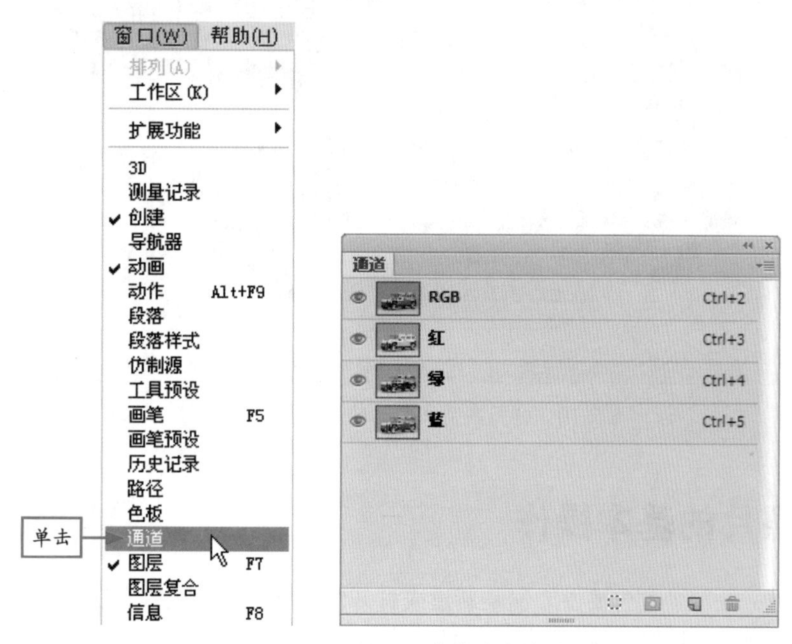

图 2-9 显示、隐藏浮动控制面板

默认情况下，浮动控制面板分为 6 组，即“图层”、“通道”、“路径”、“创建”、“颜色”和“属性”。用户可根据实际需要将它们进行任意分离、移动和组合。例如，要将“颜色”面板脱离原来的面板组，使其成为独立的面板，可在“颜色”标签上单击鼠标左键并将其拖曳至其他位置；若要使面板复位，只需将其拖回原来的面板组即可。

专家提醒 按 Tab 键可以隐藏工具箱和所有的浮动控制面板；按 Shift + Tab 组合键可以隐藏所有的浮动控制面板，而保留工具箱的显示。

2.1.6 图像编辑窗口

在 Photoshop CS6 工作界面的中间，呈灰色显示的区域就是图像编辑处理的工作区。新建或打开已有文件时，工作区中将显示其图像编辑窗口。

图像编辑窗口是对图像进行创建、编辑等操作的主要场所，从中可以实现 Photoshop CS6 的所有功能。

此外，用户还可根据实际需要对图像编辑窗口本身进行多种操作，如改变窗口大小和位置等。

如果新建或打开了多个文件，工作区中将同时显示多个图像编辑窗口。此时所有操作将只针对当前图像编辑窗口（标题栏显示为灰白色）；若想对其他图像编辑窗口进行操作，使用鼠标单击目标图像编辑窗口即可，如图 2-10 所示。

图 2-10 打开多个文件时的工作界面

2.2 掌握照片的基本操作

要对数码照片进行处理，首先要做的便是新建或打开图像文件。完成编辑后，还需要将其进行保存或导出。本节将详细介绍照片的基本操作方法。

2.2.1 新建文件

启动 Photoshop CS6 后，可以根据需要新建一个图像文件。具体操作步骤如下：

步骤 1 选择"文件"|"新建"命令，在弹出的"新建"对话框中分别设置"名称"、"宽度"、"高度"、"分辨率"和"颜色模式"等参数，如图 2-11 所示。

步骤 2 完成设置后，单击"确定"按钮，即可新建一个空白的文件，如图 2-12 所示。

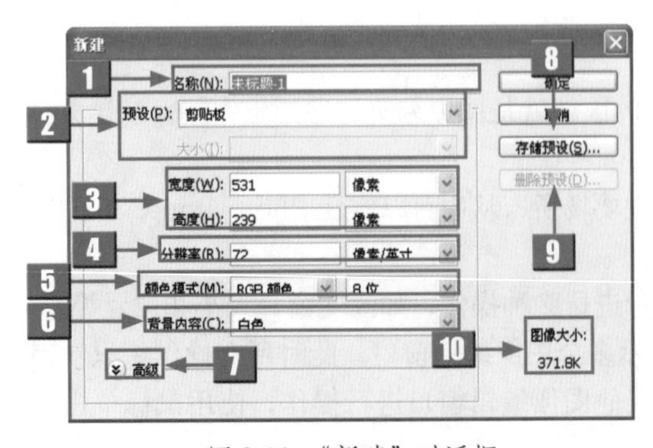

图 2-11 "新建"对话框

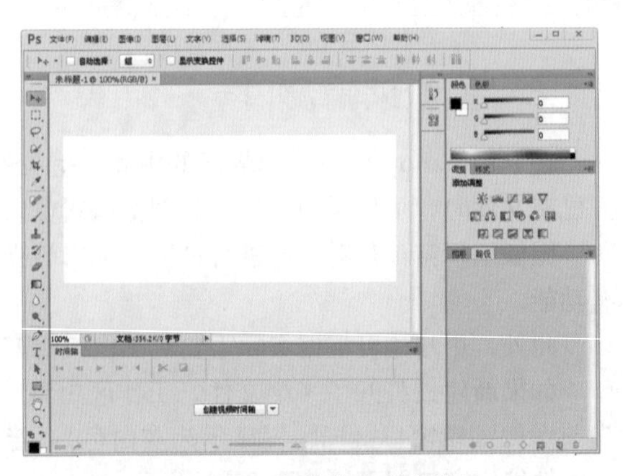

图 2-12 新建的空白文件

标　号	名　称	介　绍
1	名称	设置文件的名称，也可以使用默认的文件名。新建文件后，文件名会自动显示在图像编辑窗口的标题栏中
2	预设	用于选择不同的文档预设类别，如Web、A3、A4打印纸、胶片和视频常用的尺寸预设
3	宽度/高度	用来设置文件的宽度和高度，在右侧的下拉列表框中可以选择其单位，如“像素”、“英寸”、“毫米”、“厘米”等
4	分辨率	用来设置文件的分辨率，在右侧的下拉列表框中可以选择其单位，如“像素/英寸”、“像素/厘米”
5	颜色模式	用来设置文件的颜色模式，如“位图”、“灰度”、“RGB颜色”、“CMYK颜色”等
6	背景内容	设置文件背景内容，如“白色”、“背景色”、“透明”等
7	高级	单击该按钮，将显示一些高级设置选项，如“颜色配置文件”和“像素长宽比”等
8	存储预设	单击该按钮，打开“新建文档预设”对话框，从中可以输入预设名称并设置相应的选项
9	删除预设	选择预设文件以后，单击此按钮，可以将其删除
10	图像大小	读取应用当前设置的文件大小

专家提醒 除了上述方法外，用户还可以按 Ctrl + N 组合键来新建图像文件。

2.2.2 打开文件

在 Photoshop CS6 中，可以打开多种格式的图像文件（如 PSD、JPEG、PCX、PDF、TIFF、GIF 和 BMP 等格式），也可以同时打开多个图像文件。

步骤 1 选择“文件”|“打开”命令，如图 2-13 所示。

图 2-13　选择“打开”命令

步骤 2 弹出“打开”对话框，从中选择要打开的照片，如图 2-14 所示。

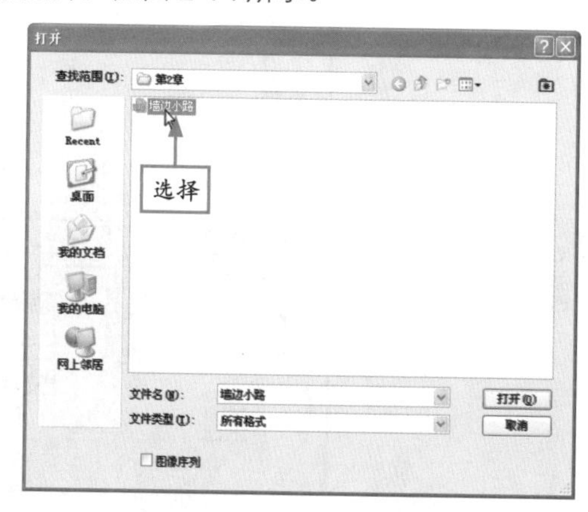

图 2-14　选择要打开的照片

专家提醒 如果要打开一组连续的文件，可以在选择第一个文件后，按住 Shift 键的同时单击最后一个要打开的文件，然后单击“打开”按钮即可。

如果要打开一组不连续的文件，可以在选择第一个文件后，按住 Ctrl 键的同时逐一单击其他的图像文件，然后单击“打开”按钮即可。

步骤 3 单击“打开”按钮，即可将其打开，如图 2-15 所示。

图 2-15　打开的照片

专家提醒 除了上述方法外，用户还可以按 Ctrl + O 组合键进行打开文件操作。

2.2.3　保存文件

完成编辑后，需要将图像文件保存起来，以便于以后随时使用。通常情况下，只要选择“文件”|“存储”命令或按 Ctrl + S 组合键，即可完成保存操作。

Photoshop 支持多种图像格式，用户可以选择其他的格式进行保存，以便在其他软件中调用该图像。选择“文件”|“存储为”命令，弹出“存储为”对话框，如图 2-16 所示。在“格式”下拉列表框中选择需要的格式，然后单击“保存”按钮，即可将图像存储为其他格式。

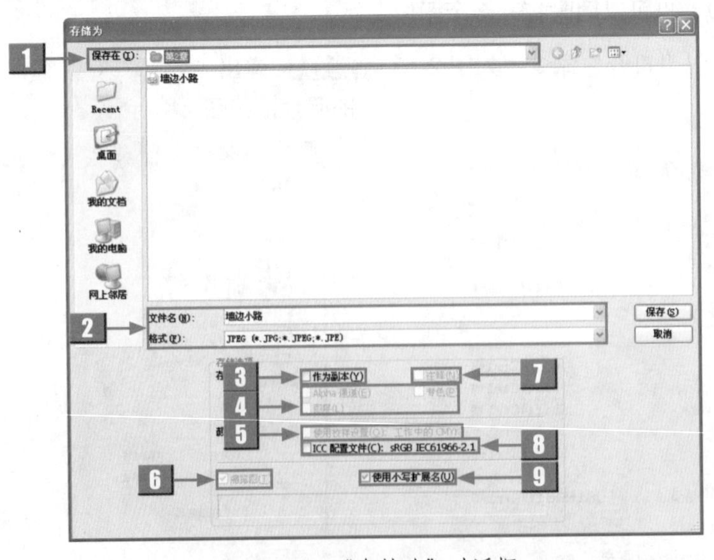

图 2-16　“存储为”对话框

标　号	名　称	介　绍
1	保存在	用户保存图像文件的位置
2	文件名/格式	用户可以输入文件名，并根据不同的需要选择文件的保存格式
3	作为副本	选中该复选框，可以另存一个副本，并且与源文件保存的位置一致
4	Alpha通道/图层/专色	用来选择是否存储Alpha通道、图层和专色
5	使用校样设置	当文件的保存格式为EPS或PDF时，该复选框才可用。选中该复选框，可以保存打印用的校样设置
6	缩览图	创建图像缩览图，方便以后在“打开”对话框中的底部显示预览图
7	注释	用户自由选择是否存储注释
8	ICC配置文件	用于保存嵌入文档中的ICC配置文件
9	使用小写扩展名	使文件扩展名显示为小写

专家提醒 除了上述方法外，用户还可以按 Shift + Ctrl + O 组合键进行保存文件操作。

2.2.4　导出文件

在 Photoshop 中创建或编辑的图像可以导出到 Zoomify、Illustrator 和视频设备中，以满足用户的不同需求。

步骤 1 选择“文件”|“打开”命令，打开配书光盘中的“素材\第 2 章\小女孩 .jpg”，如图 2-17 所示。

图 2-17　打开素材图像

步骤 2 选择“文件”|“导出”|“路径到 Illustrator”命令，如图 2-18 所示。

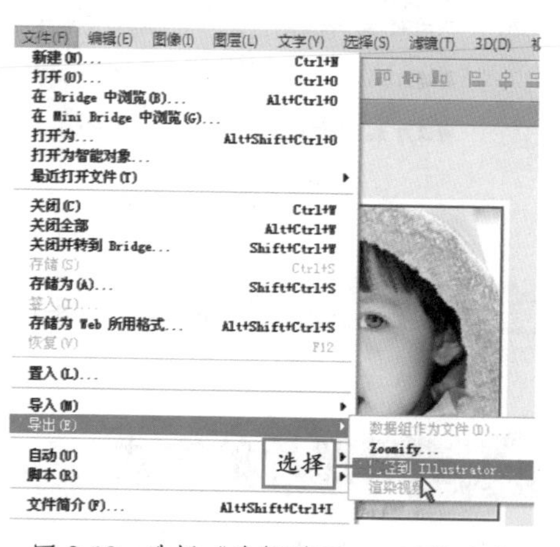

图 2-18　选择“路径到 Illustrator”命令

步骤 3 弹出“导出路径到文件”对话框，保持默认设置，单击“确定”按钮，如图 2-19 所示。

步骤 4 弹出如图 2-20 所示的“选择存储路径的文件名”对话框，设置文件名和存储格式，然后单击“保存”按钮，即可导出文件。

图 2-19 “导出路径到文件”对话框

图 2-20 单击“保存”按钮

2.2.5 关闭文件

关闭图像文件的方法如下：

步骤 1 选择“文件”|“关闭”命令，如图 2-21 所示。

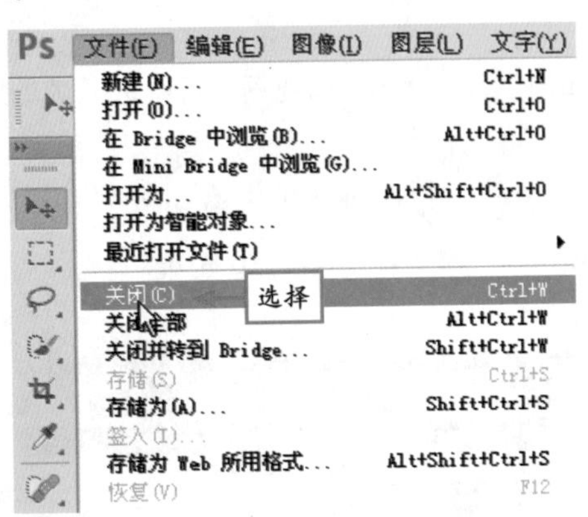

图 2-21 选择“关闭”命令

步骤 2 执行操作后，即可关闭当前正在工作的图像文件，效果如图 2-22 所示。

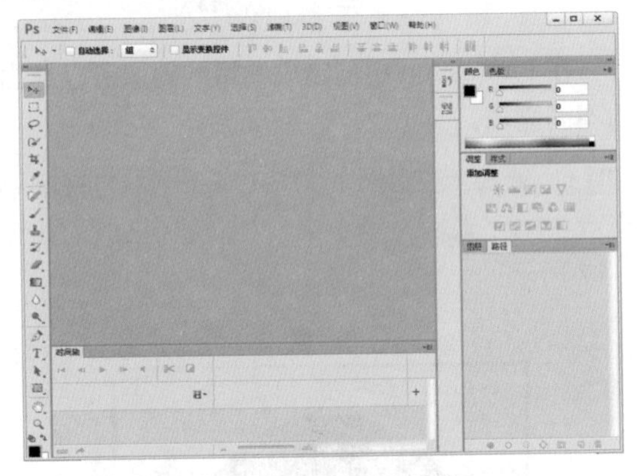

图 2-22 关闭图像文件

专家提醒 除了上述方法外，用户还可以按 Ctrl + W 组合键进行关闭文件操作。

2.3 查看照片的方式

查看图像的方式多种多样，如以标准屏幕模式查看、以全屏模式查看、通过分栏同时查看、通过“导航器”面板查看、通过缩放工具查看等，下面将分别介绍。

2.3.1 以标准屏幕模式查看

标准屏幕模式是默认的屏幕模式，可以显示菜单栏、工具箱、滚动条和其他屏幕元素。选取工具箱中的标准屏幕模式工具，即可查看照片，如图 2-23 所示。

图 2-23　标准屏幕模式查看照片

2.3.2　以全屏模式查看

在全屏模式下，图像将在只有黑色背景、没有菜单栏和滚动条的全屏窗口中显示。

步骤 1 选择“文件”|“打开”命令，打开配书光盘中的“素材\第 2 章\女孩 .jpg”，如图 2-24 所示。

图 2-24　打开素材图像

步骤 2 选取工具箱中的全屏模式工具，在弹出的提示对话框中单击“全屏”按钮，如图 2-25 所示。

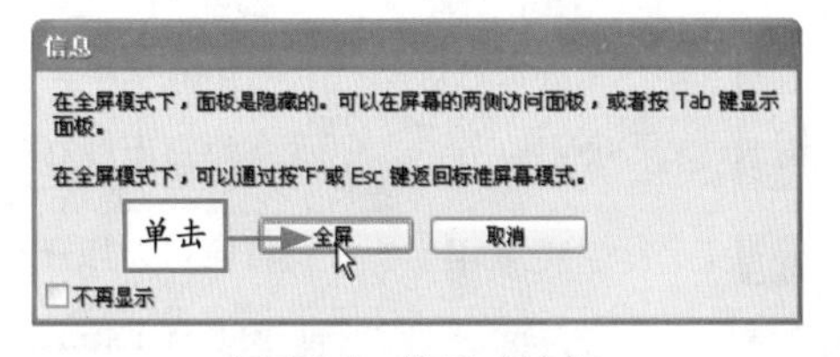

图 2-25　提示对话框

步骤 3 稍后，即可进入全屏模式查看照片，如图 2-26 所示。

图 2-26 在全屏模式下查看照片

专家提醒 除了上述方法外，选择“视图”|“屏幕模式”|“全屏模式”命令，也可以全屏模式查看照片。

2.3.3 通过分栏同时查看

在 Photoshop 中，当用户打开多个图像编辑窗口时，默认情况下工作区只能显示一个图像编辑窗口内的图像。若用户需要对多个窗口中的内容进行比较，则可以将各窗口进行排列，以同时查看图像文件。

选择“窗口”|“排列”命令，在弹出的子菜单中可以选择各种排列方式，如图 2-27 所示。例如，打开两张照片后，可以在“排列”子菜单中选择“双联 垂直”命令，使其以垂直双联的方式进行排列，如图 2-28 所示。

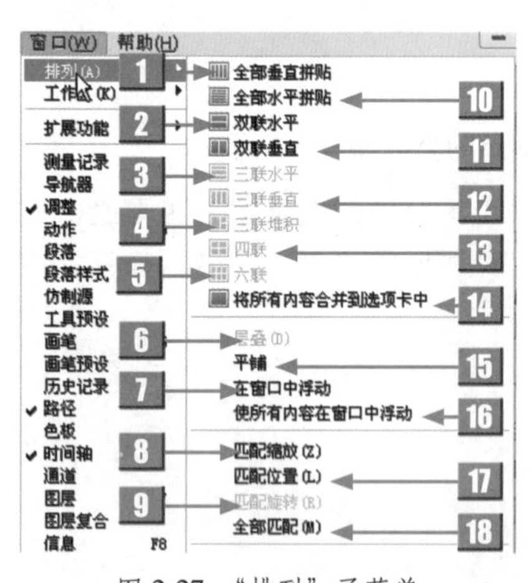

图 2-27 “排列”子菜单

图 2-28 垂直双联查看照片

标 号	名 称	介 绍
1	全部垂直拼贴	将所有图像全部垂直拼贴在图像编辑窗口中
2	双联 水平	将窗口中打开的2幅图像以水平双联的形式显示
3	三联 水平	将窗口中打开的3幅图像以水平三联的形式显示
4	三联 拼贴	将窗口中打开的3幅图像以三联拼贴的形式显示

续表

标　号	名　称	介　绍
5	六联	将窗口中打开的6幅图像以六联的形式显示
6	层叠	从屏幕的左上角到右下角以堆叠的方式显示未停放的窗口
7	在窗口中浮动	允许图像自由浮动（可拖动标题栏移动窗口）
8	匹配缩放	将所有窗口都匹配到当前窗口相同的缩放比例。例如，如果当前窗口的缩放比例为100%，另外一个窗口的缩放比例为50%，则单击该命令后，该窗口的显示比例也会调整为100%
9	匹配旋转	将所有窗口中画布的旋转角度都匹配到与当前窗口相同
10	全部水平拼贴	将所有图像全部水平拼贴在图像编辑窗口中
11	双联 垂直	将窗口中打开的2幅图像以垂直双联的形式显示
12	三联 垂直	将窗口中打开的3幅图像以垂直三联的形式显示
13	四联	将窗口中打开的4幅图像以四联的形式显示
14	将所有内容合并到选项卡中	全屏显示一个图像，其他图像最小化到选项卡中
15	平铺	以边靠边的方式显示窗口。在关闭一个图像时，其他窗口会自动调整大小，以填满可用的空间
16	使所有内容在窗口中浮动	使所有图像编辑窗口都处于浮动状态
17	匹配位置	将所有窗口中图像的显示位置都匹配为与当前窗口相同
18	全部匹配	将所有窗口的缩放比例、图像显示位置、画布旋转角度与当前窗口匹配

2.3.4 通过“导航器”面板查看

“导航器”面板中包含图像的缩览图和各种窗口缩放工具，如图 2-29 所示。如果文件尺寸较大，画面中不能显示完整的图像，通过该面板定位图像的查看区域十分方便。

图 2-29 “导航器”面板

标号	名称	介绍
1	代理预览区域	当窗口中不能显示完整的图像时，将鼠标移动到代理预览区域中，按住左键并拖动鼠标可以移动画面，代理预览区域的图像会位于文档窗口的中心
2	缩放文本框	其中显示了窗口的显示比例。在该文本框中输入数值并按Enter键确认，即可缩放窗口
3	缩小	单击该按钮，可以缩小窗口的显示比例
4	缩放滑块	拖动缩放滑块可以放大或缩小窗口
5	放大	单击该按钮，可以放大窗口的显示比例
6	面板选项	选择该命令，在弹出的“面板选项”对话框中可修改代理预览区域显示框的颜色

2.3.5 通过缩放工具查看

在处理照片的过程中，有时需要查看其局部细节，此时可以灵活地运用缩放工具来实现。

步骤 1 选择“文件”|“打开”命令，打开配书光盘中的“素材\第2章\乌托邦.jpg”，如图2-30所示。

图2-30 打开素材图像

步骤 2 选取工具箱中的缩放工具，在其属性栏中单击“放大”按钮，如图2-31所示。

图2-31 单击“放大”按钮

步骤 3 将鼠标移至图像编辑窗口，此时光标呈现为带有加号的放大镜形状，如图2-32所示。

图2-32 光标呈现为放大镜形状

步骤 4 在图像编辑窗口中单击鼠标左键，即可将照片放大查看，如图2-33所示。

图2-33 放大查看照片

步骤 5　选取工具箱中的缩放工具，在其属性栏中单击“缩小”按钮，如图 2-34 所示。

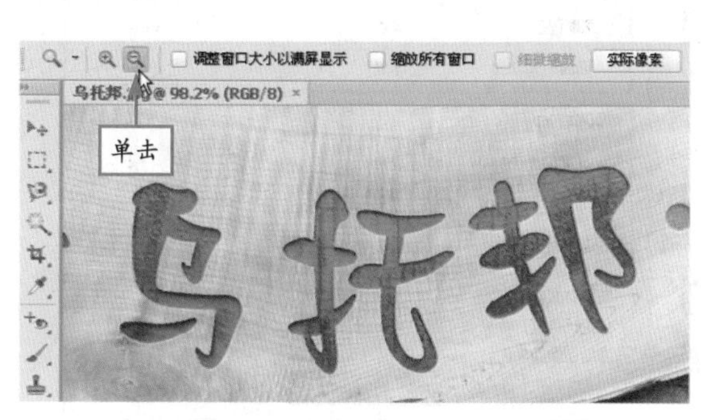

图 2-34　单击“缩小”按钮

步骤 6　将鼠标移至图像编辑窗口中，单击并拖曳鼠标，即可缩小查看照片，如图 2-35 所示。

图 2-35　缩小查看照片

2.4　设置照片属性

照片的画布尺寸、像素与分辨率决定了文件的大小和照片输出的质量，合理地设置尺寸、像素和分辨率是创作高品质、高水准作品的前提。

2.4.1　设置照片分辨率

分辨率是指单位长度上像素的数目，通常用“像素 / 英寸”和“像素 / 厘米”来表示。分辨率是关于文件大小和图像质量的基本概念，其大小设置决定了图像的大小与输出质量。

下面通过一个实例讲解如何设置照片分辨率，效果如图 2-36 所示。

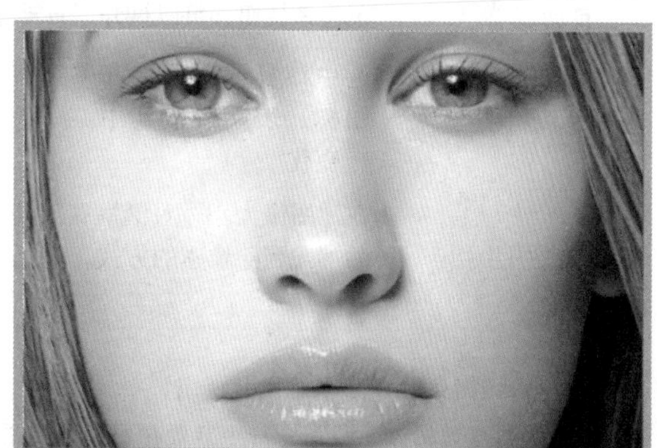

图 2-36　设置照片分辨率

素材文件	光盘\素材\第2章\美女.jpg
效果文件	光盘\效果\第2章\美女.psd
视频文件	光盘\视频\第2章\2.4.1　设置照片分辨率.mp4

步骤1 选择“文件”|“打开”命令，打开配书光盘中的“素材\第2章\美女.jpg”，如图2-37所示。

步骤2 选择“图像”|“图像大小”命令，弹出“图像大小”对话框，如图2-38所示。

图2-37 打开素材图像

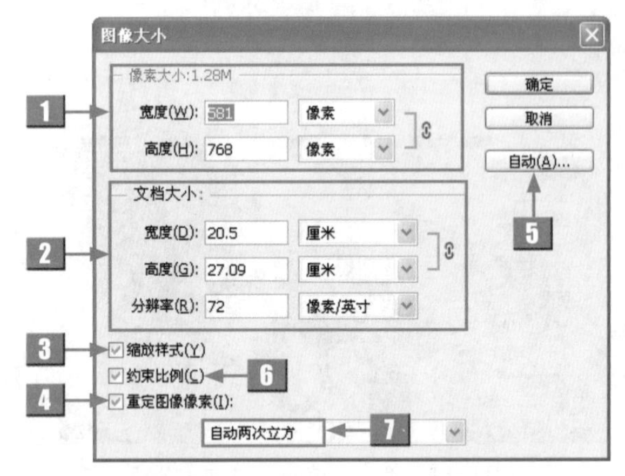

图2-38 “图像大小”对话框

标号	名称	介绍
1	像素大小	该选项组用于设置图像当前的像素尺寸
2	文档大小	该选项组主要用来设置图像的打印尺寸和分辨率
3	缩放样式	选中该复选框，可在调整图像大小时自动缩放样式效果。只有先选中“约束比例”复选框，该复选框才可用
4	重定图像像素	选中该复选框后，可以修改图像像素的大小。修改图像的像素大小在Photoshop中被称为“重新取样”。当减少像素数量时，就会从图像中删除一些信息；当增加像素的数量或增加像素取样时，则会添加新的像素
5	自动	单击该按钮，可以打开“自动分辨率”对话框
6	约束比例	选中该复选框后，在“宽度”和“高度”选项后面将出现“锁链”图标，表示改变其中某一选项设置时，另一选项也会按比例同时发生变化
7	差值方法	在“图像大小”对话框底部的下拉列表框中可以选择一种差值方法来确定添加或删除像素的方式，包括“邻近”、“两次线性”等，默认为“自动两次立方”

专家提醒 分辨率高的图像打印出来后比较清晰，但文件大，处理时间长，对设备的要求也较高。对于在较低分辨率下扫描或创建的图像，提高分辨率只能提高每单位图像中的像素数量，却不能提高图像最后的输出品质。

步骤3 在该对话框中，设置“分辨率”为150，如图2-39所示。

步骤4 单击“确定”按钮，完成照片分辨率的设置，如图2-40所示。

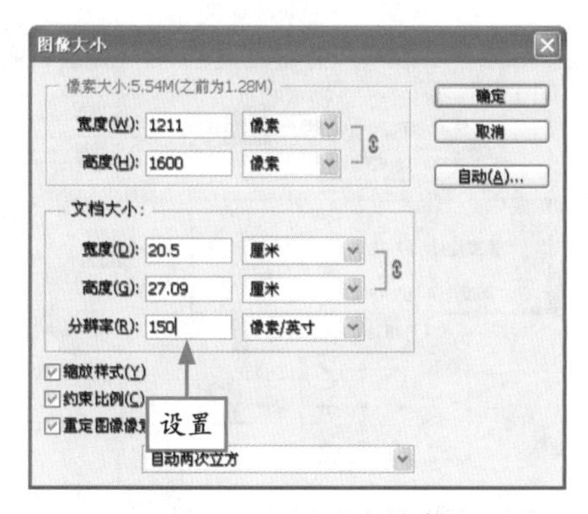

图 2-39 设置“分辨率”

图 2-40 设置照片分辨率效果

专家提醒 除了上述方法外，还可以按 Ctrl + Alt + I 组合键快速打开“图像大小”对话框。

2.4.2 调整画布大小

画布（实际打印的工作区域）尺寸是指当前图像周围工作空间的大小，改变画布大小将直接影响照片最终的输出效果。

下面通过一个实例讲解如何调整画布大小，效果如图 2-41 所示。

图 2-41 调整画布大小

素材文件	光盘\素材\第2章\海底世界.jpg
效果文件	光盘\效果\第2章\海底世界.psd
视频文件	光盘\视频\第2章\2.4.2 调整画布大小.mp4

步骤 1 选择“文件”|“打开”命令，打开配书光盘中的“素材\第 2 章\海底世界 .jpg”，如图 2-42 所示。

图 2-42 打开素材图像

步骤 2 选择“图像”|“画布大小”命令，弹出“画布大小”对话框，如图 2-43 所示。

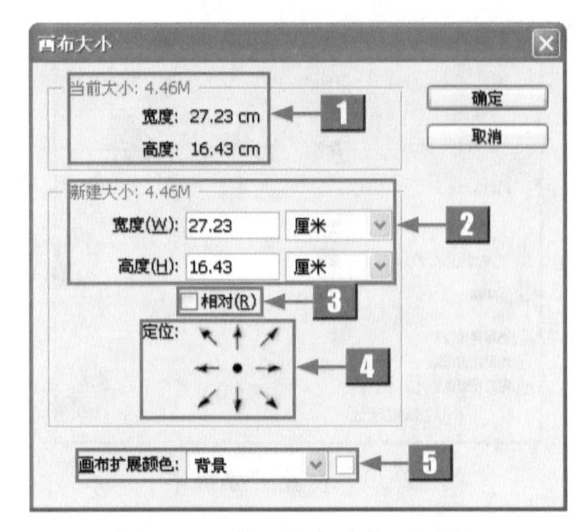

图 2-43 “画布大小”对话框

标　号	名　称	介　绍
1	当前大小	显示的是当前画布的大小
2	新建大小	用于设置画布的大小
3	相对	选中该复选框后，“宽度”和“高度”数值将代表实际增加或者减少的区域大小，而不再代表整个文档的大小
4	定位	用来指定图像的位置
5	画布扩展颜色	在该下拉列表框中可以选择填充新画布的颜色

步骤 3 在“新建大小”选项组的“宽度”数值框中输入“15”，如图 2-44 所示。

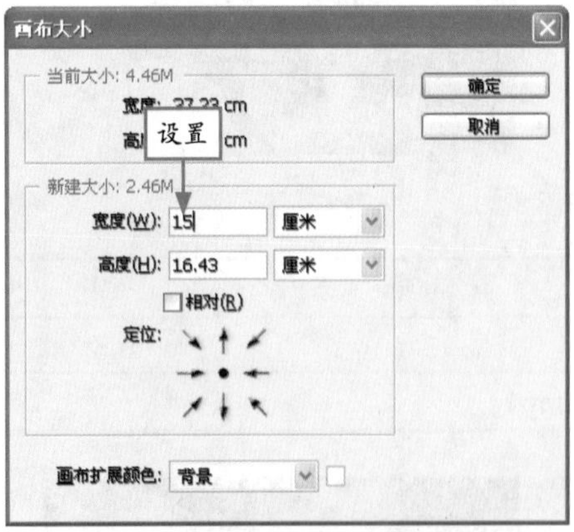

图 2-44 设置“宽度”

步骤 4 单击“确定”按钮，在弹出的提示对话框中单击“继续”按钮，即可调整画布大小，如图 2-45 所示。

图 2-45 调整画布大小效果

2.4.3 调整颜色模式

Photoshop 支持多种颜色模式，其中 RGB 和 CMYK 是最常用的两种颜色模式。在设计与输出作品的过程中，应当根据其用途与要求，调整照片的颜色模式。

下面通过一个实例讲解如何调整颜色模式，效果如图 2-46 所示。

图 2-46　调整颜色模式

素材文件	光盘\素材\第2章\花朵.jpg
效果文件	光盘\效果\第2章\花朵.psd
视频文件	光盘\视频\第2章\2.4.3　调整颜色模式.mp4

步骤 1　选择“文件”|“打开”命令，打开配书光盘中的“素材\第 2 章\花朵 .jpg”，如图 2-47 所示。

图 2-47　打开素材图像

步骤 2　选择“图像”|“模式”|“CMYK 颜色”命令，如图 2-48 所示。

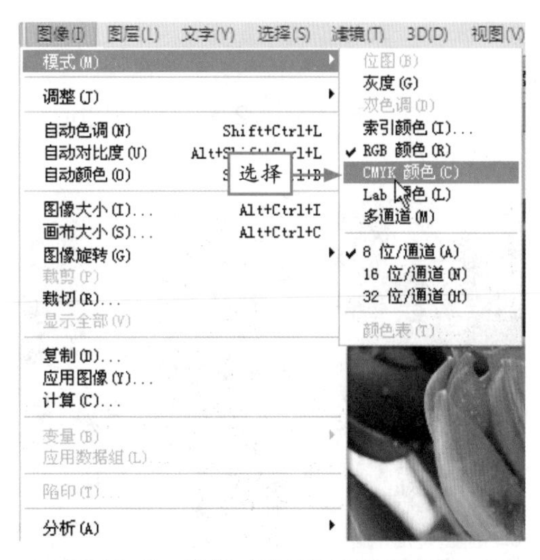

图 2-48　选择“CMYK 颜色”命令

专家提醒 CMYK 代表印刷图像时所用的 4 种颜色，分别是青、洋红、黄、黑。该模式是打印机唯一认可的颜色模式。

步骤 3　在弹出的提示对话框中单击“确定”按钮，如图 2-49 所示。

步骤 4　此时，即可看到调整颜色模式后的效果，如图 2-50 所示。

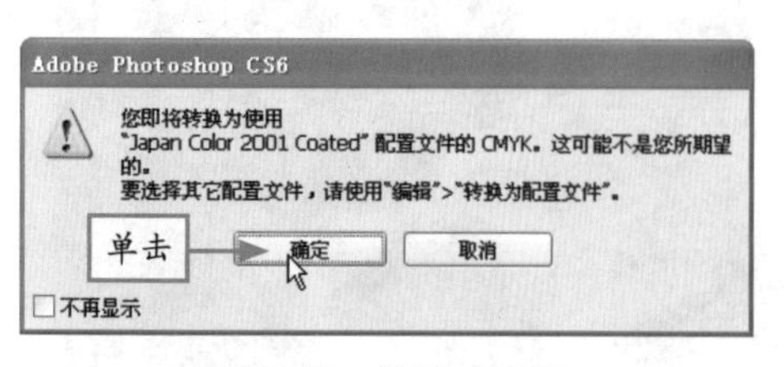

图 2-49　提示对话框

图 2-50　调整颜色模式后的效果

2.5 照片辅助工具的应用

照片辅助工具不会对照片进行任何的修改，只是起到精确定位、辅助选择的作用，熟悉掌握这些辅助工具，可以提高处理照片的效率。

2.5.1 显示标尺

标尺显示了当前光标所在位置的坐标。通过它可以精确地选取一定的范围，更准确地对齐对象。

步骤 1　选择“文件”|“打开”命令，打开配书光盘中的“素材\第 2 章\喷泉 .jpg”，如图 2-51 所示。

步骤 2　选择“视图”|“标尺”命令，即可显示出标尺，如图 2-52 所示。

图 2-51　打开素材图像

图 2-52　显示出标尺

2.5.2 应用参考线

在 Photoshop CS6 中，参考线是指浮动在整个图像上却不被打印的直线，主要用于协助对象的对齐和定位。精确知道某一位置后进行对齐操作，可绘制出一些参考线。

下面通过一个实例介绍参考线的应用方法，效果如图 2-53 所示。

图 2-53　应用参考线

素材文件	光盘\素材\第2章\排球宝贝.jpg
效果文件	光盘\效果\第2章\排球宝贝.psd
视频文件	光盘\视频\第2章\2.5.2　应用参考线.mp4

步骤 1　选择“文件”|“打开”命令，打开配书光盘中的“素材\第 2 章\排球宝贝 .jpg”，如图 2-54 所示。

图 2-54　打开素材图像

步骤 2　选择“视图”|“新建参考线”命令，如图 2-55 所示。

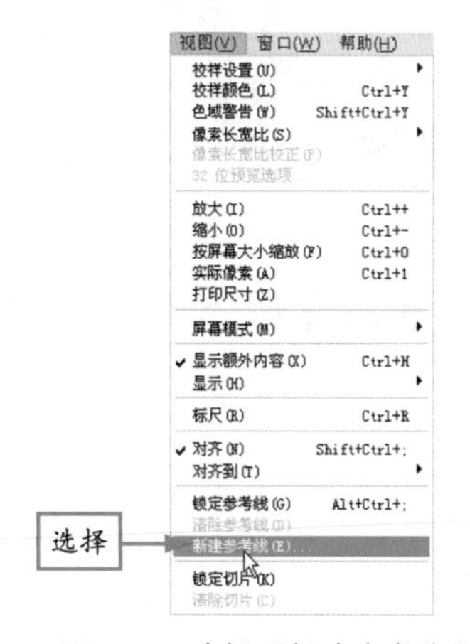

图 2-55　选择“新建参考线”命令

步骤 3　在弹出的“新建参考线”对话框中进行相应的设置，如图 2-56 所示。

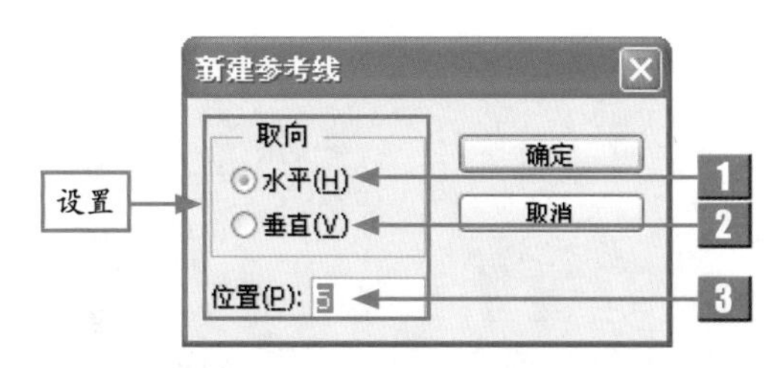

图 2-56　“新建参考线”对话框

步骤 4　单击“确定”按钮，即可应用水平参考线，效果如图 2-57 所示。

图 2-57　应用水平参考线效果

标号	名称	介绍
1	水平	选中“水平”单选按钮，创建水平参考线
2	垂直	选中“垂直”单选按钮，创建垂直参考线
3	位置	在“位置”数值框中输入相应的数值，可以设置参考线的位置

2.5.3 应用网格

在 Photoshop CS6 中，网格是由一连串的水平和垂直点组成的，常用来在绘制图像时协助对齐窗口中的任意对象。选择“视图”|“显示”|“网格”命令，即可显示网格，如图 2-58 所示。在显示网格后，用户可以选择“视图”|“对齐”|“网格”命令启用对齐功能。此后在进行创建选区和移动图像等操作时，对象会自动对齐到网格上。

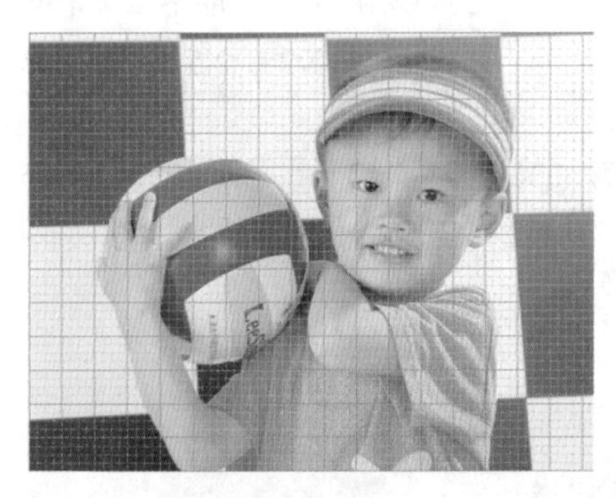

图 2-58 应用网格前后的效果对比

专家提醒 除了上述方法外，用户还可以按 Ctrl +’组合键，在图像编辑窗口中隐藏或显示网格。

第3章　照片的裁剪、旋转与调整

学习提示

Photoshop CS6 是一款很流行的图像处理软件，尤其是在照片处理方面表现得非常出色。本章着重讲述 Photoshop 中基础的照片处理功能，如翻转照片、裁剪照片等，灵活运用这些工具，可以轻松地将照片修饰得更加完美。

主要内容

- 剪裁照片
- 旋转照片
- 变换照片

重点与难点

- 使用裁剪工具裁剪照片
- 180 度旋转照片
- 水平旋转照片
- 移动照片
- 扭曲照片
- 透视照片

学完本章后你会做什么

- 掌握扶正照片的操作方法
- 掌握斜切照片的操作方法
- 掌握变形照片的操作方法

视频文件

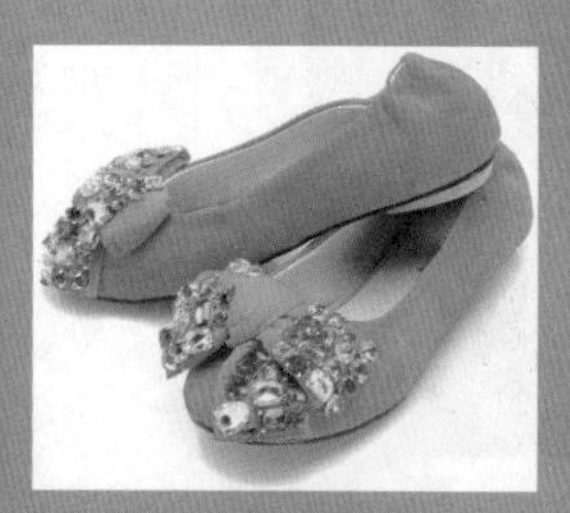

3.1 裁剪照片

在 Photoshop 中，用户经常会对某些图像进行裁剪操作。其方式有多种，既可以使用工具箱中的裁剪工具来完成，也可以通过“裁剪”或“裁切”命令来实现。本节将详细地介绍裁剪照片的操作方法。

3.1.1 使用裁剪工具裁剪照片

初学者在使用数码相机拍摄照片时，经常会因为拍摄的对象距离过远，导致照片中出现很多的空白。此时就需要使用裁剪工具将其裁剪为适当的尺寸。

下面通过一个实例详细讲解如何使用裁剪工具裁剪照片，效果如图 3-1 所示。

图 3-1 使用裁剪工具裁剪照片

素材文件	光盘\素材\第3章\粉红女郎.jpg
效果文件	光盘\效果\第3章\粉红女郎.psd
视频文件	光盘\视频\第3章\3.1.1 使用裁剪工具裁剪照片.mp4

步骤 1 选择“文件”|“打开”命令，打开配书光盘中的“素材\第 3 章\粉红女郎 .jpg”，如图 3-2 所示。

图 3-2 打开素材图像

步骤 2 将光标移至工作界面左侧的工具箱中，选取裁剪工具，如图 3-3 所示。

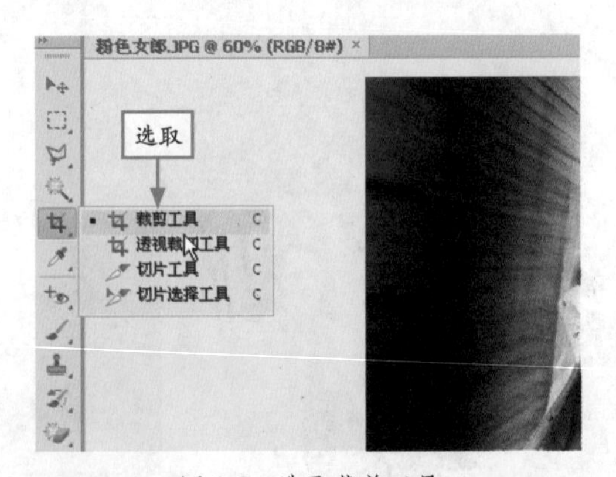

图 3-3 选取裁剪工具

专家提醒 除了上述方法外，还可以按 C 键快速选取裁剪工具。

步骤 3 将鼠标指针移至图像编辑窗口中，按住鼠标左键拖动，创建一个矩形剪裁区域，如图 3-4 所示。

图 3-4　创建矩形剪裁区域

步骤 4 按 Enter 键确认，即可得到裁剪后的照片，效果如图 3-5 所示。

图 3-5　裁剪照片后的效果

3.1.2　使用“裁切”命令裁剪照片

与“裁剪”命令不同，利用“裁切”命令裁剪图像时，不像“裁剪”命令那样要先创建选区，而是以对话框的形式来呈现。

下面通过一个实例详细讲解如何使用“裁切”命令裁剪照片，效果如图 3-6 所示。

图 3-6　使用“裁切”命令裁剪照片

素材文件	光盘\素材\第3章\骏马.psd
效果文件	光盘\效果\第3章\骏马 .psd
视频文件	光盘\视频\第3章\3.1.2　使用“裁切”命令裁剪照片.mp4

步骤 1 选择“文件”|“打开”命令，打开配书光盘中的“素材\第 3 章\骏马 .psd”，如图 3-7 所示。

步骤 2 选择“图像”|“裁切”命令，弹出“裁切”对话框，如图 3-8 所示。

图 3-7　打开素材图像

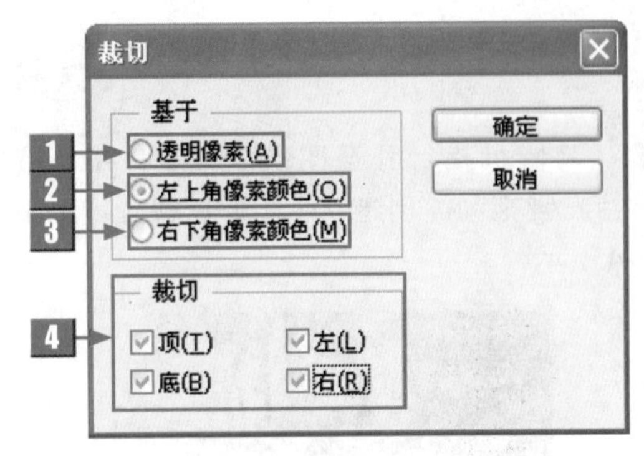

图 3-8　“裁切”对话框

标　　号	名　　称	介　　绍
1	透明像素	用于删除图像边缘的透明区域，留下包含非透明像素的最小图像
2	左上角像素颜色	删除图像左上角像素颜色的区域
3	右下角像素颜色	删除图像右上角像素颜色的区域
4	裁切	该选项组中的“顶”、“左”、“底”和“右”复选框主要用于设置要修正的图像区域

步骤 3　在该对话框中，根据实际需要进行相应的设置，如图 3-9 所示。

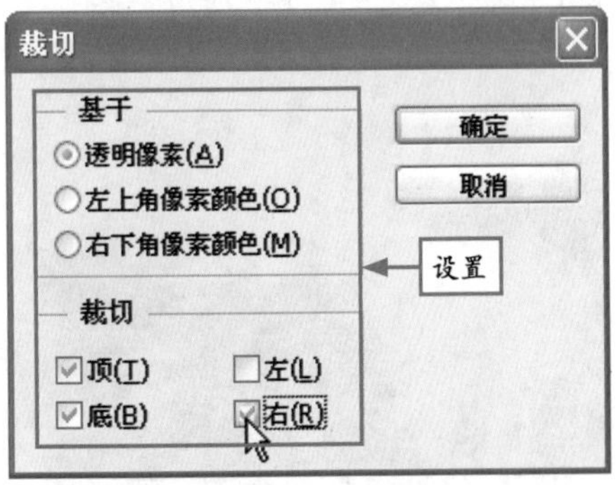

图 3-9　设置参数

步骤 4　单击“确定”按钮，即可完成照片的裁剪，效果如图 3-10 所示。

图 3-10　裁剪照片的效果

3.1.3　使用“裁剪”命令裁剪照片

在 Photoshop CS6 中，使用“裁剪”命令裁剪图像时，应先在其中创建一个选区，然后再进行裁剪。

下面通过一个实例详细讲解如何使用“裁剪”命令裁剪照片，效果如图 3-11 所示。

素材文件	光盘\素材\第3章\观景台.jpg
效果文件	光盘\效果\第3章\观景台.psd
视频文件	光盘\视频\第3章\3.1.3　使用“裁剪”命令裁剪照片.mp4

图 3-11　使用“裁剪”命令裁剪照片

步骤 1　选项“文件”|“打开”命令，打开配书光盘中的“素材\第 3 章\观景台 .jpg”，如图 3-12 所示。

图 3-12　打开素材图像

步骤 2　选取工具箱中的矩形选框工具，在图像编辑窗口中创建一个矩形选区，如图 3-13 所示。

图 3-13　创建矩形选区

步骤 3　选择“图像”|“裁剪”命令，如图 3-14 所示。

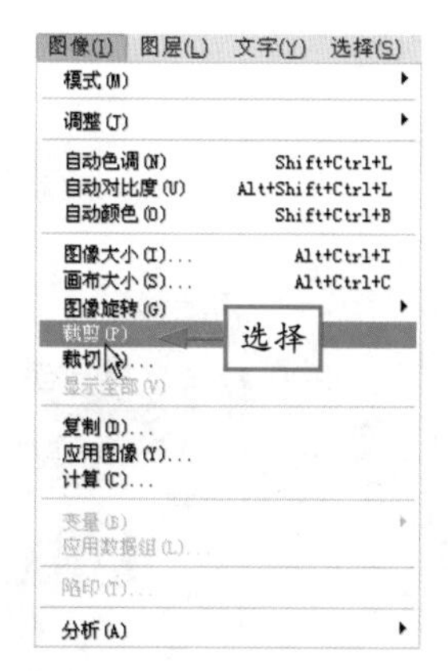

图 3-14　选择“裁剪”命令

步骤 4　稍后，即可完成照片的裁剪，效果如图 3-15 所示。

图 3-15　裁剪照片后的效果

3.2 旋转照片

旋转照片包括180度旋转照片、90度顺时针旋转照片、90度逆时针旋转照片、水平旋转照片以及垂直旋转照片5种操作方式。

3.2.1 180度旋转照片

180度旋转照片的操作方法如下：

步骤1 选择“文件”|“打开”命令，打开配书光盘中的“素材\第3章\美女.jpg”，如图3-16所示。

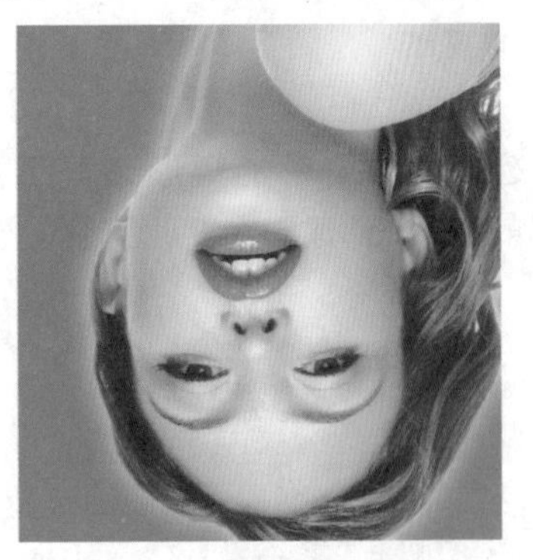

图3-16 打开素材图像

步骤2 选择“图像”|“图像旋转”|“180度”命令，即可180度旋转照片，效果如图3-17所示。

图3-17 180度旋转照片效果

3.2.2 90度顺时针旋转照片

90度顺时针旋转照片的操作方法如下：

步骤1 选择“文件”|“打开”命令，打开配书光盘中的“素材\第3章\雪景.jpg”，如图3-18所示。

图3-18 打开素材图像

步骤2 选择“图像”|“图像旋转”|“90度顺时针”命令，即可90度顺时针旋转照片，效果如图3-19所示。

图3-19 90度顺时针旋转照片效果

3.2.3　90度逆时针旋转照片

90 度逆时针旋转照片的操作方法如下：

步骤 1　选择“文件”|“打开”命令，打开配书光盘中的“素材\第 3 章\平安符 .jpg”，如图 3-20 所示。

图 3-20　打开素材图像

步骤 2　选择“图像”|“图像旋转”|“90 度逆时针”命令，即可 90 度逆时针旋转照片，效果如图 3-21 所示。

图 3-21　90 度逆时针旋转照片效果

专家提醒　除了上述方法外，用户还可以选择“编辑”|“变换”|“旋转 90 度（逆时针）”命令，将照片进行 90 度逆时针旋转。

3.2.4　水平旋转照片

使用“水平翻转画布”命令可以将画布中的照片水平放置。

下面通过一个实例详细讲解水平旋转照片，效果如图 3-22 所示。

图 3-22　水平旋转照片

素材文件	光盘\素材\第3章\海星椰林.jpg
效果文件	光盘\效果\第3章\海星椰林.psd
视频文件	光盘\视频\第3章\3.2.4　水平旋转照片.mp4

步骤 1 选择“文件”|“打开”命令，打开配书光盘中的“素材\第 3 章\海星椰林 .jpg”，如图 3-23 所示。

图 3-23 打开素材图像

步骤 2 选择“图像”|“图像旋转”|“水平翻转画布”命令，如图 3-24 所示。

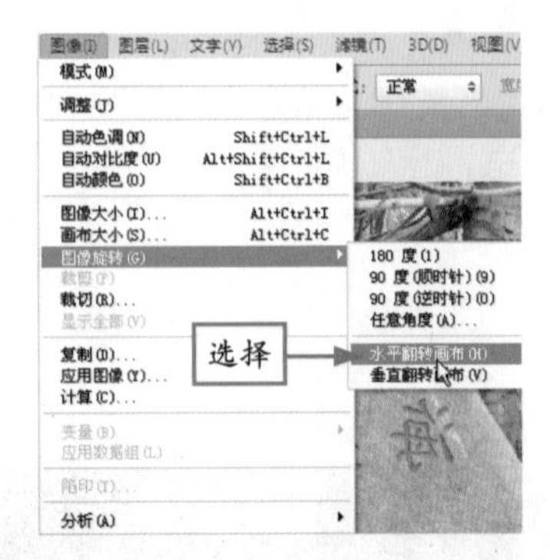

图 3-24 选择“水平翻转画布”命令

专家提醒 除了上述方法外，用户还可以选择“编辑”|“变换”|“水平翻转”命令，进行水平旋转照片操作。

步骤 3 稍后，即可水平翻转照片，效果如图 3-25 所示。

专家提醒 在图 3-24 中，如果选择“图像旋转”子菜单中的“任意角度”命令，在弹出的“旋转画布”对话框中输入画布的旋转角度，单击“确定”按钮，即可按照设定的角度和方向精确旋转画布。

图 3-25 水平翻转照片效果

3.2.5 垂直旋转照片

使用“垂直翻转画布”命令可以将画布中的照片垂直放置。具体操作步骤如下：

步骤 1 选择“文件”|“打开”命令，打开配书光盘中的“素材\第 3 章\生日蛋糕 .jpg”，如图 3-26 所示。

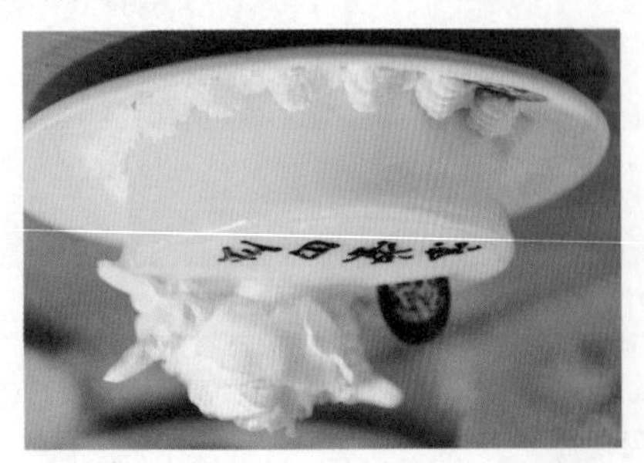

图 3-26 打开素材图像

步骤 2 选择“图像”|“图像旋转”|“垂直翻转画布”命令，即可垂直旋转照片，效果如图 3-27 所示。

图 3-27 垂直旋转照片效果

专家提醒 除了上述方法外，用户还可以选择“编辑”|“变换”|“垂直翻转”命令，垂直旋转照片。

3.2.6 扶正照片

如果拍摄的照片出现了倾斜的现象，可使用变换控制框来调整。

下面通过一个实例介绍扶正照片的操作方法，最终效果如图 3-28 所示。

图 3-28 扶正照片

素材文件	光盘\素材\第3章\纪念塔.jpg
效果文件	光盘\效果\第3章\纪念塔.psd
视频文件	光盘\视频\第3章\3.2.1 扶正照片对象.mp4

步骤 1 选择“文件”|“打开”命令，打开配书光盘中的“素材\第 3 章\纪念塔 .jpg”，如图 3-29 所示。

图 3-29 打开素材图像

步骤 2 选择“图层”|“复制图层”命令，弹出“复制图层”对话框，保持默认设置，如图 3-30 所示。

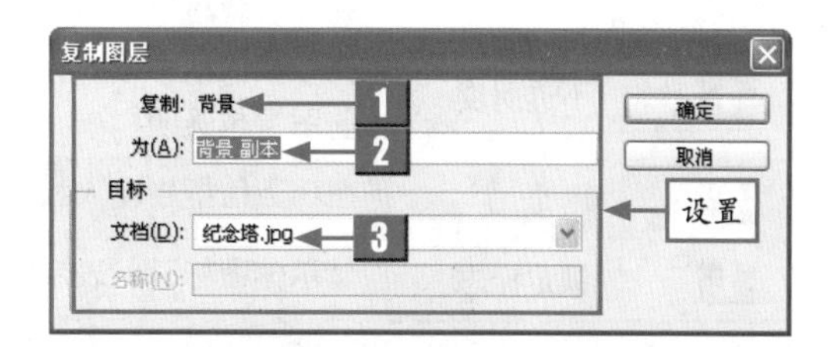

图 3-30 “复制图层”对话框

标号	名称	介绍
1	复制	显示复制的图层名称
2	为	设置通过复制得到的图层名称
3	文档	显示的是图像文件的名称

步骤3 单击“确定”按钮，即可复制图层，如图 3-31 所示。

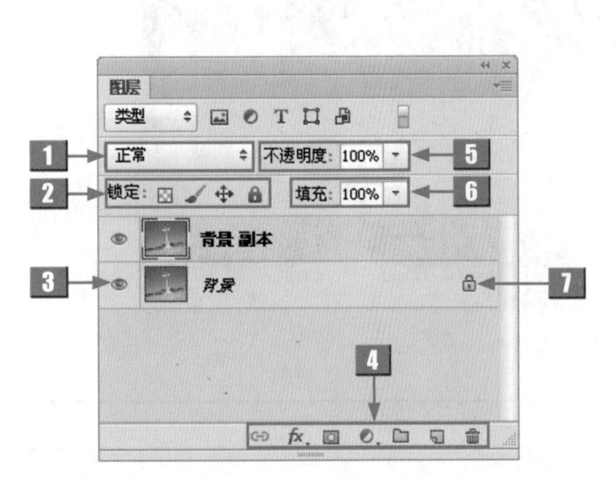

图 3-31 复制图层

步骤4 选择“编辑”|“变换”|“旋转”命令，如图 3-32 所示。

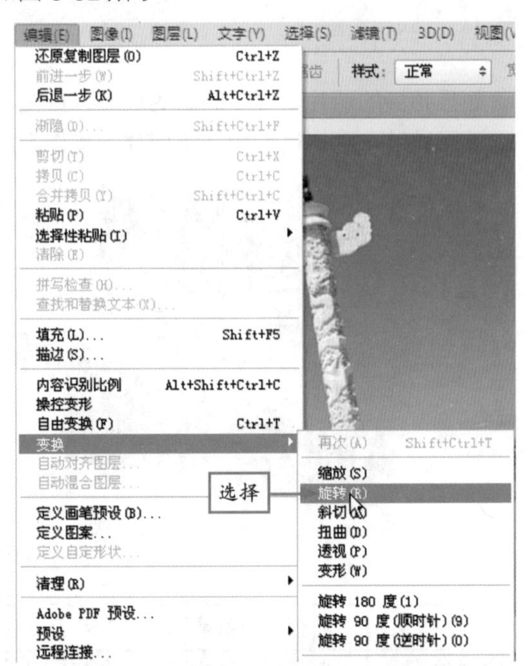

图 3-32 选择“旋转”命令

标号	名称	介绍
1	混合模式	在该下拉列表框中可以选择当前图层的混合模式
2	锁定	其中包括“锁定透明像素”按钮、“锁定图像像素”按钮、“锁定位置”按钮以及“锁定全部”按钮，单击各个按钮，即可进行相应的锁定设置
3	图层可见性	用来控制图层中图像的显示与隐藏状态
4	快捷按钮	其中主要包括“链接图层”、“添加图层样式”、“创建新图层”以及“删除图层”等按钮，用于进行一些常见的图层操作
5	不透明度	在该数值框中输入相应的数值，可以控制当前图层的透明属性。其值越小，当前图层越透明
6	填充	在该数值框中输入相应的数值，可以控制当前图层中非图层样式部分的透明度
7	锁定标志	显示该图标时，表示图层处于锁定状态

专家提醒 除了上述方法外，用户还可以在“图层”面板中选择需要复制的图层，将其解锁后，按住 Shift + Alt 键的同时向下拖曳鼠标，释放鼠标左键后，即可复制图层。

步骤5 调出变换控制框，将光标变为旋转形状时，按住鼠标左键旋转至适当位置，如图 3-33 所示。

步骤6 在变换控制框中，双击鼠标左键，即可扶正倾斜的照片，效果如图 3-34 所示。

图 3-33　旋转控制框

图 3-34　扶正照片效果

步骤 7　选取工具箱中的裁剪工具，在图像编辑窗口中拖曳出矩形框，如图 3-35 所示。

图 3-35　拖曳出矩形框

步骤 8　按 Enter 键确认，即可裁剪对象，效果如图 3-36 所示。

图 3-36　裁剪对象效果

3.3 变换照片

在 Photoshop CS6 中，变换照片是非常有效的照片编辑手段，用户可以根据需要对照片进行斜切、扭曲、透视、变形、缩放等操作。本节将详细地介绍变换照片的操作方法。

3.3.1　移动照片

移动工具是 Photoshop 中最基础的工具之一。选取工具箱中的移动工具，可以将图像进行随意的移动，还可以将其拖曳至其他图像编辑窗口中进行编辑。

下面通过一个实例详细讲解如何移动照片，最终效果如图 3-37 所示。

图 3-37　移动照片

素材文件	光盘\素材\第3章\小皮鞋.psd
效果文件	光盘\效果\第3章\小皮鞋.psd
视频文件	光盘\视频\第3章\3.3.1　移动照片.mp4

步骤 1 选择“文件”|“打开”命令，打开配书光盘中的“素材\第3章\小皮鞋.psd”，如图3-38所示。

图 3-38　打开素材图像

步骤 2 将光标移至工作界面左侧的工具箱中，选取的移动工具，如图3-39所示。

图 3-39　选取移动工具

步骤 3 将光标移至图像编辑窗口中要移动的图像上，如图3-40所示。

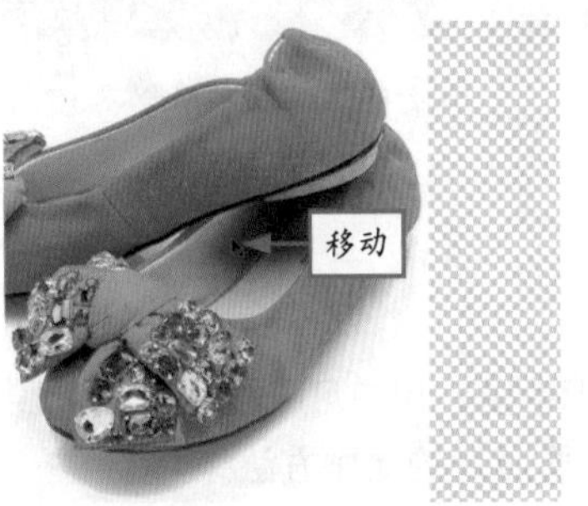

图 3-40　移动光标

步骤 4 单击鼠标左键并向右拖曳至合适位置，即可移动照片，如图3-41所示。

图 3-41　移动照片效果

3.3.2　斜切照片

在 Photoshop CS6 中，用户可以使用“斜切”命令斜切图像，制作出逼真的倒影效果。下面通过一个实例详细讲解如何斜切照片，最终效果如图3-42所示。

图 3-42　斜切照片

素材文件	光盘\素材\第3章\皮包.psd
效果文件	光盘\效果\第3章\皮包.psd
视频文件	光盘\视频\第3章\3.3.2　斜切照片.mp4

步骤 1　选择“文件”|“打开”命令，打开配书光盘中的“素材\第 3 章\皮包 .psd”，如图 3-43 所示。

图 3-43　打开素材图像

步骤 2　选择“窗口”|“图层”命令，打开“图层”面板，选择“图层 2”图层，如图 3-44 所示。

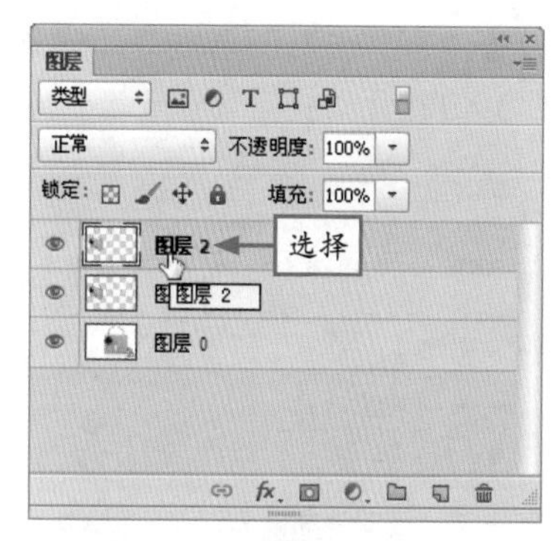

图 3-44　选择“图层 2”图层

步骤 3　选择“编辑”|“变换”|“旋转”命令，如图 3-45 所示。

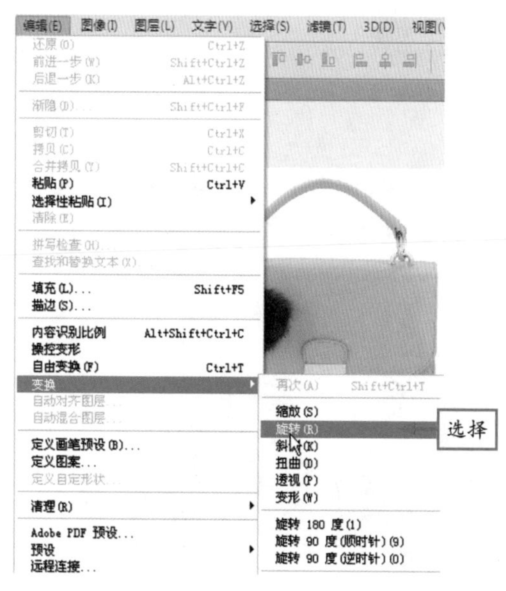

图 3-45　选择“旋转”命令

步骤 4　翻转图像后，选取移动工具，将图像移至合适位置，如图 3-46 所示。

图 3-46　移动图像位置

步骤 5　选择“编辑”|“变换”|“斜切”命令，调出变换控制框，如图 3-47 所示。

步骤 6　将光标移至变换控制框左上角的控制柄上，当其变为白色三角形状时，单击鼠标左键并向上拖曳，至合适位置后松开鼠标左键，按 Enter 键确认，如图 3-48 所示。

图 3-47 调出变换控制框

图 3-48 拖曳鼠标

步骤 7 设置"图层 2"图层的"不透明度"为 20，如图 3-49 所示。

图 3-49 设置图层不透明度

步骤 8 完成设置后，即可斜切照片，效果如图 3-50 所示。

图 3-50 斜切照片效果

专家提醒 除了上述方法外，还可以按 F7 键快速打开"图层"面板。

3.3.3 扭曲照片

在 Photoshop CS6 中，用户可以根据需要对一些照片进行扭曲操作，以实现一些特殊效果。下面通过一个实例详细讲解如何扭曲照片，最终效果如图 3-51 所示。

图 3-51 扭曲照片

素材文件	光盘\素材\第3章\南天一柱.psd
效果文件	光盘\效果\第3章\南天一柱.psd
视频文件	光盘\视频\第3章\3.3.3 扭曲照片.mp4

步骤 1 选择“文件”|“打开”命令，打开配书光盘中的“素材\第 3 章\南天一柱 .psd”，如图 3-52 所示。

图 3-52　打开素材图像

步骤 2 在“图层”面板中选择“图层 0”图层，然后选择“编辑”|“变换”|“扭曲”命令，如图 3-53 所示。

图 3-53　选择“扭曲”命令

专家提醒 与斜切不同的是，执行扭曲操作时，控制柄可以随意拖动，不受调整边框方向的限制，若在拖曳鼠标的同时按住 Alt 键，则可以制作出对称扭曲效果，而斜切则会受到调整边框的限制。

步骤 3 调出变换控制框，将光标移至控制柄上，可以看到其形状会发生变化，呈现为白色三角形状，如图 3-54 所示。

图 3-54　移动光标

步骤 4 此时单击鼠标左键并拖曳，至合适位置后释放鼠标左键，然后按 Enter 键确认，即可扭曲照片，如图 3-55 所示。

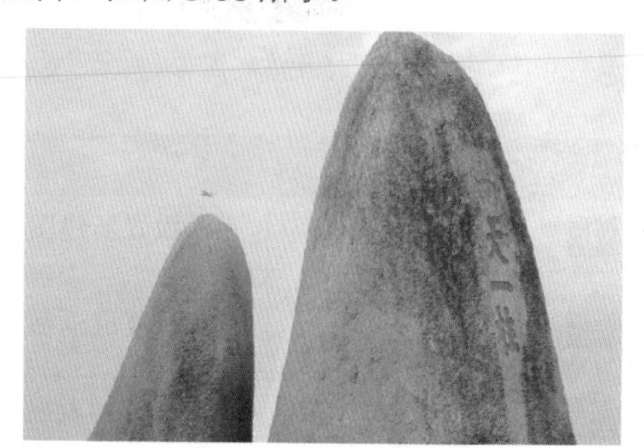

图 3-55　扭曲照片效果

3.3.4　透视照片

在 Photoshop CS6 中，如果要将平面图变换为透视效果，可以通过“透视”命令完成。在“变成”子菜单中选择“透视”命令，立即会显示变换控制框，此时单击鼠标左键并拖曳，即可进行透视变换。

下面通过一个实例详细讲解如何透视照片，最终效果如图 3-56 所示。

图 3-56　透视照片

素材文件	光盘\素材\第3章\平底鞋.jpg
效果文件	光盘\素材\第3章\平底鞋.jpg
视频文件	光盘\视频\第3章\3.3.4　透视照片.mp4

步骤 1　选择“文件”|“打开”命令，打开配书光盘中的“素材\第 3 章\平底鞋 .jpg”，如图 3-57 所示。

图 3-57　打开素材图像

步骤 2　在“图层”面板中，选择“背景”图层，双击鼠标左键，弹出“新建图层”对话框，如图 3-58 所示。

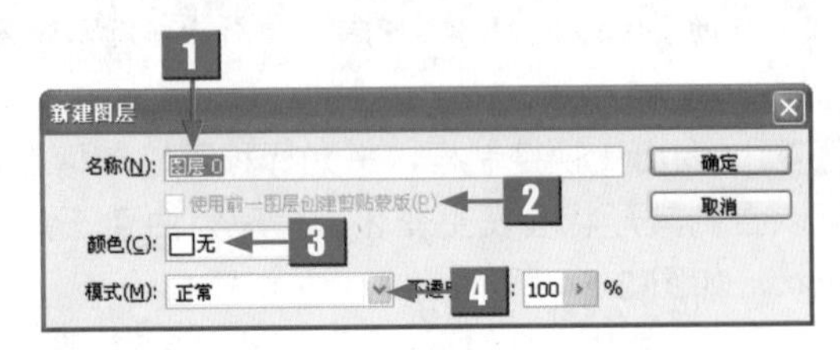

图 3-58　“新建图层”对话框

标　号	名　称	介　绍
1	名称	用于设置新建图层的名称
2	使用前一图层创建剪贴蒙版	选中该复选框后，可以将新创建的图层与下面的图层创建为一个剪贴蒙版组
3	颜色	在该下拉列表框中选择一种颜色后，可以使用颜色标记图层
4	模式	在该下拉列表框中，可以选择图层的混合模式

步骤 3　单击“确定”按钮，新建图层。选择“编辑”|“变换”|“透视”命令，如图 3-59 所示。

步骤 4　调出变换控制框，将光标移至控制柄上，当其变为白色三角▷形状时单击鼠标左键并拖曳至合适位置，如图 3-60 所示。

专家提醒　除了上述方法外，按 Ctrl + T 组合键，也可以快速调出变换控制框。

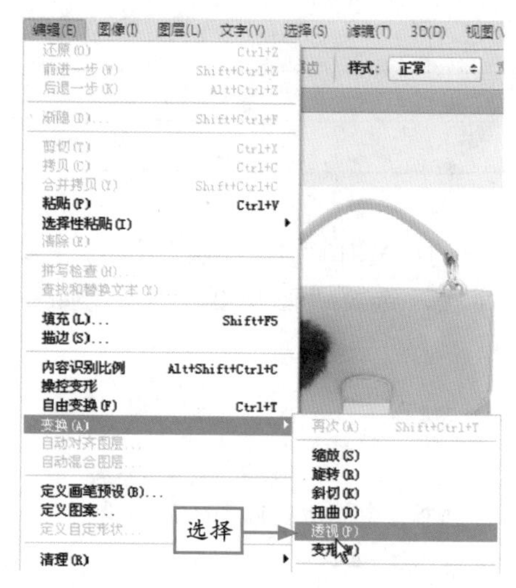

图 3-59　选择“透视”命令

图 3-60　单击鼠标左键并拖曳

步骤 5　执行上述操作后，再一次对图像进行微调，如图 3-61 所示。

图 3-61　再次调整图像

步骤 6　按 Enter 键确认，即可透视图像，效果如图 3-62 所示。

图 3-62　透视图像效果

3.3.5　缩放照片

在 Photoshop CS6 中，利用“变换”子菜单中的“缩放”命令可以调整照片的大小。下面通过一个实例详细讲解如何缩放照片，最终效果如图 3-63 所示。

图 3-63　缩放照片

素材文件	光盘\素材\第3章\仰视.psd
效果文件	光盘\效果\第3章\仰视.psd
视频文件	光盘\视频\第3章\3.3.5　缩放照片.mp4

步骤 1 选择“文件”|“打开”命令，打开配书光盘中的“素材\第3章\仰视.psd”，如图3-64所示。

图 3-64　打开素材图像

步骤 2 选择“窗口”|“图层”命令，打开“图层”面板，选择“图层0”图层，如图3-65所示。

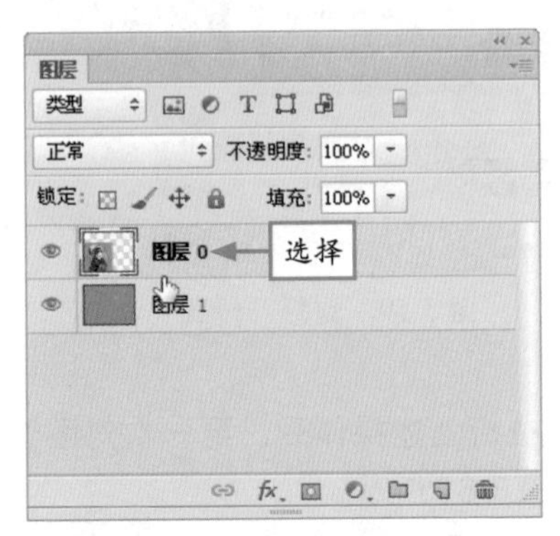

图 3-65　选择“图层 0”图层

步骤 3 选择“编辑”|“变换”|“缩放”命令，调出变换控制框，如图3-66所示。

图 3-66　调出变换控制框

步骤 4 将光标移至变换控制框左上角的控制柄处，当其呈双向箭头显示时，单击鼠标左键并拖曳，即可缩放照片，如图3-67所示。

图 3-67　缩放照片效果

专家提醒 在变换控制框中，将光标移至四周的8个控制柄上，当其变为双向箭头 ↔ 形状时，单击鼠标左键并拖曳，即可放大或缩小裁剪区域；将光标移至变换控制框外，当其变为 ↷ 形状时，可对裁剪区域进行旋转。

3.3.6　变形照片

用户在执行“变形”命令时，图像上会出现变形网格和锚点，拖曳这些锚点或调整锚点的方向线可以对图像进行更加自由、灵活的变形处理。

下面通过一个实例详细讲解如何变形照片，最终效果如图3-68所示。

图 3-68　变形照片

素材文件	光盘\素材\第3章\蝴蝶.jpg、温馨.jpg
效果文件	光盘\效果\第3章\美女.psd
视频文件	光盘\视频\第3章\3.3.6　变形照片.mp4

步骤 1　选择“文件”|“打开”命令，打开配书光盘中的“素材\第 3 章\蝴蝶 .jpg、温馨 .jpg”，如图 3-69 所示。

图 3-69　打开两幅素材图像

步骤 2　选取工具箱中的移动工具，将光标移至“温馨”图像上，单击鼠标左键并将其拖曳至“蝴蝶”图像上，如图 3-70 所示。

图 3-70　将“温馨”图像移至“蝴蝶”图像上

步骤 3　选择“编辑”|“变换”|“缩放”命令，调出变换控制框，如图 3-71 所示。

图 3-71　调出变换控制框

步骤4 将光标移至变换控制框右上方的控制柄上，单击鼠标左键并拖曳，即可缩放至合适大小，如图3-72所示。

图3-72 调整图像大小

步骤5 在变换控制框中单击鼠标右键，在弹出的快捷菜单中选择“变形”命令，如图3-73所示。

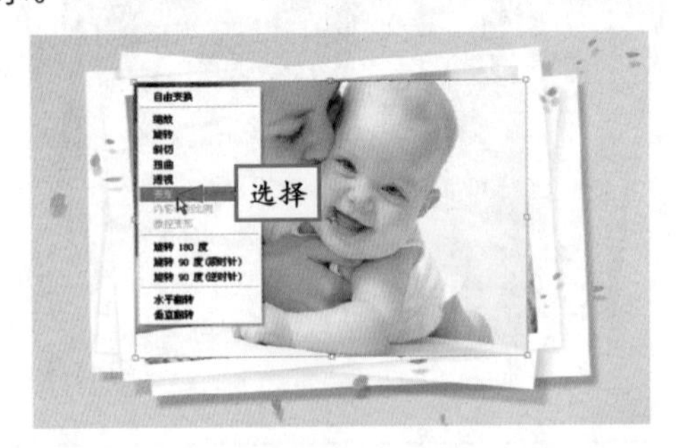

图3-73 选择“变形”命令

步骤6 当显示出变形网格后，拖曳其中的锚点或调整锚点的方向线，直至合适的位置，如图3-74所示。

图3-74 拖曳锚点或调整锚点的方向线

步骤7 按Enter键确认，即可变形照片，效果如图3-75所示。

图3-75 变形照片效果

第 2 篇　基本校正篇

本篇专业讲解了照片的修复与修饰、照片色彩的简单与高级调整、照片色调的简单与高级处理、照片的曝光与光影效果调整等内容。

第4章　照片的修复与修饰

学习提示

数码照片难免会因为某些原因，出现一些污垢、瑕疵等，影响美观。为此，需要运用合理的工具和方法对其进行修复与修饰。本章将详细介绍数码照片的修复与修饰方法。

主要内容

- 修复照片中的瑕疵
- 修复破损的旧照片
- 照片的背景处理
- 照片的锐化处理

重点与难点

- 去除照片中的污点
- 去除照片中的噪点
- 去除照片上的日期
- 淡化老照片中的污渍
- 使用“USM锐化”滤镜锐化照片
- 智能锐化照片

学完本章后你会做什么

- 掌握去除照片中红眼的操作方法
- 掌握修复模糊的老照片的操作方法
- 掌握替换照片背景图像的操作方法

视频文件

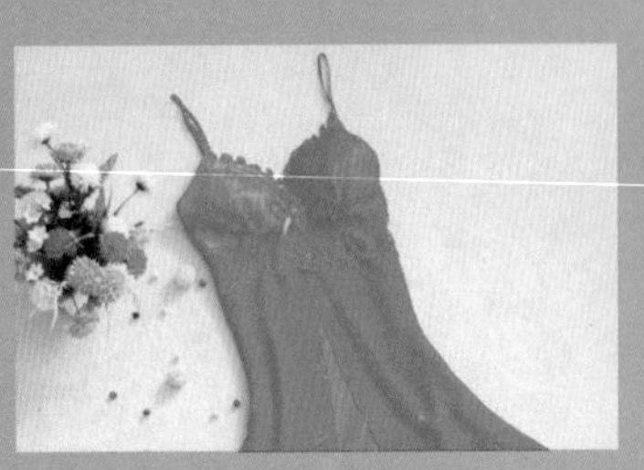

4.1 修复照片中的瑕疵

由于各种原因，拍摄的数码照片难免会出现污点、噪点、日期以及红眼等瑕疵，此时可以使用 Photoshop CS6 中相应的工具进行修复。

4.1.1 去除照片中的污点

很多数码照片因为保存不当而沾上了污渍，影响美观。使用 Photoshop CS6 提供的修补工具，可以轻松地将照片中的污点去掉。

下面通过一个实例详细讲解如何去除照片中的污点，效果如图 4-1 所示。

图 4-1 去除照片中的污点

素材文件	光盘\素材\第4章\衣服.jpg
效果文件	光盘\效果\第4章\衣服.psd
视频文件	光盘\视频\第4章\4.1.1 去除照片的污点.mp4

步骤 1 选择“文件”|“打开”命令，打开配书光盘中的“素材\第 4 章\衣服 .jpg”，如图 4-2 所示。

图 4-2 打开素材图像

步骤 2 选择“图层”|“复制图层”命令，在弹出的“复制图层”对话框中单击“确定”按钮，即可复制图层，如图 4-3 所示。

图 4-3 复制图层

步骤 3 选取工具箱中的修补工具，其属性栏如图 4-4 所示。

步骤 4 将光标移至图像编辑窗口中，创建一个选区，如图 4-5 所示。

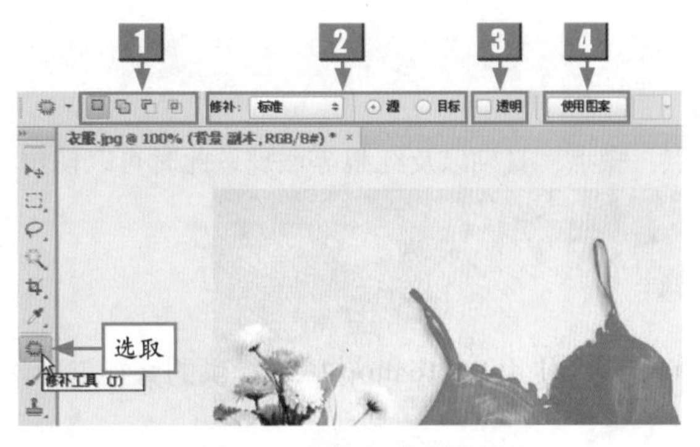

图 4-4　修补工具属性栏

图 4-5　创建选区

标　　号	名　　称	介　　绍
1	运算按钮	针对创建的选区，可以进行添加等操作
2	修补	用来设置修补方式。选中“源”单选按钮，将选区拖曳至要修补的区域，然后释放鼠标左键，就会用当前选区中的图像修补原来选中的内容；选中“目标”单选按钮，则会将选中的图像复制到目标区域
3	透明	用来设置所修复图像的透明度
4	使用图案	选中该复选框后，可以应用图案对所选区域进行修复

步骤 5　将光标移至选区内，单击鼠标左键并拖曳选区至附近相邻位置，如图 4-6 所示。

图 4-6　拖曳选区

步骤 6　释放鼠标左键即可完成图像的修补，效果如图 4-7 所示。

图 4-7　修补图像效果

专家提醒　使用修补工具可以用其他区域或图案中的像素来修复选中的区域。与修复画笔工具相同，修补工具会将样本像素的纹理、光照和阴影与源像素进行匹配。此外，还可以使用修补工具来仿制图像的隔离区域。

步骤 7　在图像编辑窗口中，按住 Ctrl 键的同时，在其他污点处依次单击鼠标左键并拖曳，创建选区，如图 4-8 所示。

步骤 8　将光标移至选区内，单击鼠标左键并拖曳选区至附近相邻位置，然后释放鼠标左键，即可完成图像的修补，如图 4-9 所示。

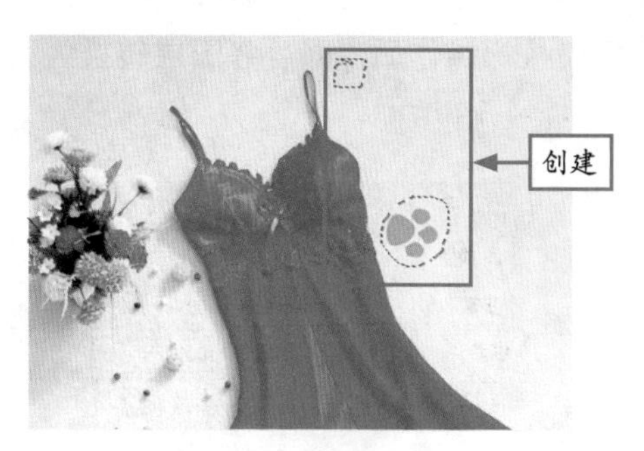

图 4-8　创建选区

图 4-9　修补图像效果

4.1.2　去除照片中的噪点

时光如流水，长时间保存的照片有时会出现一些噪点，此时可以通过“表面模糊”命令来去除。下面通过一个实例详细讲解如何去除照片中的噪点，最终效果如图 4-10 所示。

图 4-10　去除照片中的噪点

素材文件	光盘\素材\第4章\天空与磨坊.jpg
效果文件	光盘\效果\第4章\天空与磨坊.psd
视频文件	光盘\视频\第4章\4.1.2　去除照片中的噪点.mp4

步骤 1　选择“文件”|“打开”命令，打开配书光盘中的“素材\第 4 章\天空与磨坊.jpg”，如图 4-11 所示。

图 4-11　打开素材图像

步骤 2　选择“图层”|“复制图层”命令，弹出“复制图层”对话框，单击“确定”按钮，复制图层，如图 4-12 所示。

图 4-12　复制图层

步骤 3 选择“图层”|“智能对象”|“转换为智能对象”命令，如图 4-13 所示。

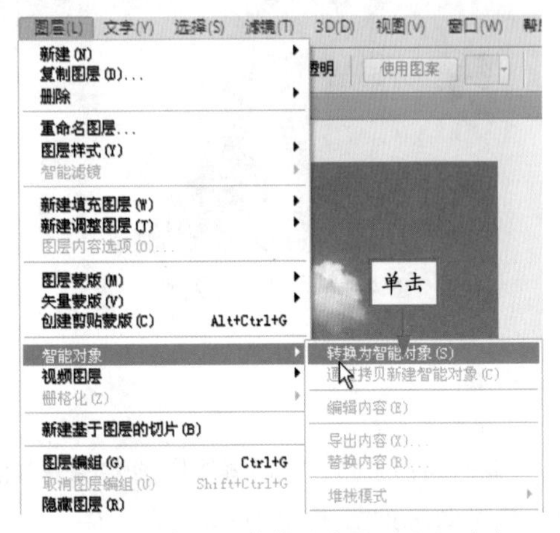

图 4-13 选择“转换为智能对象”命令

步骤 4 执行操作后，即可将图层转换为智能对象，如图 4-14 所示。

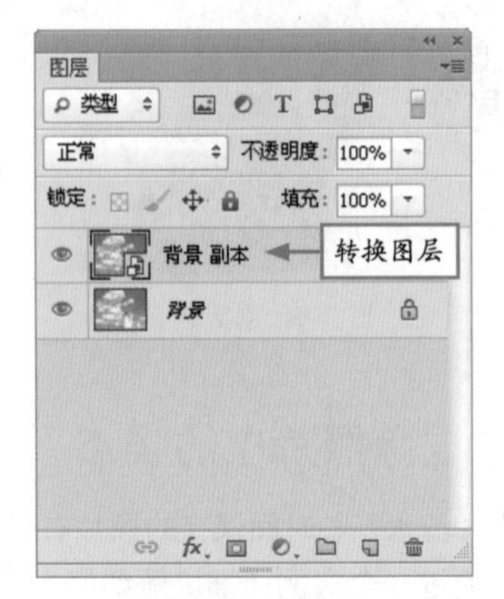

图 4-14 将图层转换为智能对象

步骤 5 选择“滤镜”|“模糊”|“表面模糊”命令，如图 4-15 所示。

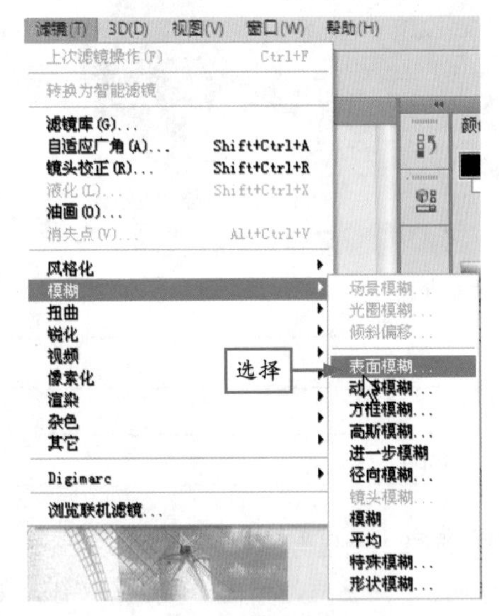

图 4-15 选择“表面模糊”命令

步骤 6 弹出“表面模糊”对话框，设置“半径”为 8，“阈值”为 37，如图 4-16 所示。

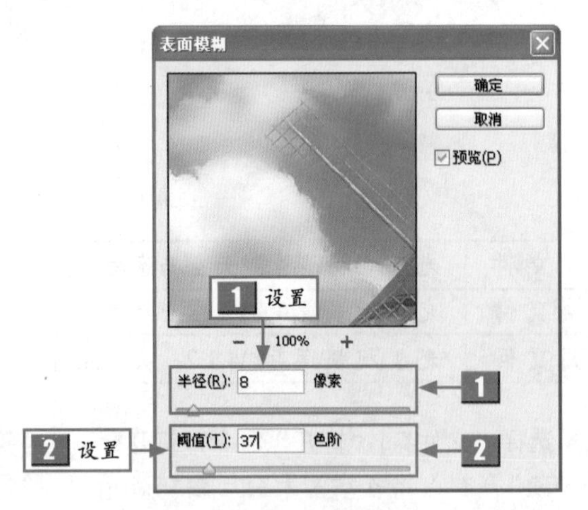

图 4-16 在“表面模糊”对话框中设置参数

标　号	名　称	介　绍
1	半径	用来指定模糊取样区域的大小
2	阈值	用来控制相邻像素色调值与中心像素值相差多大时才能成为模糊的一部分，色调值之差小于阈值的像素将被排除在模糊之外

步骤 7 单击“确定”按钮，即可模糊图像，如图 4-17 所示。

步骤 8 选择“图层”|“新建调整图层”|“亮度/对比度”命令，如图 4-18 所示。

图 4-17　模糊图像效果

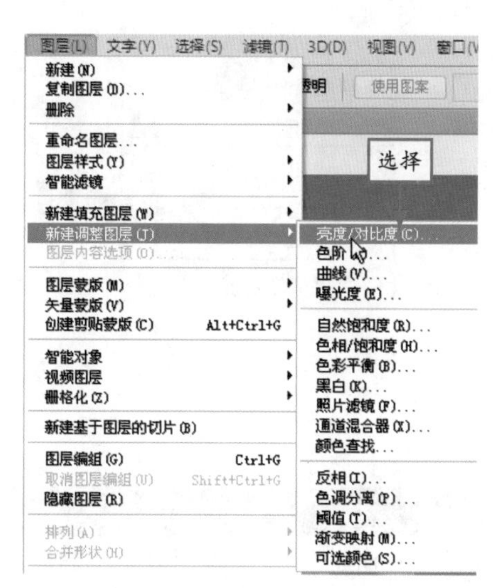

图 4-18　选择“亮度 / 对比度”命令

步骤 9　弹出“新建图层”对话框，保持默认设置，单击“确定”按钮，即可新建“亮度 / 对比度 1”调整图层，如图 4-19 所示。

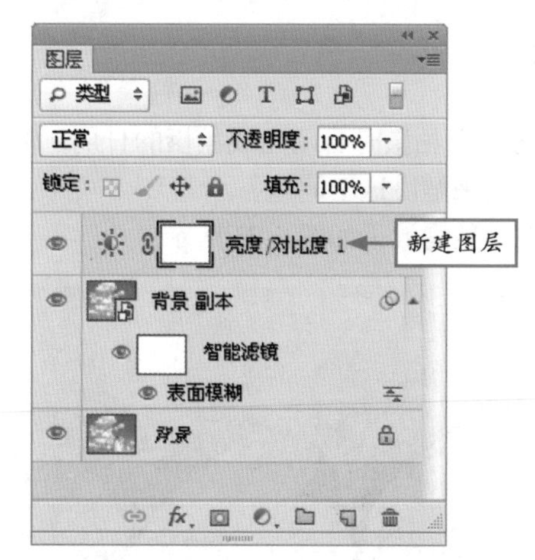

图 4-19　新建“亮度 / 对比度 1”调整图层

步骤 10　打开“亮度 / 对比度”调整面板，设置“亮度”为 26，“对比度”为 29，如图 4-20 所示。

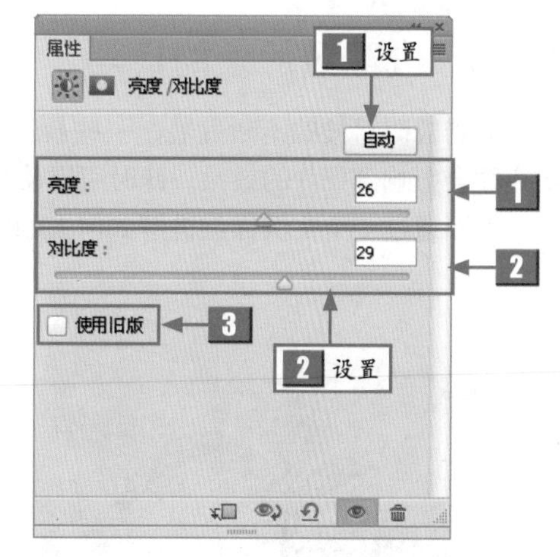

图 4-20　在“亮度 / 对比度”调整面板中设置参数

标　号	名　称	介　绍
1	亮度	用于调整图像的亮度。该值为正时将增加图像亮度；为负时则降低亮度
2	对比度	用于调整图像的对比度。该值为正时将增加图像对比度；为负时则降低对比度
3	使用旧版	选中该复选框，可以用传统的方式调整图像的亮度与对比度

步骤 11　选择“图层” | “新建调整图层” | “色彩平衡”命令，新建“色彩平衡”调整图层，展开“色彩平衡”调整面板，如图 4-21 所示。

步骤 12　将“青色—红色”、“洋红—绿色”、“黄色—蓝色”分别设置为 –36、–16、26，得到图像的最终效果，如图 4-22 所示。

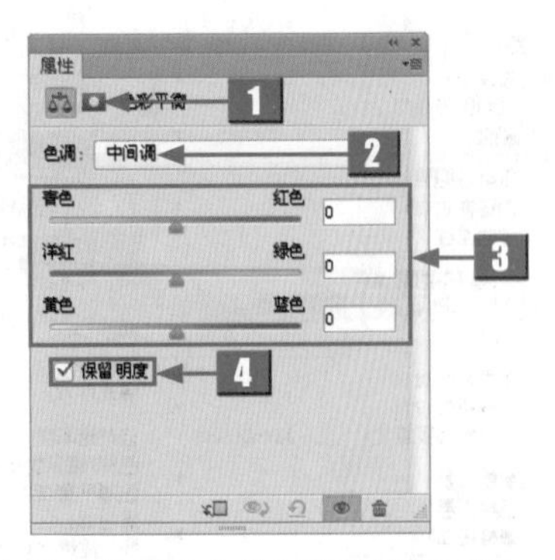

图 4-21　展开“色彩平衡”调整面板

图 4-22　图像最终效果

标　　号	名　　称	介　　绍
1	阴影	选中该单选按钮后，在调整阴影中的颜色平衡时，将在阴影中增加蓝色
2	中间调	选中该单选按钮后，可以用中间的色调调整图像的亮度与对比度
3	色彩平衡	在右侧文本框中输入数值，或拖动滑块可以向图像中增加或减少颜色
4	保留明度	选中该复选框后，可以保持图像的色调不变，防止亮度值随颜色的更改而改变

4.1.3　去除照片上的日期

随着数码科技的不断发展，一些最新的数码相机可以在拍摄时自动生成拍摄的日期，但这些数字往往会影响到照片的效果，此时可以使用仿制图章工具来解决这个问题。

下面通过一个实例详细讲解如何去除照片上的日期，最终效果如图 4-23 所示。

图 4-23　去除照片上的日期

素材文件	光盘\素材\第4章\深秋对白.jpg
效果文件	光盘\效果\第4章\深秋对白.psd
视频文件	光盘\视频\第4章\4.1.3　去除照片上的日期.mp4

步骤 1　选择“文件” | “打开”命令，打开配书光盘中的“素材 \ 第 4 章 \ 深秋对白 .jpg”，如图 4-24 所示。

步骤 2　在工具箱中选取仿制图章工具，其属性栏如图 4-25 所示。

图 4-24　打开素材图像

图 4-25　选取仿制图章工具

标　　号	名　　称	介　　绍
1	点按可打开"画笔预设"选取器	单击该按钮，在弹出的"画笔预设"选取器中可以选择笔尖，设置画笔的大小和硬度
2	模式	在该下拉列表框中，可以选择画笔笔迹颜色与下面像素的混合模式
3	不透明度	用于设置使用仿制图章工具时的不透明度
4	流量	用于设置扩散速度
5	对齐	选中该复选框后，可以在使用仿制图章工具时应用对齐功能，对图像进行规则复制
6	样本	在该下拉列表框中可以选择定义源图像时所取的图层范围，其中包括"当前图层"、"当前和下方图层"及"所有图层"3个选项
7	启用喷枪模式	单击该按钮，可以启用喷枪功能，此时将根据单击鼠标左键的次数确定画笔线条的填充数量

步骤 3　在工具属性栏中，单击"点按可打开'画笔预设'选取器"按钮，设置"大小"为40，如图 4-26 所示。

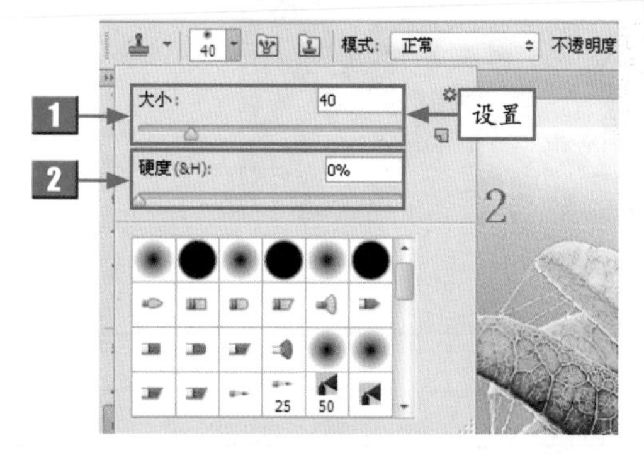

图 4-26　设置参数值

步骤 4　在工具箱中选取缩放工具，将光标下移至图像编辑窗口左上角，单击鼠标左键并拖曳，放大图像，如图 4-27 所示。

图 4-27　放大图像

标　　号	名　　称	介　　绍
1	大小	用于设置画笔的大小
2	硬度	用于设置画笔的硬度

步骤5 将光标移至图像窗口中的适当位置，按住Alt键的同时单击鼠标左键，进行取样，如图4-28所示。

图4-28 取样图像

步骤6 释放Alt键，将光标移至日期上，单击鼠标左键并拖曳，即可将其去除，效果如图4-29所示。

图4-29 去除照片上的日期效果

4.1.4 去除照片中的红眼

在使用数码相机拍摄照片时，如果光线调整不当，就会出现红眼的现象。此时可以使用红眼工具来修复。

下面通过一个实例详细讲解如何去除照片中的红眼，最终效果如图4-30所示。

图4-30 去除照片中的红眼

素材文件	光盘\素材\第4章\靓丽.jpg
效果文件	光盘\效果\第4章\靓丽.psd
视频文件	光盘\视频\第4章\4.1.4 去除照片中的红眼.mp4

步骤1 选择“文件”|“打开”命令，打开配书光盘中的“素材\第4章\靓丽.jpg”，如图4-31所示。

步骤2 选取工具箱中的红眼工具，其属性栏如图4-32所示。

图 4-31　打开素材图像

图 4-32　选取红眼工具

标　　号	名　　称	介　　绍
1	瞳孔大小	用于设置瞳孔（眼睛暗色的中心）的大小
2	变暗量	用于设置瞳孔的暗度

步骤 3　将光标移至图像编辑窗口中，在人物的眼睛上单击鼠标左键，即可去除红眼，如图 4-33 所示。

步骤 4　以同样的方法，在另一只眼睛上单击鼠标左键，将红眼去除，效果如图 4-34 所示。

图 4-33　去除红眼效果

图 4-34　去除另一个红眼

专家提醒　红眼工具可以说是专门为去除照片中的红眼而设立的，但需要注意的是，这并不代表该工具仅能对照片中的红眼进行处理，对于其他较为细小的对象，同样可以使用该工具来修改色彩。

4.1.5　恢复照片自然颜色

色彩是人对事物的第一视觉印象，因此数码照片中的色彩感觉尤其重要。

下面通过一个实例详细讲解如何恢复照片自然颜色，最终效果如图 4-35 所示。

图 4-35　恢复照片自然颜色

素材文件	光盘\素材\第4章\慵懒.jpg
效果文件	光盘\效果\第4章\慵懒.psd
视频文件	光盘\视频\第4章\4.1.5　恢复照片自然颜色.mp4

步骤 1　选择“文件”|“打开”命令，打开配书光盘中的“素材\第 4 章\慵懒 .jpg”，如图 4-36 所示。

图 4-36　打开素材图像

步骤 2　选择“图层”|“新建调整图层”|“色相/饱和度”命令，如图 4-37 所示。

图 4-37　选择“色相/饱和度”命令

步骤 3　新建“色相/饱和度 1”调整图层，展开“色相/饱和度”调整面板，设置“色相”为 –8，“饱和度”为 60，如图 4-38 所示。

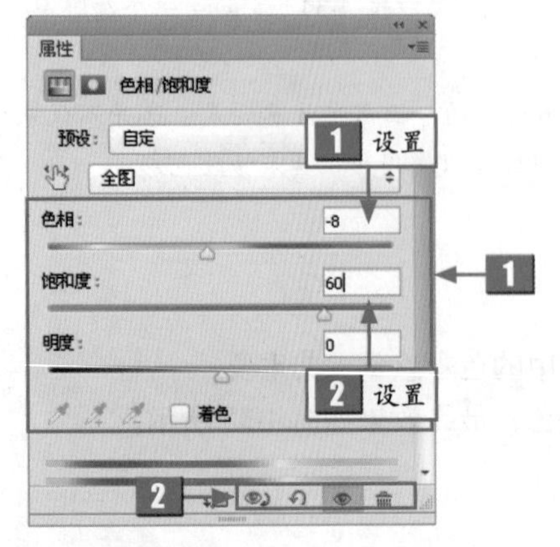

图 4-38　设置“色相”、“饱和度”

步骤 4　单击“色相/饱和度 1”调整图层的图层蒙版缩览图，运用画笔工具涂抹图像，效果如图 4-39 所示。

图 4-39　涂抹图像效果

标号	名称	介绍
1	参数设置区	用于设置调整图层中的色相/饱和度参数
2	功能按钮区	单击其中的快捷按钮，可以对调整图层进行相应的操作

步骤 5 选择“图层”|“新建调整图层”|“色彩平衡”命令，新建“色彩平衡 1”调整图层，展开“色彩平衡”调整面板，设置各参数如图 4-40 所示。

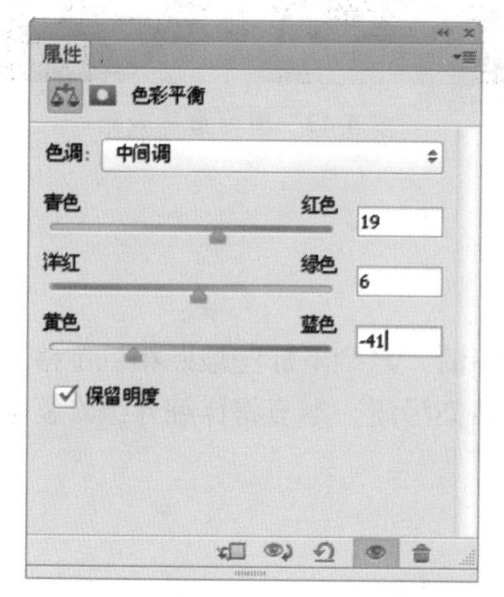

图 4-40 在“色彩平衡”调整面板中设置参数

步骤 6 选择“图层”|“新建调整图层”|“色阶”命令，新建“色阶 1”调整图层，展开“色阶”调整面板，设置各参数如图 4-41 所示。

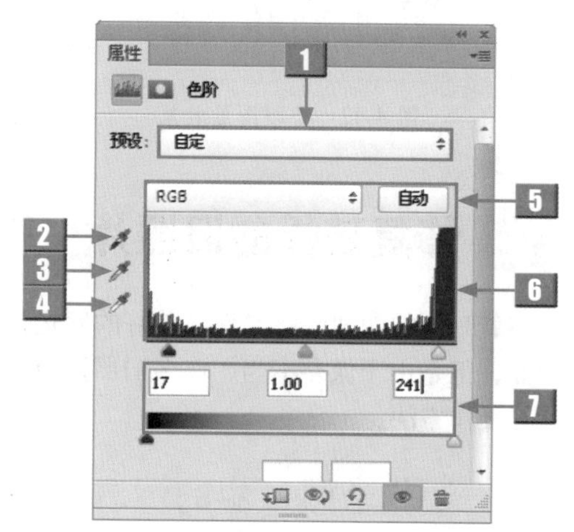

图 4-41 在“色阶”调整面板中设置参数

标号	名称	介绍
1	预设	在该下拉列表框中，可以设置相应的色阶参数
2	在图像中取样以设置黑场	使用该工具在图像中单击，可以将单击点的像素调整为黑色，原图中比该点暗的像素也变为黑色
3	在图像中取样以设置灰场	使用该工具在图像中单击，可以根据单击点像素的亮度来调整其他中间色调的平均亮度，通常用来校正色偏
4	在图像中取样以设置白场	使用该工具在图像中单击，可以将单击点的像素调整为白色，原图中比该点亮度值高的像素也都会变为白色
5	自动	单击该按钮，可以应用自动颜色校正，Photoshop会以0.5%的比例自动调整图像色阶，使图像的亮度分布更加均匀
6	输入色阶	用来调整图像的阴影、中间调和高光区域
7	输出色阶	用于限制图像的亮度范围，从而降低对比度，使图像呈现褪色效果

专家提醒 “色彩平衡”是根据颜色的互补原理，通过添加或减少互补颜来达到图像的色彩平衡，或改变图像的整体色调。

步骤 7 按 Ctrl + Alt + Shift + E 组合键，即可盖印图层，如图 4-42 所示。

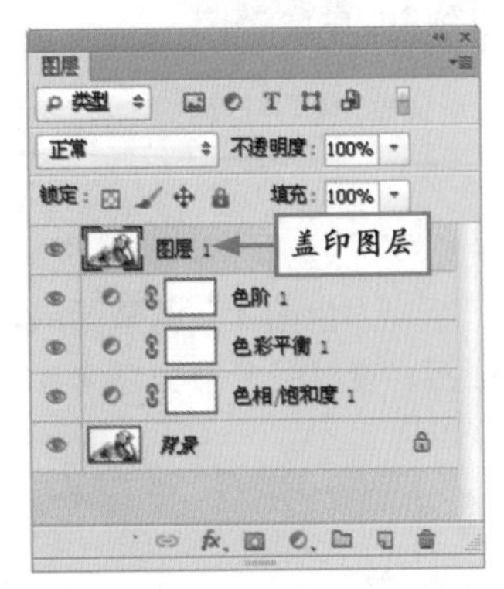

图 4-42 盖印图层效果

步骤 8 执行上述操作后，即可得到图像最终效果，如图 4-43 所示。

图 4-43 图像最终效果

4.2 修复破损的旧照片

随着时间的匆匆流逝，许多美好的回忆都会变得模糊不清，只剩下那些被照相机定格下来的美好画面。但是由于保存不当，许多旧照片也会变得模糊或沾染污渍。本节将详细介绍修复破损的旧照片的操作方法。

4.2.1 淡化老照片中的污渍

在实际生活中，是很难将照片上的污渍洗干净的，但有了 Photoshop，问题便迎刃而解。利用其提供的强大处理功能，可以逐渐淡化老照片中的污渍。

下面通过一个实例详细讲解如何淡化老照片中的污渍，最终效果如图 4-44 所示。

图 4-44 淡化老照片中的污渍

素材文件	光盘\素材\第4章\婚纱美女.jpg
效果文件	光盘\效果\第4章\婚纱美女.psd
视频文件	光盘\视频\第4章\4.2.1 淡化老照片中的污渍.mp4

步骤 1 选择“文件” | “打开”命令，打开配书光盘中的“素材 \ 第 4 章 \ 婚纱美女 .jpg”，如图 4-45 所示。

图 4-45 打开素材图像

步骤 2 在“图层”面板中，选择“背景”图层，按 Ctrl + J 组合键，通过复制得到“图层 1”图层，如图 4-46 所示。

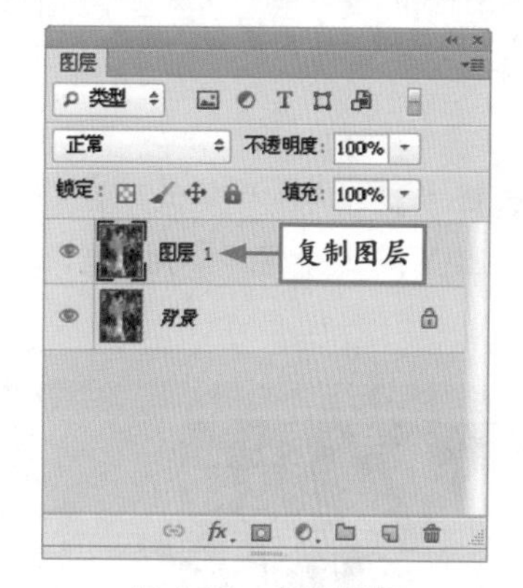

图 4-46 复制图层

步骤 3 设置“图层 1”图层的“混合模式”为“滤色”，如图 4-47 所示。

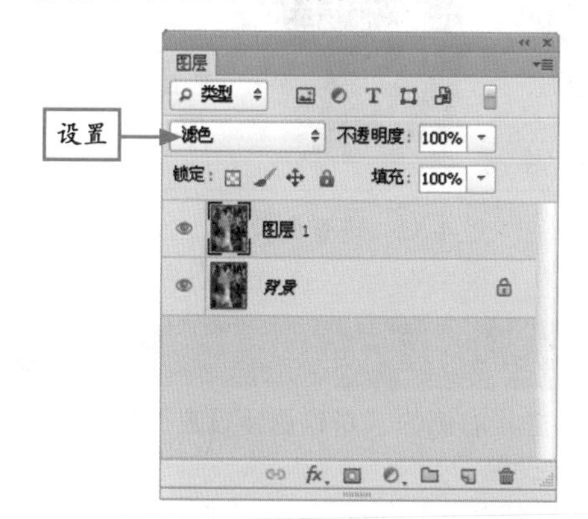

图 4-47 设置图层混合模式

步骤 4 执行操作后，得到调整后的图像效果，如图 4-48 所示。

图 4-48 调整后的图像效果

步骤 5 按 Ctrl + Alt + Shift + E 组合键，即可盖印图层，得到“图层 2”图层，如图 4-49 所示。

图 4-49 盖印图层效果

步骤 6 选择“图层” | “智能对象” | “转换为智能对象”命令，将“图层 2”图层转换为智能对象，如图 4-50 所示。

图 4-50 将图层转换为智能对象

专家提醒 盖印是指在处理图像时，将处理后的效果盖印到新的图层上。其功能与合并图层差不多，不过比合并图层更好用，因为盖印是重新生成一个新的图层，一点都不会影响到之前所处理的图层。这样做的好处就是：如果用户觉得处理的效果不太满意，可以删除盖印图层，而之前做效果的图层依然还在。这样就为用户处理图像提供了很大便利，提高了工作效率。

步骤 7 选择“滤镜”|“杂色”|“减少杂色”命令，弹出“减少杂色”对话框，如图 4-51 所示。

图 4-51 “减少杂色”对话框

步骤 8 在该对话框中，设置“强度”为 3，“保留细节”为 19，“减少杂色”为 37，“锐化细节”为 55，如图 4-52 所示。

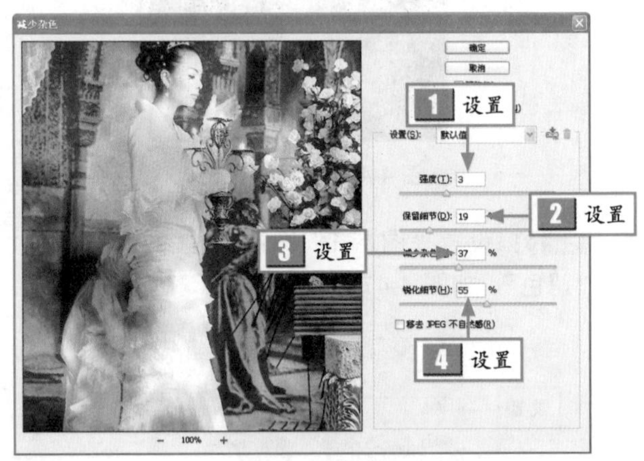

图 4-52 设置参数值

标号	名称	介绍
1	设置	用于设置滤镜的默认选项。单击其右侧的“新建滤镜设置”按钮，可以在弹出的对话框中新建滤镜设置
2	强度	用于设置减少杂点的强度值
3	保留细节	用于设置杂点的保留细节
4	减少杂色	用于设置杂点的数量
5	锐化细节	用于设置减少杂点的锐化细节
6	移去JPEG不自然感	选中该复选框，可以移除JPEG图像的不自然色感

步骤 9 单击“确定”按钮，得到调整后的图像效果，如图 4-53 所示。

步骤 10 设置“图层 2”图层的“混合模式”为“柔光”，效果如图 4-54 所示。

图 4-53　减少杂色后的效果

图 4-54　设置图层混合模式后的效果

步骤 11　按 Ctrl + Alt + Shift + E 组合键，即可盖印图层，得到“图层 3”图层，如图 4-55 所示。

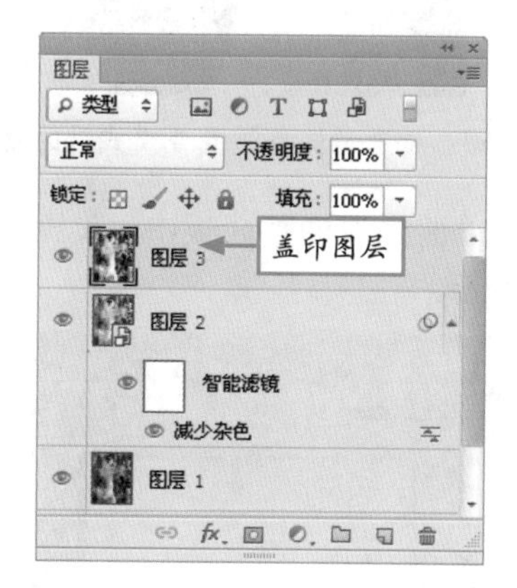

图 4-55　盖印图层

步骤 12　选择“图层”|“智能对象”|“转换为智能对象”命令，将“图层 3”图层转换为智能对象，如图 4-56 所示。

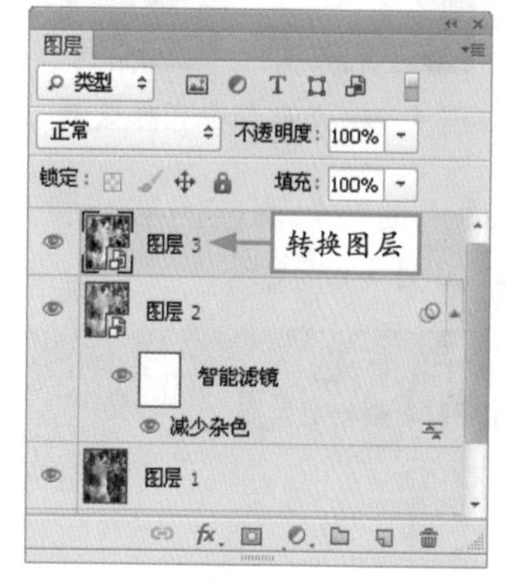

图 4-56　将图层转换为智能对象

步骤 13　选择“滤镜”|“其他”|“高反差保留”命令，弹出“高反差保留”对话框，将“半径”设置为 4.1，如图 4-57 所示。

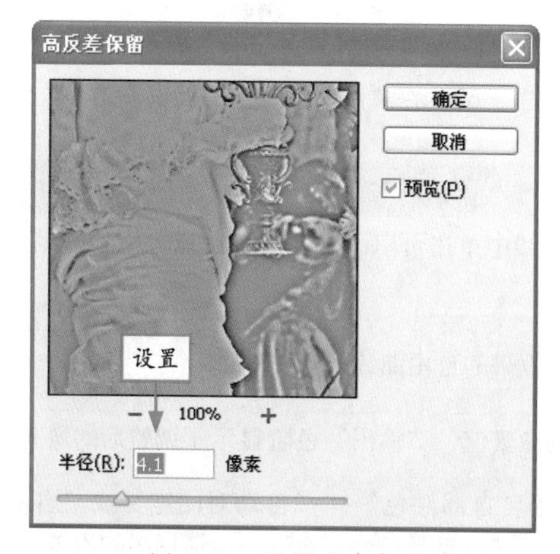

图 4-57　设置“半径”

步骤 14　单击“确定”按钮，即可添加“高反差保留”滤镜，效果如图 4-58 所示。

图 4-58　添加“高反差保留”滤镜效果

专家提醒 “高反差保留”对话框中只有一个“半径”参数，其取值范围为 0.1 ~ 250 像素，用于设定保留范围的大小，值越大，所保留的原图像素越多。

步骤 15 单击“图层 3”图层中的滤镜效果蒙版缩览图，使用画笔工具涂抹图像，隐藏部分效果，如图 4-59 所示。

图 4-59　隐藏部分图像效果

步骤 16 设置“图层 3”图层的“混合模式”为“滤色”，效果如图 4-60 所示。

图 4-60　设置“滤色”混合模式后的效果

步骤 17 新建“曲线”调整图层，展开“曲线”调整面板，如图 4-61 所示。

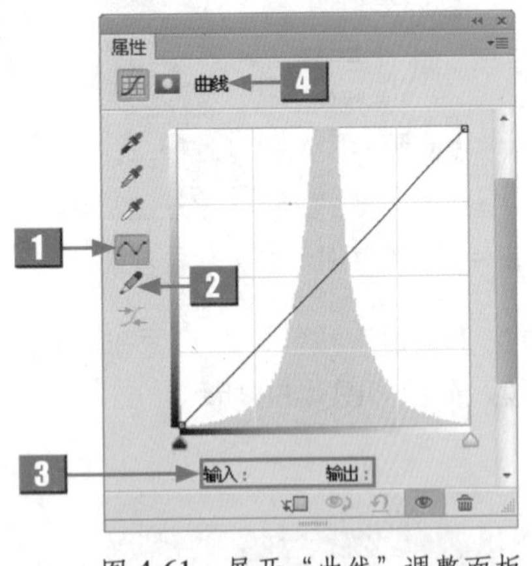

图 4-61　展开“曲线”调整面板

步骤 18 在“曲线”调整面板中，设置各参数如图 4-62 所示。

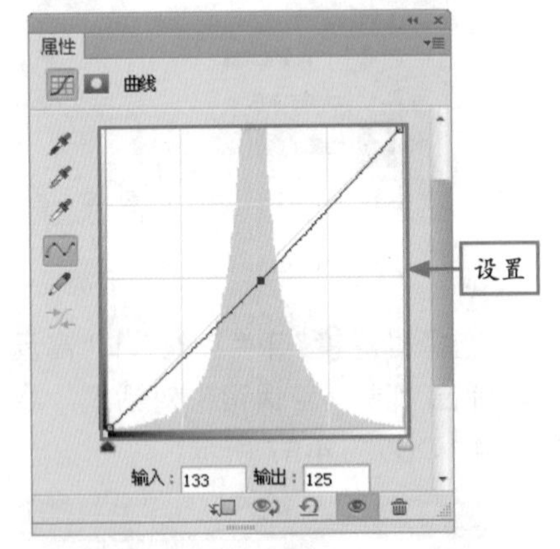

图 4-62　在“曲线”调整面板中设置参数

标号	名称	介绍
1	编辑点以修改曲线	该按钮处于选中状态时，在曲线中单击可以添加新的控制点，拖动控制点改变曲线形状，即可调整图像
2	通过绘制来修改曲线	单击该按钮后，可以绘制手绘效果的自由曲线
3	输入 / 输出	“输入”色阶显示了调整前的像素值，“输出”色阶显示了调整后的像素值
4	自动	单击该按钮，可以对图像应用“自动颜色”、“自动对比度”或“自动色调”校正，具体校正内容取决于“自动颜色校正选项”对话框中的设置

步骤19 新建“曝光度”调整图层，展开“曝光度”调整面板，设置各参数如图 4-63 所示。

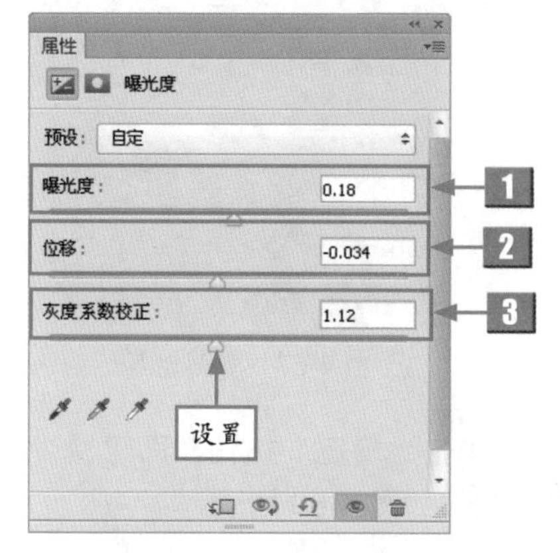

图 4-63　在“曝光度”调整面板中设置参数

步骤20 完成设置后，即可得到最终的图像效果，如图 4-64 所示。

图 4-64　图像最终效果

标　　号	名　　称	介　　绍
1	曝光度	用于设置“曝光度”参数
2	位移	用于设置曝光度的“位移”参数
3	灰度系数校正	用于设置曝光度的“灰度系数校正”参数

4.2.2　修复模糊的老照片

很多老照片由于时间过久而变得模糊不清，此时可以使用相应的 Photoshop 修复工具对其进行修复，使其变得清晰。

下面通过一个实例详细讲解修如何复模糊的老照片，最终效果如图 4-65 所示。

图 4-65　修复模糊的老照片

素材文件	光盘\素材\第4章\繁华.jpg
效果文件	光盘\效果\第4章\繁华.psd
视频文件	光盘\视频\第4章\4.2.2　修复模糊的老照片.mp4

步骤1 选择“文件”|“打开”命令，打开配书光盘中的“素材\第 4 章\繁华 .jpg”，如图 4-66 所示。

步骤2 在“图层”面板中，选择“背景”图层，按 Ctrl + J 组合键，通过复制得到“图层 1”图层，如图 4-67 所示。

图 4-66　打开素材图像

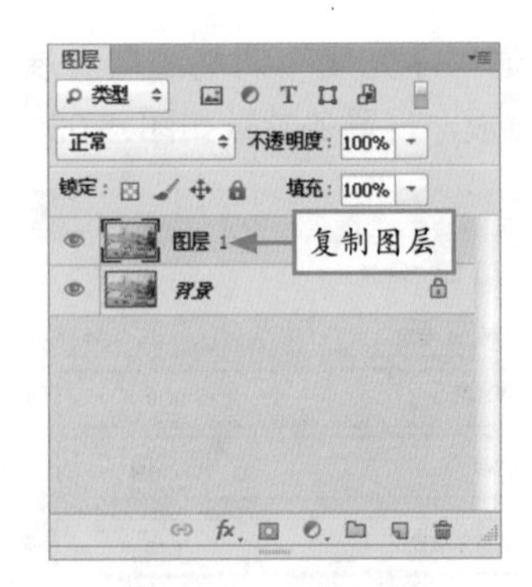

图 4-67　复制图层

步骤 3　选择“滤镜”|“杂色”|“减少杂色”命令，弹出“减少杂色”对话框，设置各参数如图 4-68 所示。

步骤 4　单击“确定”按钮，即可减少图像中的杂色，效果如图 4-69 所示。

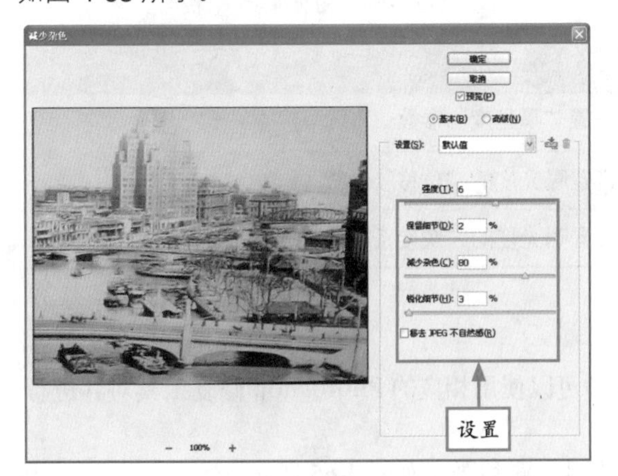

图 4-68　在“减少杂色”对话框中设置参数

图 4-69　减少杂色后的效果

步骤 5　选择“图层 1”图层，按 Ctrl＋J 组合键，复制图层，如图 4-70 所示。

步骤 6　选择“滤镜”|“模糊”|“高斯模糊”命令，如图 4-71 所示。

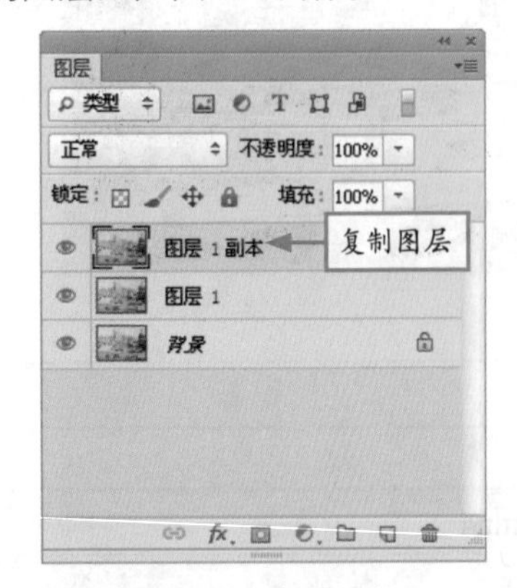

图 4-70　复制图层

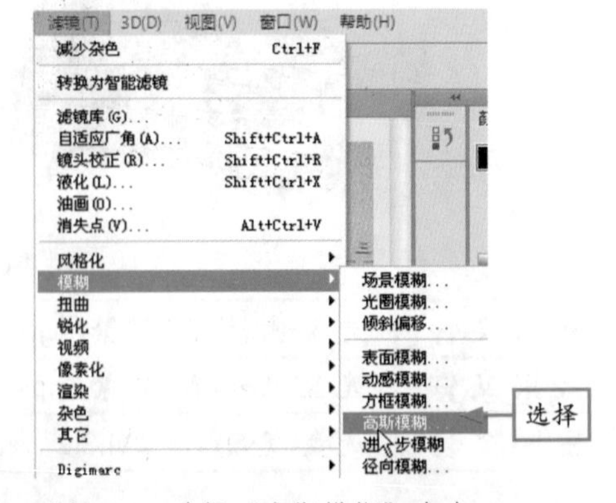

图 4-71　选择“高斯模糊”命令

步骤 7　弹出“高斯模糊”对话框，设置“半径”为 3，如图 4-72 所示。

步骤 8　单击“确定”按钮，即可添加“高斯模糊”滤镜，效果如图 4-73 所示。

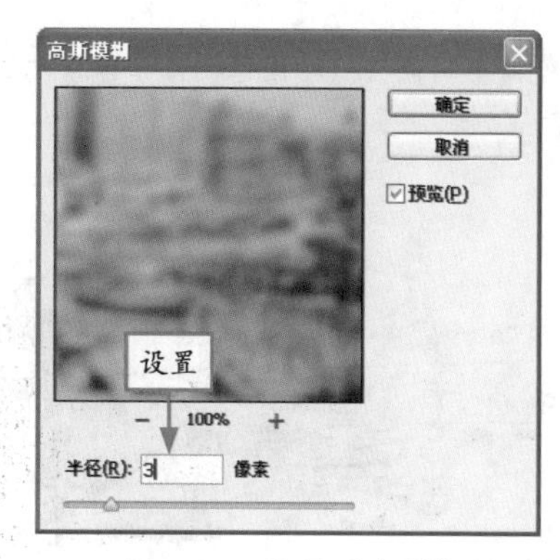

图 4-72 设置"半径"

图 4-73 高斯模糊效果

步骤 9 在"图层"面板中，设置"图层 1 副本"图层的"混合模式"为"柔光"，"不透明度"为 24，效果如图 4-74 所示。

图 4-74 设置图层混合模式和不透明度后的效果

步骤 10 新建"色阶"调整图层，展开"色阶"调整面板，设置各参数如图 4-75 所示。

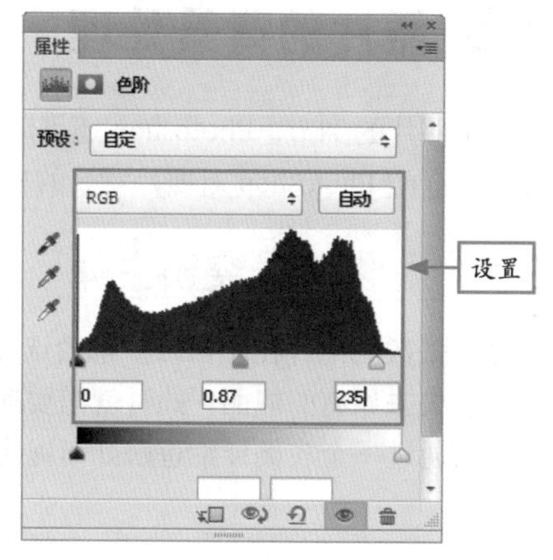

图 4-75 在"色阶"调整面板中设置参数

步骤 11 完成设置后，即可调整图像的色阶，效果如图 4-76 所示。

图 4-76 调整色阶后的效果

步骤 12 新建"亮度 / 对比度"调整图层，展开"亮度 / 对比度"调整面板，设置"亮度"为 81，"对比度"为 33，如图 4-77 所示。

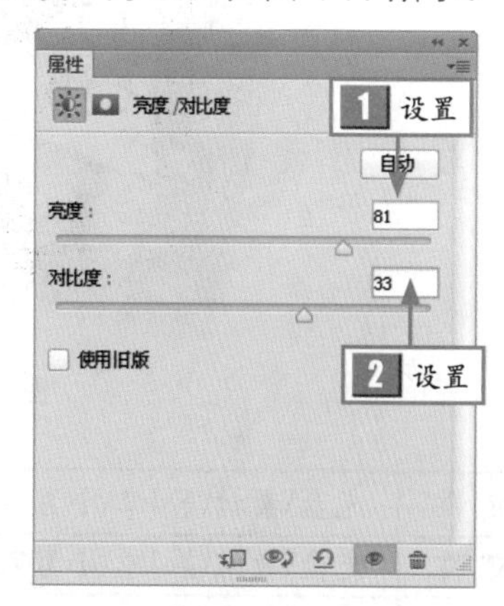

图 4-77 在"亮度 / 对比度"调整面板中设置参数

专家提醒 通过“亮度/对比度”调整面板可以对图像的色彩进行简单的调整（对图像的每个像素均进行同样的调整），但是对单个通道不起作用。

步骤13 设置该调整图层的“不透明度”为70，即可得到图像最终效果，如图4-78所示。

图4-78 图像最终效果

4.3 照片的背景处理

除了照片的细节，Photoshop还可以对其背景进行处理，以达到一些特殊的效果。本节将通过3个实例来介绍Photoshop对照片背景的处理技巧。

4.3.1 虚化背景突出主体

每一张数码照片在拍摄时，都会选择一个主体人或物作为整个照片的中心。有时，主体在背景映衬下会失去原有的靓丽，此时就需要虚化背景，使主体更突出。

下面通过一个实例详细讲解如何虚化背景突出主体，最终效果如图4-79所示。

图4-79 虚化背景突出主体

素材文件	光盘\素材\第4章\小男孩.jpg
效果文件	光盘\效果\第4章\小男孩.psd
视频文件	光盘\视频\第4章\4.3.1 虚化背景突出主体.mp4

步骤 1 选择“文件”|“打开”命令，打开配书光盘中的“素材\第 4 章\小男孩 .jpg”，如图 4-80 所示。

图 4-80 打开素材图像

步骤 2 在“图层”面板中，选择“背景”图层，按 Ctrl + J 组合键，通过复制得到“图层 1”图层，如图 4-81 所示。

图 4-81 复制图层

步骤 3 选择“图层”|“智能对象”|“转换为智能对象”命令，将“图层 1”图层转换为智能对象，如图 4-82 所示。

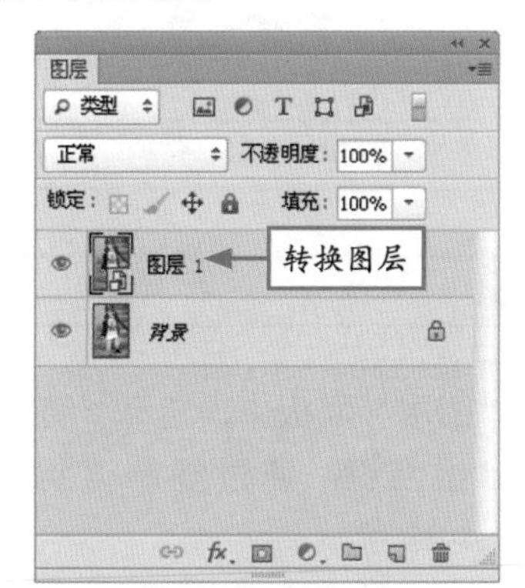

图 4-82 将图层转换为智能对象

步骤 4 选择“滤镜”|“模糊”|“方框模糊”|“方框模糊”命令，弹出“方框模糊”对话框，设置“半径”为 12，如图 4-83 所示。

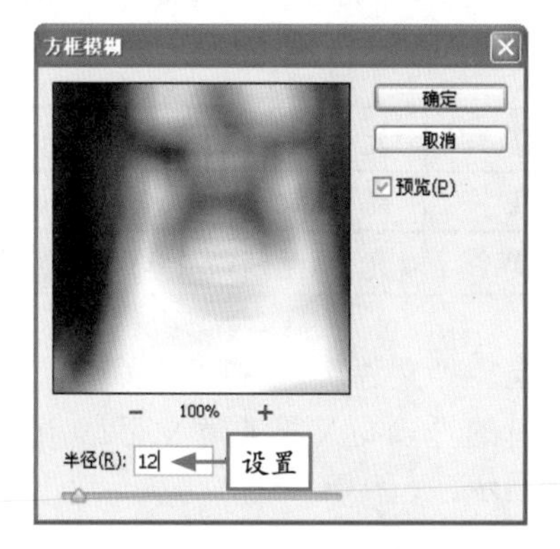

图 4-83 设置“半径”

步骤 5 单击“确定”按钮，即可模糊照片，效果如图 4-84 所示。

图 4-84 模糊照片效果

步骤 6 单击滤镜效果蒙版缩览图，选取画笔工具，涂抹对象，如图 4-85 所示。

图 4-85 涂抹对象效果

专家提醒 应用“模糊”滤镜，可以降低图像的清晰度或对比度，产生一种模糊的效果。

4.3.2 去除照片中的景物

在拍摄数码照片的过程中，镜头中经常会出现一些多余的人物或妨碍照片美观的物体。在后期处理时，可以通过一些简单的技巧将其去除。

下面通过一个实例详细讲解如何去除照片中的景物，最终效果如图 4-86 所示。

图 4-86 去除照片中的景物

素材文件	光盘\素材\第4章\花丛.jpg
效果文件	光盘\效果\第4章\花丛.psd
视频文件	光盘\视频\第4章\4.3.2 去除照片中的景物.mp4

步骤 1 选择“文件”|“打开”命令，打开配书光盘中的“素材\第 4 章\花丛.jpg”，如图 4-87 所示。

图 4-87 打开素材图像

步骤 2 在“图层”面板中，选择“背景”图层，按 Ctrl + J 组合键，通过复制得到“图层 1”图层，如图 4-88 所示。

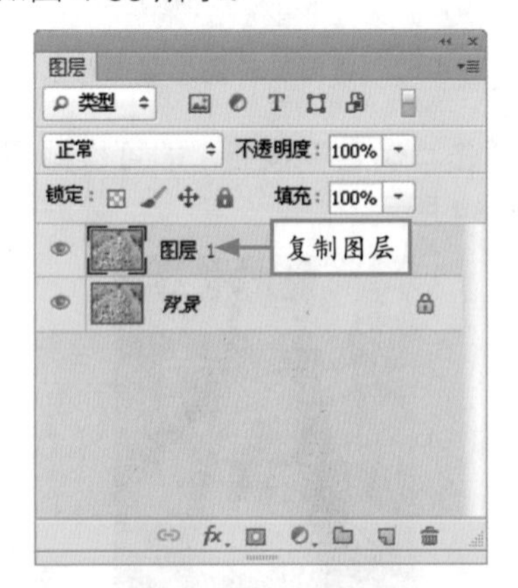

图 4-88 复制图层

步骤 3 选取工具箱中的修复画笔工具，将光标移至图像编辑窗口中，按住 Alt 键的同时，单击鼠标左键进行取样，如图 4-89 所示。

步骤 4 在图像窗口中的石柱对象上，单击鼠标左键并拖曳，即可涂抹对象，效果如图 4-90 所示。

图 4-89　取样图像

图 4-90　涂抹对象效果

4.3.3　替换照片背景图像

有时，由于环境的影响或者拍摄的地点不当，照片中的背景无法很好地衬托主体。此时使用 Photoshop 可以轻松更换照片中的背景。

下面通过一个实例详细讲解如何替换照片背景图像，最终效果如图 4-91 所示。

图 4-91　替换照片背景图像

素材文件	光盘\素材\第4章\开心.jpg、爱心叠印.jpg
效果文件	光盘\效果\第4章\开心.psd
视频文件	光盘\视频\第4章\4.3.3　替换照片背景图像.mp4

步骤 1　选择“文件”|“打开”命令，打开配书光盘中的“素材\第 4 章\开心 .jpg”，如图 4-92 所示。

步骤 2　在“图层”面板中，选择“背景”图层，按 Ctrl + J 组合键，通过复制得到“图层 1”图层，如图 4-93 所示。

图 4-92　打开素材图像

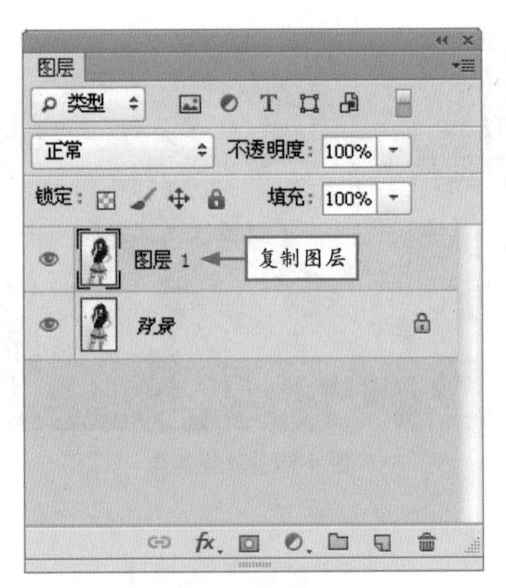

图 4-93　复制图层

步骤 3 打开“通道”面板，选择“蓝”通道，将其拖曳至“创建新通道”按钮上，即可复制通道，如图 4-94 所示。

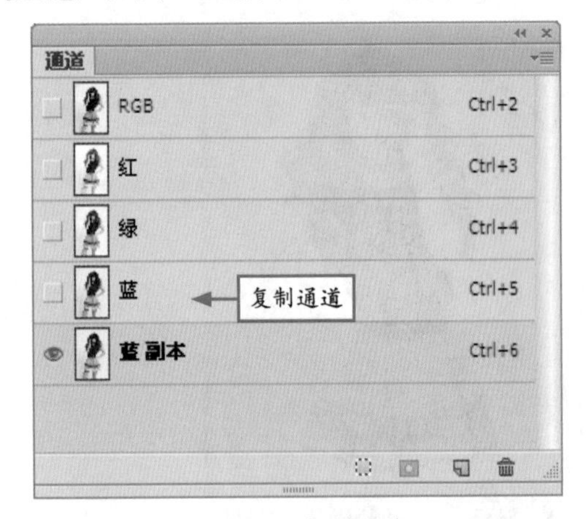

图 4-94　复制通道

步骤 4 选择“图像”|“调整”|“色阶”命令，弹出“色阶”对话框，设置“通道”为“蓝-副本”，如图 4-95 所示。

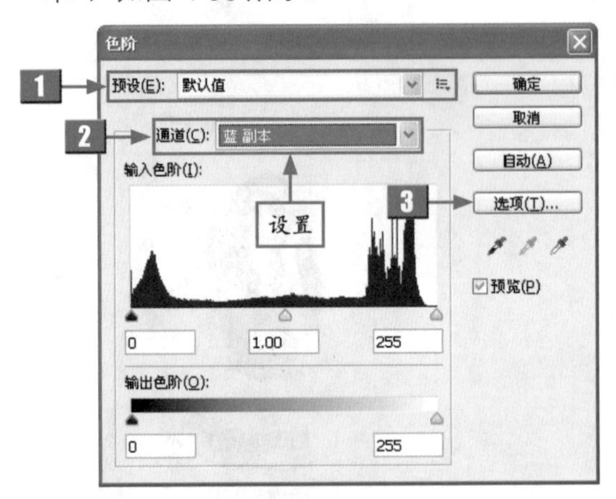

图 4-95　设置“通道”

标　号	名　称	介　绍
1	预设	单击“预设选项”按钮，在弹出的菜单中选择“存储预设”命令，可以将当前的参数设置保存为一个预设的文件
2	通道	可以选择一个通道进行调整，调整通道会影响图像的颜色
3	选项	单击该按钮，在弹出的“自动颜色校正选项”对话框中可以设置黑色像素和白色像素的比例

步骤 5 在“输入色阶”选项组中，将各参数分别设置为 149、1、199，如图 4-96 所示。

步骤 6 单击“确定”按钮，即可调整人物图像的亮调和暗调，效果如图 4-97 所示。

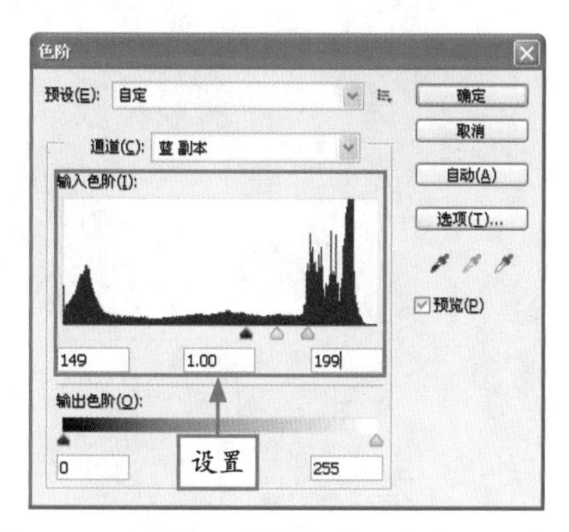

图 4-96　在“输入色阶”选项组中设置参数

图 4-97　调整亮调和暗调后的效果

步骤 7　选择“图像”|“调整”|“反相”命令，将图像反相，如图 4-98 所示。

步骤 8　选取工具箱中的画笔工具，设置前景色为白色，涂抹图像，如图 4-99 所示。

图 4-98　图像反相效果

图 4-99　涂抹图像效果

步骤 9　按住 Ctrl 键的同时，选择“蓝 - 副本”通道，调出选区，并选择 RGB 通道，效果如图 4-100 所示。

步骤 10　选择“图层”|“新建”|“通过拷贝的图层”命令，即可复制选区内图像，得到“图层 2”图层，如图 4-101 所示。

图 4-100　调出选区效果

图 4-101　新建图层

步骤 11　在“图层”面板中，选择“背景”图层和“图层 1”图层，单击图层前的眼睛图标，将其隐藏，效果如图 4-102 所示。

步骤 12　选择“文件”|“打开”命令，打开配书光盘中的“素材\第 4 章\爱心叠印 .jpg”，如图 4-103 所示。

图 4-102　隐藏图层后的效果

图 4-103　打开“爱心叠印”素材图像

步骤 13　选取移动工具，将图像拖曳至“开心”图像编辑窗口中，如图 4-104 所示。

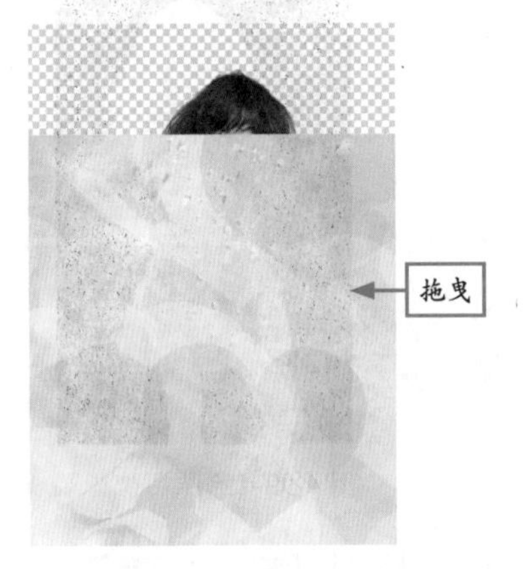

图 4-104　拖曳图像

步骤 14　适当调整图像大小和图层顺序，即可替换照片背景图像，如图 4-105 所示。

图 4-105　图像最终效果

4.4 照片的锐化处理

锐化主要是通过增加相邻像素之间的对比度来减弱或消除图像的模糊现象，以得到清晰的效果。本节将详细介绍照片的锐化处理方法。

4.4.1 使用“USM锐化”滤镜锐化照片

使用“USM 锐化”滤镜时，可以用模糊遮罩来产生边缘锐化效果。该滤镜是所有“锐化”滤镜中锐化效果最强的滤镜。

下面通过一个实例详细讲解如何使用“USM 锐化”滤镜锐化照片，最终效果如图 4-106 所示。

素材文件	光盘\素材\第4章\笑脸.jpg
效果文件	光盘\效果\第4章\笑脸.psd
视频文件	光盘\视频\第4章\4.4.1　使用“USM锐化”滤镜锐化照片.mp4

图 4-106 使用"USM 锐化"滤镜锐化照片

步骤 1 选择"文件" | "打开"命令，打开配书光盘中的"素材\第 4 章\笑脸 .jpg"，如图 4-107 所示。

图 4-107 打开素材图像

步骤 2 在"图层"面板中复制"背景"图层，然后"滤镜" | "锐化" | "USM 锐化"命令，如图 4-108 所示。

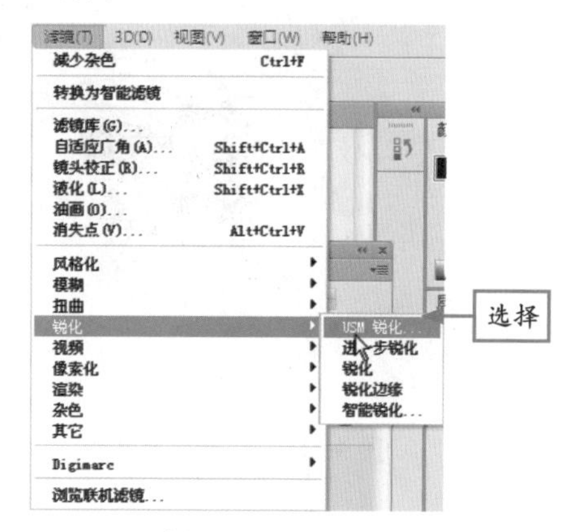

图 4-108 选择"USM 锐化"命令

步骤 3 弹出"USM 锐化"对话框，设置"数量"为 174，"半径"为 1.4，如图 4-109 所示。

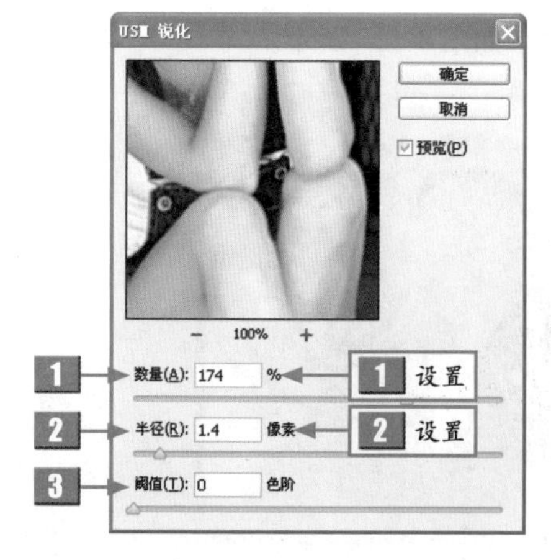

图 4-109 在"USM 锐化"对话框中设置参数

步骤 4 单击"确定"按钮，即可使用"USM 锐化"滤镜锐化图像，其效果如图 4-110 所示。

图 4-110 图像最终效果

标号	名称	介绍
1	数量	用于设置边缘锐化的强度大小，该值越大，边缘锐化强度就越高
2	半径	用于设置图像边缘锐化的半径，该值越大，边缘的宽度就越大
3	阈值	用于设置锐化像素的亮度范围，即决定参与运算的两个像素之差的最低限度，只有超过该数值时才对它们进行处理，否则不进行处理

4.4.2　进一步锐化照片

使用“进一步锐化”滤镜可以产生强烈的锐化效果，使图像更加清晰。下面将介绍进一步锐化照片的操作方法。

步骤 1　选择“文件”|“打开”命令，打开配书光盘中的“素材\第4章\寿司.jpg”，如图4-111所示。

步骤 2　选择“滤镜”|“锐化”|“进一步锐化”命令，即可进一步锐化照片，效果如图4-112所示。

图4-111　打开素材图像

图4-112　进一步锐化照片效果

4.4.3　智能锐化照片

使用“智能锐化”滤镜可以通过锐化算法来锐化图像，也可以通过设置阴影和高光中的锐化量来使图像产生锐化效果。

下面通过一个实例详细讲解如何智能锐化照片，最终效果如图4-113所示。

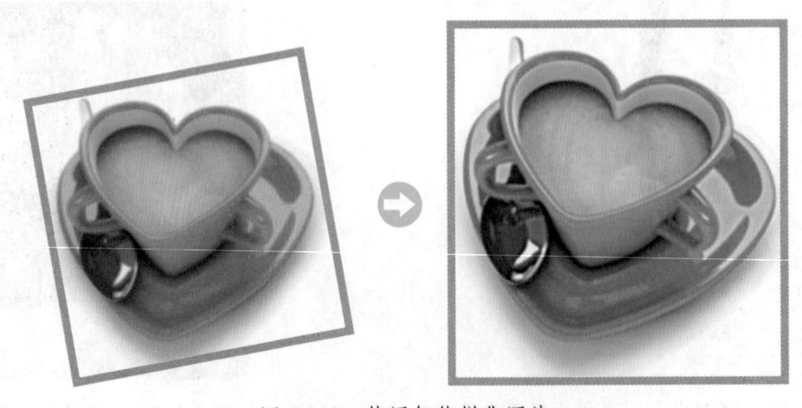

图4-113　使用智能锐化照片

素材文件	光盘\素材\第4章\咖啡.jpg
效果文件	光盘\效果\第4章\咖啡.psd
视频文件	光盘\视频\第4章\4.4.3 智能锐化照片.mp4

步骤 1 选择“文件”|“打开”命令，打开配书光盘中的“素材\第 4 章\咖啡 .jpg”，如图 4-114 所示。

图 4-114 打开素材图像

步骤 2 在“图层”面板中复制“背景”图层，然后选择“滤镜”|“锐化”|“智能锐化”命令，如图 4-115 所示。

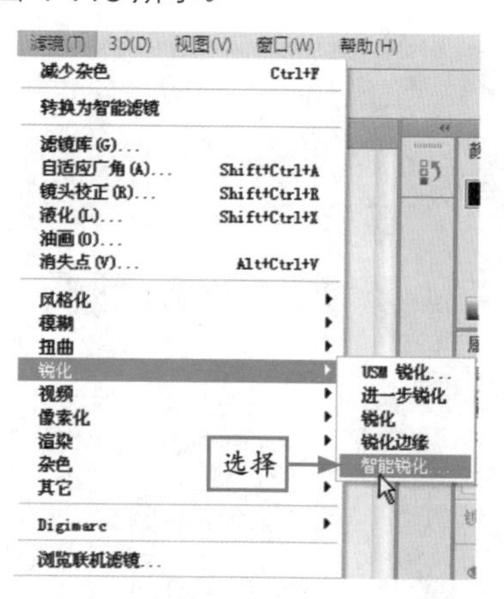

图 4-115 选择“智能锐化”命令

步骤 3 弹出“智能锐化”对话框，设置各参数如图 4-116 所示。

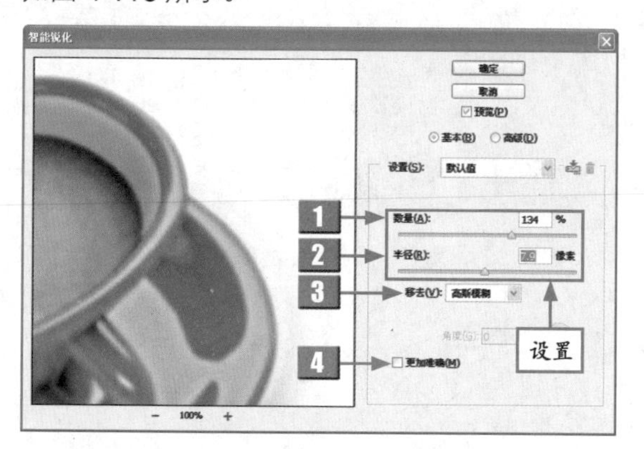

图 4-116 在“智能锐化”对话框中设置参数

步骤 4 单击“确定”按钮，即可智能锐化照片，效果如图 4-117 所示。

图 4-117 智能锐化照片效果

标号	名称	介绍
1	数量	用于设置智能锐化的强度大小，该值越大，边缘锐化强度就越高
2	半径	用于设置智能锐化的半径
3	移去	该下拉列表框中包含“高斯模糊”、“动感模糊”以及“镜头模糊”3个选项，选择不同选项，可以得到清晰度不同的图像
4	更加准确	选中该复选框，可以更加精确地锐化图像

第5章　照片色彩的简单与高级调整

学 习 提 示

通过数码相机拍摄的人物、景色等难免会因为环境的影响，失去原有的色彩平衡。因此，掌握色彩的调整便显得十分必要。本章将详细讲解在 Photoshop CS6 中调整照片色彩的各种方法。

主 要 内 容

- 照片色彩的简单调整
- 照片色彩的高级调整

重点与难点

- 调整照片的亮度
- 调整照片的饱和度
- 调整照片的色相
- 校正偏色的照片
- 替换照片的颜色
- 增加局部色彩

学完本章后你会做什么

- 掌握调整照片色彩平衡的操作方法
- 掌握调整照片通道混合器的操作方法
- 掌握加强照片光线的操作方法

视 频 文 件

5.1 照片色彩的简单调整

照片的亮度、饱和度、色彩平衡、色相以及对比度等问题在照片色彩处理过程中十分常见，对此只需稍作调整，便可使照片更加自然、美观。

5.1.1 调整照片的亮度

在拍摄的过程中，经常会受到各种光线的影响，出现亮度（光线照射的强度）过低或过高的现象，使数码照片无法展现最好的一面。

下面通过一个实例详细讲解如何调整照片的亮度，效果如图 5-1 所示。

图 5-1 调整照片亮度

素材文件	光盘\素材\第5章\诱惑.jpg
效果文件	光盘\效果\第5章\诱惑.psd
视频文件	光盘\视频\第5章\5.1.1 调整照片的亮度.mp4

步骤 1 选择“文件”|“打开”命令，打开配书光盘中的“素材\第 5 章\诱惑 .jpg”，如图 5-2 所示。

图 5-2 打开素材图像

步骤 2 选择“图像”|“调整”|“亮度/对比度”命令，弹出“亮度/对比度”对话框，如图 5-3 所示。

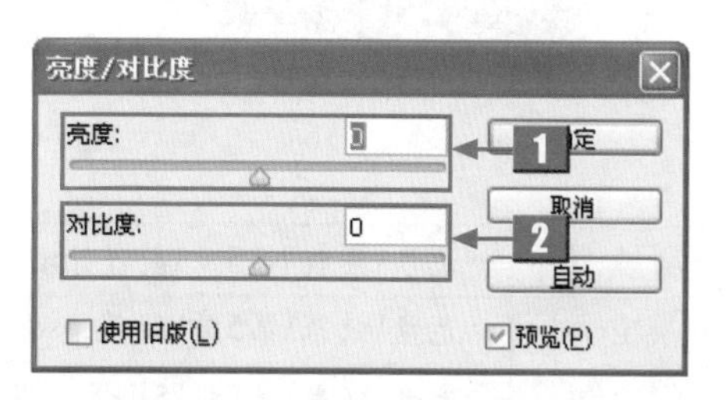

图 5-3 “亮度/对比度”对话框

标　　号	名　　称	介　　绍
1	亮度	用于调整图像的亮度，该值为正时增加图像亮度；为负时降低亮度
2	对比度	用于调整图像的对比度，该值为正时增加图像对比度；为负时降低对比度

步骤 3　在“亮度”文本框中输入“92”，如图 5-4 所示。

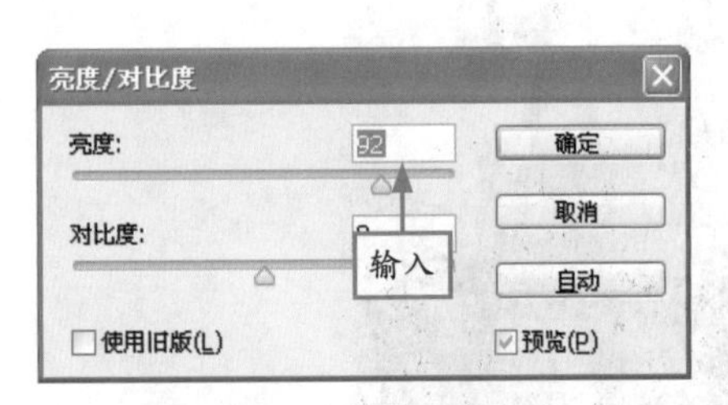

图 5-4　输入“亮度”值

步骤 4　单击“确定”按钮，即可调整照片的亮度，效果如图 5-5 所示。

图 5-5　调整照片的亮度

5.1.2　调整照片的饱和度

“饱和度”是指色彩的鲜艳程度，取决于颜色的波长。通过调整饱和度，可以使照片更鲜艳、更绚丽。

下面通过一个实例详细讲解如何调整照片的饱和度，效果如图 5-6 所示。

图 5-6　调整照片的饱和度

素材文件	光盘\素材\第5章\荷花.jpg
效果文件	光盘\效果\第5章\荷花.psd
视频文件	光盘\视频\第5章\5.1.2　调整照片的饱和度.mp4

步骤 1 选择“文件”|“打开”命令，打开配书光盘中的“素材\第 5 章\荷花 .jpg”，如图 5-7 所示。

图 5-7 打开素材图像

步骤 2 选择“图像”|“调整”|“色相 / 饱和度”命令，弹出“色相 / 饱和度”对话框，如图 5-8 所示。

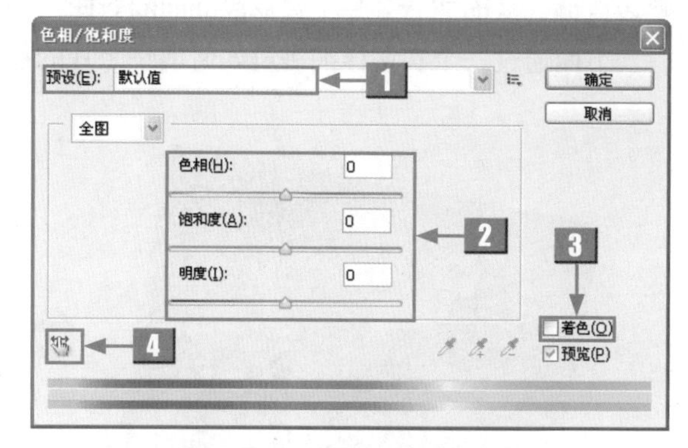

图 5-8 “色相 / 饱和度”对话框

标　号	名　称	介　绍
1	预设	在“预设”下拉列表框中提供了8种色相/饱和度预设
2	色相/饱和度/明度	在相应的选项区中拖曳下方的滑块式输入相应的参数，可以调整图像的色相饱和度以及明度
3	着色	选中该复选框后，图像会整体偏向于单一的红色调
4	在图像上单击并拖动可修改饱和度	使用该工具在图像上单击设置取样点后，向右拖曳鼠标可以增加图像的饱和度；向左拖曳鼠标可以降低图像的饱和度

步骤 3 在“饱和度”文本框中输入“69”，如图 5-9 所示。

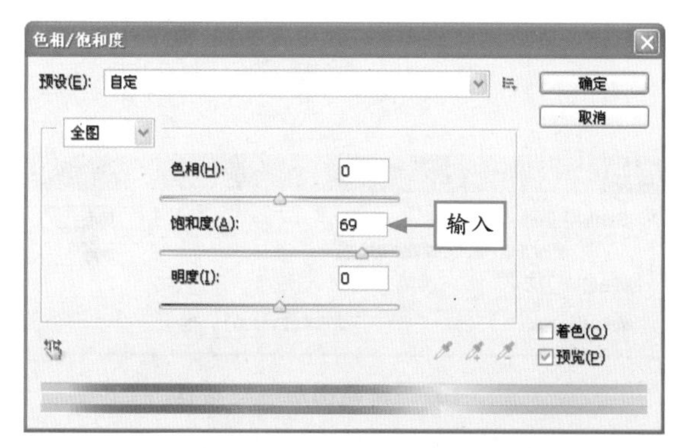

图 5-9 输入“饱和度”值

步骤 4 单击“确定”按钮，即可调整照片的饱和度，如图 5-10 所示。

图 5-10 调整照片饱和度后的效果

专家提醒 除了上述方法外，用户还可以按 Ctrl ＋ U 组合键快速打开“色相 / 饱和度”对话框。

5.1.3 调整照片的色彩平衡

“色彩平衡”命令通过增加或减少处于高光、中间调及阴影区域中的特定颜色，来改变图像的整体色调，从而使背景与主题形成鲜明的对比。

下面通过一个实例详细讲解如何调整照片的色彩平衡，效果如图 5-11 所示。

图 5-11 调整照片的色彩平衡

素材文件	光盘\素材\第5章\花朵.jpg
效果文件	光盘\效果\第5章\花朵.psd
视频文件	光盘\视频\第5章\5.1.3 调整照片的色彩平衡.mp4

步骤 1 选择“文件”|“打开”命令，打开配书光盘中的“素材\第 5 章\花朵 .jpg”，如图 5-12 所示。

图 5-12 打开素材图像

步骤 2 选择“图层”|“新建调整图层”|“色彩平衡”命令，弹出“新建图层”对话框，如图 5-13 所示。

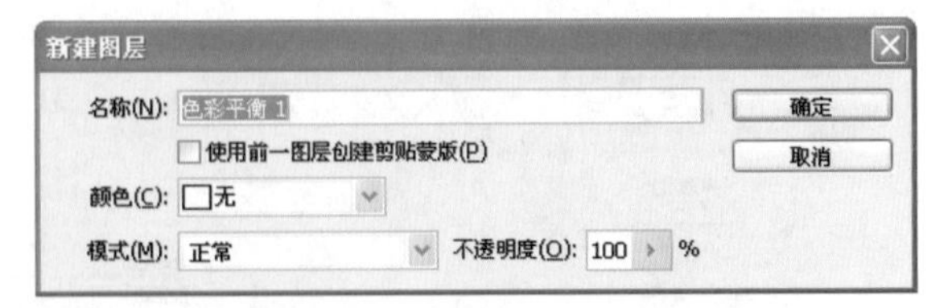

图 5-13 “新建图层”对话框

步骤 3 单击“确定”按钮，展开“色彩平衡”调整面板，设置各参数如图 5-14 所示。

步骤 4 完成设置后，即可调整图像的色彩平衡，效果如图 5-15 所示。

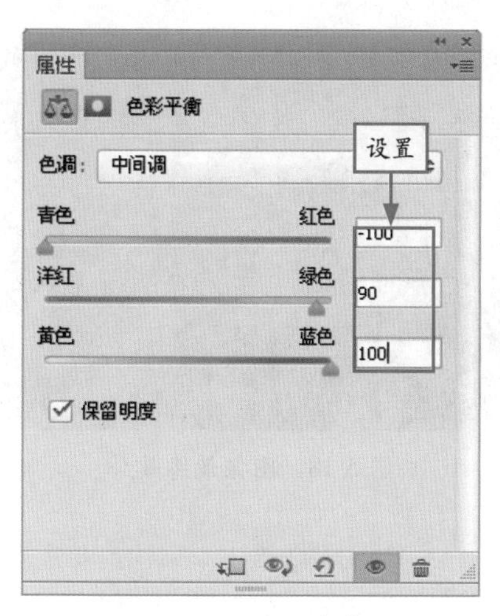

图 5-14　设置参数

图 5-15　调整色彩平衡后的效果

步骤 5　选取工具箱中的画笔工具，在其属性栏中单击“点按可打开‘画笔预设’选取器”按钮，在弹出的“画笔预设”选取器中设置“大小”为 77px，如图 5-16 所示。

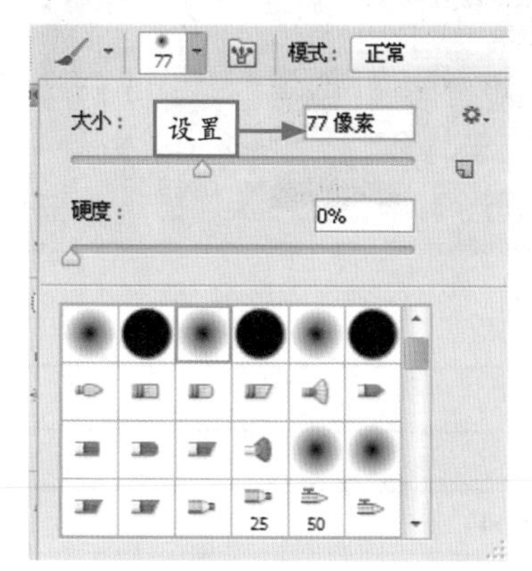

图 5-16　设置“大小”

步骤 6　单击工具箱下方的“设置前景色”按钮，弹出“拾色器（前景色）”对话框，设置前景色为黑色，如图 5-17 所示。

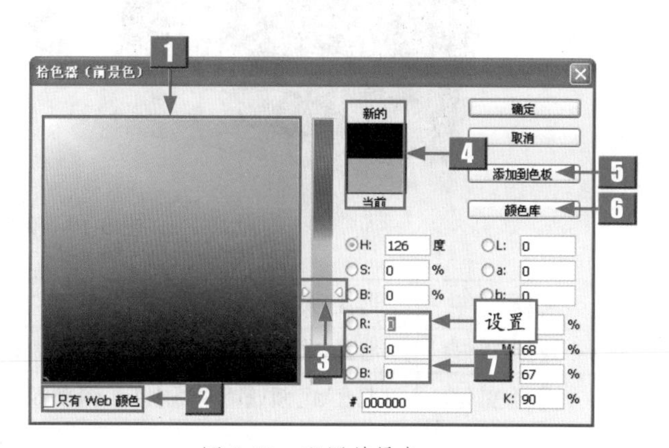

图 5-17　设置前景色

标　号	名　称	介　绍
1	色域/拾取的颜色	在“色域”中拖动鼠标可以改变当前拾取的颜色
2	只有Web颜色	选中该复选框，表示只在色域中显示Web安全色
3	颜色滑块	拖动颜色滑块可以调整颜色的范围
4	新的/当前	“新色”颜色块中显示的是当前设置的颜色，“当前”颜色块中显示的是上一次使用的颜色
5	添加到色板	单击该按钮，可以将当前设置的颜色添加到“色板”面板中
6	颜色库	单击该按钮，可以切换到颜色库
7	颜色值	该选项组中显示了当前设置的颜色值，也可以从中输入颜色值来精确定义颜色

步骤 7 单击“确定”按钮，将光标移动到图像编辑窗口中，适当地涂抹图像，得到最终效果，如图 5-18 所示。

图 5-18 图像最终效果

5.1.4 调整照片的色相

通俗地讲，“色相”就是指颜色的相貌。它可以包括多种色彩，如色光三原色中的红、绿、蓝。下面通过一个实例详细讲解如何调整照片的色相，效果如图 5-19 所示。

图 5-19 调整照片的色相

素材文件	光盘\素材\第5章\别墅.jpg
效果文件	光盘\效果\第5章\别墅.psd
视频文件	光盘\视频\第5章\5.1.4 调整照片的色相.mp4

步骤 1 选择“文件”|“打开”命令，打开配书光盘中的“素材\第 5 章\别墅 .jpg”，如图 5-20 所示。

图 5-20 打开素材图像

步骤 2 选择“图像”|“调整”|“色相 / 饱和度”命令，弹出“色相 / 饱和度”对话框，设置“色相”为 8，如图 5-21 所示。

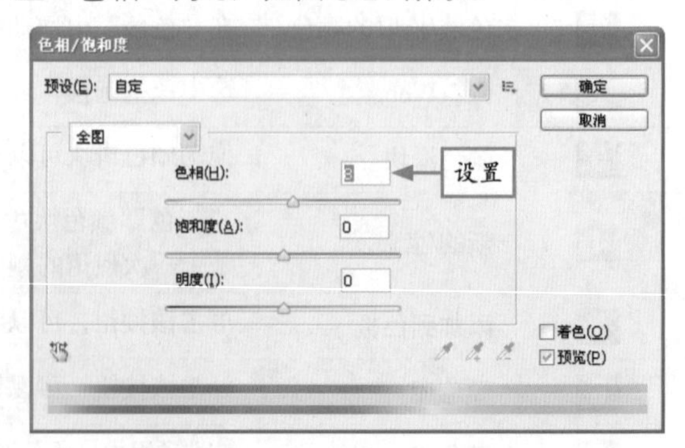

图 5-21 设置“色相”

步骤 3 设置“饱和度”为 34，“明度”为 2，如图 5-22 所示。

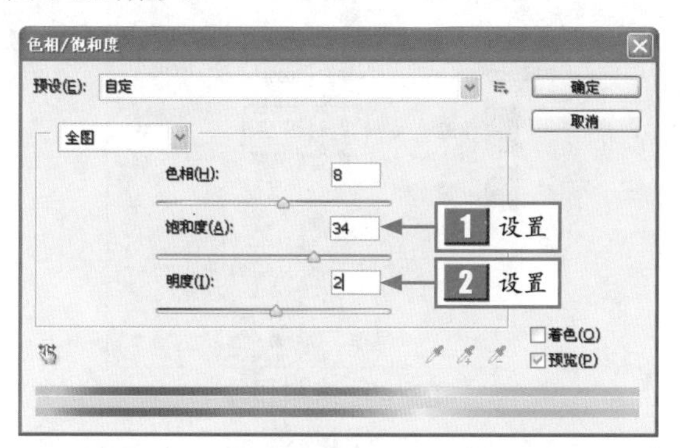

图 5-22 设置“饱和度”和“明度”

步骤 4 单击“确定”按钮，即可调整照片的色相，效果如图 5-23 所示。

图 5-23 调整色相后的效果

专家提醒 调整“色相 / 饱和度”对话框中的“色相”参数值，可以对图像中单个颜色成分的色相进行调整，直接改变整个照片的色调；还可以通过定义像素的色相和饱和度，实现灰度图像上色功能或制作单色调图像。

5.1.5 调整照片的对比度

对于出现对比度问题的照片，可以对其整体色调进行简单的调整，从而增强感染力。

下面通过一个实例详细讲解如何调整照片的对比度，效果如图 5-24 所示。

图 5-24 调整照片的对比度

素材文件	光盘\素材\第5章\瘦美人.jpg
效果文件	光盘\效果\第5章\瘦美人.psd
视频文件	光盘\视频\第5章\5.1.5 调整照片的对比度.mp4

步骤 1 选择“文件”|“打开”命令，打开配书光盘中的“素材\第 5 章\瘦美人 .jpg”，如图 5-25 所示。

步骤 2 在“图层”面板中，选择“背景”图层，按 Ctrl + J 组合键，即可复制图层，如图 5-26 所示。

图 5-25　打开素材图像

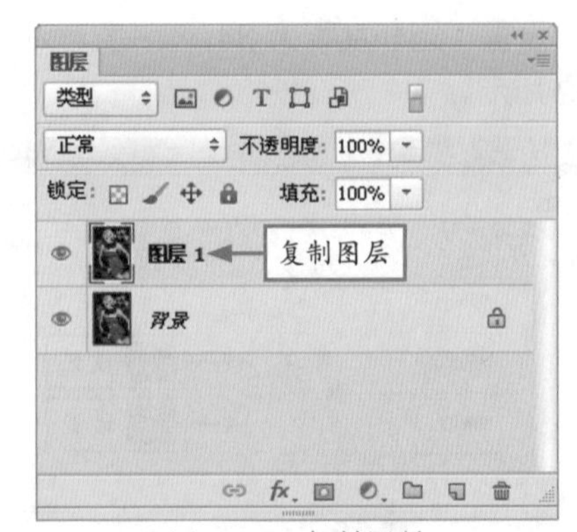

图 5-26　复制图层

专家提醒 在操作过程中，有些命令和操作无法直接应用于“背景”图层。为了操作方便且不破坏原图像，就需要对“背景”图层进行复制操作。

步骤 3 设置“混合模式”为“滤色”，“不透明度”为 70%，如图 5-27 所示。

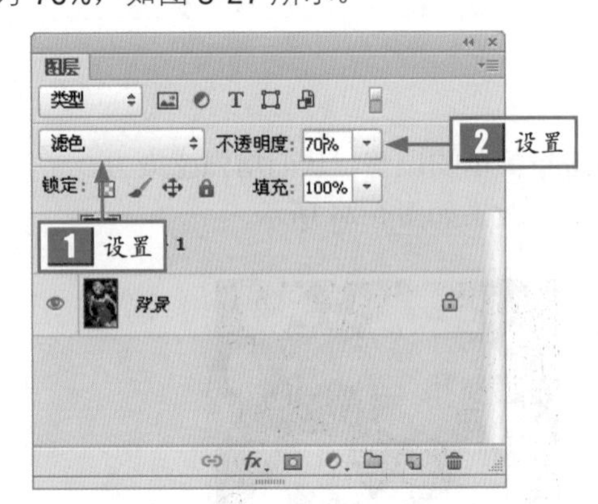

图 5-27　设置“混合模式”和“不透明度”

步骤 4 设置完成后，效果如图 5-28 所示。

图 5-28　图像效果

步骤 5 选择“图像”|“调整”|“亮度/对比度”命令，弹出“亮度/对比度”对话框，将“高度”和“对比度”均设置为 21，如图 5-29 所示。

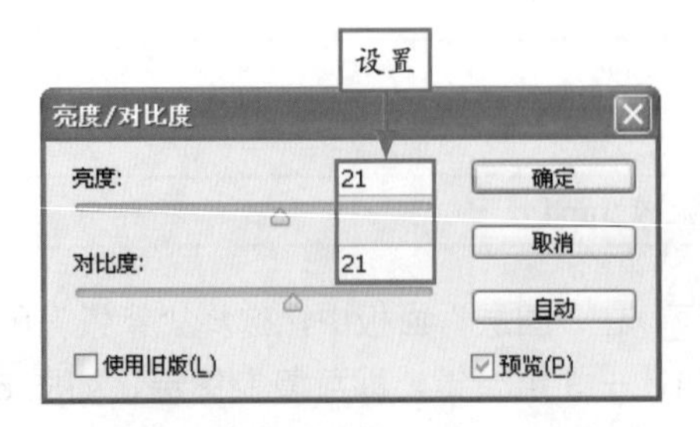

图 5-29　设置“高度”和“对比度”

步骤 6 完成设置后，单击“确定”按钮，即可调整图像的对比度，效果如图 5-30 所示。

图 5-30　调整对比度后的效果

专家提醒 除了上述方法外，用户还可以选择“图像”|“自动对比度”命令，快速校正图像的对比度。

5.1.6 调整照片的通道混合器

利用“通道混合器”命令可以用当前颜色通道的混合器修改指定的颜色通道。

下面通过一个实例详细讲解如何调整照片的通道混合器，效果如图 5-31 所示。

图 5-31 调整照片的通道混合器

素材文件	光盘\素材\第5章\森林.jpg
效果文件	光盘\效果\第5章\森林.psd
视频文件	光盘\视频\第5章\5.1.6 调整照片的通道混合器.mp4

步骤 1 选择“文件”|“打开”命令，打开配书光盘中的“素材\第 5 章\森林 .jpg”，如图 5-32 所示。

图 5-32 打开素材图像

步骤 2 在“图层”面板中，选择“背景”图层，按 Ctrl ＋ J 组合键，即可复制图层，如图 5-33 所示。

图 5-33 复制图层

专家提醒 “图层”面板是对图层进行创建、编辑时必不可少的工具。在其中可以查看当前图像的图层信息，根据实际需要调整图层叠放顺序、图层透明度以及图层混合模式等参数，几乎所有的图层操作都可以通过它来实现。

步骤3 选择“图像”|“调整”|“通道混合器”命令，如图5-34所示。

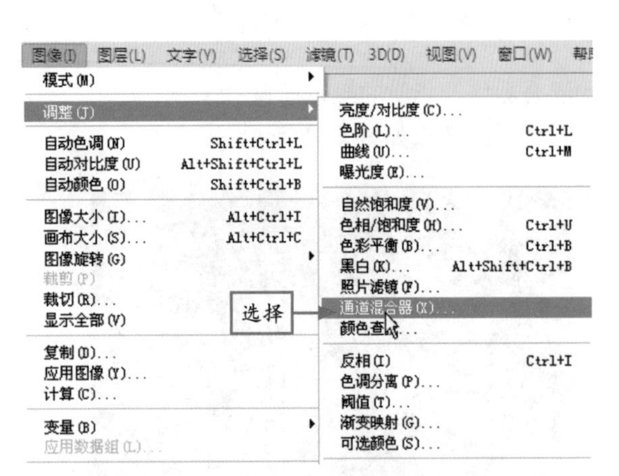

图5-34 选择“通道混合器”命令

步骤4 弹出“通道混合器”对话框，如图5-35所示。

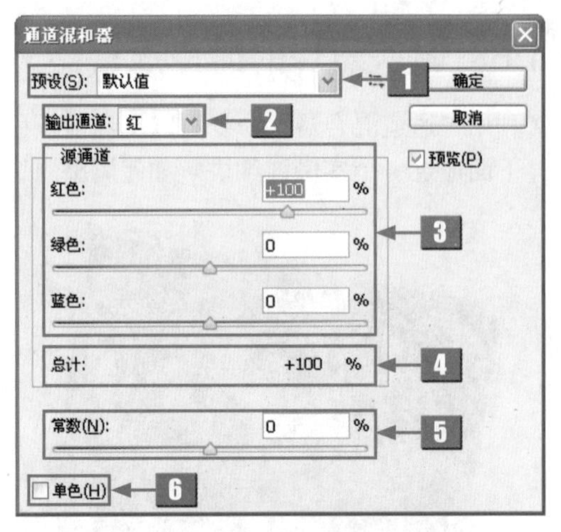

图5-35 “通道混合器”对话框

标号	名称	介绍
1	预设	在该下拉列表框中可以选择Photoshop提供的预设调整设置文件
2	输出通道	在该下拉列表框中可以选择要调整的通道
3	源通道	用来设置输出通道中源通道所占的百分比
4	总计	显示了通道的总计值
5	常数	用来调整输出通道的灰度值
6	单色	选中该复选框，可以将彩色图像转换为黑白效果

步骤5 在该对话框中，设置“输出通道”为“绿”，“绿色”为200，如图5-36所示。

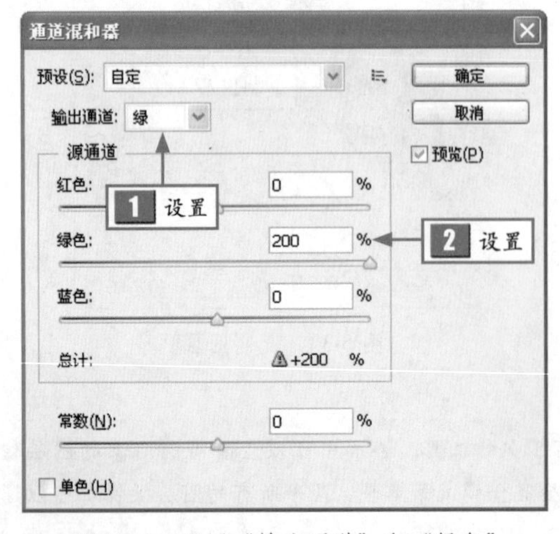

图5-36 设置“输出通道”和“绿色”

步骤6 完成设置后，单击“确定”按钮，即可调整照片的通道混和器，效果如图5-37所示。

图5-37 调整通道混合器后的效果

步骤 7　按 Ctrl + U 组合键，弹出“色相 / 饱和度”对话框，设置参数如图 5-38 所示。

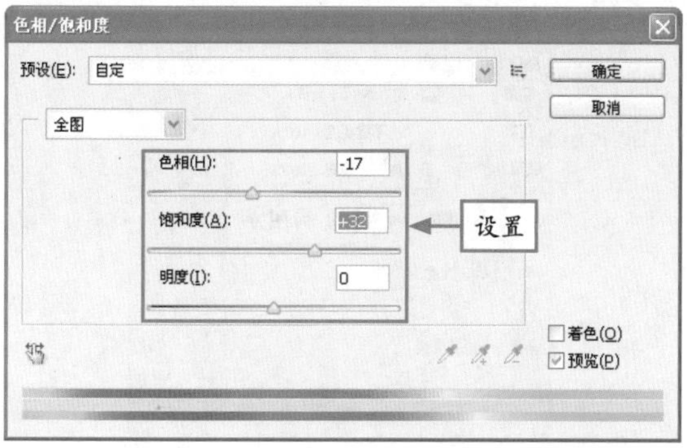

图 5-38　设置参数

步骤 8　单击“确定”按钮，即可得到最终效果，如图 5-39 所示。

图 5-39　图像最终效果

5.2 照片色彩的高级调整

色彩具有一定的情感，不同的色彩可以反映出不同的心情和意境。通过对色彩的高级调整，可以使照片实现更好的艺术效果。

5.2.1　校正偏色的照片

照片偏色有多种原因，最常见的原因便是由光影和环境色反射造成的。通过调整图像的曲线和色彩平衡，即可校正照片的偏色现象。

下面通过一个实例详细讲解如何校正偏色的照片，效果如图 5-40 所示。

图 5-40　校正偏色的照片

素材文件	光盘\素材\第5章\妩媚.jpg
效果文件	光盘\效果\第5章\妩媚.psd
视频文件	光盘\视频\第5章\5.2.1　校正偏色的照片.mp4

步骤1 选择“文件”|“打开”命令，打开配书光盘中的“素材\第5章\妩媚.jpg”，如图5-41所示。

图5-41 打开素材图像

步骤2 在“图层”面板中，选择“背景”图层，按Ctrl＋J组合键，即可复制图层，如图5-42所示。

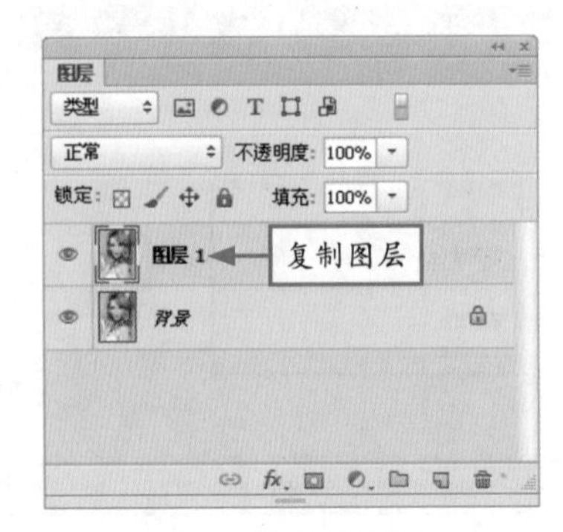

图5-42 复制图层

步骤3 选择“图像”|“调整”|“色彩平衡”命令，如图5-43所示。

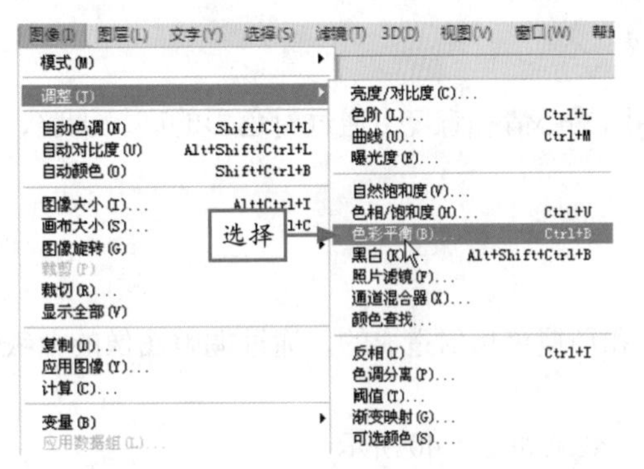

图5-43 选择“色彩平衡”命令

步骤4 弹出“色彩平衡”对话框，设置参数如图5-44所示。

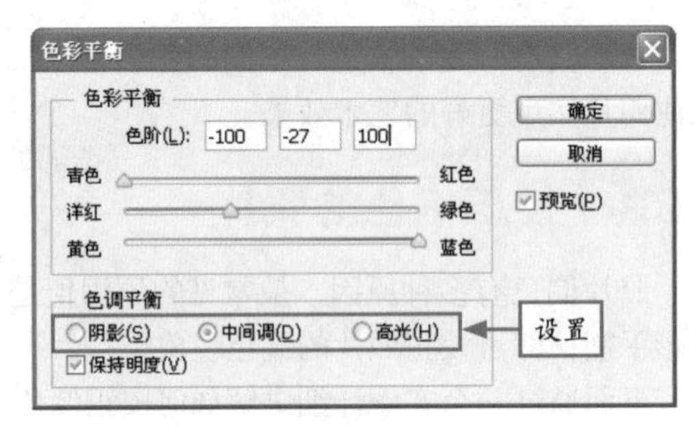

图5-44 设置参数

步骤5 单击“确定”按钮，即可将所设置的色彩平衡应用于当前图像上，效果如图5-45所示。

图5-45 调整图像的色彩平衡

步骤6 再次选择“图像”|“调整”|“色彩平衡”命令，弹出“色彩平衡”对话框，设置参数如图5-46所示。

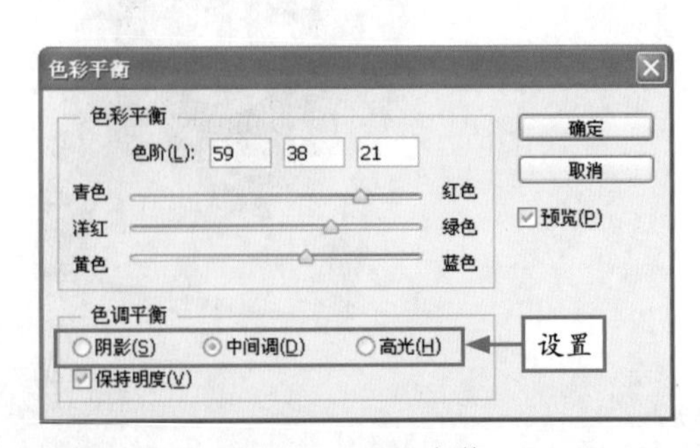

图5-46 设置参数

步骤7 单击“确定”按钮，即可调整图像的色彩平衡，效果如图5-47所示。

步骤8 设置“图层1”图层的“混合模式”为“颜色”，最终效果如图5-48所示。

图 5-47　调整图像的色彩平衡

图 5-48　图像最终效果

5.2.2　替换照片的颜色

对照片的色彩进行基本处理后，用户可以根据实际需要对其中的某些色彩进行替换，赋予其个性化的情调。

下面通过一个实例详细讲解如何替换照片的颜色，效果如图 5-49 所示。

图 5-49　替换照片的颜色

素材文件	光盘\素材\第5章\摩登女郎.jpg
效果文件	光盘\效果\第5章\摩登女郎.psd
视频文件	光盘\视频\第5章\5.2.1　替换照片的颜色.mp4

步骤 1　选择“文件”|“打开”命令，打开配书光盘中的“素材\第 5 章\摩登女郎 .jpg”，如图 5-50 所示。

步骤 2　选取工具箱中的快速选择工具，在图像中的衣服部位单击鼠标左键并拖曳，创建选区，如图 5-51 所示。

图 5-50 打开素材图像

图 5-51 创建选区

步骤 3 新建“色相 / 饱和度”调整图层，展开“色相 / 饱和度”调整面板，设置参数如图 5-52 所示。

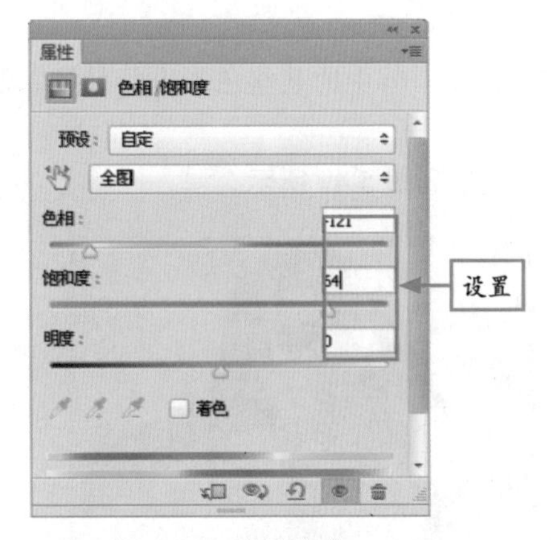

图 5-52 设置参数

步骤 4 完成设置后，即可调整选区的色相 / 饱和度，效果如图 5-53 所示。

图 5-53 调整色相 / 饱和度效果

步骤 5 新建“色彩平衡”调整图层，展开“色彩平衡”调整面板，设置参数如图 5-54 所示。

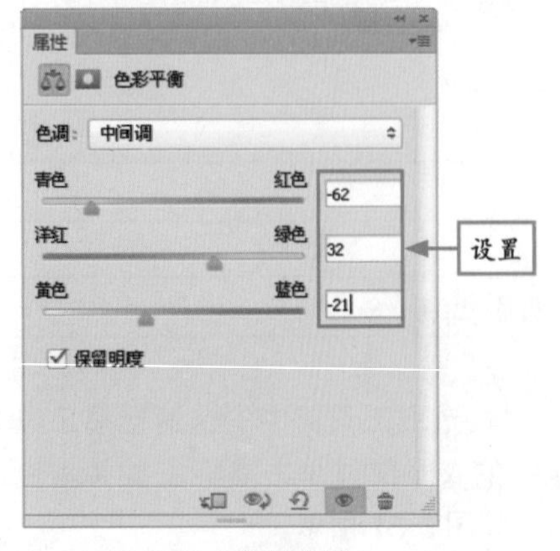

图 5-54 设置参数

步骤 6 在“色彩平衡”调整面板的“色调”下拉列表框中，选择“阴影”选项，设置相应参数，如图 5-55 所示。

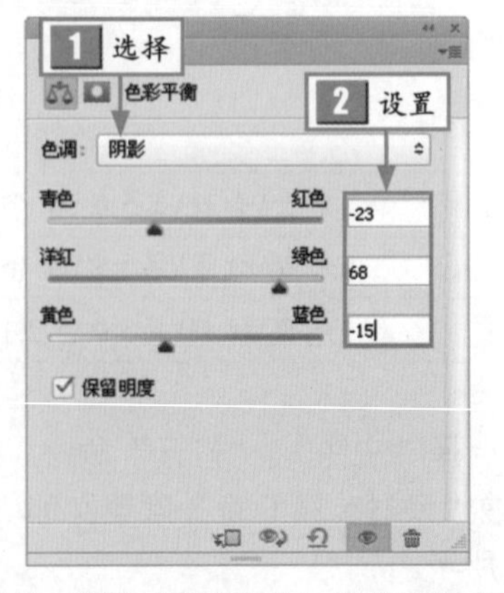

图 5-55 设置“色彩平衡”调整面板参数值

步骤 7 在“色彩平衡”调整面板的“色调”列表框中，选择“高光”选项，设置相应参数，如图 5-56 所示。

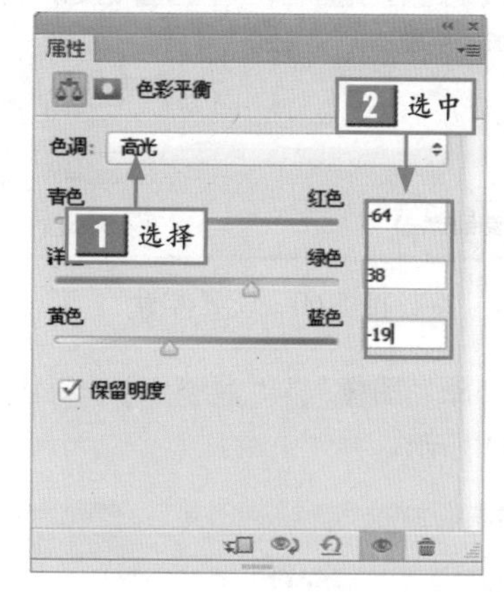

图 5-56 选择“高光”选项后设置相应参数

步骤 8 完成设置后，即可调整图像的色彩平衡，效果如图 5-57 所示。

图 5-57 图像最终效果

5.2.3 变化照片的颜色

当照片出现整体偏色或者颜色不均匀的现象时，可以使用整体调整的办法恢复其颜色。下面通过一个实例详细讲解如何变化照片的颜色，效果如图 5-58 所示。

图 5-58 变化照片的颜色

素材文件	光盘\素材\第5章\鱼嘴鞋.jpg
效果文件	光盘\效果\第5章\鱼嘴鞋.psd
视频文件	光盘\视频\第5章\5.2.3 变化照片的颜色.mp4

专家提醒 利用“变化”命令可以查看调整后的图像缩览图，有针对性地调整图像的色彩平衡、对比度以及饱和度，尤其对不需要精确调整平均调的图像最实用。

步骤 1 选择“文件”|“打开”命令，打开配书光盘中的“素材\第 5 章\鱼嘴鞋.jpg”，如图 5-59 所示。

步骤 2 选择“图像”|“调整”|“亮度/对比度”命令，弹出“亮度/对比度”对话框，设置参数如图 5-60 所示。

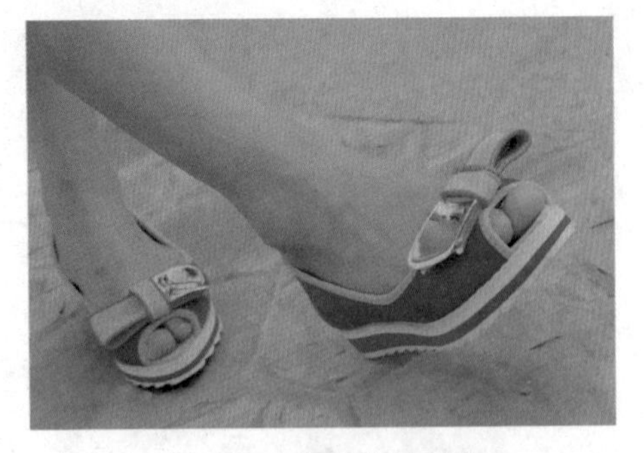

图 5-59　打开素材图像

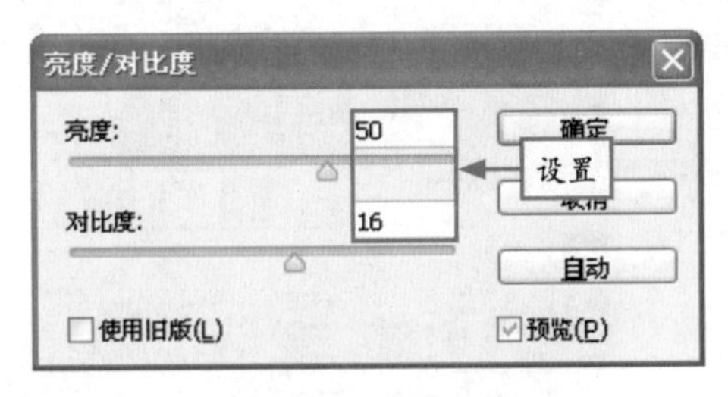

图 5-60　设置参数

步骤 3　单击“确定”按钮，即可调整图像的亮度 / 对比度，效果如图 5-61 所示。

图 5-61　调整亮度 / 对比度效果

步骤 4　选择“图像”|“调整”|“变化”命令，如图 5-62 所示。

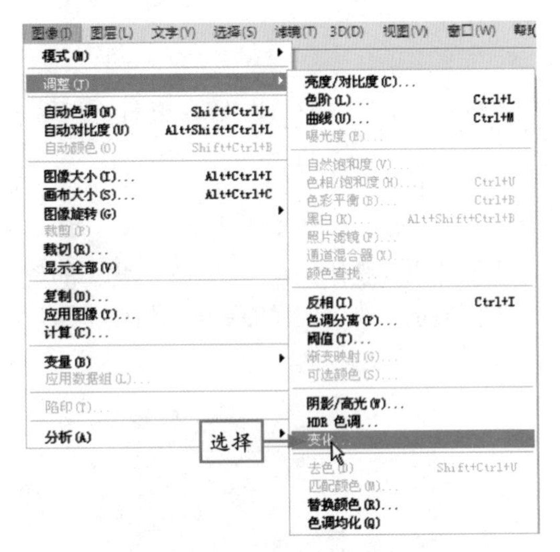

图 5-62　选择“变化”命令

步骤 5　在弹出的“变化”对话框中单击“加深黄色”缩览图，如图 5-63 所示。

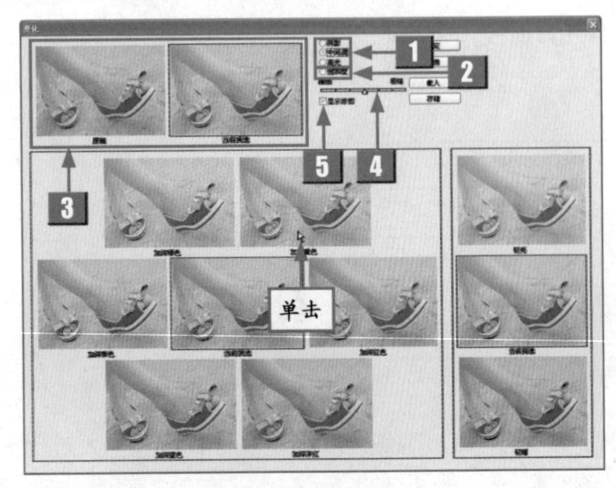

图 5-63　单击“加深黄色”缩览图

步骤 6　单击“确定”按钮，即可完成图像颜色的变化，效果如图 5-64 所示。

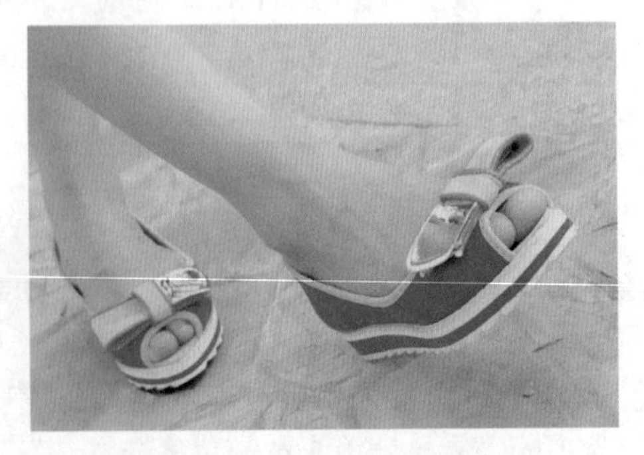

图 5-64　变化照片颜色后的效果

标　号	名　称	介　绍
1	阴影/中间调/高光	选中相应的单选按钮，可以调整图像的阴影、中间调或高光的颜色
2	饱和度	用来调整颜色的饱和度
3	原稿/当前挑选	在对话框顶部的“原稿”缩览图中显示了原始图像，“当前挑选”缩览图中显示了图像的调整结果
4	精细/粗糙	用来控制每次的调整量，滑块每移动一格，可以使调整量双倍增加
5	显示修剪	选中该复选框，如果出现溢色，颜色就会被修剪，以标识出溢色区域

5.2.4　加强照片的光线

通过对“色相 / 饱和度”和“亮度 / 对比度”的调整，再加上一些光线的渲染，即可使图像中最亮的部分显得更亮，最暗的部分显得更暗，从而加强图像整体颜色的对比效果。

下面通过一个实例详细讲解如何加强照片的光线，效果如图 5-65 所示。

图 5-65　加强照片的光线

素材文件	光盘\素材\第5章\美女.jpg
效果文件	光盘\效果\第5章\美女.psd
视频文件	光盘\视频\第5章\5.2.4　加强照片的光线.mp4

步骤 1　选择“文件” | “打开”命令，打开配书光盘中的“素材\第 5 章\美女 .jpg”，如图 5-66 所示。

步骤 2　在“图层”面板中选择“背景”图层，按 Ctrl ＋ J 组合键，即可复制图层，如图 5-67 所示。

图 5-66　打开素材图像

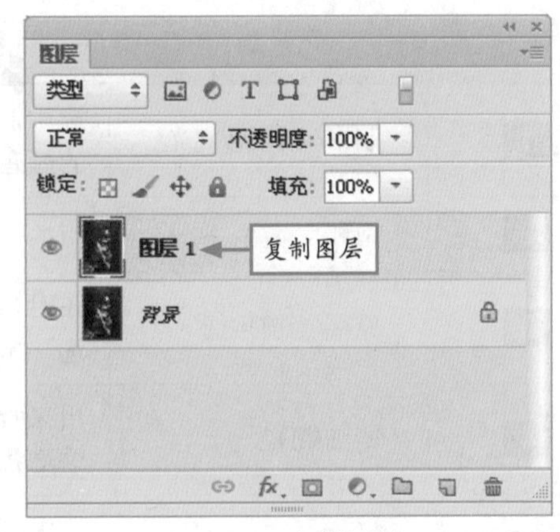

图 5-67　复制图层

步骤 3　在“图层”面板中选择“图层 1”图层，设置其“混合模式”为“滤色”，如图 5-68 所示。

图 5-68　设置混合模式后的效果

步骤 4　按 Ctrl + Shift + N 组合键，新建“图层 2”图层。选取工具箱中的钢笔工具，创建多条闭合路径，如图 5-69 所示。

图 5-69　创建多条闭合路径

步骤 5　按 Ctrl + Enter 组合键，将闭合路径转换为选区，如图 5-70 所示。

图 5-70　将路径转换为选区

步骤 6　设置前景色为白色，将选区填充为白色，如图 5-71 所示。

图 5-71　填充选区效果

专家提醒 除了上述方法外，用户还可以选择“窗口”|“路径”命令，在弹出的“路径”面板中单击底部的“将路径作为选区载入”按钮，来快速将路径转换为选区。

步骤 7 选择“图层”面板中的“图层 2”图层，设置其“混合模式”为“叠加”，效果如图 5-72 所示。

图 5-72　设置图层混合模式后的效果

步骤 8 新建“色相 / 饱和度”调整图层，展开“色相 / 饱和度”调整面板，设置“饱和度”为 24，效果如图 5-73 所示。

图 5-73　图像效果

步骤 9 新建“亮度 / 对比度”调整图层，展开“亮度 / 对比度”调整面板，设置各参数如图 5-74 所示。

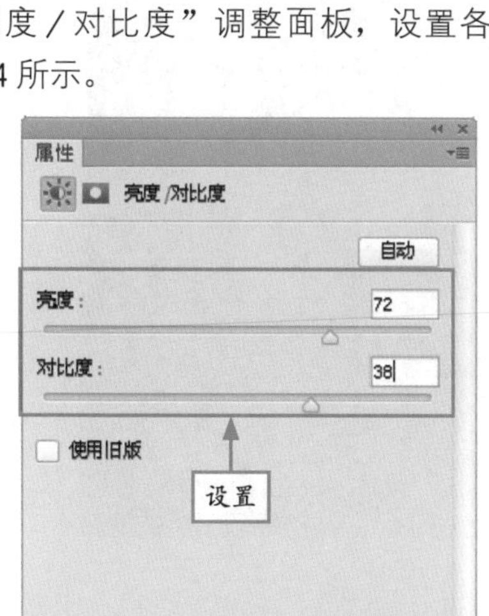

图 5-74　在“高度 / 对比度”调整面板中设置参数

步骤 10 设置“亮度 / 对比度”调整图层的“混合模式”为“滤色”，效果如图 5-75 所示。

图 5-75　调整图层混合模式后的效果

专家提醒 Photoshop CS6 提供了 29 种不同的图层混合模式。适当地调整图层的混合模式，可以得到不同的效果。各图层的混合模式默认为“正常”。

步骤 11 设置“亮度 / 对比度”调整图层的“不透明度”为 55，如图 5-76 所示。

步骤 12 完成设置后，即可得到图像的最终效果，如图 5-77 所示。

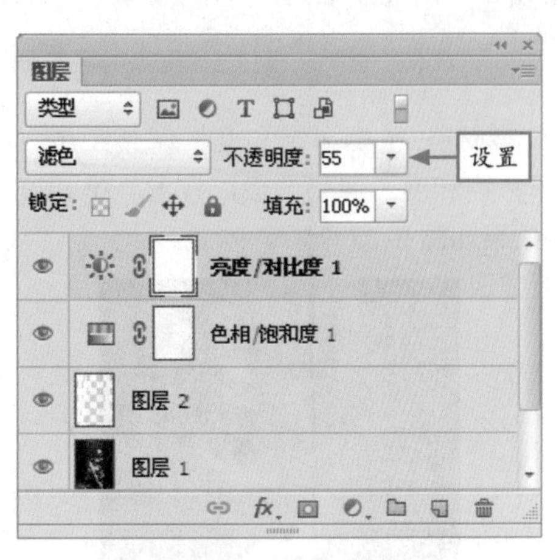

图 5-76　设置参数值

图 5-77　图像最终效果

5.2.5　增强局部色彩

很多用户为了突出照片中的“焦点”而苦思其法，在此借助“图层蒙版”的帮助，增强照片中的局部色彩，来达到突出“焦点”的效果。

下面通过一个实例详细讲解如何增强局部色彩，效果如图 5-78 所示。

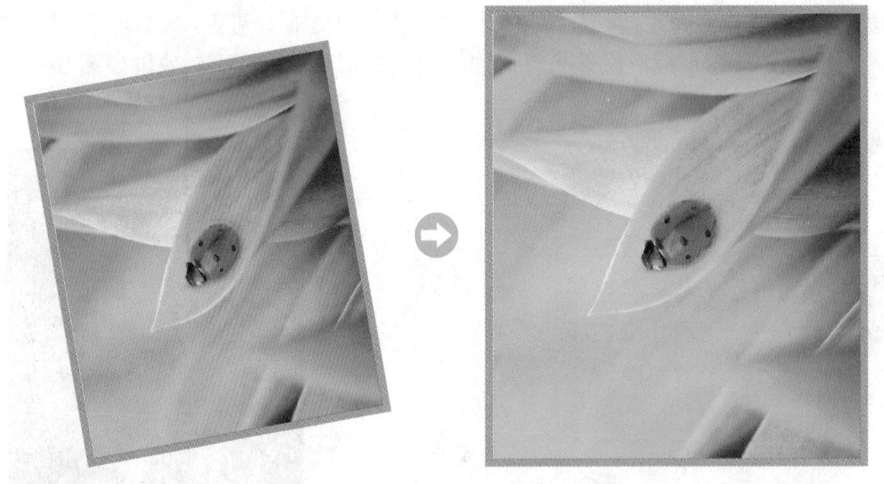

图 5-78　增强局部色彩

素材文件	光盘\素材\第5章\昆虫.jpg
效果文件	光盘\效果\第5章\昆虫.psd
视频文件	光盘\视频\第5章\5.2.5　增强局部色彩.mp4

步骤 1　选择“文件”|“打开”命令，打开配书光盘中的“素材\第 5 章\昆虫 .jpg”，如图 5-79 所示。

步骤 2　新建“色相 / 饱和度”调整图层，展开“色相 / 饱和度”调整面板，设置各参数如图 5-80 所示。

图 5-79　打开素材图像

图 5-80　设置参数

步骤 3　完成设置后，图像效果如图 5-81 所示。

步骤 4　单击图层蒙版缩览图，填充为黑色，然后使用白色画笔涂抹图像，效果如图 5-82 所示。

图 5-81　调整“色相 / 饱和度”后的效果

图 5-82　涂抹图像效果

步骤 5　新建“色相 / 饱和度”调整图层，展开“色相 / 饱和度”调整面板，设置各参数如图 5-83 所示。

步骤 6　单击图层蒙版缩览图，填充为黑色，然后使用白色画笔涂抹图像，最终效果如图 5-84 所示。

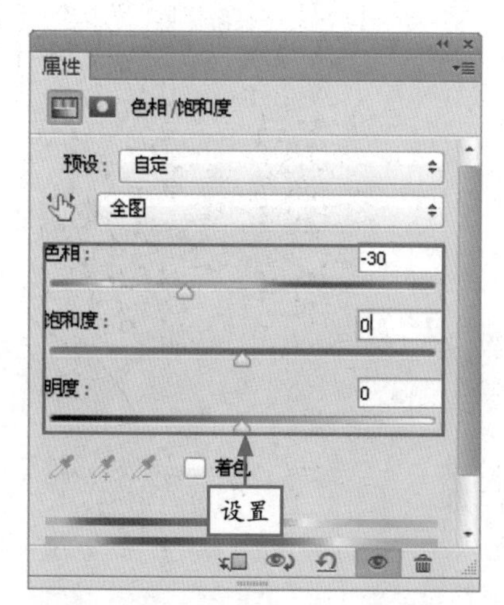

图 5-83　在“色相 / 饱和度”调整面板中设置参数值

图 5-84　涂抹图像效果

第 6 章　照片色调的简单与高级处理

学 习 提 示

照片色调的调整主要是针对照片的色调不匀、颜色的冷暖进行调整。本章将详细讲解调整色调的常用方法和技巧，帮助读者尽快掌握调整照片的要领和精髓。

主 要 内 容

- 照片色调的简单调整
- 照片色调的高级调整

重点与难点

- 均化照片色调
- 调整照片色调
- 匹配照片色调
- 制作冷色调照片
- 制作暖色调照片
- 制作绿色调照片

学完本章后你会做什么

- 掌握调整逆光照片的操作方法
- 掌握制作蓝色调照片的操作方法
- 掌握制作渐变色调照片的操作方法

视 频 文 件

6.1 照片色调的简单调整

在不同环境下拍摄的照片会产生不同的色调。对此，可以通过 Photoshop CS6 中的图层蒙版、混合模式以及色相 / 饱和度等常用功能，使照片的色调和亮度达到统一。本节将详细介绍照片色调的简单调整方法。

6.1.1 均化照片色调

通过“色调均化”命令可以重新分布像素的亮度值，将最亮的值调整为白色，最暗的值调整为黑色，中间的值分布在整个灰度范围中，使它们更均匀地呈现所有范围的亮度级别。

下面通过一个实例详细讲解如何均化照片色调，效果如图 6-1 所示。

图 6-1 均化照片色调

素材文件	光盘\素材\第6章\荷花.jpg
效果文件	光盘\效果\第6章\荷花.psd
视频文件	光盘\视频\第6章\6.1.1 均化照片色调.mp4

步骤 1 选择“文件”|“打开”命令，打开配书光盘中的“素材\第 6 章\荷花 .jpg”，如图 6-2 所示。

图 6-2 打开素材图像

步骤 2 选择“图层”|“新建调整图层”|“亮度 / 对比度”命令，新建“亮度 / 对比度 1”调整图层，如图 6-3 所示。

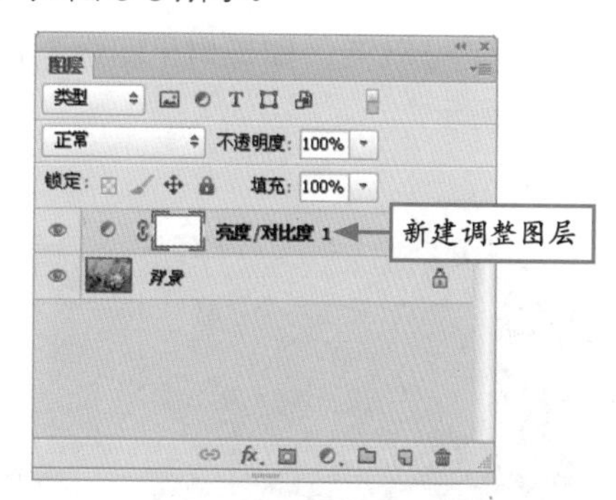

图 6-3 新建“亮度 / 对比度 1”调整图层

专家提醒 除了上述方法外，在“图层”面板底部单击“创建新的填充或调整图层”按钮，在弹出的选择“亮度 / 对比度”命令，也可新建“亮度 / 对比度”调整图层。

步骤 3 双击调整图层前的图层缩览图，展开“亮度 / 对比度”调整面板，设置各参数如图 6-4 所示。

图 6-4 在“亮度 / 对比度”调整面板中设置参数

步骤 4 完成设置后，即可增强图像的亮度和对比度，效果如图 6-5 所示。

图 6-5 图像效果

步骤 5 按 Ctrl + Alt + Shift + E 组合键，盖印图层，得到相应图层，如图 6-6 所示。

图 6-6 盖印图层

步骤 6 选择“图像”|“调整”|“色调均化”命令，如图 6-7 所示。

图 6-7 选择“色调均化”命令

步骤 7 执行操作后，即可均化图像色调，效果如图 6-8 所示。

图 6-8 均化图像色调

步骤 8 在“图层”面板中，单击“添加图层蒙版”按钮，如图 6-9 所示。

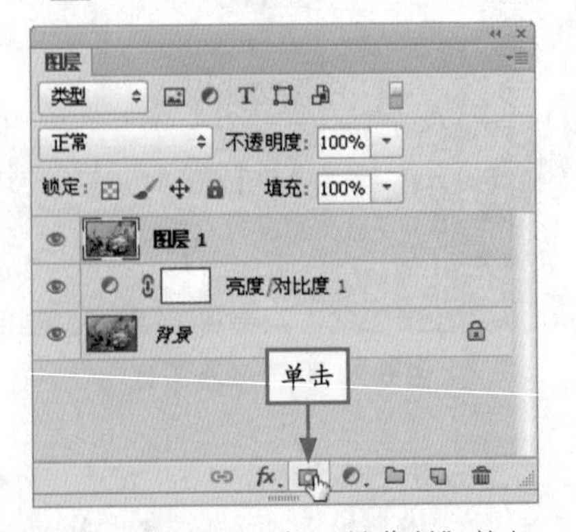

图 6-9 单击“添加图层蒙版”按钮

步骤 9 执行操作后，即可为“图层 1”图层添加图层蒙版，如图 6-10 所示。

图 6-10 添加图层蒙版

步骤 10 使用黑色画笔工具对图像进行适当的修饰，最终效果如图 6-11 所示。

图 6-11 图像最终效果

专家提醒 除了上述方法外，用户还可以选择“图层”|“图层蒙版”|“显示全部”命令，来新建图层蒙版。

6.1.2 调整照片色调

“色调”是指颜色的冷暖，不同的色调可以带来不一样的感觉。用户可以根据实际需要，通过调整通道、色彩平衡、色阶以及色相 / 饱和度等方法调整照片的色调。

下面通过一个实例详细讲解如何调整照片色调，最终效果如图 6-12 所示。

图 6-12 调整照片色调

素材文件	光盘\素材\第6章\美女1.jpg
效果文件	光盘\效果\第6章\美女1.psd
视频文件	光盘\视频\第6章\6.1.2 调整照片色调.mp4

步骤 1 选择“文件”|“打开”命令，打开配书光盘中的“素材 \ 第 6 章 \ 美女 1.jpg”，如图 6-13 所示。

步骤 2 在“图层”面板中，选择“背景”图层，按 Ctrl + J 组合键，即可复制图层，如图 6-14 所示。

图 6-13　打开素材图像

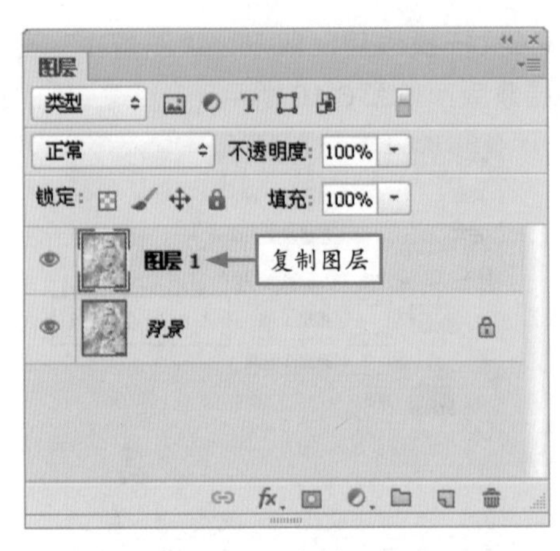

图 6-14　复制图层

步骤 3　选取工具箱中的缩放工具，放大图像，效果如图 6-15 所示。

图 6-15　放大图像

步骤 4　使用白色画笔工具绘制眼睛高光，效果如图 6-16 所示。

图 6-16　绘制眼睛高光

步骤 5　在“通道”面板中选择“蓝”通道，按 Ctrl ＋ M 组合键，在弹出的“曲线”对话框中设置参数如图 6-17 所示。

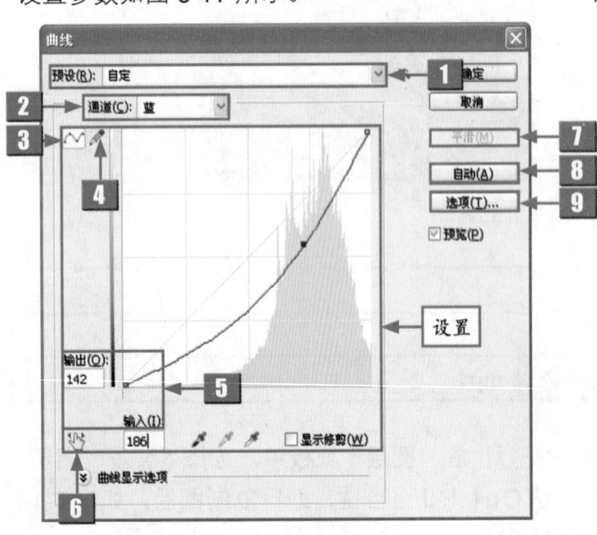

图 6-17　设置参数

步骤 6　单击“确定”按钮，即可调整通道的曲线。此时 RGB 通道的颜色开始变化，效果如图 6-18 所示。

图 6-18　图像效果

标　号	名　称	介　绍
1	预设	包含了Photoshop提供的各种预设调整文件，可以用于调整图像
2	通道	在其列表框中可以选择要调整的通道，调整通道会改变图像的颜色
3	编辑点以修改曲线	处于选中状态时，在曲线中单击可以添加新的控制点，拖动控制点改变曲线形状，即可调整图像
4	通过绘制来修改曲线	单击按钮后，可以绘制手绘效果的自由曲线
5	输入/输出	“输入”色阶显示了调整前的像素值；“输出”色阶显示了调整后的像素值
6	在图像上单击并拖动可以修改曲线	单击按钮后，将光标放在图像上，曲线上会出现一个圆形图标（代表光标处的色调在曲线上的位置），此时在画面中单击并拖动鼠标可以添加控制点并调整相应的色调
7	平滑	使用钢笔工具绘制曲线后，单击该按钮，可以对曲线进行平滑处理
8	自动	单击该按钮，可以对图像应用“自动颜色”、“自动对比度”或“自动色调”校正，具体校正内容取决于“自动颜色校正选项”对话框中的设置
9	选项	单击该按钮，打开“自动颜色校正选项”对话框

步骤7 在“通道”面板中选择“绿”通道，按 Ctrl ＋ M 组合键，在弹出的“曲线”对话框中设置各参数如图 6-19 所示。

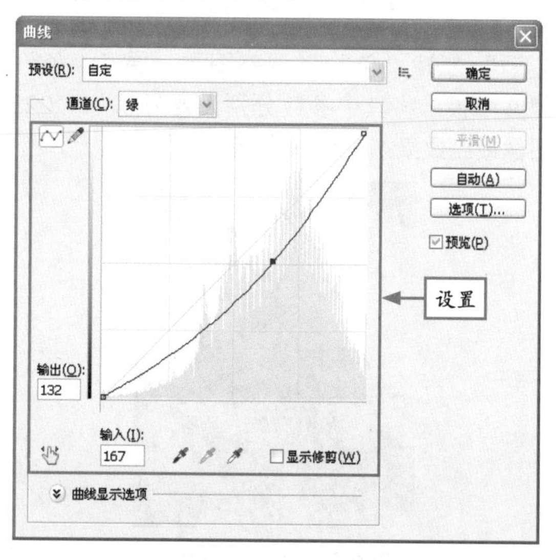

图 6-19　设置参数

步骤8 在“通道”面板中选择“红”通道，按 Ctrl ＋ M 组合键，在弹出的“曲线”对话框中设置各参数如图 6-20 所示。

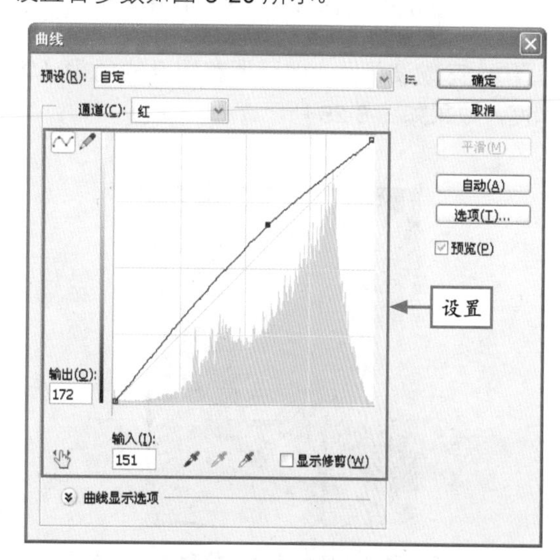

图 6-20　设置参数

步骤9 单击“通道”面板中的 RGB 通道，显示所有颜色，此时的图像效果如图 6-21 所示。

步骤10 按 Ctrl ＋ B 组合键，弹出“色彩平衡”对话框，设置各参数如图 6-22 所示。

图 6-21　图像效果

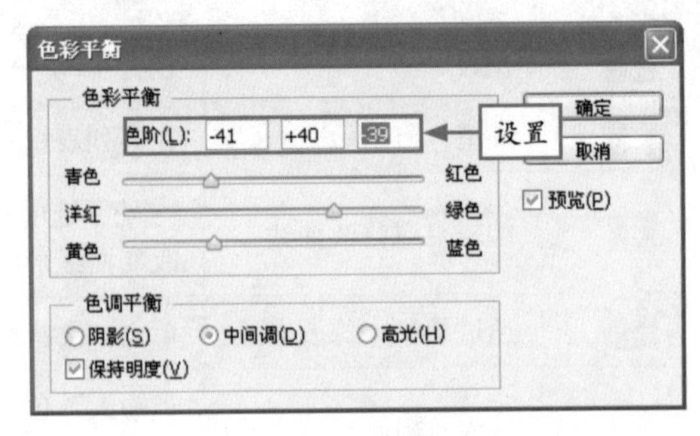

图 6-22　设置参数

步骤 11　单击“确定”按钮，即可调整图像的色彩平衡，效果如图 6-23 所示。

图 6-23　调整色彩平衡后的效果

步骤 12　新建“色相 / 饱和度”调整图层，展开“色相 / 饱和度”调整面板，设置“饱和度”为 21，如图 6-24 所示。

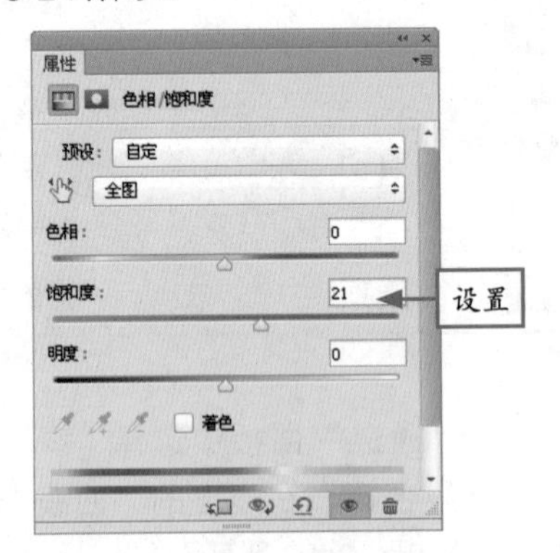

图 6-24　设置“饱和度”

步骤 13　完成设置后，即可调整图像的色相 / 饱和度，效果如图 6-25 所示。

图 6-25　调整图像的色相 / 饱和度后的效果

步骤 14　新建“色阶”调整图层，展开“色阶”调整面板，将其中参数分别设置为 0、1、223，图像最终效果如图 6-26 所示。

图 6-26　图像最终效果

6.1.3　匹配照片色调

使用“匹配颜色”命令可以将同一图像的两个图层或多幅图像的颜色相匹配，使其色调达到统一。

下面通过一个实例详细讲解如何匹配照片色调，效果如图 6-27 所示。

图 6-27　匹配照片色调

素材文件	光盘\素材\第6章\狗狗.jpg、卡通.jpg
效果文件	光盘\效果\第6章\狗狗.psd
视频文件	光盘\视频\第6章\6.1.3　匹配照片色调.mp4

步骤 1 选择“文件”|“打开”命令，打开配书光盘中的“素材\第 6 章\狗狗 .jpg”，如图 6-28 所示。

图 6-28　打开素材图像

步骤 2 在“图层”面板中，复制“背景图层”两次，得到“图层 1”图层和“图层 1 副本”图层，如图 6-29 所示。

图 6-29　复制图层

步骤 3 选择“文件”|“打开”命令，打开配书光盘中的“素材\第 6 章\卡通 .jpg”，如图 6-30 所示。

图 6-30　打开素材图像

步骤 4 在“狗狗”图像编辑窗口中，选择相应的图层，然后选择“图像”|“调整”|“匹配颜色”命令，如图 6-31 所示。

图 6-31　选择“匹配颜色”命令

步骤5 弹出“匹配颜色”对话框，设置各参数，如图 6-32 所示。

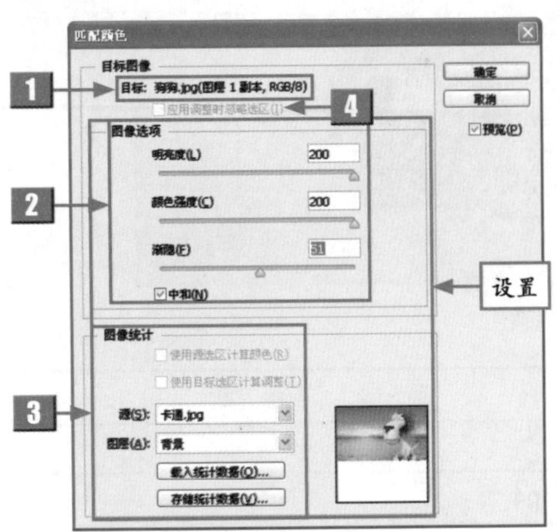

图 6-32 设置参数

步骤6 单击“确定”按钮，即可匹配照片色调，效果如图 6-33 所示。

图 6-33 匹配照片色调效果

标号	名称	介绍
1	目标图像	其中显示了要修改的图像的名称以及颜色模式
2	图像选项	“明亮度”选项用来调整图像匹配的明亮程度；“颜色强度”选项相当于图像的饱和度，因此主要用来调整图像的饱和度；“渐隐”选项有点类似于图层蒙版，它决定了有多少源图像的颜色匹配到目标图像的颜色中；“中和”复选框主要用来去除图像中的偏色现象
3	图像统计	选中“使用源选区计算颜色”复选框，可以使用源图像中的选区图像的颜色来计算匹配颜色；选中“使用目标选区计算调整”复选框，可以使用目标图像中的选区图像的颜色来计算匹配颜色；“源”下拉列表框用来选择源图像，即将颜色匹配到目标图像的图像；“图层”下拉列表框用来选择需要匹配颜色的图层；“载入统计数据”和“存储统计数据”按钮分别用来载入已经存储的设置与存储当前的设置
4	应用调整时忽略选区	如果目标图像中存在选区，选中该复选框，Photoshop将忽视选区的存在，将调整应用到整个图像

专家提醒 “匹配颜色”命令是一个智能的颜色调整工具。它可以使源图像与目标图像的亮度、色相和饱和度进行统一，不过该命令只能在 RGB 模式下使用。

6.1.4 调整逆光照片

在拍摄过程中，经常会出现被拍摄的人或物背对光源，导致照片出现逆光现象。充分发挥 Photoshop 的强大功能来调整照片的光线。

下面通过一个实例详细讲解如何调整逆光照片，效果如图 6-34 所示。

素材文件	光盘\素材\第6章\美女2.jpg
效果文件	光盘\效果\第6章\美女2.psd
视频文件	光盘\视频\第6章\6.1.4 调整逆光照片.mp4

图 6-34　调整逆光照片

步骤 1　选择“文件”|“打开”命令，打开配书光盘中的“素材\第 6 章\美女 2.jpg”，如图 6-35 所示。

图 6-35　打开素材图像

步骤 2　在“图层”面板中，选择“背景”图层，按 Ctrl ＋ J 组合键，即可复制图层，如图 6-36 所示。

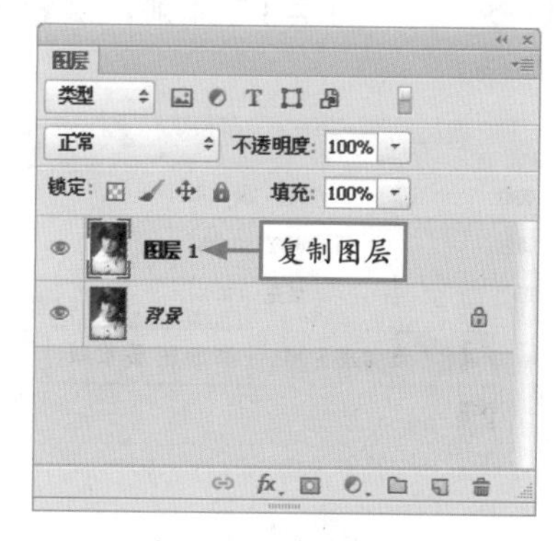

图 6-36　复制图层

步骤 3　在“图层”面板中，设置“图层”的“混合模式”为“滤色”，效果如图 6-37 所示。

图 6-37　设置图层混合模式后的效果

步骤 4　在“通道”面板中选择“蓝”通道，然后将其复制，如图 6-38 所示。

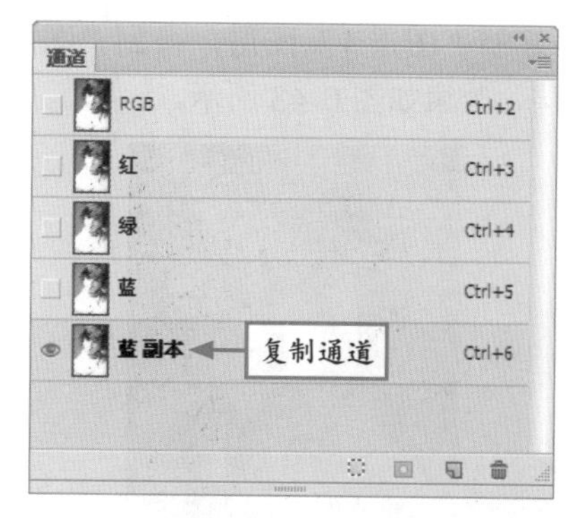

图 6-38　复制通道

专家提醒　复制通道的方法与复制图层一样，将通道拖曳至“通道”面板底部的“创建新通道”按钮上即可。

步骤 5 按住 Ctrl 键的同时，单击“蓝 - 副本”通道的通道缩览图，载入选区，如图 6-39 所示。

图 6-39 载入选区

步骤 6 在“图层”面板中，选择“图层 1”图层，此时图像会自动恢复颜色显示，效果如图 6-40 所示。

图 6-40 恢复颜色显示

步骤 7 单击“图层”面板底部的“添加图层蒙版”按钮，为“图层 1”添加图层蒙版，如图 6-41 所示。

图 6-41 添加图层蒙版

步骤 8 按 Ctrl + L 组合键，即可将添加的图层蒙版进行反相操作，效果如图 6-42 所示。

图 6-42 图层蒙版反相效果

步骤 9 复制“图层 1”图层，得到“图层 1 副本”图层，效果如图 6-43 所示。

图 6-43 复制图层后的效果

步骤 10 按 Ctrl + Shift + N 组合键，新建“图层 2”图层，如图 6-44 所示。

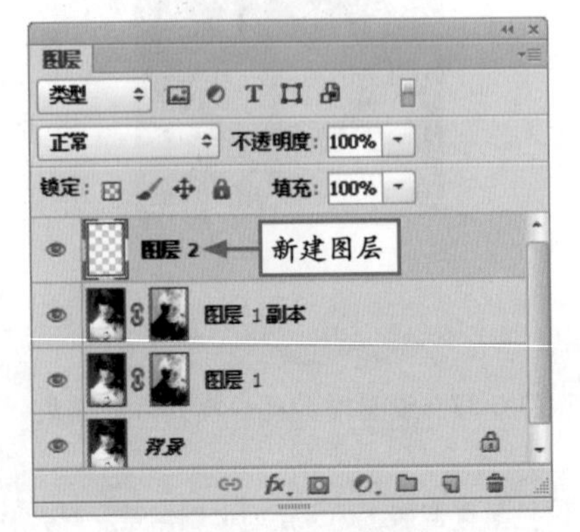

图 6-44 新建图层

步骤 11　选取工具箱中的渐变工具，在其属性栏中单击“点按可编辑渐变”按钮，弹出“渐变编辑器”对话框，如图 6-45 所示。

图 6-45　“渐变编辑器”对话框

步骤 12　设置颜色为白色到灰色的双色渐变，将光标移至图像编辑窗口中，填充径向渐变，效果如图 6-46 所示。

图 6-46　填充径向渐变

标　　号	名　　称	介　　绍
1	预设	其中显示了Photoshop CS6提供的预设渐变样式。在该选项组中单击任一样式，即可将其设置为当前渐变样式；单击右上角的按钮，在弹出的菜单中还可以选择其他的渐变样式
2	名称	在该文本框中显示了选定的渐变名称，也可以从中输入新渐变名称
3	渐变类型/平滑度	在“渐变类型”下拉列表框中，可选择显示为单色形态的“实底”和显示为多种色带形态的“杂色”两种类型。选择“实底”（默认形态）时，通过“平滑度”数值框选择可以调整渐变颜色过渡的柔和程度，数值越大，效果越柔和；选择“杂色”时，通过“粗糙度”数值框可设置杂色渐变的柔和度，数值越大，颜色过渡越鲜明
4	不透明度色标	用于调整渐变中应用的颜色的不透明度，默认值为100，数值越小，渐变颜色越透明
5	色标	用于调整渐变中应用的颜色或者颜色的范围，可以通过拖动滑块的方式更改色标的位置。双击色标滑块，弹出“选择色标颜色”对话框，从中选择需要的渐变颜色即可
6	载入	单击该按钮，可以在弹出的“载入”对话框中打开保存的渐变
7	存储	单击该按钮，弹出“存储”对话框，可将新设置的渐变进行存储
8	新建	在设置新的渐变样式后，单击“新建”按钮，可将该样式保存到“预设”列表框中

步骤 13　单击“图层”面板底部的“添加图层蒙版”按钮，然后运用黑色画笔适当地涂抹，隐藏部分图像，效果如图 6-47 所示。

步骤 14　设置“图层 2”图层的“混合模式”为“叠加”、“不透明度”为 75，图像效果如图 6-48 所示。

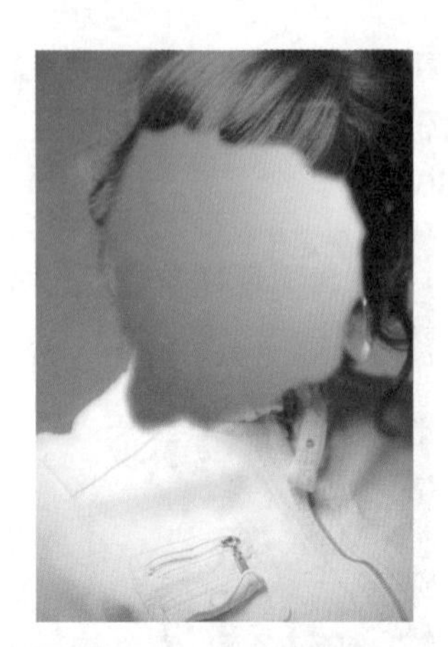

图 6-47　涂抹图像效果

图 6-48　图像效果

步骤 15　在“通道”面板中选择“蓝”通道，单击底部的“添加通道选区”按钮，载入选区，如图 6-49 所示。

图 6-49　载入选区

步骤 16　新建“亮度 / 对比度”调整图层，展开“亮度 / 对比度”调整面板，设置各参数如图 6-50 所示。

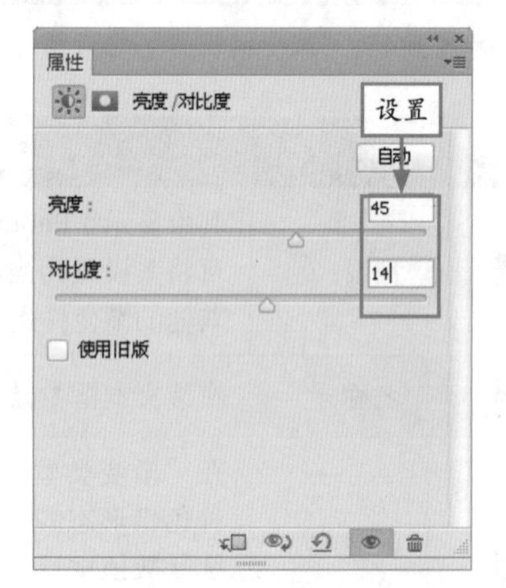

图 6-50　设置参数

步骤 17　完成设置后，即可调整图像的亮度 / 对比度，效果如图 6-51 所示。

图 6-51　调整图像亮度 / 对比度后的效果

步骤 18　单击图层蒙版缩览图，按 Ctrl + I 组合键，执行反相，效果如图 6-52 所示。

图 6-52　反相图像效果

6.2 照片色调的高级调整

色调中的“色温”是调整的难点，其中主要包含“暖色”、“冷色”和“绿色调”等。通过调整照片的色温，可以让照片展现出各种变化效果，增强艺术感。本节将详细介绍照片色调的高级调整方法。

6.2.1 制作冷色调照片

“冷色”是指以偏向蓝色或绿色为主的色调，这种色调会带来一种寒冷和忧郁的感受。

下面通过一个实例详细讲解如何制作冷色调照片，效果如图 6-53 所示。

图 6-53 制作冷色调照片

素材文件	光盘\素材\第6章\注视.jpg
效果文件	光盘\效果\第6章\注视.psd
视频文件	光盘\视频\第6章\6.2.1 制作冷色调照片.mp4

步骤 1 选择“文件”|“打开”命令，打开配书光盘中的“素材\第 6 章\注视.jpg”，如图 6-54 所示。

图 6-54 打开素材图像

步骤 2 在“图层”面板中，选择“背景”图层，按 Ctrl + J 组合键，即可复制图层，如图 6-55 所示。

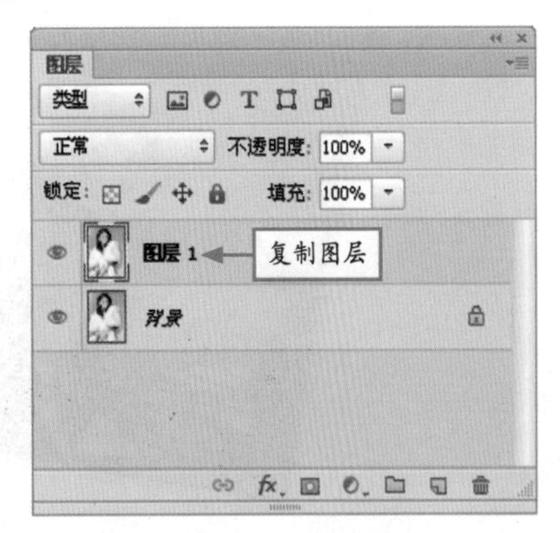

图 6-55 复制图层

步骤 3　新建“照片滤镜”调整图层，展开“照片滤镜”调整面板，设置“滤镜”为“绿”，如图 6-56 所示。

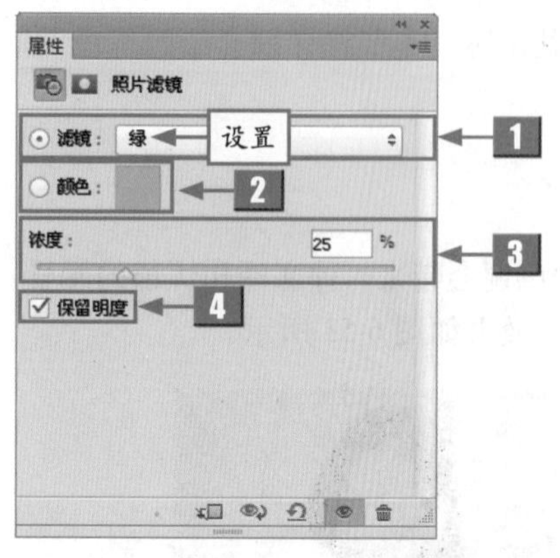

图 6-56　设置“滤镜”为“绿”

步骤 4　在“浓度”文本框中输入 39，即可调整图像的照片滤镜，最终效果如图 6-57 所示。

图 6-57　图像最终效果

标　　号	名　　称	介　　绍
1	滤镜	该下拉列表框中包含20种预设滤镜，用户可以根据需要选择合适的滤镜，对图像进行调整
2	颜色	单击该色块，在弹出的“拾色器”对话框中可以自定义一种颜色作为图像的色调
3	浓度	用于调整应用于图像的颜色数量。该值越大，应用的色调越大
4	保留明度	选中该复选框，在调整颜色的同时将保持原图像的亮度

6.2.2　制作暖色调照片

“暖色”是指以偏向“红色”颜色为主的“色调”，通常暖色可以给人一种温暖和激情的感觉。下面通过一个实例详细讲解如何制作暖色调照片，效果如图 6-58 所示。

图 6-58　制作暖色调照片

素材文件	光盘\素材\第6章\群山.jpg
效果文件	光盘\效果\第6章\群山.psd
视频文件	光盘\视频\第6章\6.2.2　制作暖色调照片.mp4

步骤 1　选择“文件”|“打开”命令，打开配书光盘中的“素材\第 6 章\群山 .jpg”，如图 6-59 所示。

图 6-59　打开素材图像

步骤 2　新建“色相 / 饱和度”调整图层，展开“色相 / 饱和度”调整面板，设置各参数如图 6-60 所示。

图 6-60　设置参数

步骤 3　完成设置后，即可调整图像的色相 / 饱和度，效果如图 6-61 所示。

图 6-61　调整图像的色相 / 饱和度

步骤 4　新建“色彩平衡”调整图层，展开“色彩平衡”调整面板，如图 6-62 所示。

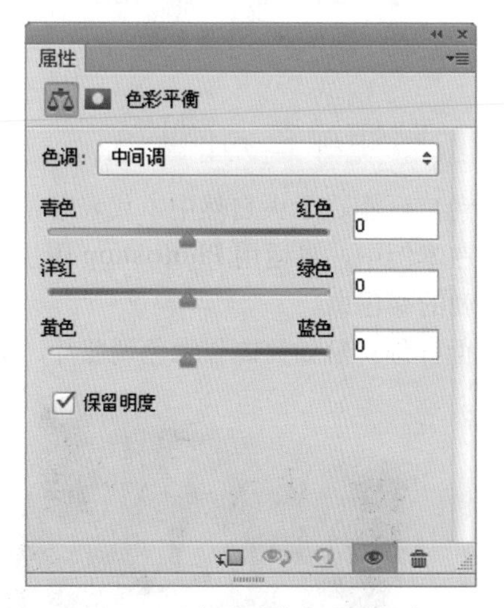

图 6-62　“色彩平衡”调整面板

步骤 5　将“青色—红色”、“洋红—绿色”和“黄色—蓝色”分别设置为 21、19、0，图像效果如图 6-63 所示。

步骤 6　新建“色阶”调整图层，展开“色阶”调整面板，设置各参数如图 6-64 所示。

图 6-63　调整图像的色彩平衡后的效果

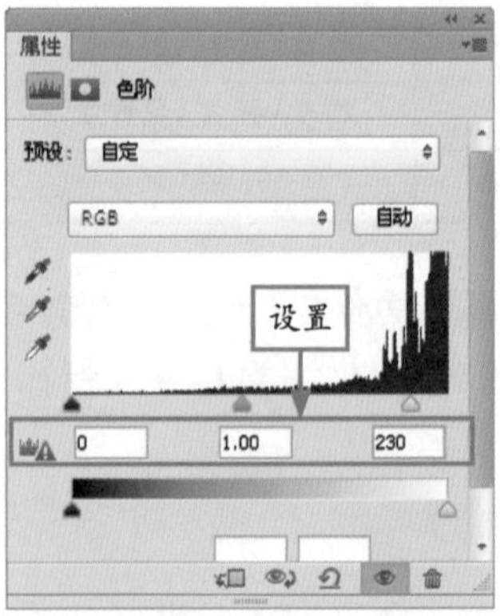

图 6-64　设置参数

步骤 7　新建“曲线”调整图层，设置各参数如图 6-65 所示。

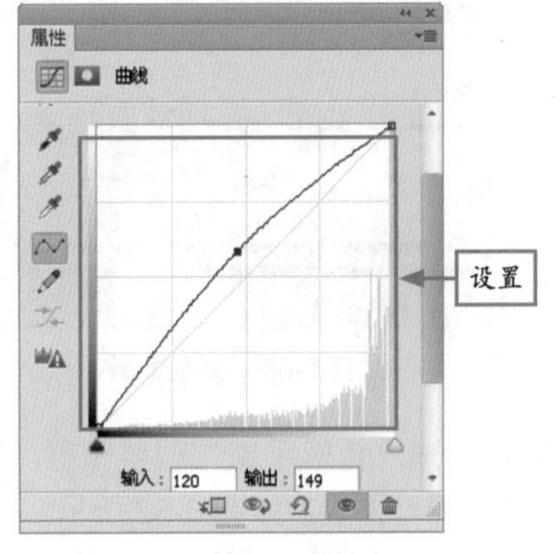

图 6-65　设置参数

步骤 8　完成设置后，即可调整图像的曲线，最终效果如图 6-66 所示。

图 6-66　图像最终效果

6.2.3　制作绿色调照片

绿色广泛存在于大自然中，代表着希望、生机和活力。绿色调的照片多以森林、花草等风景照为主。在本例中，将运用 Photoshop 图层叠加的特性，对一幅风景照进行调整，使其整个画面呈现生机勃勃的绿色调。

下面详细讲解如何制作绿色调照片，最终效果如图 6-67 所示。

图 6-67　制作绿色调照片

素材文件	光盘\素材\第6章\花朵.jpg
效果文件	光盘\效果\第6章\花朵.psd
视频文件	光盘\视频\第6章\6.2.3　制作绿色调照片.mp4

步骤1 选择“文件”|“打开”命令，打开配书光盘中的“素材\第6章\花朵.jpg”，如图6-68所示。

图6-68　打开素材图像

步骤2 在“图层”面板中，按Ctrl＋Shift＋N组合键，新建“图层1”图层，如图6-69所示。

图6-69　新建图层

专家提醒 除了上述方法外，用户还可以通过选择“图层”|“新建”|“图层”命令来新建图层。

步骤3 单击“设置前景色”按钮，弹出“拾色器（前景色）”对话框，设置R、G、B分别为0、227、21，如图6-70所示。

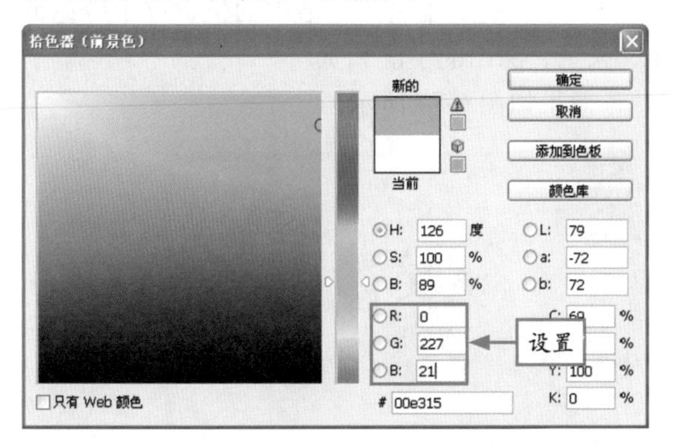

图6-70　设置R、G、B参数

步骤4 选择“编辑”|“填充”命令，弹出“填充”对话框，设置“使用”为“前景色”，如图6-71所示。

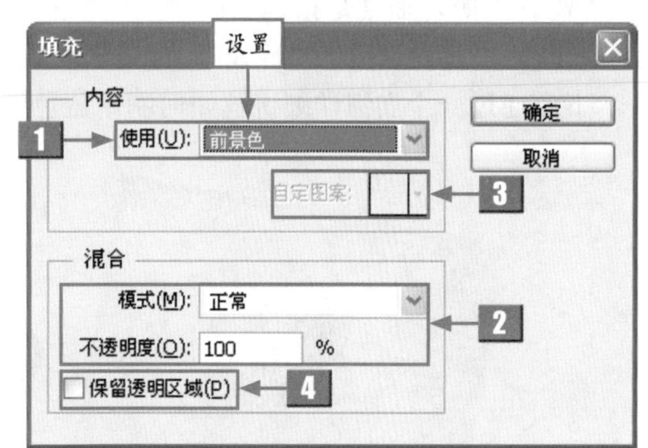

图6-71　“填充”对话框

标　号	名　称	介　绍
1	使用	在该下拉列表框中可以选择9种不同的填充类型，即“前景色”、“背景色”、“自定义颜色”、“黑色”、“白色”、“灰色”、“图案”、“内容识别”和“历史记录”

续表

标　号	名　称	介　绍
2	模式/不透明度	与画笔工具属性栏中的相应参数含义相同
3	自定图案	只有在“使用”下拉列表框中选择“图案”选项后，该下拉列表框才会被激活。单击右侧的下拉按钮，在弹出的下拉列表框中可以选择一个用于填充的图案
4	保留透明区域	如果当前填充的图层中含有透明区域，选择该复选框后，则只填充含有像素的区域

步骤 5　单击“确定”按钮，即可填充图像，效果如图 6-72 所示。

图 6-72　填充图像效果

步骤 6　设置“图层 1”图层的“混合模式”为“柔光”，最终效果如图 6-73 所示。

图 6-73　图像最终效果

6.2.4　制作蓝色调照片

“蓝调”照片通常是指镜头中以大面积蓝色为主的照片。由于蓝色在色谱中的位置位于冷色范围中，因此“蓝调”又称“冷调”，常用来表现海洋、天空、深山的宁静和宽广。

下面通过一个实例详细讲解如何制作蓝色调照片，效果如图 6-74 所示。

图 6-74　制作蓝色调照片

素材文件	光盘\素材\第6章\海上.jpg
效果文件	光盘\效果\第6章\海上.psd
视频文件	光盘\视频\第6章\6.2.4　制作蓝色调照片.mp4

步骤 1 选择"文件"|"打开"命令，打开配书光盘中的"素材\第 6 章\海上.jpg"，如图 6-75 所示。

图 6-75 打开素材图像

步骤 2 选择"图层"|"新建调整图层"|"可选颜色"命令，新建"可选颜色"调整图层，展开"可选颜色"调整面板，如图 6-76 所示。

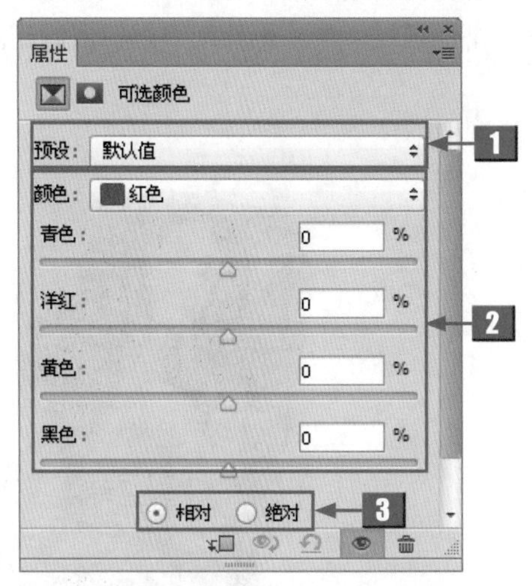

图 6-76 "可选颜色"调整面板

标号	名称	介绍
1	预设	可以使用系统预设的颜色对图像进行调整
2	颜色	从中选择要改变的颜色，然后通过下方的"青色"、"洋红"、"黄色"、"黑色"滑块对选择的颜色进行调整
3	方法	该选项组中包括"相对"和"绝对"两个单选按钮，用于设置颜色

步骤 3 在"可选颜色"调整面板中，设置各参数如图 6-77 所示。

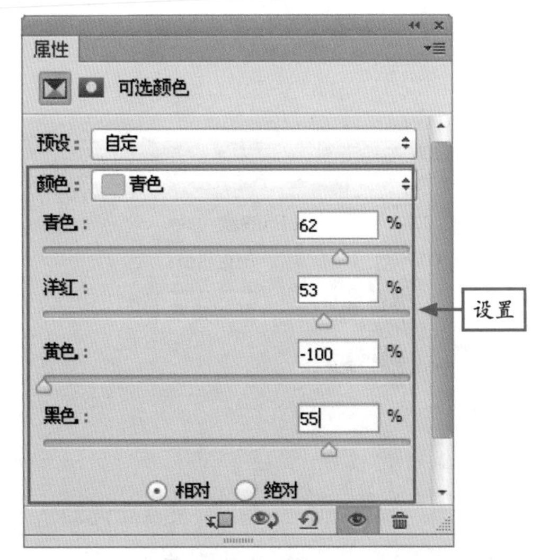

图 6-77 设置参数

步骤 4 完成设置后，即可调整可选颜色，图像最终效果如图 6-78 所示。

图 6-78 最终图像效果

6.2.5 制作渐变色调照片

通过渐变工具填充渐变色，并改变图层的混合模式，可以让图层与背景完美地融合在一起，实现渐变色调效果。

下面通过一个实例详细讲解如何制作渐变色调照片，效果如图 6-79 所示。

图 6-79 制作渐变色调照片

素材文件	光盘\素材\第6章\美女3.jpg
效果文件	光盘\效果\第6章\美女3.psd
视频文件	光盘\视频\第6章\6.2.5 制作渐变色调照片.mp4

步骤 1 选择“文件”|“打开”命令，打开配书光盘中的“素材\第 6 章\美女 3.jpg”，如图 6-80 所示。

图 6-80 打开素材图像

步骤 2 在“图层”面板中，选择“背景”图层，按 Ctrl + J 组合键，即可复制图层，如图 6-81 所示。

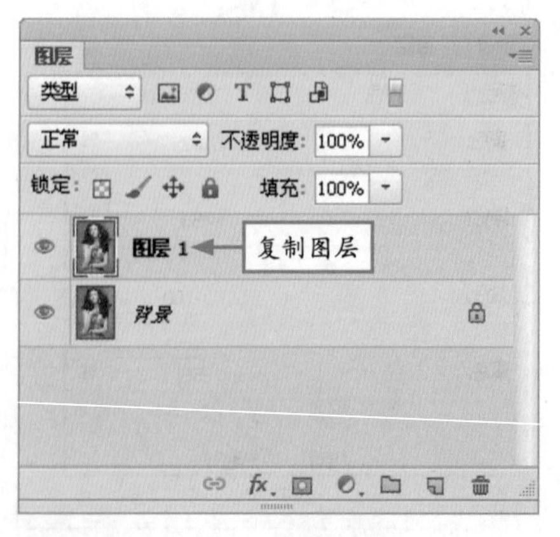

图 6-81 复制图层

步骤 3 在“图层”面板中，按 Ctrl + Shift + N 组合键，新建“图层 2”图层，如图 6-82 所示。

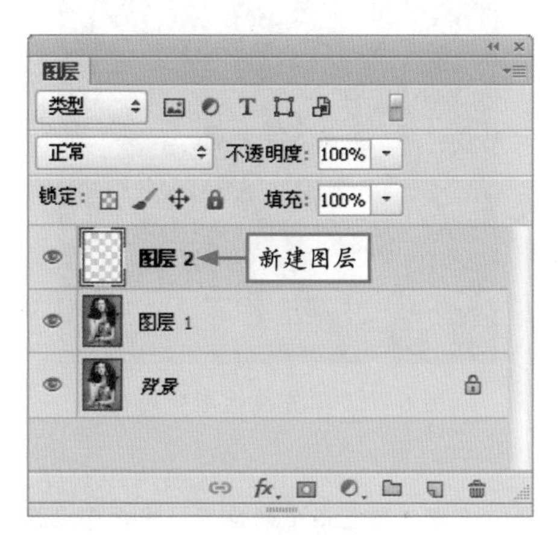

图 6-82 新建图层

步骤 4 选取工具箱中的渐变工具，在其属性栏中单击“点按可编辑渐变”按钮，弹出“渐变编辑器”对话框，如图 6-83 所示。

图 6-83 “渐变编辑器”对话框

步骤 5 双击渐变颜色条左下角的色标，在弹出的“拾色器”对话框中设置颜色为红色，单击“确定”按钮，如图 6-84 所示。

图 6-84 设置渐变

步骤 6 在渐变颜色条的中间位置单击鼠标左键，添加一个渐变色标，设置其颜色为黄色，如图 6-85 所示。

图 6-85 添加渐变色标

步骤 7 以同样的方法，在渐变颜色条上继续添加色标，并设置其颜色，然后单击“确定”按钮，如图 6-86 示。

步骤 8 将光标移至图像编辑窗口中，由左上至右下填充线性渐变，效果如图 6-87 所示。

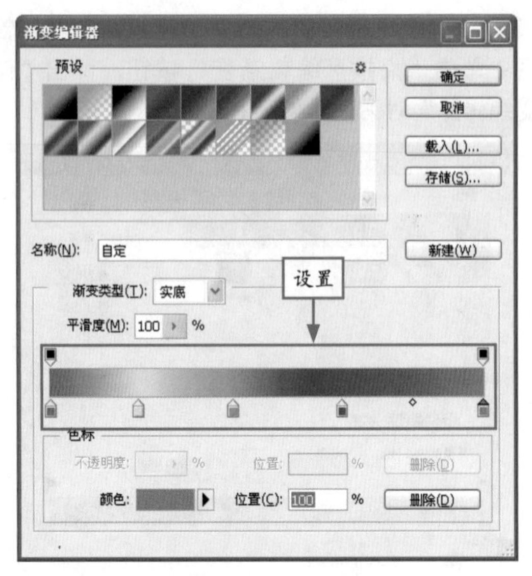

图 6-86　设置其他色标

图 6-87　填充线性渐变效果

专家提醒 在“色标”选项组的“位置”文本框中显示了标记点在渐变颜色条中的位置，用户可以在该文本框中输入相应的数值，也可以直接拖曳渐变颜色条下的色标来调整颜色标记点的位置。

步骤 9 设置“图层 2”图层的“混合模式”为“柔光”，如图 6-88 所示。

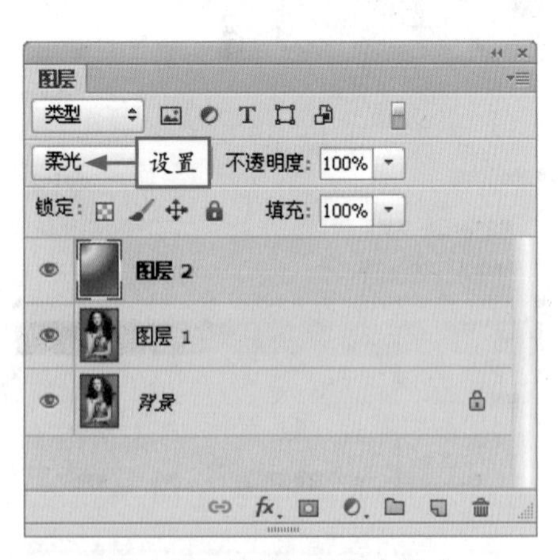

图 6-88　设置图层混合模式

步骤 10 执行操作后，即可制作渐变色调，得到最终效果，如图 6-89 所示。

图 6-89　图像最终效果

第7章　照片的曝光与光影效果调整

|学习提示|

照片的曝光与光影效果调整是数码照片处理中的一项重要内容，利用Photoshop CS6提供的色彩调整功能或滤镜，可以轻松、快捷地实现所需效果。本章将结合大量实例，详细介绍照片曝光与光影效果的调整方法。

|主要内容|

- 照片的曝光处理
- 照片的光影效果处理

|重点与难点|

- 调整曝光不足
- 调整曝光过度
- 制作闪电效果
- 制作彩霞效果
- 制作镜头光晕效果
- 制作朦胧烛光效果

|学完本章后你会做什么|

- 掌握制作彩霞效果的操作方法
- 掌握制作繁星闪烁效果的操作方法
- 掌握制作光芒四射效果的操作方法

|视频文件|

7.1 照片的曝光处理

由于室内的光照比室外的光照要弱很多，同时室内的光线成分也发生了变化，已经不再是外界的全色光，而是受到各种灯光照明影响的白光，所以在拍摄时很容易造成曝光不足或过度的问题。此时运用 Photoshop CS6 就能轻松地还原照片原本的色彩。

7.1.1 调整曝光不足

有时，拍摄的数码照片会出现亮度不足的问题，影响到视觉效果。此时可以运用 Photoshop CS6 提供的“曲线”命令和“亮度 / 对比度”命令来调整图像的曝光度。

下面通过一个实例详细讲解如何调整曝光不足，最终效果如图 7-1 所示。

图 7-1 调整曝光不足

素材文件	光盘\素材\第7章\人物1.jpg
效果文件	光盘\效果\第7章\人物1.psd
视频文件	光盘\视频\第7章\7.1.1 调整曝光不足.mp4

步骤 1 选择“文件”|“打开”命令，打开配书光盘中的“素材\第 7 章\人物 1.jpg”，如图 7-2 所示。

图 7-2 打开素材图像

步骤 2 在“图层”面板中，选择“背景”图层，按 Ctrl + J 组合键，即可复制图层，如图 7-3 所示。

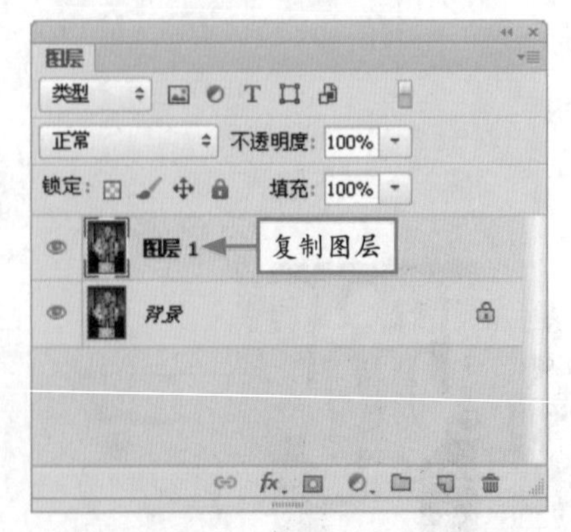

图 7-3 复制图层

步骤 3 按 Ctrl + M 组合键，弹出“曲线”对话框，设置各参数如图 7-4 所示。

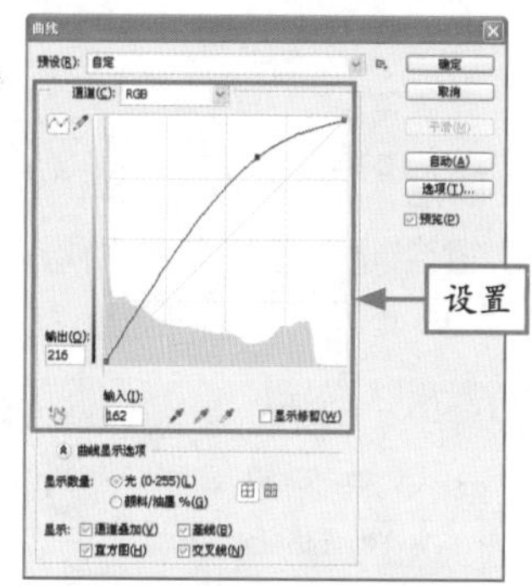

图 7-4 在“曲线”对话框中设置参数

步骤 4 单击“确定”按钮，即可调整图像曲线，效果如图 7-5 所示。

图 7-5 图像效果

步骤 5 选择“图像”|“调整”|“亮度 / 对比度”命令，弹出“亮度 / 对比度”对话框，设置各参数如图 7-6 所示。

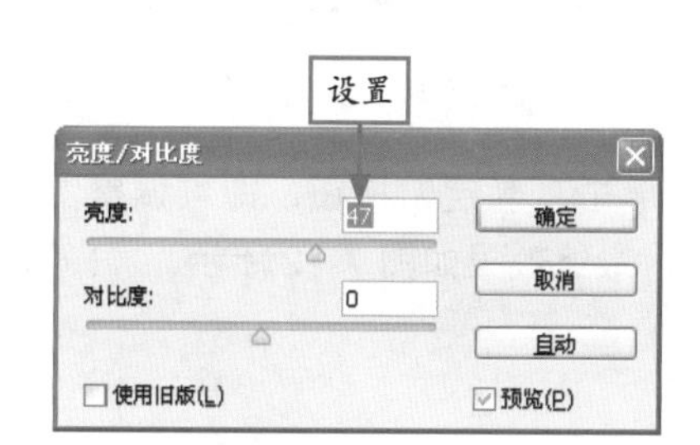

图 7-6 在“亮度 / 对比度”对话框中设置参数

步骤 6 单击“确定”按钮，即可调整图像的亮度 / 对比度，最终效果如图 7-7 所示。

图 7-7 图像最终效果

7.1.2 调整曝光过度

在拍摄数码照片时，时常会出现曝光过度的现象，使整张图像显得太过光亮，从而影响到整体效果。下面通过一个实例详细讲解如何调整曝光过度，最终效果如图 7-8 所示。

专家提醒 曝光是指拍照时照片受到光线照射的强弱和时间长短，曝光过度是由于照片拍摄时光线太亮造成的。

图 7-8 调整曝光过度

素材文件	光盘\素材\第7章\人物2.jpg
效果文件	光盘\效果\第7章\人物2.psd
视频文件	光盘\视频\第7章\7.1.2　调整曝光过度.mp4

步骤 1　选择“文件”|“打开”命令，打开配书光盘中的“素材\第7章\人物2.jpg”，如图7-9所示。

图7-9　打开素材图像

步骤 2　在“图层”面板中，选择“背景”图层，按Ctrl＋J组合键，即可复制图层，如图7-10所示。

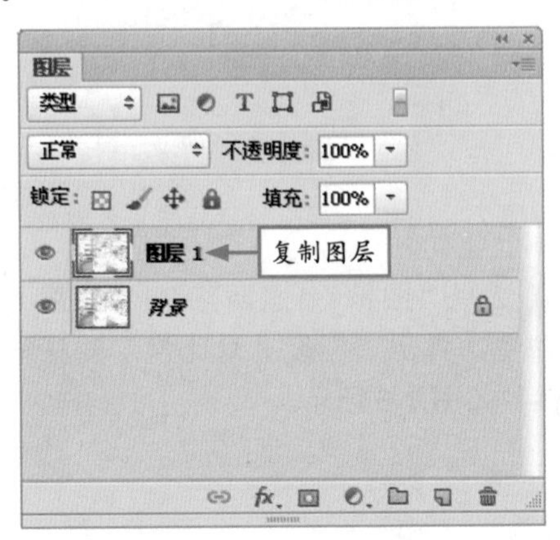

图7-10　复制图层

步骤 3　按Ctrl＋M组合键，弹出“曲线”对话框，设置各参数如图7-11所示。

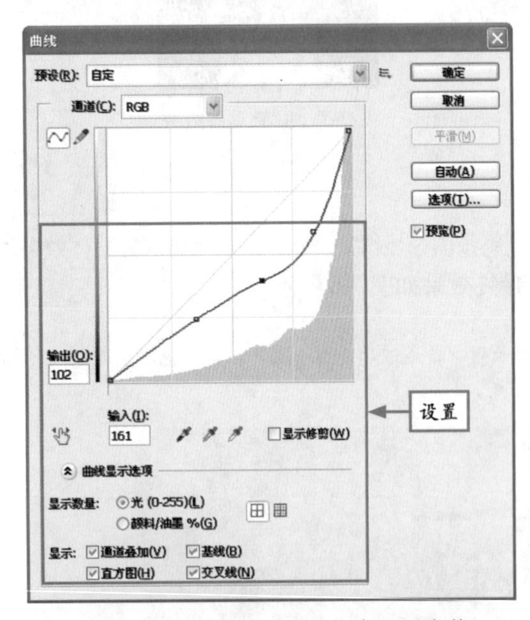

图7-11　在“曲线”对话框中设置参数

步骤 4　单击“确定”按钮，即可调整图像的曝光过度，最终效果如图7-12所示。

图7-12　图像最终效果

7.2 照片的光影效果处理

本节将详细介绍处理照片光影效果的操作方法，则包括闪电、彩霞、镜头光晕、朦胧烛光、繁星闪烁以及光芒四射效果。

7.2.1 制作闪电效果

闪电是大自然最壮丽的景色之一。通常，我们很难用数码相机将瞬间即逝的闪电拍摄下来，但使用 Photoshop CS6 却可以为普通的照片添加闪电效果。

下面通过一个实例详细讲解闪电效果的制作方法，最终效果如图 7-13 所示。

图 7-13 制作闪电效果

素材文件	光盘\素材\第7章\海滩.jpg
效果文件	光盘\效果\第7章\海滩.psd
视频文件	光盘\视频\第7章\7.2.1 制作闪电效果.mp4

步骤 1 选择“文件” | “打开”命令，打开配书光盘中的“素材 \ 第 7 章 \ 海滩 .jpg”，如图 7-14 所示。

图 7-14 打开素材图像

步骤 2 在“图层”面板中，按 Ctrl + Shift + N 组合键，即可新建“图层 1”图层，如图 7-15 所示。

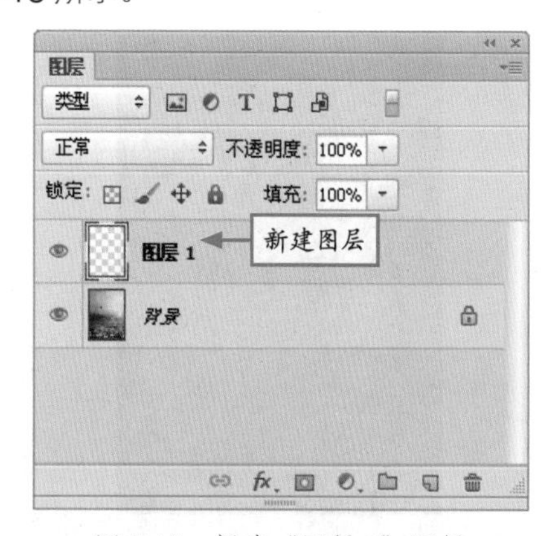

图 7-15 新建“图层 1”图层

步骤3 设置默认前景色和背景色，选取渐变工具，使用线性渐变进行填充，效果如图 7-16 所示。

图 7-16 线性渐变填充效果

步骤4 选择“滤镜”|“渲染”|“分层云彩”命令，即可添加“分层云彩”滤镜，效果如图 7-17 所示。

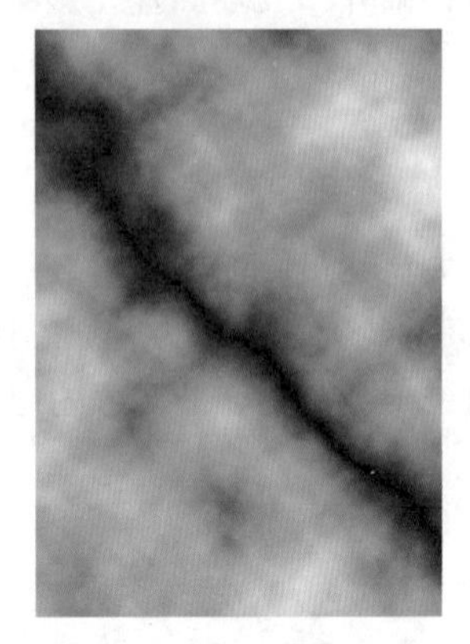

图 7-17 添加“分层云彩”滤镜后的效果

步骤5 选择“图像”|“调整”|“反相”命令，将原来的色彩进行反相处理，如图 7-18 所示。

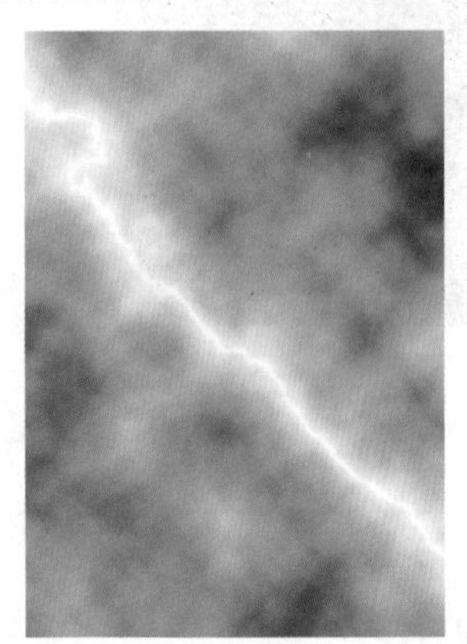

图 7-18 反相图像效果

步骤6 选择“图像”|“调整”|“色阶”命令，弹出“色阶”对话框，设置各参数如图 7-19 所示。

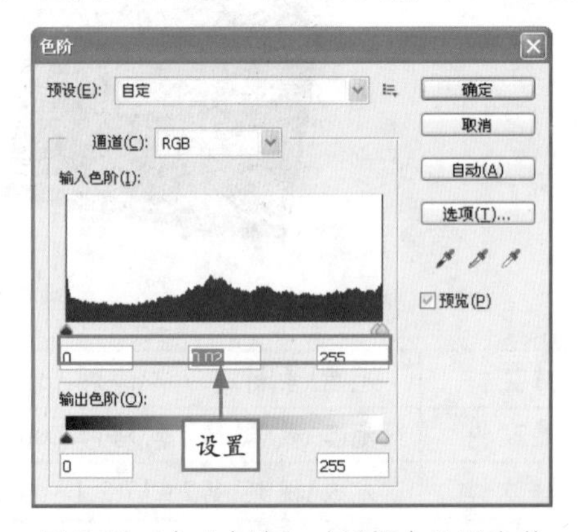

图 7-19 在“色阶”对话框中设置参数

步骤7 单击“确定”按钮，即可调整色阶，效果如图 7-20 所示。

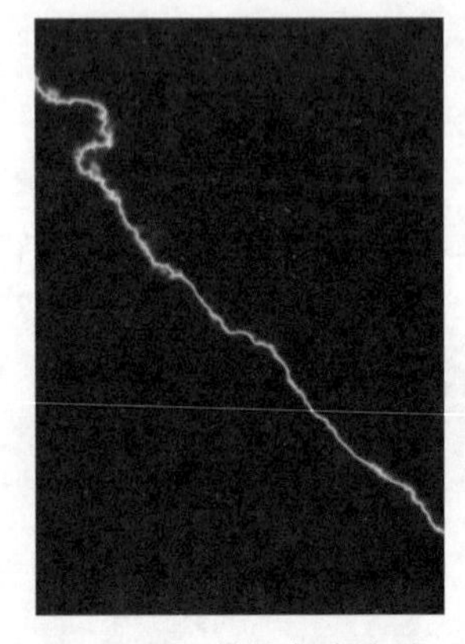

图 7-20 调整色阶效果

步骤8 选取移动工具，调整“分层云彩”滤镜的位置，效果如图 7-21 所示。

图 7-21 调整滤镜位置

步骤 9 设置“图层 1”图层的“混合模式”为“线性减淡（添加)”，如图 7-22 所示。

图 7-22 设置图层混合模式

步骤 10 完成设置后，得到闪电效果，如图 7-23 所示。

图 7-23 闪电效果

7.2.2 制作彩霞效果

火红的晚霞很美，但并不是每天都能看到。使用 Phoptoshop CS6 可以为暗色的天空背景应用渐变效果，制作出晚霞满天的效果。

下面通过一个实例详细讲解彩霞效果的制作方法，最终效果如图 7-24 所示。

图 7-24 制作彩霞效果

素材文件	光盘\素材\第7章\风景.jpg
效果文件	光盘\效果\第7章\风景.psd
视频文件	光盘\视频\第7章\7.2.2 制作彩霞效果.mp4

步骤 1 选择“文件”|“打开”命令，打开配书光盘中的“素材\第 7 章\风景 .jpg”，如图 7-25 所示。

步骤 2 在“图层”面板中，选择“背景”图层，按 Ctrl + J 组合键，即可复制图层，如图 7-26 所示。

图 7-25　打开素材图像

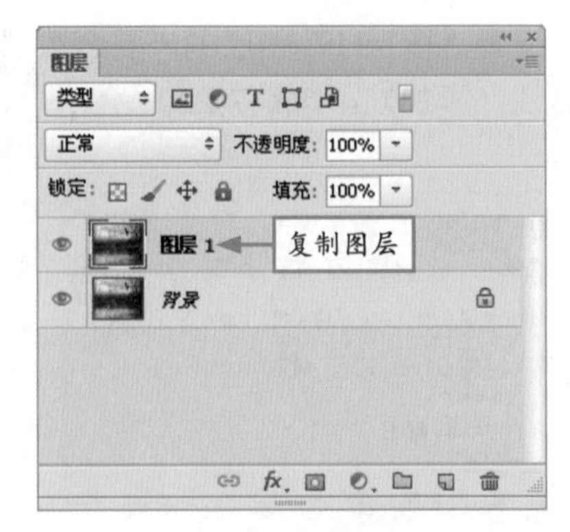

图 7-26　复制图层

步骤 3　选择“图像”|“调整”|“去色”命令，去色图像，效果如图 7-27 所示。

图 7-27　去色图像效果

步骤 4　选择“图层”|“新建填充图层”|“渐变”命令，新建“渐变填充 1”图层，弹出“渐变填充”对话框，如图 7-28 所示。

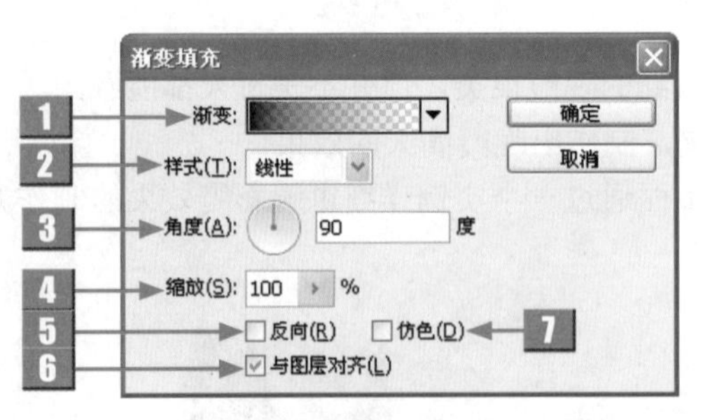

图 7-28　“渐变填充”对话框

标　号	名　称	介　绍
1	渐变	渐变颜色条中显示了当前的渐变颜色。单击其右侧的下拉按钮，在弹出下拉列表框中可以选择一种预设渐变
2	样式	其中包括“线性”、“径向”、“角度”、“对称”以及“菱形”5种渐变样式
3	角度	用于设置渐变样式的角度
4	缩放	用于设置渐变样式的大小
5	反向	选中该复选框，可转换渐变中的颜色顺序，得到反向的渐变结果
6	与图层对齐	选中该复选框，在填充渐变时将与图层中图像的大小对齐
7	仿色	选中该复选框，可以使渐变效果更加平滑，主要用于防止打印时出现条带化现象，但在屏幕上并不能明显体现其作用

步骤 5　单击“渐变”右侧的下拉按钮，在弹出的下拉列表框中选择一种合适的渐变，如图 7-29 所示。

步骤 6　单击“确定”按钮，即可填充线性渐变，效果如图 7-30 所示。

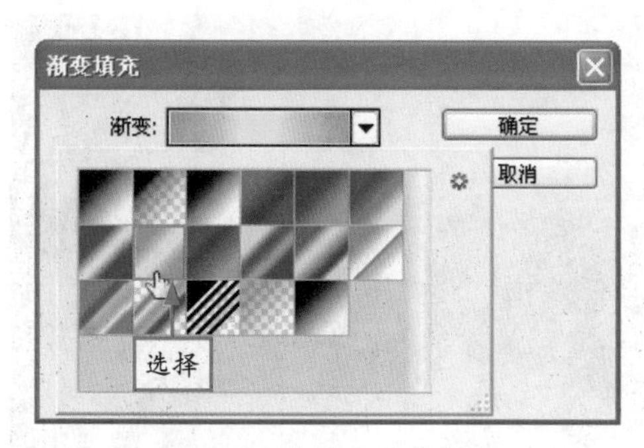

图 7-29　选择合适的渐变

图 7-30　填充后的图像效果

步骤 7　在“图层”面板中，设置“渐变填充 1”图层的“混合模式”为“叠加”，效果如图 7-31 所示。

图 7-31　设置图层混合模式后的效果

步骤 8　新建“通道混合器”调整图层，展开“通道混合器”调整面板，设置各参数如图 7-32 所示。

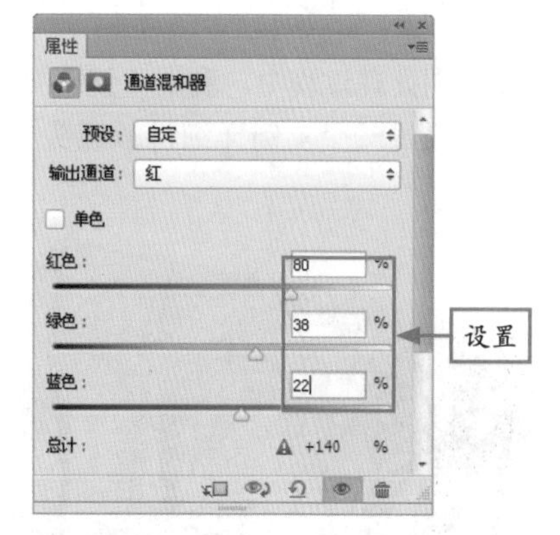

图 7-32　在“通道混合器”调整面板中设置参数

步骤 9　完成设置后，即可调整图像的通道混合器，效果如图 7-33 所示。

图 7-33　调整通道混合器后的效果

步骤 10　复制“图层 1”图层，得到“图层 1 副本”图层，如图 7-34 所示。

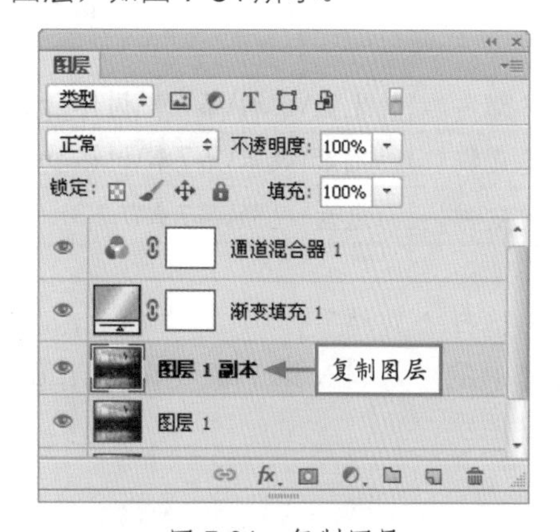

图 7-34　复制图层

步骤 11　在“图层”面板中，设置各参数如图 7-35 所示。

步骤 12　完成设置后，即可得到彩霞效果，如图 7-36 所示。

图 7-35　在“图层”面板中设置参数

图 7-36　彩霞效果

7.2.3　制作镜头光晕效果

在后期处理过程中，利用“镜头光晕”滤镜可以模拟不同的镜头，使照片产生一种光晕的效果。下面通过一个实例详细讲解镜头光晕效果的制作方法，最终效果如图 7-37 所示。

图 7-37　制作镜头光晕效果

素材文件	光盘\素材\第7章\树林.jpg
效果文件	光盘\效果\第7章\树林.psd
视频文件	光盘\视频\第7章\7.2.3　制作镜头光晕效果.mp4

步骤 1　选择“文件”|“打开”命令，打开配书光盘中的“素材\第 7 章\树林.jpg”，如图 7-38 所示。

步骤 2　在“图层”面板中，选择“背景”图层，按 Ctrl + J 组合键，即可复制图层，如图 7-39 所示。

图 7-38　打开素材图像

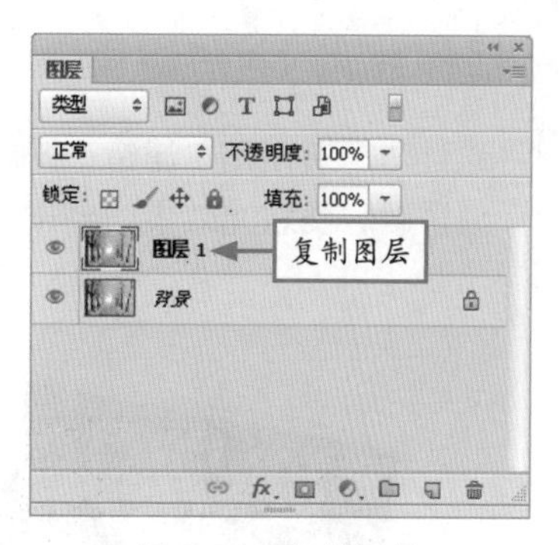

图 7-39　复制图层

步骤 3　选择“滤镜”|“渲染”|“镜头光晕”命令，弹出“镜头光晕”对话框，如图 7-40 所示。

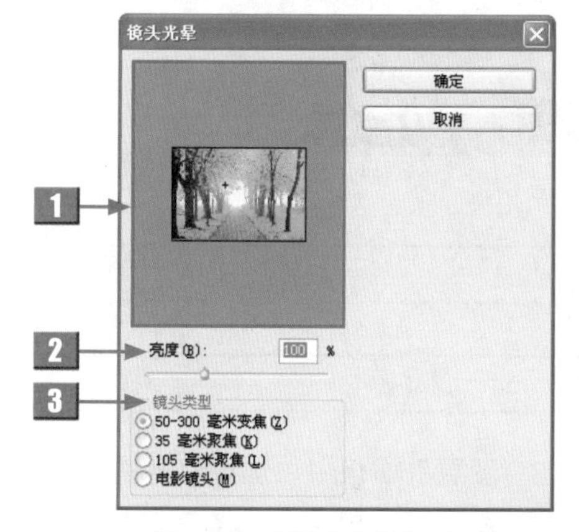

图 7-40　“镜头光晕”对话框

步骤 4　将光标移至图像预览窗口中，单击鼠标左键并拖曳，设置光晕的位置，如图 7-41 所示。

图 7-41　设置光晕位置

标　　号	名　　称	介　　绍
1	光晕中心区域	在图像缩览图上单击或拖动十字线，可以指定光晕的中心
2	亮度	使对象与网格对齐。网格被隐藏时，该项将不可用
3	镜头类型	该选项组主要用来选择产生光晕的镜头类型，其中包括“50-300毫米变焦”、“35毫米聚焦”、“105毫米聚焦”以及“电影镜头”4种镜头类型

步骤 5　设置“亮度”为 120，单击“确定”按钮，即可添加“镜头光晕”滤镜，效果如图 7-42 所示。

图 7-42　镜头光晕效果

7.2.4 制作朦胧烛光效果

本例将通过"高斯模糊"滤镜、图层混合模式以及不透明度等功能制作朦胧烛光效果。下面详细讲解朦胧烛光效果的制作方法，最终效果如图 7-43 所示。

图 7-43 制作朦胧烛光效果

素材文件	光盘\素材\第7章\蜡烛.jpg
效果文件	光盘\效果\第7章\蜡烛.psd
视频文件	光盘\视频\第7章\7.2.4 制作朦胧烛光效果.mp4

步骤 1 选择"文件"|"打开"命令，打开配书光盘中的"素材\第 7 章\蜡烛 .jpg"，如图 7-44 所示。

图 7-44 打开素材图像

步骤 2 在"图层"面板中，选择"背景"图层，按 Ctrl + J 组合键，即可复制图层，如图 7-45 所示。

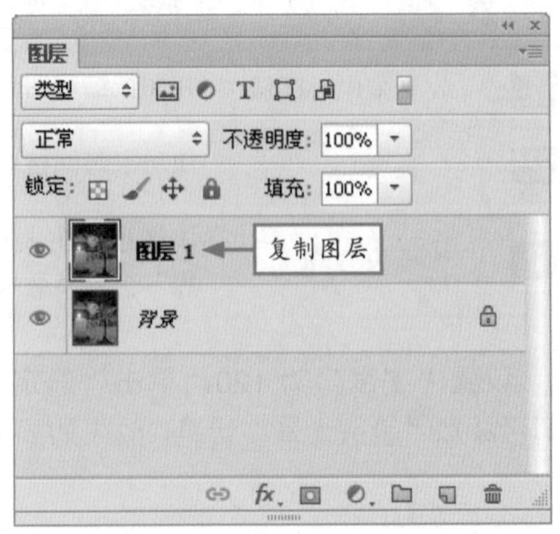

图 7-45 复制图层

步骤 3 选择"滤镜"|"模糊"|"高斯模糊"命令，弹出"高斯模糊"对话框，设置"半径"为 8.9，如图 7-46 所示。

步骤 4 单击"确定"按钮，即可模糊图像，效果如图 7-47 所示。

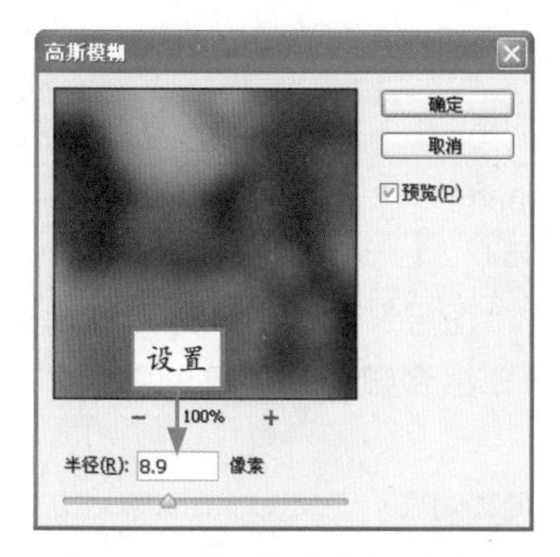

图 7-46 “高斯模糊”对话框

图 7-47 模糊图像效果

专家提醒 “高斯模糊”对话框中只有一个“半径”参数，其取值范围为 0.1 ~ 1000 像素，用于设定保留范围的大小，值越大，所保留的原图像素越多。

步骤 5 在“图层”面板中，设置“图层 1”图层的“混合模式”为“滤色”，效果如图 7-48 所示。

图 7-48 设置图层混合模式后的效果

步骤 6 复制“图层 1”图层，得到“图层 1 副本”图层，设置其“不透明度”为 79，效果如图 7-49 所示。

图 7-49 设置图层不透明度后的效果

7.2.5 制作繁星闪烁效果

在本例中将为淡的夜空添加点点繁星，使其与水面形成强烈的对比，从而营造出一种宁静、温馨的氛围。

下面详细讲解繁星闪烁效果的制作方法，最终效果如图 7-50 所示。

图 7-50 制作繁星闪烁效果

素材文件	光盘\素材\第7章\夜空.jpg
效果文件	光盘\效果\第7章\夜空.psd
视频文件	光盘\视频\第7章\7.2.5　制作繁星闪烁效果.mp4

步骤1 选择“文件”|“打开”命令，打开配书光盘中的“素材\第7章\夜空.jpg”，如图7-51所示。

图7-51　打开素材图像

步骤2 在“图层”面板中，选择“背景”图层，按Ctrl＋J组合键，即可复制图层，如图7-52所示。

图7-52　复制图层

步骤3 选取工具箱中的画笔工具，设置“画笔类型”为“交叉排线4”，如图7-53所示。

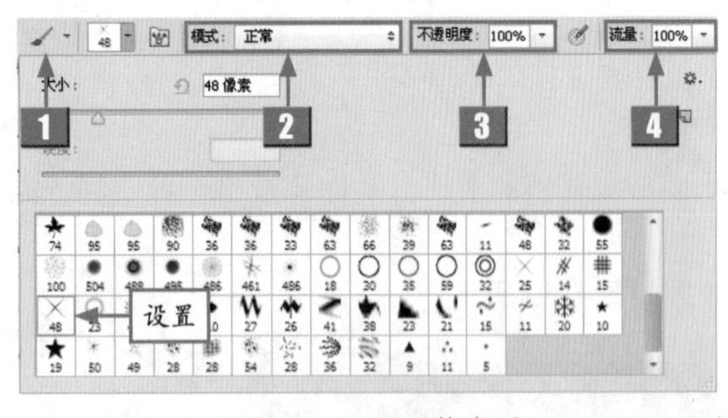

图7-53　设置画笔类型

步骤4 按F5键，打开“画笔”面板，在“间距”文本框中输入“188%”，如图7-54所示。

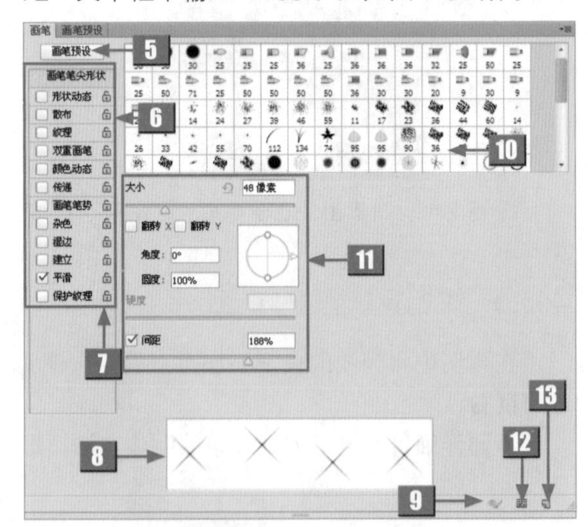

图7-54　设置“间距”

标　号	名　称	介　绍
1	点按可打开“画笔预设”选取器	单击该按钮，在弹出的“画笔预设”选取器中可以选择笔尖，设置画笔的大小和硬度
2	模式	在该下拉列表框中，可以选择画笔笔迹颜色与下面像素的混合模式

续表

标　号	名　称	介　绍
3	不透明度	用来设置画笔的不透明度，该值越低，线条的透明度越高
4	流量	用来设置当光标移动到某个区域上方时应用颜色的速率。在某个区域上方涂抹时，如果一直按住鼠标左键，颜色将根据流动的速率增加，直至达到不透明度设置
5	画笔预设	单击该按钮，可以打开“画笔预设”面板
6	画笔设置	改变画笔的角度、圆度，以及为其添加纹理、颜色动态等变量
7	锁定/取消锁定	锁定或取消锁定画笔笔尖形状
8	画笔描边预览	可预览选择的画笔笔尖形状
9	切换硬毛刷画笔预设	使用毛刷笔尖时，显示笔尖样式
10	选中的画笔笔尖	当前选择的画笔笔尖
11	画笔参数选项	用于设置Photoshop提供的预设画笔参数
12	打开预设管理器	可以打开“预设管理器”对话框
13	创建新画笔	单击该按钮，将其保存为一个新的预设画笔

步骤 5 选中“形状动态”复选框，设置“大小抖动”为 100%，如图 7-55 所示。

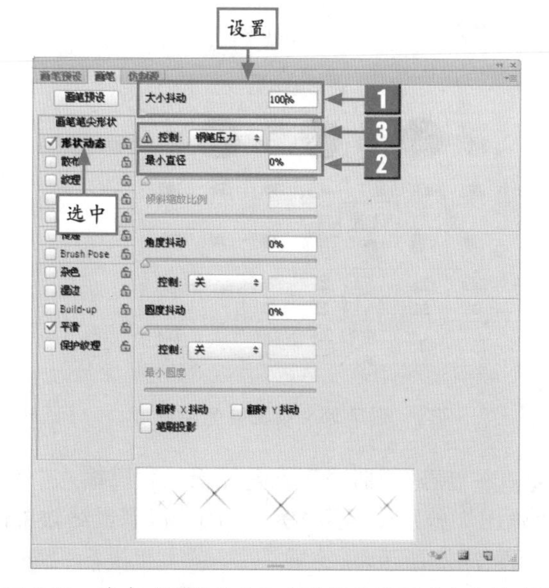

图 7-55　选中“形状动态”复选框后设置“大小抖动”

步骤 6 选中“散布”复选框，设置“散布”为 352%，如图 7-56 所示。

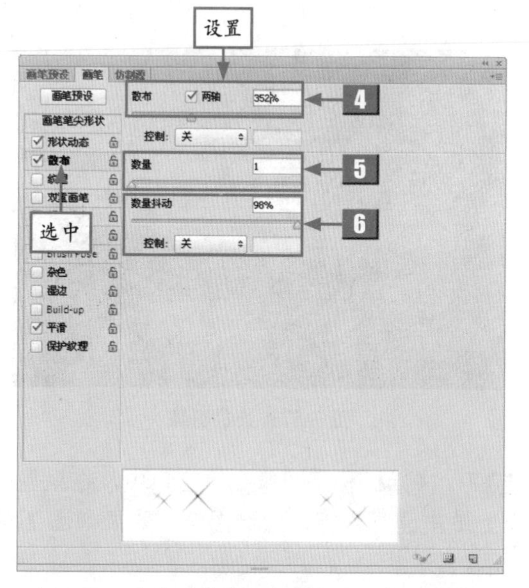

图 7-56　选中“散布”复选框后设置“散布”

标　号	名　称	介　绍
1	大小抖动	用于指定画笔在绘制线条的过程中标记点大小的动态变化状况
2	最小直径	设置“大小抖动”及其“控制”选项后，可通过“最小直径”选项来指定画笔标记点可以缩小的最小尺寸，它是以画笔直径的百分比为基础的
3	控制	该下拉列表框中包括“关”、“渐隐”、“钢笔压力”、“钢笔斜度”、“光笔轮”、“旋转”、“初始方向”以及“方向”8个选项，可以用来控制形状动态的角度抖动效果
4	散布/两轴	用来设置画笔笔迹的分散程度，该值越高，分散的范围越广
5	数量	用来指定在每个间距应用的画笔笔迹数量
6	数量抖动/控制	用来指定画笔笔迹的数量如何针对各种间距变化，从而产生抖动的效果

专家提醒 “形状动态”决定了描边中画笔的笔迹如何变化，它可以使画笔的大小、圆度等产生随机变化效果。

步骤 7 新建“图层 2”图层，设置前景色为白色，在图像编辑窗口中绘制图像，效果如图 7-57 所示。

图 7-57　绘制图像

步骤 8 在画笔工具属性栏中，设置“画笔类型”为“柔边圆压力大小”，如图 7-58 所示。

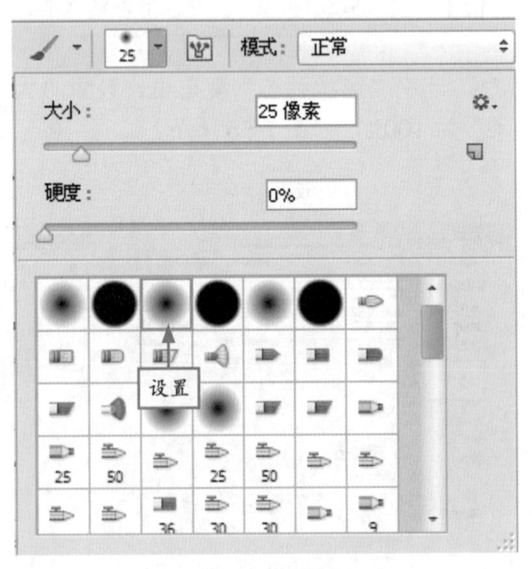

图 7-58　设置画笔类型

步骤 9 将光标移至图像编辑窗口中，在星星图像上单击鼠标左键，绘制图像，效果如图 7-59 所示。

步骤 10 新建“曲线”调整图层，将“输入”和“输出”分别设置为 139、178，得到最终效果，如图 7-60 所示。

图 7-59　绘制图像

图 7-60　图像最终效果

7.2.6　制作光芒四射效果

在本例中，将通过“径向模糊”滤镜、“高斯模糊”滤镜以及图层混合模式等功能制作光芒四射效果。

下面详细讲解光芒四射效果的制作方法，最终效果如图 7-61 所示。

图 7-61　制作光芒四射效果

素材文件	光盘\素材\第7章\竹林.jpg
效果文件	光盘\效果\第7章\竹林.psd
视频文件	光盘\视频\第7章\7.2.5　制作光芒四射效果.mp4

步骤 1　选择“文件” | “打开”命令，打开配书光盘中的“素材\第 7 章\竹林 .jpg”，如图 7-62 所示。

图 7-62　打开素材图像

步骤 2　在“图层”面板中，选择“背景”图层，按 Ctrl ＋ J 组合键，即可复制图层，如图 7-63 所示。

图 7-63　复制图层

步骤3 新建“色阶”调整图层，展开“色阶”调整面板，设置各参数如图7-64所示。

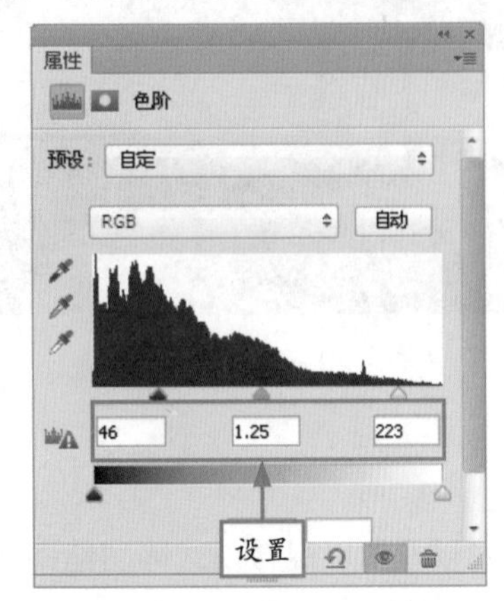

图7-64 在“色阶”调整面板中设置参数

步骤4 按Ctrl＋Alt＋Shift＋E组合键，盖印图层，如图7-65所示。

图7-65 盖印图层

步骤5 选择“滤镜”|“模糊”|“高斯模糊”命令，弹出“高斯模糊”对话框，设置“半径”为3，如图7-66所示。

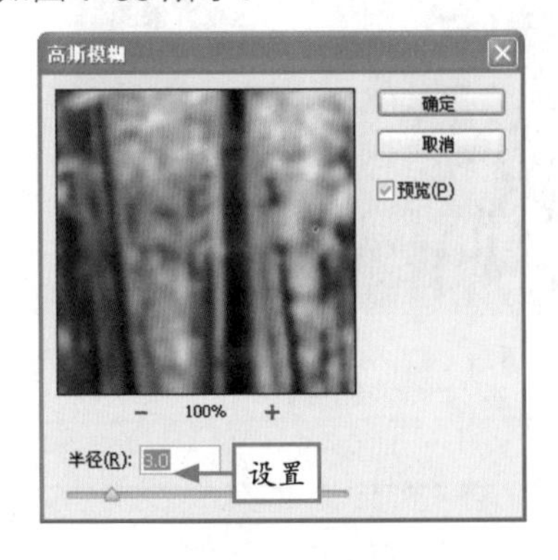

图7-66 设置“半径”

步骤6 单击“确定”按钮，即可添加“高斯模糊”滤镜。设置“图层2”图层的“混合模式”为“叠加”，效果如图7-67所示。

图7-67 添加“高斯模糊”滤镜并设置图层混合模式后的效果

步骤7 选择“滤镜”|“模糊”|“径向模糊”命令，弹出“径向模糊”对话框，如图7-68所示。

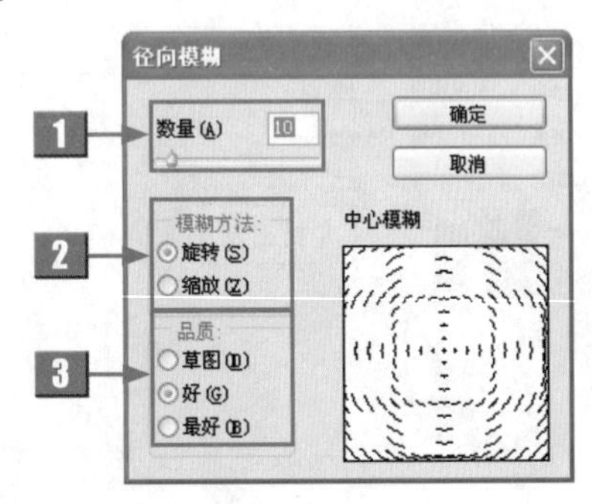

图7-68 “径向模糊”对话框

步骤8 在该对话框中，设置各参数如图7-69所示。

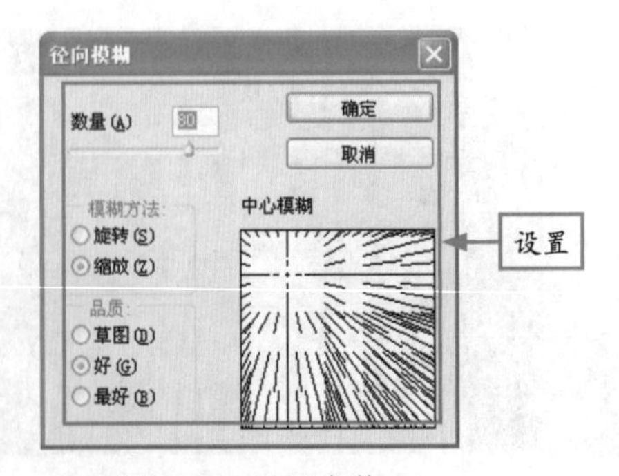

图7-69 设置参数

标号	名称	介绍
1	数量	用来设置模糊的强度，该值越高，模糊效果越强烈
2	模糊方法	选中“旋转”单选按钮，则沿同心圆环线进行模糊；选中“缩放”单选按钮，则沿径向线进行模糊，类似于放大或缩小图像的效果
3	品质	用来设置应用模糊效果后图像的显示品质。选中“草图”单选按钮，处理的速度最快，但会产生颗粒状效果；选中“好”和“最好”单选按钮都可以产生较为平滑的效果，但除非在较大的图像上，否则看不出这两种品质的区别

步骤 9　单击“确定”按钮，即可添加“径向模糊”滤镜，效果如图 7-70 所示。

图 7-70　添加“径向模糊”滤镜后的效果

步骤 10　复制“图层 2”图层，得到“图层 2 副本”图层，如图 7-71 所示。

图 7-71　复制图层

步骤 11　设置“图层 2 副本”图层的“混合模式”为“滤色”，效果如图 7-72 所示。

图 7-72　设置图层混合模式后的效果

步骤 12　设置“图层 2 副本”图层的“不透明度”为 72，最终效果如图 7-73 所示。

图 7-73　图像最终效果

第 3 篇　特效处理篇

本篇专业讲解了巧妙处理黑白与彩色照片、添加文字与特殊效果、照片的抠图与合成技巧、人像照片的精修与美化等内容。

第8章　巧妙处理黑白与彩色照片

学习提示

在追求个性、时尚，不走寻常路的今天，对怀旧风格的追逐成为一种不可阻挡的潮流。对此，本章将结合大量实例详细地介绍黑白照片、发黄照片以及单色照片等怀旧风格照片的制作方法。

主要内容

- 彩色照片与黑白照片的平衡处理
- 黑白照片上色处理

重点与难点

- 将彩色照片变黑白照片
- 将彩色照片变发黄照片
- 将黑白照片变发黄照片
- 将黑白照片变单色照片
- 为褪色照片上色
- 更换黑白照片背景

学完本章后你会做什么

- 掌握将彩色照片变黑白照片的操作方法
- 掌握将黑白照片变发黄照片的操作方法
- 掌握为褪色照片上色的操作方法

视频文件

8.1 彩色照片与黑白照片的平衡处理

为了给数码照片增加艺术效果，用户往往会平衡处理彩色照片与黑白照片，以打造出一些特殊的效果，如将彩色照片变黑白照片、将彩色或黑白照片变发黄照片等。

8.1.1 将彩色照片变黑白照片

利用 Photoshop CS6 提供的“黑白”命令，可以轻松地将图像调整为具有艺术感的黑白效果。下面通过一个实例详细讲解如何将彩色照片变成黑白照片，最终效果如图 8-1 所示。

图 8-1 将彩色照片变黑白照片

素材文件	光盘\素材\第8章\时尚男孩.jpg
效果文件	光盘\效果\第8章\时尚男孩.psd
视频文件	光盘\视频\第8章\8.1.1 将彩色照片变黑白照片.mp4

步骤 1 选择“文件”|“打开”命令，打开配书光盘中的“素材\第 8 章\时尚男孩 .jpg”，如图 8-2 所示。

图 8-2 打开素材图像

步骤 2 选择“图像”|“调整”|“亮度 / 对比度”命令，弹出“亮度 / 对比度”对话框，设置各参数如图 8-3 所示。

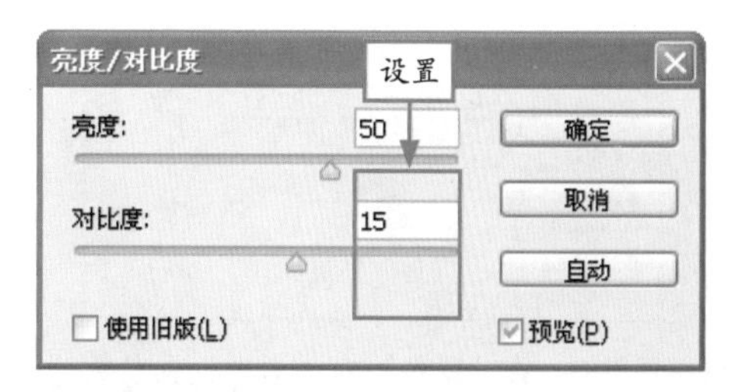

图 8-3 在“亮度 / 对比度”对话框中设置参数

步骤3 选择"图像"|"调整"|"黑白"命令，如图 8-4 所示。

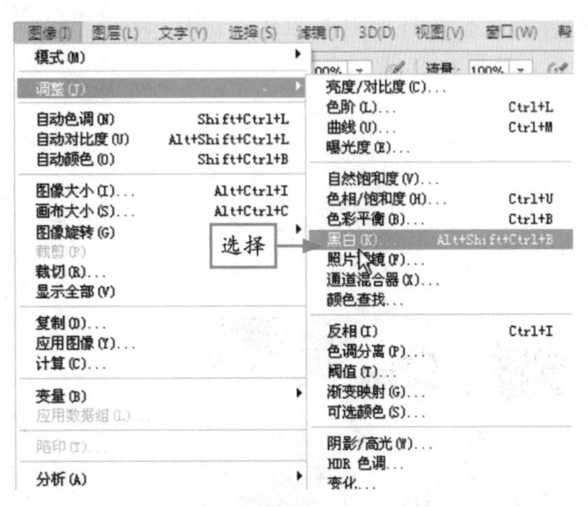

图 8-4 选择"黑白"命令

步骤4 弹出"黑白"对话框，如图 8-5 所示。

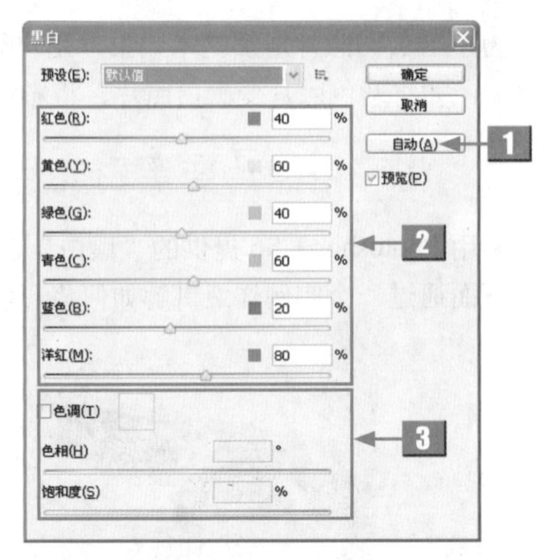

图 8-5 "黑白"对话框

标号	名称	介绍
1	自动	单击该按钮，可以设置基于图像颜色值的灰度混合，使灰度值的分布最大化
2	颜色滑块	拖动各个颜色滑块可以调整图像中特定颜色的灰色调。其中，向左拖动滑块灰色调将变暗，向右拖动滑块灰色调将变亮
3	色调	选中该复选框，可以为灰度着色，创建单色调效果；单击右侧的色块，在弹出的"拾色器"对话框中可以对颜色进行调整；在相应文本框中输入数值，可以调整"色相"和"饱和度"

步骤5 在该对话框中，设置各参数如图 8-6 所示。

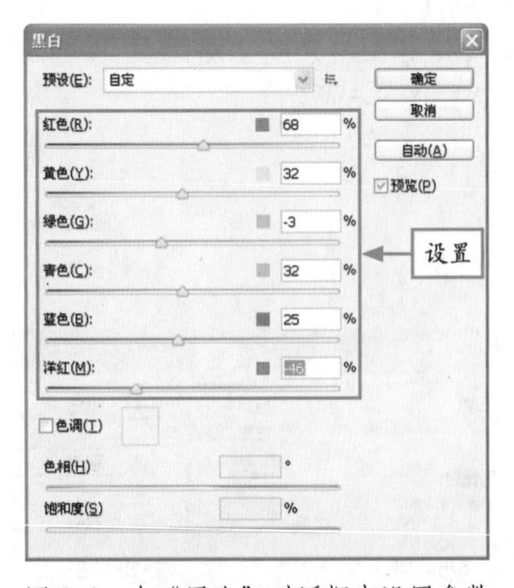

图 8-6 在"黑白"对话框中设置参数

步骤6 单击"确定"按钮，即可将彩色照片变成黑白照片，效果如图 8-7 所示。

图 8-7 黑白照片效果

专家提醒 除了上述方法外，用户还可以直接按 Alt + Shift + Ctrl + B 组合键快速打开"黑白"对话框。

8.1.2　将彩色照片变发黄照片

通过添加杂色、去色以及调整色相 / 饱和度等方法，可以将彩色照片变成发黄照片，以实现怀旧的效果。

下面通过一个实例详细讲解如何将彩色照片变成发黄照片，最终效果如图 8-8 所示。

图 8-8　将彩色照片变发黄照片

素材文件	光盘\素材\第8章\甜蜜.jpg
效果文件	光盘\效果\第8章\甜蜜.psd
视频文件	光盘\视频\第8章\8.1.2　将彩色照片变发黄照片.mp4

步骤 1 选择“文件”|“打开”命令，打开配书光盘中的“素材 \ 第 8 章 \ 甜蜜 .jpg”，如图 8-9 所示。

图 8-9　打开素材图像

步骤 2 在“图层”面板中，选择“背景”图层，按 Ctrl ＋ J 组合键，即可复制图层，如图 8-10 所示。

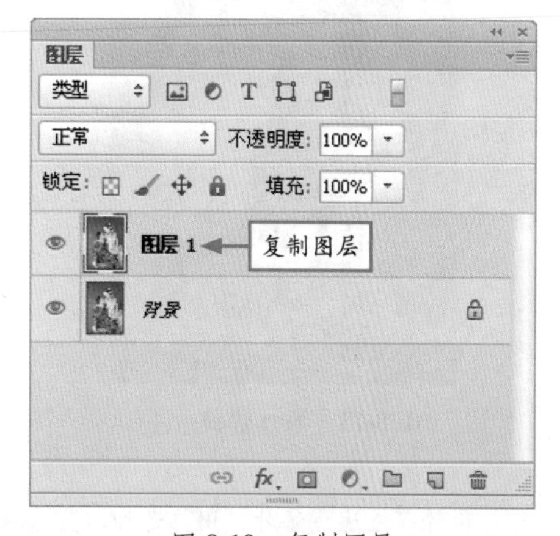

图 8-10　复制图层

步骤 3 选择“滤镜”|“杂色”|“添加杂色”命令，弹出“添加杂色”对话框，如图 8-11 所示。

步骤 4 在该对话框中，设置“数量”为 15.06，选中“高斯分布”单选按钮，选中“单色”复选框，如图 8-12 所示。

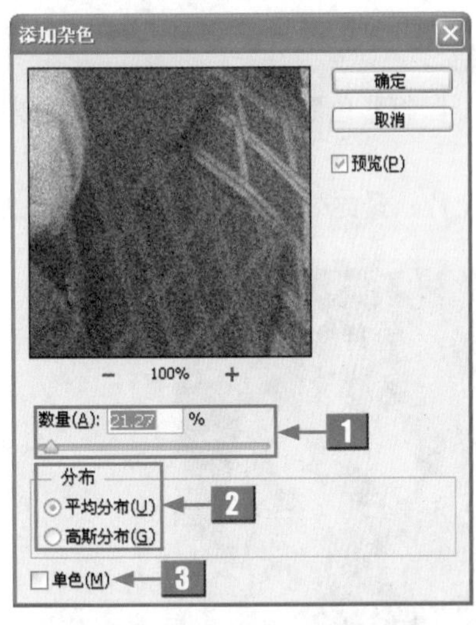

图 8-11 “添加杂色”对话框

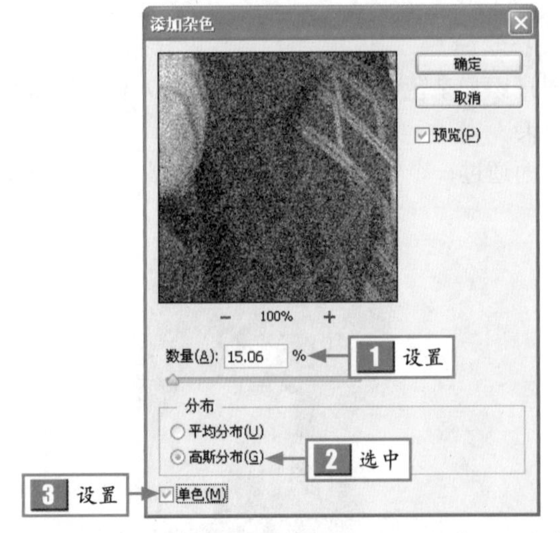

图 8-12 在“添加杂色”对话框中设置参数

标号	名称	介绍
1	数量	用于设置添加杂点的数量
2	分布	在该选项组中，可以任意选择一种方式作为随机的添加方式
3	单色	用于指定添加的杂点是彩色的还是灰色的

步骤 5 单击“确定”按钮，即可添加滤镜，效果如图 8-13 所示。

图 8-13 添加滤镜效果

步骤 6 选择“图像”|“调整”|“去色”命令，去色图像，如图 8-14 所示。

图 8-14 去色图像效果

专家提醒 除了上述方法外，用户还可以直接按 Shift + Ctrl + U 组合键对图像去色。

步骤 7 新建“色相／饱和度”调整图层，展开“色相饱和度”调整面板，设置各参数如图 8-15 所示。

步骤 8 完成设置后，即可调整图像的色相／饱和度，效果如图 8-16 所示。

图 8-15 在“色相 / 饱和度”调整面板中设置参数

图 8-16 调整色相 / 饱和度效果

8.1.3 将黑白照片变发黄照片

当黑白照片无法表达一定的意境时，可以通过添加“色相 / 饱和度”调整图层的方法将其变成发黄照片。

下面通过一个实例详细讲解如何将黑白照片变成发黄照片，最终效果如图 8-17 所示。

图 8-17 将黑白照片变发黄照片

素材文件	光盘\素材\第8章\美女1.jpg
效果文件	光盘\效果\第8章\美女1.psd
视频文件	光盘\视频\第8章\8.1.3 将黑白照片变发黄照片.mp4

步骤 1 选择“文件”|“打开”命令，打开配书光盘中的“素材\第 8 章\美女 1.jpg”，如图 8-18 所示。

步骤 2 新建“色相 / 饱和度”调整图层，展开“色相 / 饱和度”调整面板，选中“着色”复选框，如图 8-19 所示。

图 8-18　打开素材图像

图 8-19　选中“着色”复选框

步骤 3　在“色相 / 饱和度”调整面板中，设置各参数如图 8-20 所示。

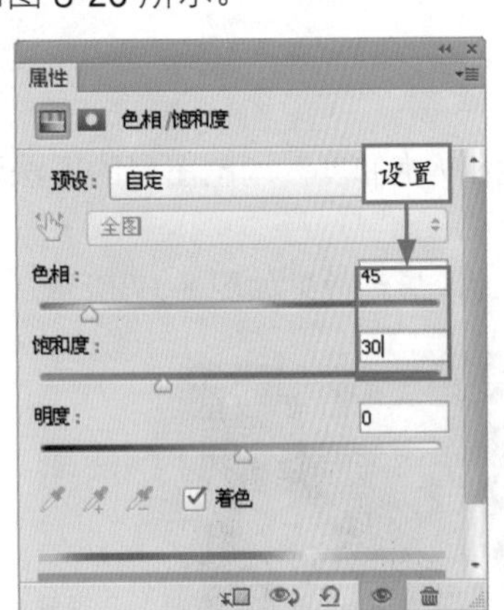

图 8-20　在“色相 / 饱和度”调整面板中设置参数

步骤 4　完成设置后，即可得到发黄的照片，效果如图 8-21 所示。

图 8-21　发黄照片效果

8.1.4　将黑白照片变单色照片

通过添加调整图层并设置其混合模式等方法，可以为一张老式黑白照片赋予单色效果。下面通过一个实例详细讲解如何将黑白照片变单色照片，最终效果如图 8-22 所示。

图 8-22　将黑白照片变单色照片

素材文件	光盘\素材\第8章\芭蕾舞.jpg
效果文件	光盘\效果\第8章\芭蕾舞.psd
视频文件	光盘\视频\第8章\8.1.4　将黑白照片变单色照片.mp4

步骤 1 选择“文件”|“打开”命令，打开配书光盘中的“素材 \ 第 8 章 \ 芭蕾舞 .jpg”，如图 8-23 所示。

图 8-23　打开素材图像

步骤 2 新建“通道混合器”调整图层，展开“通道混合器”调整面板，设置各参数如图 8-24 所示。

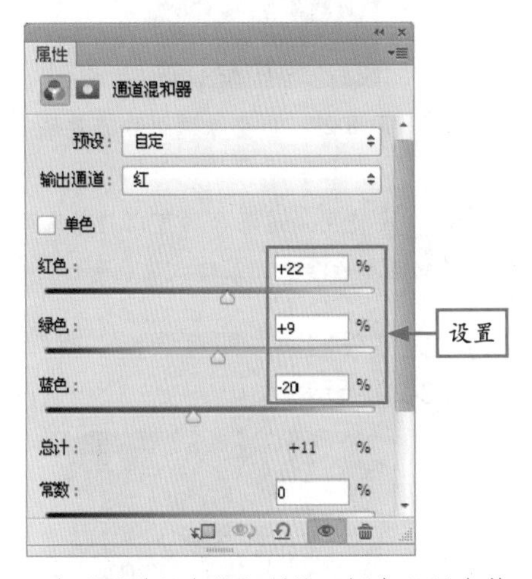

图 8-24　在“通道混合器”调整面板中设置参数

步骤 3 完成设置后，即可调整通道混合器，效果如图 8-25 所示。

图 8-25　调整通道混合器后的效果

步骤 4 在“通道混合器”调整面板中，设置“输出通道”为“绿”，设置其余参数如图 8-26 所示。

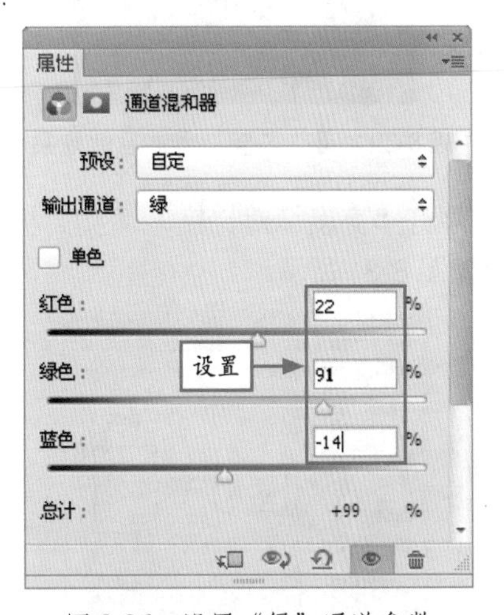

图 8-26　设置“绿”通道参数

步骤 5 完成设置后，即可调整“绿”通道，效果如图 8-27 所示。

步骤 6 在“通道混合器”调整面板中，设置“输出通道”为“蓝”，设置其余参数如图 8-28 所示。

图 8-27　调整绿通道后的效果

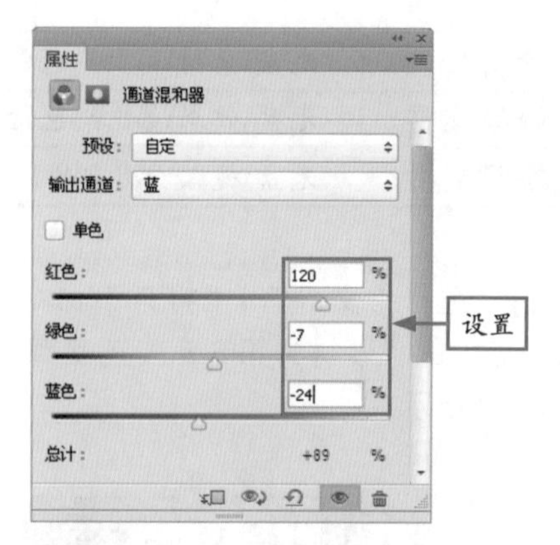

图 8-28　设置“蓝”通道参数

专家提醒 使用通道混合器可以将所选的通道与想要调整的颜色通道混合，从而修改颜色通道中的光线亮度，影响其颜色含量，最终改变色彩。

步骤 7 完成设置后，即可调整“蓝”通道，效果如图 8-29 所示。

图 8-29　调整“蓝”通道后的效果

步骤 8 在“图层”面板中，新建“亮度 / 对比度 1”调整图层，如图 8-30 所示。

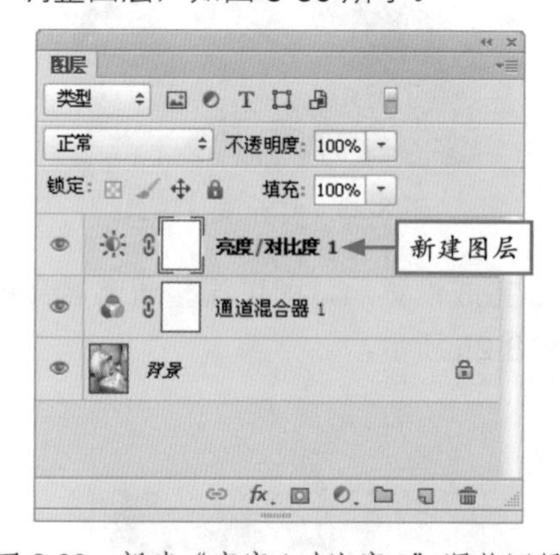

图 8-30　新建“亮度 / 对比度 1”调整图层

步骤 9 展开“亮度 / 对比度”调整面板，设置各参数如图 8-31 所示。

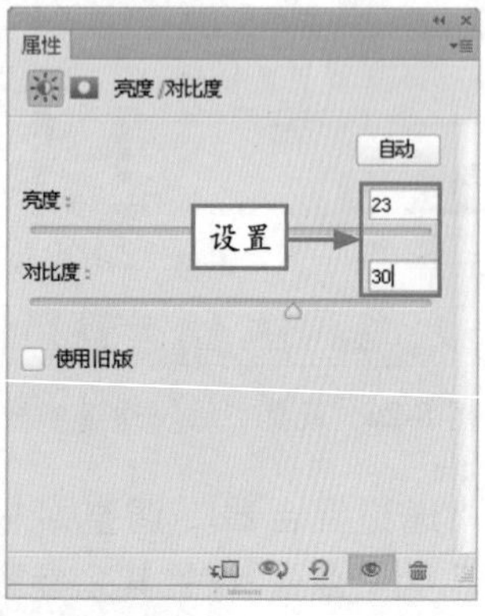

图 8-31　在“亮度 / 对比度”调整面板中设置参数

步骤 10 完成设置后，即可调整图像的亮度 / 对比度，效果如图 8-32 所示。

图 8-32　调整亮度 / 对比度效果

步骤11 新建“色彩平衡”调整图层，展开“色彩平衡”调整面板，设置各参数如图 8-33 所示。

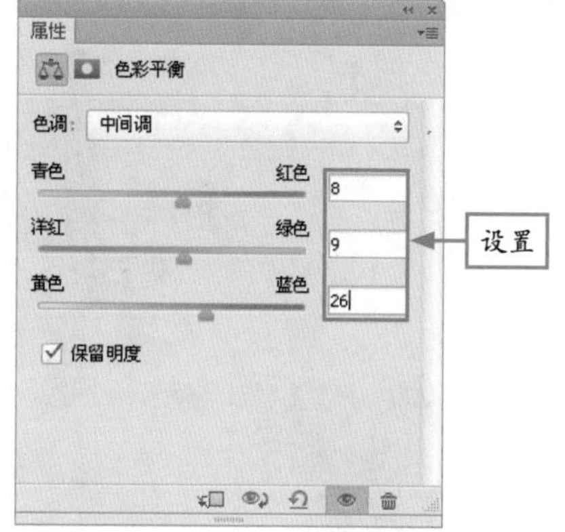

图 8-33 在“色彩平衡”调整面板中设置参数

步骤12 完成设置后，即可调整图像的色彩平衡，效果如图 8-34 所示。

图 8-34 调整色彩平衡效果

步骤13 新建“曲线”调整图层，展开“曲线”调整面板，设置各参数如图 8-35 所示。

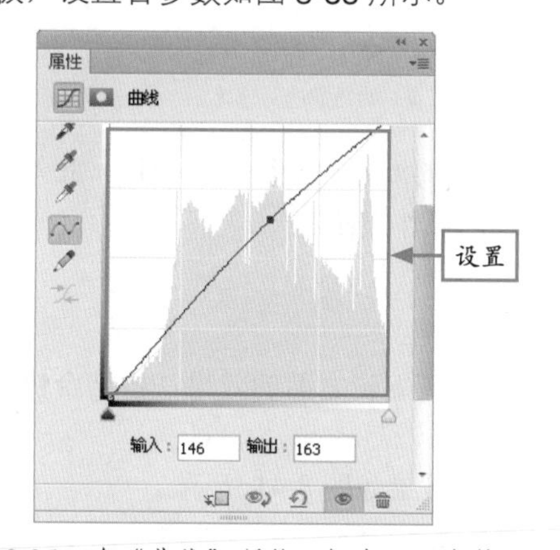

图 8-35 在“曲线”调整面板中设置参数

步骤14 完成设置后，即可调整图像的曲线，效果如图 8-36 所示。

图 8-36 调整曲线效果

步骤15 按 Ctrl + Alt + Shift + E 组合键，盖印图层，得到“图层 1”图层，如图 8-37 所示。

图 8-37 盖印图层

步骤16 选择“滤镜”|“模糊”|“高斯模糊”命令，弹出“高斯模糊”对话框，设置“半径”为 1，如图 8-38 所示。

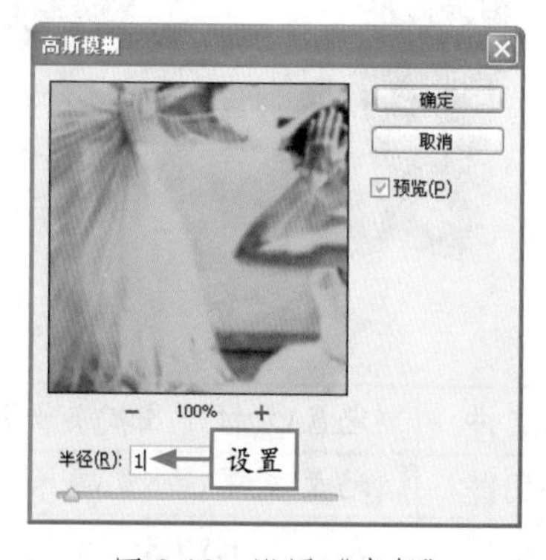

图 8-38 设置“半径”

步骤 17 单击“确定”按钮，即可高斯模糊图像，效果如图 8-39 所示。

图 8-39 高斯模糊图像效果

步骤 18 设置“图层 1”图层的“混合模式”为“叠加”、“不透明度”为 25，得到最终效果，如图 8-40 所示。

图 8-40 图像最终效果

8.2 黑白照片上色处理

借助 Photoshop CS6 强大的润色功能，可以让本已褪色的旧照片变得光彩夺目。此外，还可以更换黑白照片的背景。本节将详细介绍黑白照片上色处理的操作方法。

8.2.1 为褪色照片上色

利用历史记录画笔工具可以轻松地将编辑后的图像恢复到编辑之前的效果，再结合快照，就可以快速为褪色的照片上色了。

下面通过一个实例详细讲解如何为褪色照片上色，最终效果如图 8-41 所示。

图 8-41 为褪色照片上色

素材文件	光盘\素材\第8章\美女2.jpg
效果文件	光盘\效果\第8章\美女2.psd
视频文件	光盘\视频\第8章\8.2.1 为褪色照片上色.mp4

步骤 1 选择“文件”|“打开”命令，打开配书光盘中的“素材\第 8 章\美女 2.jpg”，如图 8-42 所示。

图 8-42 打开素材图像

步骤 2 选择“图像”|“模式”|“CMYK 颜色”命令，在弹出的提示提示框中单击“确定”按钮，如图 8-43 所示。

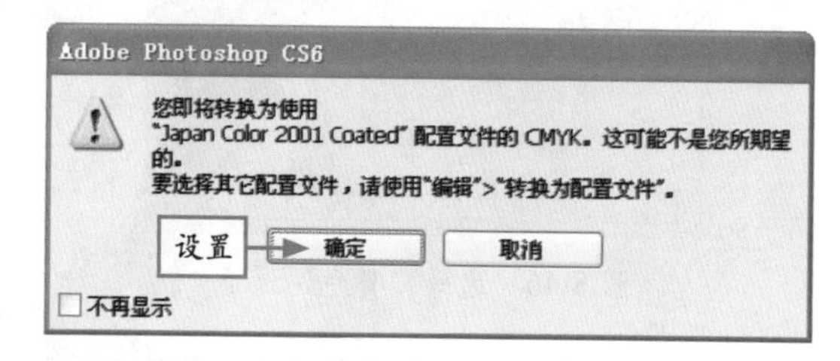

图 8-43 提示对话框

步骤 3 执行操作后，即可改变颜色模式。复制“背景”图层，得到“图层 1”图层，如图 8-44 所示。

图 8-44 复制图层

步骤 4 选择“窗口”|“历史记录”命令，打开“历史记录”面板，单击“创建新快照”按钮，创建快照 1，如图 8-45 所示。

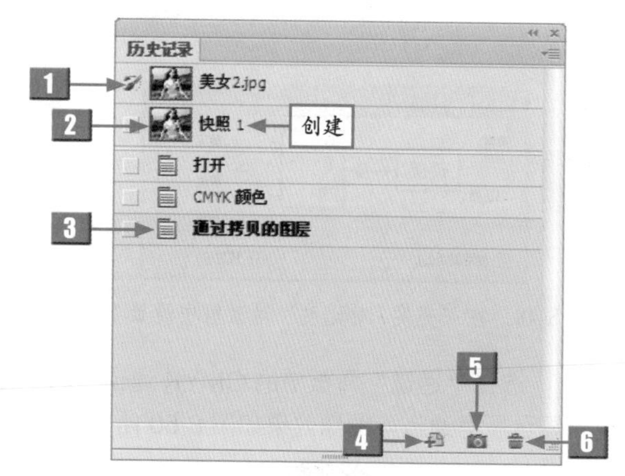

图 8-45 创建快照 1

标 号	名 称	介 绍
1	设置历史记录画笔的源	使用历史记录画笔工具时，该图标所在的位置将作为历史记录画笔的源图像
2	快照缩览图	在该浏览图中将显示被记录为快照的图像状态
3	当前状态	用于将图像恢复到该命令的编辑状态
4	从当前状态创建新文档	基于当前操作步骤中图像的状态创建一个新文件
5	创建新快照	基于当前的状态创建快照
6	删除当前状态	选择某个操作后，单击该按钮可以将该步骤及后面的操作删除

步骤5 调出“通道”面板，选择“青色”通道，如图 8-46 所示。

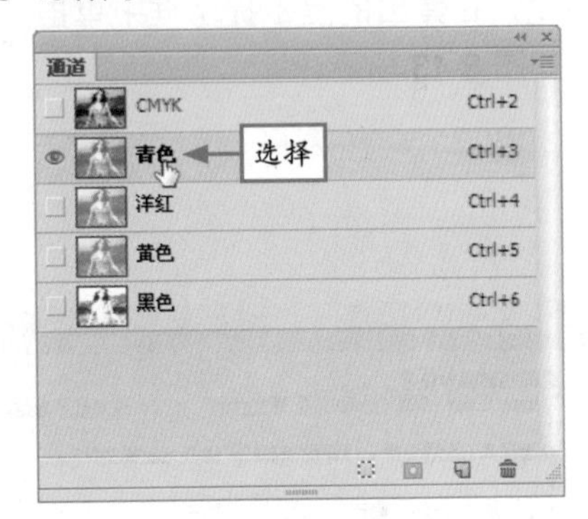

图 8-46 选择“青色”通道

步骤6 执行操作后，调整通道效果如图 8-47 所示。

图 8-47 调整通道效果

步骤7 选择“图像”|“调整”|“亮度 / 对比度”命令，弹出“亮度 / 对比度”对话框，设置各参数如图 8-48 所示。

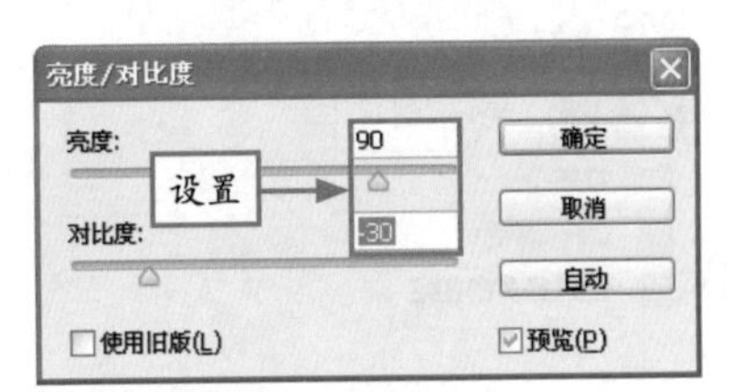

图 8-48 在“亮度 / 对比度”对话框中设置参数

步骤8 单击“确定”按钮，即可调整图像的亮度 / 对比度，效果如图 8-49 所示。

图 8-49 调整亮度 / 对比度效果

步骤9 选择“通道”面板中的 CMYK 通道，将重新显示所有通道，图像效果如图 8-50 所示。

图 8-50 显示所有通道效果

步骤10 单击“历史记录”面板中的“创建新快照”按钮，创建快照 2，如图 8-51 所示。

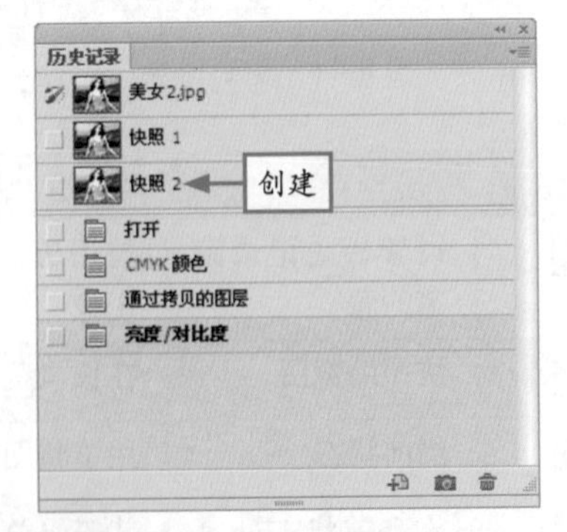

图 8-51 创建快照 2

步骤11 选择“图像”|“调整”|“色彩平衡”命令，弹出“色彩平衡”对话框，设置各参数如图 8-52 所示。

步骤12 单击“确定”按钮，即可调整图像的色彩平衡，效果如图 8-53 所示。

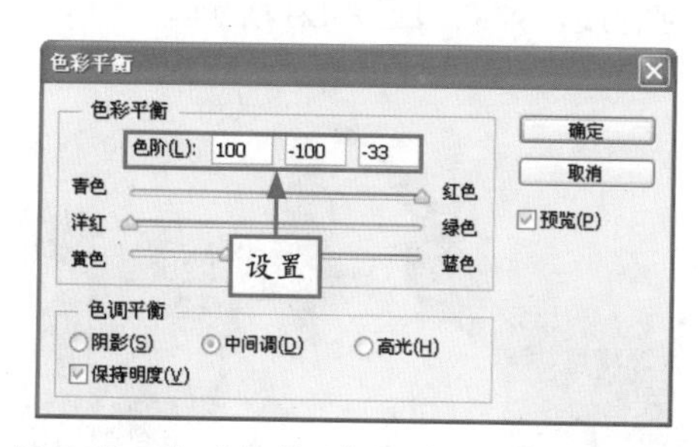

图 8-52 在“色彩平衡”对话框中设置参数

图 8-53 调整色彩平衡效果

步骤13 单击“历史记录”面板中的“创建新快照”按钮，创建快照 3，如图 8-54 所示。

图 8-54 创建快照 3

步骤14 选择“图像”|“调整”|“色彩平衡”命令，弹出“色彩平衡”对话框，设置各参数如图 8-55 所示。

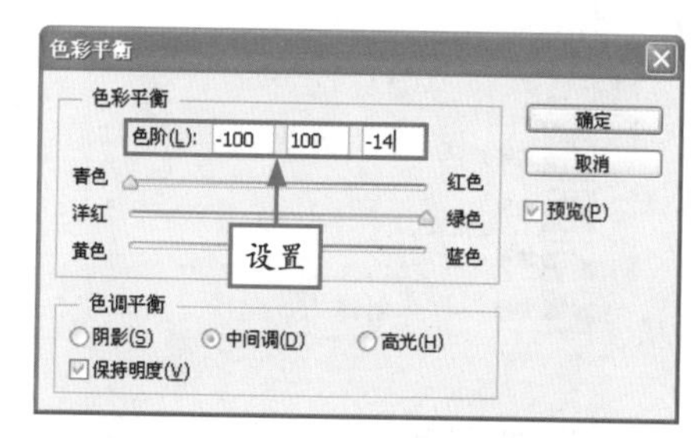

图 8-55 在“色彩平衡”对话框中设置参数

专家提醒 通过“历史记录”面板可以将图像恢复到操作过程中的某一步状态，也可以再次回到当前操作状态，或者将处理结果创建为快照或新文件。

步骤15 单击“确定”按钮，即可调整图像的色彩平衡，效果如图 8-56 所示。

图 8-56 调整色彩平衡效果

步骤16 单击“历史记录”面板中的“创建新快照”按钮，创建快照 4，如图 8-57 所示。

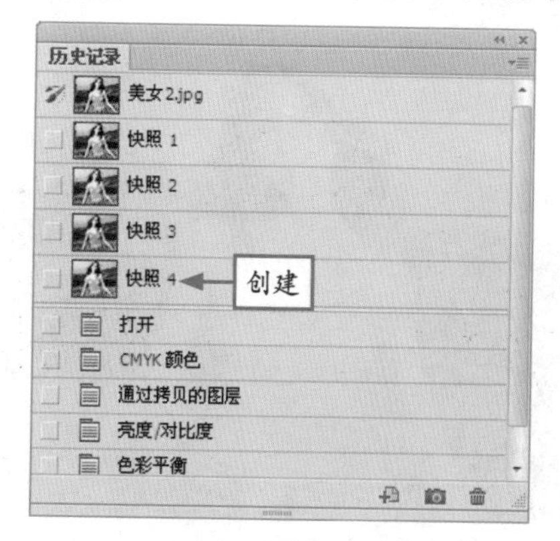

图 8-57 创建快照 4

步骤17 选择“图像”|“调整”|“色相/饱和度”命令，弹出“色相/饱和度”对话框，设置各参数如图8-58所示。

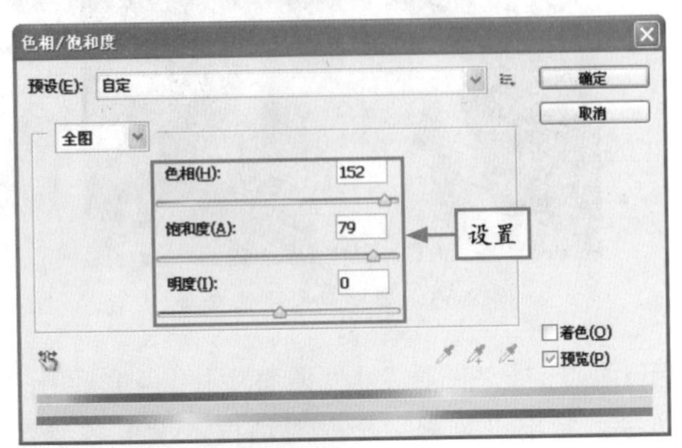

图 8-58 在“色相/饱和度”对话框中设置参数

步骤18 单击“确定”按钮，即可调整图像的色相/饱和度，效果如图8-59所示。

图 8-59 调整色相/饱和度效果

步骤19 单击“历史记录”面板中的“创建新快照”按钮，创建快照5，如图8-60所示。

图 8-60 创建快照5

步骤20 在“历史记录”面板中，选择“快照2”选项，设置“历史记录画笔”的“源”为“快照3”，如图8-61所示。

图 8-61 设置历史记录画笔

步骤21 选取历史记录画笔工具，将光标移至图像编辑窗口中，在合适的位置进行涂抹，效果如图8-62所示。

图 8-62 涂抹图像效果

步骤22 单击“历史记录”面板中的“创建新快照”按钮，创建快照6，如图8-63所示。

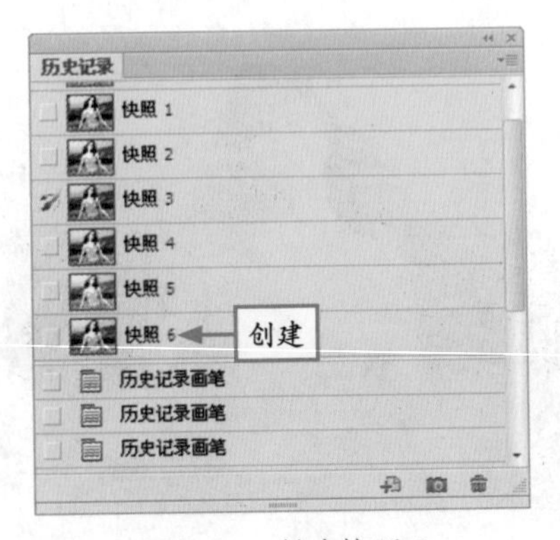

图 8-63 创建快照6

专家提醒 在历史记录画笔工具属性栏中的“模式”下拉列表框中，系统提供了25种模式供用户选用。

步骤23 设置“历史记录画笔”的“源”为“快照5”，运用历史记录画笔工具适当地涂抹图像，效果如图8-64所示。

图 8-64 涂抹图像效果

步骤24 按Ctrl + U组合键，弹出“色相/饱和度”对话框，设置“饱和度”为35，如图8-65所示。

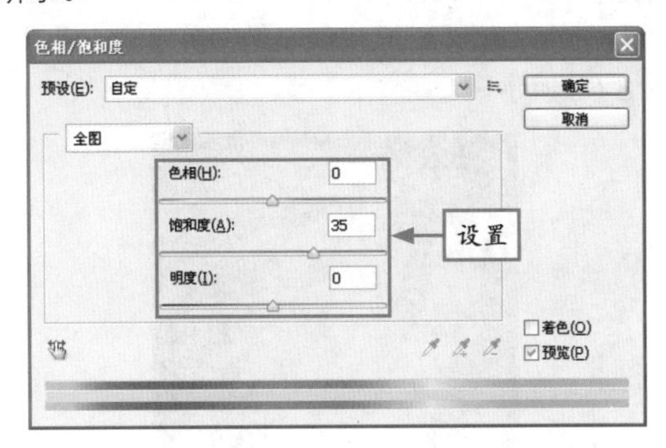

图 8-65 设置“饱和度”

步骤25 单击“确定”按钮，即可调整图像的饱和度，得到最终效果，如图8-66所示。

图 8-66 图像最终效果

8.2.2 更换黑白照片背景

通过渐变工具、画笔工具以及调整图层混合模式等，可以为黑白照片更换背景，使其重现光彩。下面通过一个实例详细讲解如何更换黑白照片背景，最终效果如图8-67所示。

图 8-67 更换黑白照片背景

素材文件	光盘\素材\第8章\婚纱美女.jpg、花.psd
效果文件	光盘\效果\第8章\婚纱美女.psd
视频文件	光盘\视频\第8章\8.2.2 更换黑白照片背景.mp4

步骤 1 选择“文件”|“打开”命令，打开配书光盘中的“素材\第8章\婚纱美女.jpg”，如图8-68所示。

图8-68 打开素材图像

步骤 2 在“图层”面板中，按Ctrl + Shift + N组合键，新建“图层1”图层，如图8-69所示。

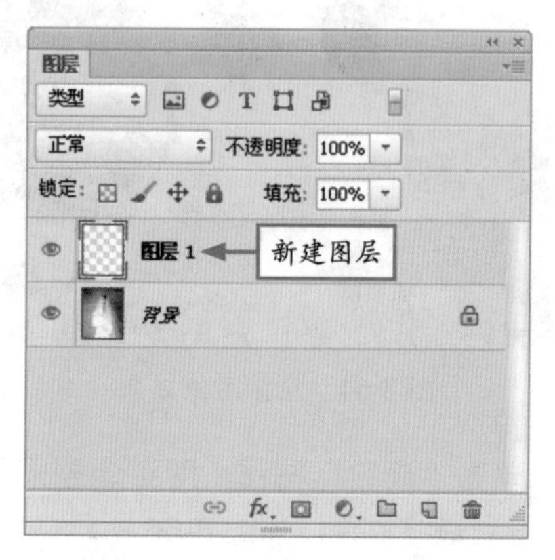

图8-69 新建“图层1”图层

步骤 3 选取渐变工具，在其属性栏中单击“点按可编辑渐变”按钮，弹出“渐变编辑器”对话框，如图8-70所示。

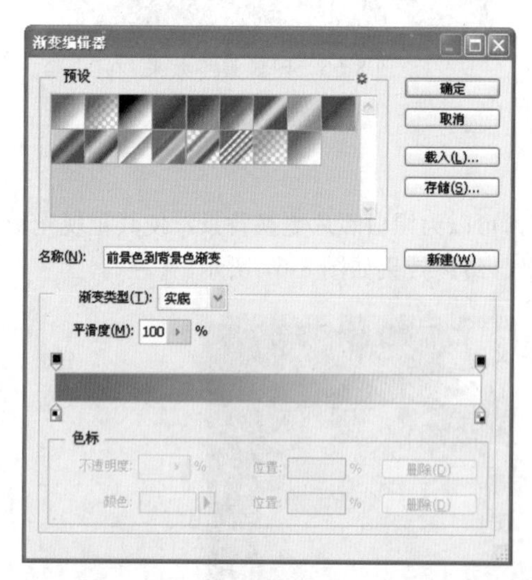

图8-70 “渐变编辑器”对话框

步骤 4 在渐变颜色条上添加色标，将其R、G、B参数分别设置为250、229、177，246、150、148，144、202、113和92、100、95，然后单击“确定”按钮，如图8-71所示。

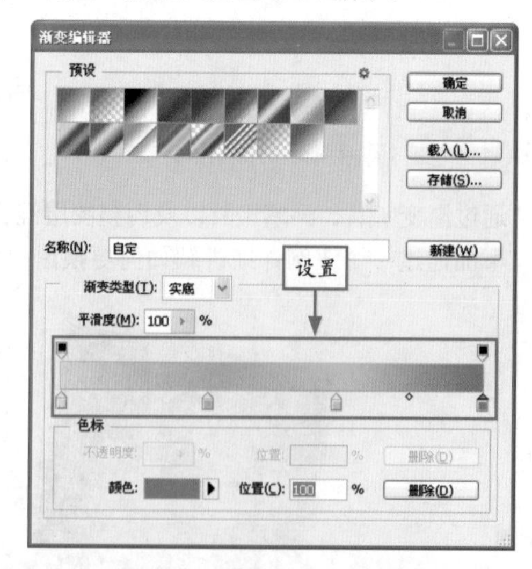

图8-71 设置R、G、B参数

步骤 5 将光标移动到图像编辑窗口中，由左上方往右下方拖曳鼠标，填充渐变颜色，效果如图8-72所示。

步骤 6 在“图层”面板中，设置“图层1”图层的“混合模式”为“柔光”，效果如图8-73所示。

图 8-72 填充渐变颜色效果

图 8-73 设置图层混合模式后的效果

步骤 7 选择“图层 1”图层，单击“添加图层蒙版”按钮，为其添加图层蒙版，如图 8-74 所示。

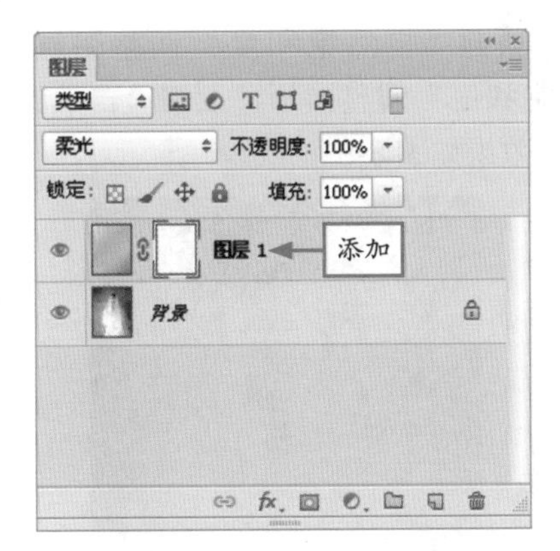

图 8-74 添加图层蒙版

步骤 8 选取工具箱中的画笔工具，设置前景色为黑色，在图像编辑窗口中涂抹图像，效果如图 8-75 所示。

图 8-75 涂抹图像效果

步骤 9 选择“文件”|“打开”命令，打开配书光盘中的“素材\第 8 章\花 .psd”，如图 8-76 所示。

图 8-76 打开素材图像

步骤 10 选择新打开的素材图像，将其拖曳至“婚纱美女”图像编辑窗口中，如图 8-77 所示。

图 8-77 拖曳素材

步骤11 选择“图层 2”图层，单击“添加图层蒙版”按钮，为其添加图层蒙版，如图 8-78 所示。

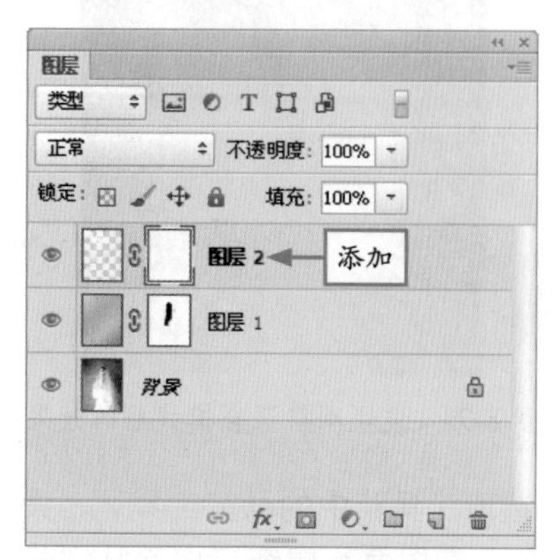

图 8-78　添加图层蒙版

步骤13 在“图层”面板中，设置“图层 2”图层的“混合模式”为“滤色”，效果如图 8-80 所示。

图 8-80　设置图层混合模式后的效果

步骤12 选取工具箱中的画笔工具，设置前景色为黑色，在图像编辑窗口中涂抹图像，效果如图 8-79 所示。

图 8-79　涂抹图像效果

步骤14 新建“自然饱和度”调整图层，展开“自然饱和度”调整面板，设置“自然饱和度”为 84，效果如图 8-81 所示。

图 8-81　图像最终效果

第 9 章　添加文字与特殊效果

|学 习 提 示|

在数码照片中添加文字和特殊效果，可以极大地提升其视觉传达效果。本章将结合大量的实例，详细地介绍添加文字与特殊效果的操作方法

|主 要 内 容|

- 在照片中添加文字
- 在照片中添加特效

|重点与难点|

- 添加水平文字
- 添加垂直文字
- 添加段落文字
- 添加雪景效果
- 添加雨景效果
- 添加云雾效果

|学完本章后你会做什么|

- 掌握添加变形文字的操作方法
- 掌握添加朦胧效果的操作方法
- 掌握添加流水动感效果的操作方法

|视 频 文 件|

9.1 在照片中添加文字

在使用 Photoshop 处理数码照片时，文字是修饰照片不可缺少的元素，恰当的文字可以起到画龙点睛的功效，而如果为文字赋予合适的艺术效果，更可以使图像的美感得到极大的提升。本节将介绍在照片中添加文字的操作方法。

9.1.1 添加水平文字

添加水平文字的方法很简单，只需使用工具箱中的横排文字工具或横排文字蒙版工具，即可在图像编辑窗口中输入水平文字。

下面通过一个实例详细讲解如何添加水平文字，最终效果如图 9-1 所示。

图 9-1 添加水平文字

素材文件	光盘\素材\第9章\美女.jpg
效果文件	光盘\效果\第9章\美女.psd
视频文件	光盘\视频\第9章\9.1.1 添加水平文字.mp4

步骤 1 选择“文件”|“打开”命令，打开配书光盘中的“素材\第 9 章\美女 .jpg”，如图 9-2 所示。

图 9-2 打开素材图像

步骤 2 在工具箱中选取横排文字工具，在其属性栏中设置各参数，如图 9-3 所示。

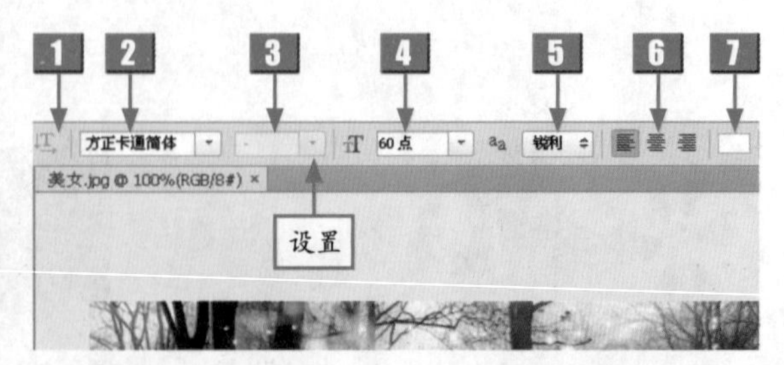

图 9-3 在横排文字工具属性栏中设置参数

标　号	名　称	介　绍
1	更改文本方向	如果当前文字是横排文字，单击该按钮，可以将其转换为直排文字；如果是直排文字，可以将其转换为横排文字
2	设置字体	在该下拉列表框中可以选择所需字体
3	字体样式	为字符设置样式，包括Regular（规则的）、Italic（斜体）、Bold（粗体）和Bold Italic（粗斜体）。该选项只对部分英文字体有效
4	字号大小	可以选择字号的大小，或者直接输入数值来调整
5	消除锯齿的方法	可以为文字消除锯齿选择一种方法，Photoshop CS6会通过部分填充边缘像素来产生边缘平滑的文字，即使文字的边缘混合到背景中而看不出锯齿
6	文本对齐	根据输入文字时光标的位置来设置文本的对齐方式，包括左对齐文本、居中对齐文本和右对齐文本
7	文本颜色	单击色块，可以在打开的“选择文本颜色”对话框中设置文字的颜色

步骤 3 选择一种合适的输入法，在图像编辑窗口中输入文字“金秋时节”，如图 9-4 所示。

步骤 4 单击工具属性栏中的“提交所有当前编辑”按钮，即可添加水平文字，然后调整其位置，效果如图 9-5 所示。

图 9-4　输入文字

图 9-5　添加水平文字效果

专家提醒 在文本的排列方式中，横排是最常用的一种方式。在输入文字前，用户可以对其进行粗略的格式设置。该操作可以在工具属性栏中完成。

9.1.2　添加垂直文字

在 Photoshop CS6 中，选取工具箱中的直排文字工具或直排文字蒙版工具，在图像编辑窗口中单击鼠标左键确定插入点，当出现闪烁的光标之后，即可输入文字。

下面通过一个实例详细讲解如何添加垂直文字，最终效果如图 9-6 所示。

图 9-6　添加垂直文字

素材文件	光盘\素材\第9章\春天.jpg
效果文件	光盘\效果\第9章\春天.psd
视频文件	光盘\视频\第9章\9.1.2　添加垂直文字.mp4

步骤 1　选择“文件”|“打开”命令，打开配书光盘中的“素材\第 9 章\春天 .jpg”，如图 9-7 所示。

图 9-7　打开素材图像

步骤 2　在工具箱中选取直排文字工具，在其属性栏中设置各参数，如图 9-8 所示。

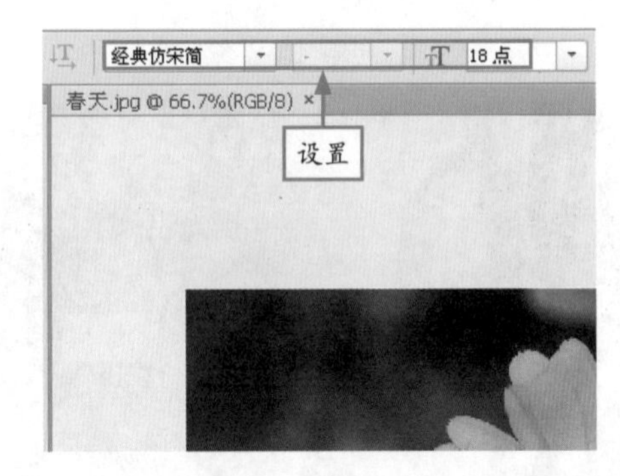

图 9-8　设置各参数

步骤 3　单击工具属性栏中的色块，弹出“拾色器（文本颜色）”对话框，设置各参数如图 9-9 所示然后单击“确定”按钮。

图 9-9　在“拾色器（文本颜色）”对话框中设置参数

步骤 4　选择一种合适的输入法，在图像编辑窗口中输入相应的文字，如图 9-10 所示。

图 9-10　输入相应文字

步骤 5 单击工具属性栏中的“提交所有当前编辑”按钮✓，即可添加垂直文字，然后调整其位置，效果如图 9-11 所示。

图 9-11　添加垂直文字效果

专家提醒 在图像编辑窗口中输入文字后，可以通过单击工具属性栏中的“提交所有当前编辑”按钮✓，或者选取工具箱中的任意一种工具，来确认输入的文字。如果单击工具属性栏中的“取消所有当前编辑”按钮⊘，则可以清除输入的文字。

9.1.3　添加段落文字

段落文字是以段落文字定界框来确定文字的位置与换行情况，当用户改变段落文字定界框时，其中的文字会根据定界框的位置自动换行。

下面通过一个实例详细讲解如何添加段落文字，最终效果如图 9-12 所示。

图 9-12　添加段落文字

素材文件	光盘\素材\第9章\幸福.jpg
效果文件	光盘\效果\第9章\幸福.psd
视频文件	光盘\视频\第9章\9.1.3　添加段落文字.mp4

步骤 1 选择“文件”|“打开”命令，打开配书光盘中的“素材\第 9 章\幸福 .jpg”，如图 9-13 所示。

步骤 2 选取工具箱中的直排文字工具，在图像编辑窗口中单击鼠标左键并拖曳，创建一个文本框，如图 9-14 所示。

图 9-13　打开素材图像

图 9-14　创建文本框

步骤 3　在工具属性栏中，设置各参数如图 9-15 所示。

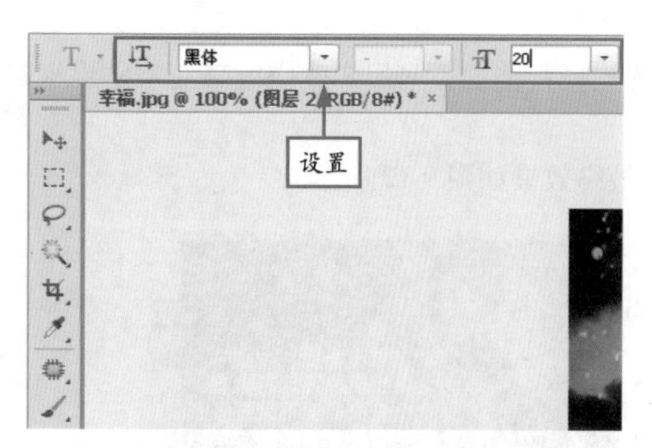

图 9-15　在工具属性栏中设置参数

步骤 4　选择一种合适的输入法，在创建的文本框中输入相应的文字，如图 9-16 所示。

图 9-16　输入相应的文字

步骤 5　在文字中间的适当位置，多次按 Enter 键换行，效果如图 9-17 所示。

图 9-17　换行效果

步骤 6　调整文本框的大小和位置，然后单击工具属性栏中的“提交所有当前编辑”按钮✓，即可添加段落文字，效果如图 9-18 所示。

图 9-18　添加段落文字效果

专家提醒 输入段落文字时，文字基于文本框的尺寸自动换行；用户可以输入多个段落，也可以进行段落调整；文本框的大小可以任意调整，以便重新排列文字。

9.1.4 添加变形文字

对于文字对象，可以执行扭曲变形操作。利用这一功能可以使数码照片中的文字效果更加丰富。下面通过一个实例详细讲解如何添加变形文字，最终效果如图 9-19 所示。

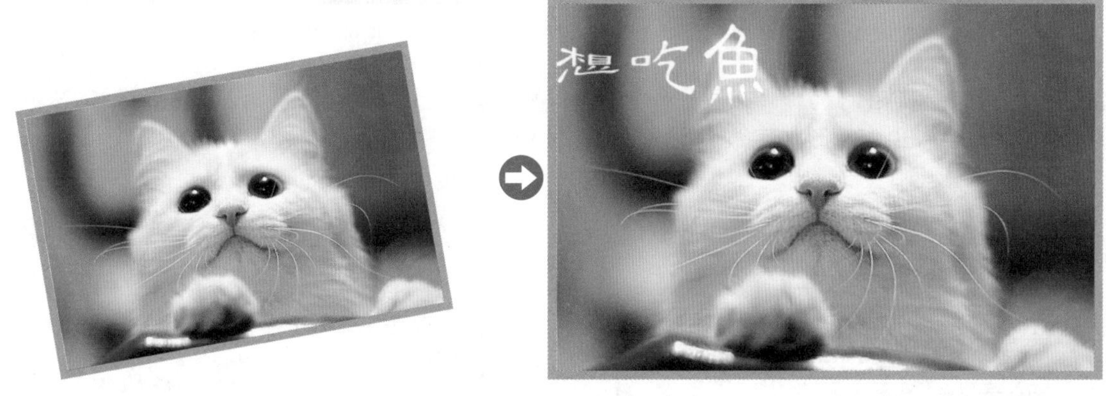

图 9-19 添加变形文字

素材文件	光盘\素材\第9章\猫咪.jpg
效果文件	光盘\效果\第9章\猫咪.psd
视频文件	光盘\视频\第9章\9.1.4 添加变形文字.mp4

步骤 1 选择“文件”|“打开”命令，打开配书光盘中的“素材\第 9 章\猫咪.jpg”，如图 9-20 所示。

图 9-20 打开素材图像

步骤 2 在工具箱中选取横排文字工具，在其属性栏中设置各参数，如图 9-21 所示。

图 9-21 在横排文字工具属性栏中设置参数

步骤 3 选择一种合适的输入法，在图像编辑窗口中输入文字“想吃鱼”，效果如图 9-22 所示。

步骤 4 单击工具属性栏中的“提交所有当前编辑”按钮，即可添加文字，然后调整其位置，效果如图 9-23 所示。

图 9-22　输入相应文字

图 9-23　添加文字效果

步骤 5 选择文字图层，选择“文字”|“文字变形”命令，弹出“变形文字”对话框，如图 9-24 所示。

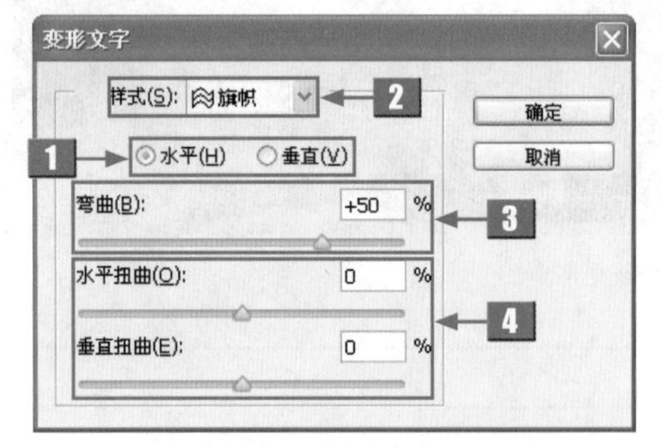

图 9-24　“变形文字”对话框

步骤 6 在该对话框中，设置各参数如图 9-25 所示。

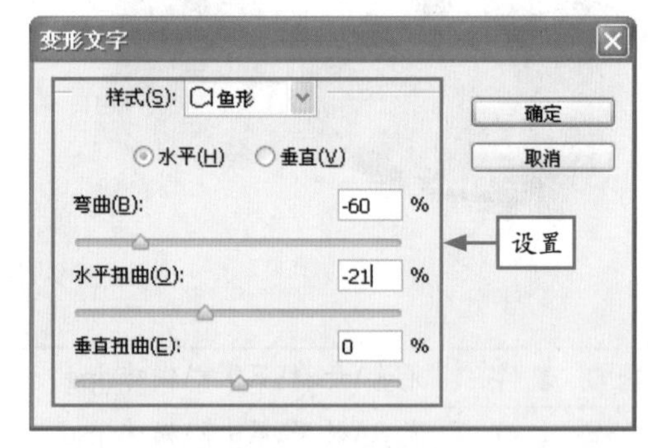

图 9-25　设置参数

标　号	名　称	介　绍
1	水平/垂直	用于设置文本的扭曲方向是水平方向还是垂直方向
2	样式	在该下拉列表框中可以选择15种变形样式
3	弯曲	用于设置文本的弯曲程度
4	水平扭曲/垂直扭曲	用于为文本应用水平扭曲或垂直扭曲效果

步骤 7 单击“确定”按钮，即可添加变形文字，效果如图 9-26 所示。

图 9-26　添加变形文字效果

9.2 在照片中添加特效

在数码照片中添加雪景、雨景、云雾以及流水等特效效果，可以使其展现出不一样的风采。本节将详细介绍在照片中添加特效的操作方法。

9.2.1 添加雪景效果

使用 Photoshop CS6 中的“添加杂色”滤镜、“自定”滤镜以及“动感模糊”滤镜，可以制作出一幅漂亮的雪景。

下面通过一个实例详细讲解如何添加雪景效果，最终效果如图 9-27 所示。

图 9-27 添加雪景效果

素材文件	光盘\素材\第9章\雪景.jpg
效果文件	光盘\效果\第9章\雪景.psd
视频文件	光盘\视频\第9章\9.2.1 添加雪景效果.mp4

步骤 1 选择“文件”|“打开”命令，打开配书光盘中的“素材\第 9 章\雪景.jpg”，如图 9-28 所示。

图 9-28 打开素材图像

步骤 2 在“图层”面板中，按 Ctrl + Shift + N 组合键，即可新建“图层 1”图层，如图 9-29 所示。

图 9-29 新建“图层 1”图层

步骤 3 设置前景色为黑色，按 Alt + Delete 组合键，即可填充颜色，效果如图 9-30 所示。

步骤 4 选择“滤镜”|“杂色”|“添加杂色”命令，弹出“添加杂色”对话框，设置各参数如图 9-31 所示。

图 9-30 填充前景色效果

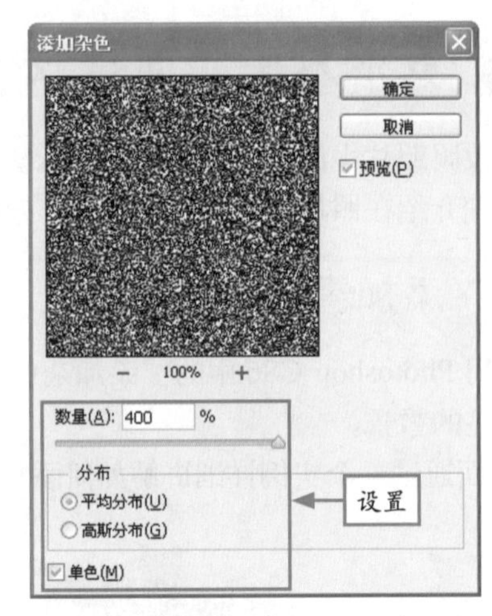

图 9-31 在“添加杂色”对话框中设置参数

步骤 5 单击“确定”按钮，即可添加“添加杂色”滤镜，效果如图 9-32 所示。

图 9-32 添加“添加杂色”滤镜效果

步骤 6 选择“滤镜”|“其他”|“自定”命令，如图 9-33 所示。

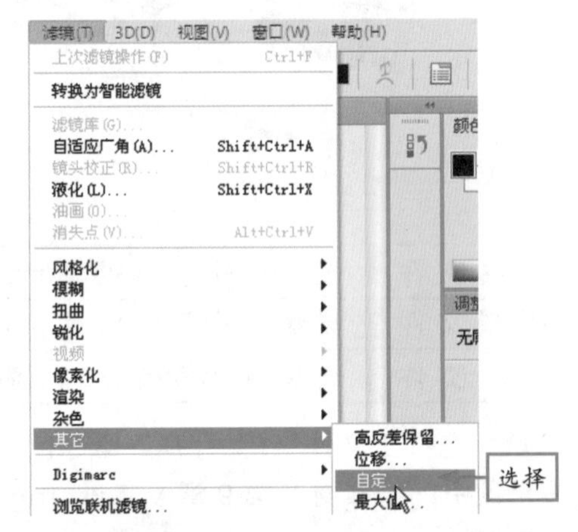

图 9-33 选择“自定”命令

步骤 7 弹出“自定”对话框，设置各参数如图 9-34 所示。

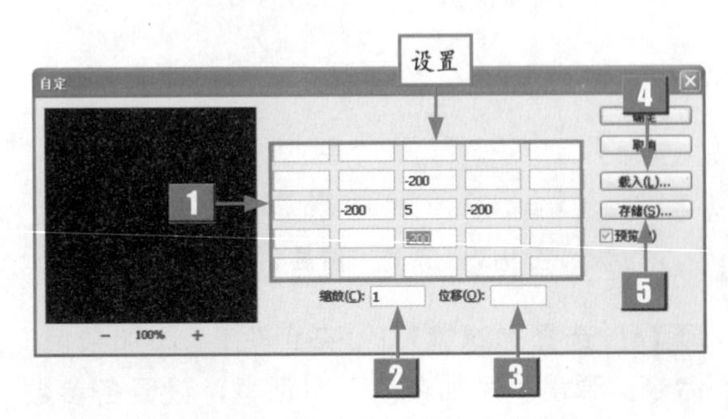

图 9-34 在“自定”对话框中设置参数

步骤 8 单击“确定”按钮，即可添加“自定”滤镜，效果如图 9-35 所示。

图 9-35 添加“自定”滤镜后的效果

标　号	名　称	介　绍
1	方格	在方格中输入数字可以计算图像的亮度。通常，当输入正值时，图像中对应方向变亮；输入负值时，图像对应方向变暗。所有方格中的数值之和越接近0，图像越接近原图的亮度
2	缩放	可以通过在该文本框中输入参数值来放大或缩小图像
3	位移	可以通过在该文本框中输入水平和垂直方的向距离数值来移动图像
4	载入	单击该按钮，可以在弹出的“载入”对话框中选择自定滤镜，然后将其载入“自定”对话框中
5	存储	单击该按钮，可以存储新创建的自定滤镜对象

步骤 9　选取矩形选框工具，在图像编辑窗口中创建一个矩形选区，效果如图 9-36 所示。

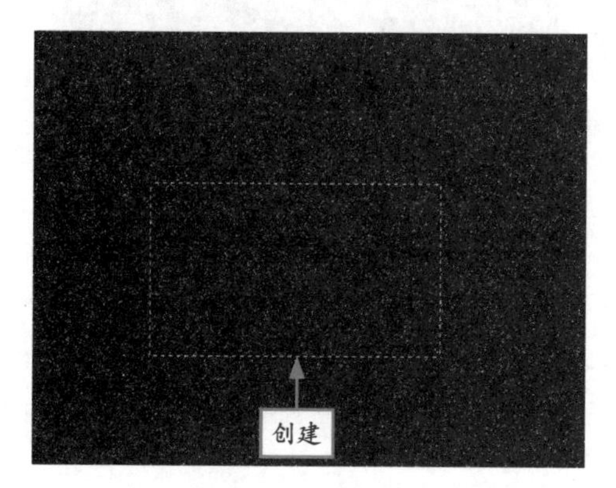

图 9-36　创建矩形选区

步骤 10　按 Ctrl ＋ J 组合键，将选区内的图像复制到一个新的图层，此时的“图层”面板如图 9-37 所示。

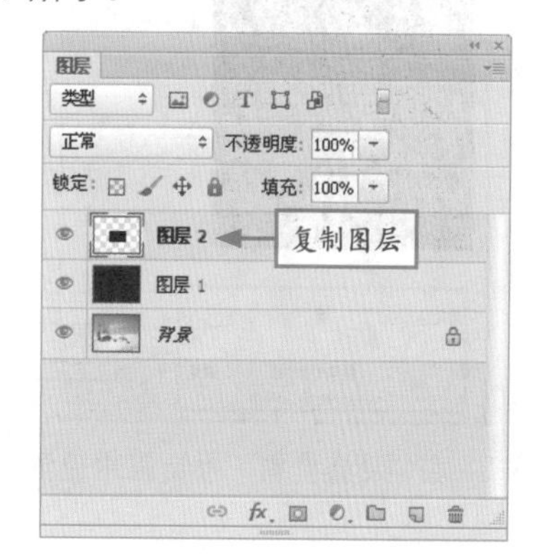

图 9-37　复制新图层

步骤 11　单击“图层 1”图层的“指示图层可见性”图标，隐藏该图层，如图 9-38 所示。

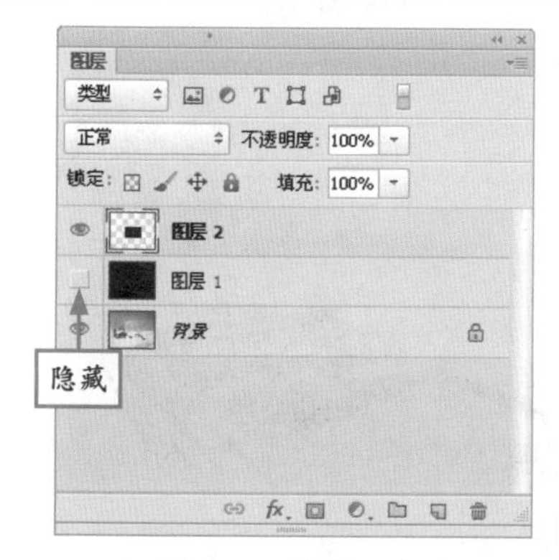

图 9-38　隐藏图层

步骤 12　执行操作后，得到隐藏图层后的图像效果，如图 9-39 所示。

图 9-39　隐藏图层后的图像效果

步骤 13　按 Ctrl ＋ T 组合键，调出自由变换框，将其调整至整屏大小，然后按 Enter 键确认操作，效果如图 9-40 所示。

步骤 14　在“图层”面板中，设置“图层 2”图层的“混合模式”为“滤色”，效果如图 9-41 所示。

图 9-40　调整图像大小

图 9-41　设置图层混合模式

步骤 15 选择“滤镜”|“模糊”|“动感模糊”命令，弹出“动感模糊”对话框，设置各参数如图 9-42 所示。

图 9-42　在“动感模糊”对话框中设置参数

步骤 16 单击“确定”按钮，即可添加“动感模糊”滤镜，图像最终效果如图 9-43 所示。

图 9-43　图像最终效果

9.2.2　添加雨景效果

通过“点状化”滤镜和“动感模糊”滤镜，然后调整图像阈值，可以制作出漂亮的雨景效果。下面通过一个实例详细讲解如何添加雨景效果，最终效果如图 9-44 所示。

图 9-44　添加雨景效果

素材文件	光盘\素材\第9章\风景1.jpg
效果文件	光盘\效果\第9章\风景1.psd
视频文件	光盘\视频\第9章\9.2.2　添加雨景效果.mp4

步骤 1 选择“文件”|“打开”命令，打开配书光盘中的“素材\第 9 章\风景 1.jpg”，如图 9-45 所示。

图 9-45 打开素材图像

步骤 2 新建“曲线”调整图层，展开“曲线”调整面板，设置各参数如图 9-46 所示。

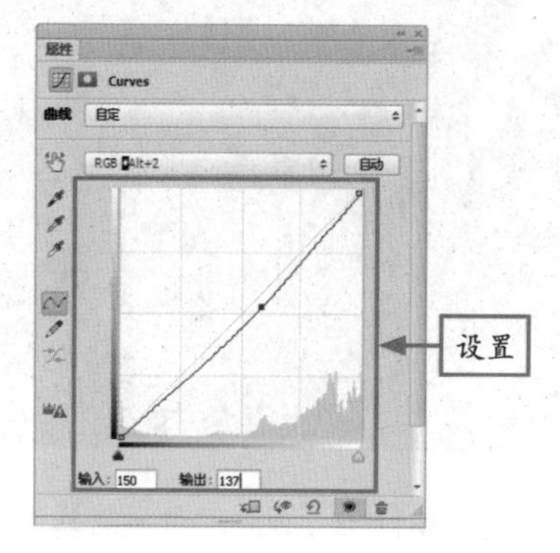

图 9-46 在“曲线”调整面板中设置各参数

步骤 3 在“图层”面板中，选择“背景”图层，按 Ctrl + J 组合键，即可复制图层，如图 9-47 所示。

图 9-47 复制图层

步骤 4 选择“滤镜”|“像素化”|“点状化”命令，弹出 Pointillize 对话框，设置“单元格大小”为 3，如图 9-48 所示。

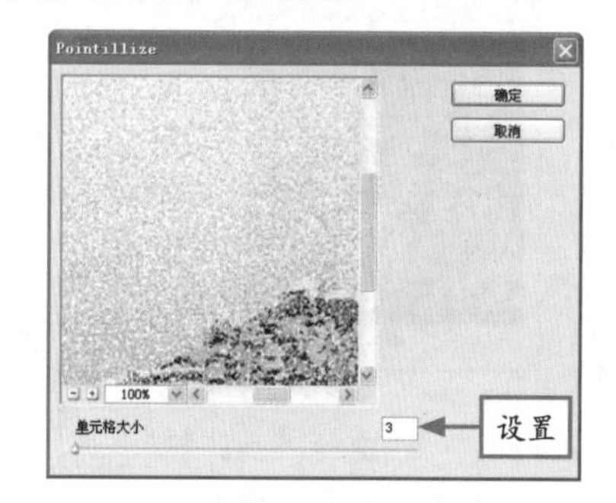

图 9-48 设置“单元格大小”

专家提醒 “点状化”滤镜将图像变为随机产生的彩色斑点，其中的空白部分由背景色填充。它与“彩色半调”滤镜效果相似，主要的区别在于“点状化”滤镜最终生成的是与原图像颜色一致的斑点，而不是各个通道的原色斑点。在执行“点状化”命令后弹出的对话框中，“单元格大小”参数值决定斑点的大小。

步骤 5 单击“确定”按钮，即可添加“点状化”滤镜，效果如图 9-49 所示。

图 9-49 添加“点状化”滤镜后的效果

步骤 6 选择“图像”|“调整”|“阈值”命令，弹出“阈值”对话框，设置“阈值色阶”为 253，如图 9-50 所示。

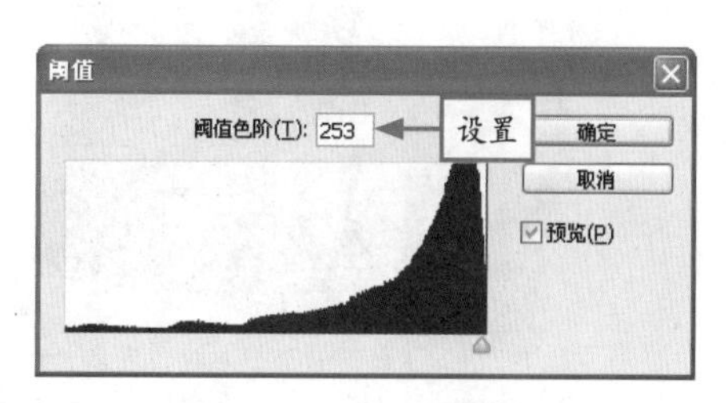

图 9-50 设置“阈值色阶”

步骤 7 单击“确定”按钮，即可调整图像的阈值，效果如图 9-51 所示。

图 9-51 调整图像阈值效果

步骤 8 设置“背景 副本”图层的“混合模式”为“滤色”，效果如图 9-52 所示。

图 9-52 设置图层混合模式后的效果

步骤 9 选择“滤镜”|“模糊”|“动感模糊”命令，弹出“动感模糊”对话框，设置各参数如图 9-53 所示。

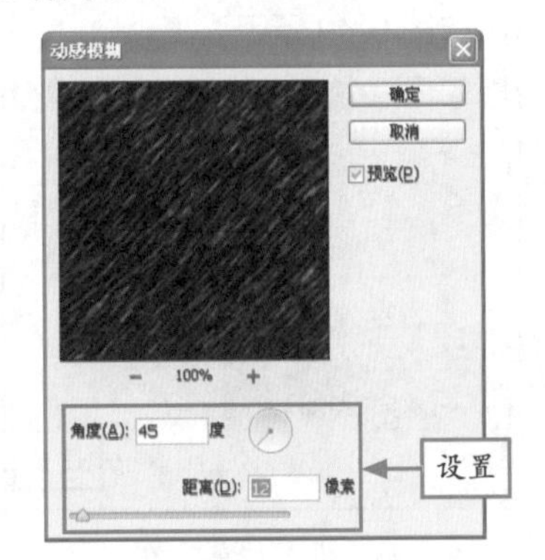

图 9-53 在“动感模糊”对话框中设置参数

步骤 10 单击“确定”按钮，即可添加“动感模糊”滤镜。按 Ctrl + T 组合键，调出自由变换控制框，放大图像，如图 9-54 所示。

图 9-54 放大图像效果

9.2.3 添加云雾效果

“云彩”滤镜使用前景色与背景色之间的颜色随机生成柔和的云彩图案，每次使用该滤镜时生成的图案都会有所不同。

下面通过一个实例详细讲解如何添加云雾效果，最终效果如图 9-55 所示。

图 9-55 添加云雾效果

素材文件	光盘\素材\第9章\风景2.jpg
效果文件	光盘\效果\第9章\风景2.psd
视频文件	光盘\视频\第9章\9.2.3　添加云雾效果.mp4

步骤 1 选择“文件”|“打开”命令，打开配书光盘中的“素材\第 9 章\风景 2.jpg”，如图 9-56 所示。

图 9-56　打开素材图像

步骤 2 在“图层”面板中，选择“背景”图层，按 Ctrl + J 组合键，即可复制图层，如图 9-57 所示。

图 9-57　复制图层

步骤 3 在“图层”面板中，按 Ctrl + Shift + J 组合键，即可新建“图层 2”图层，如图 9-58 所示。

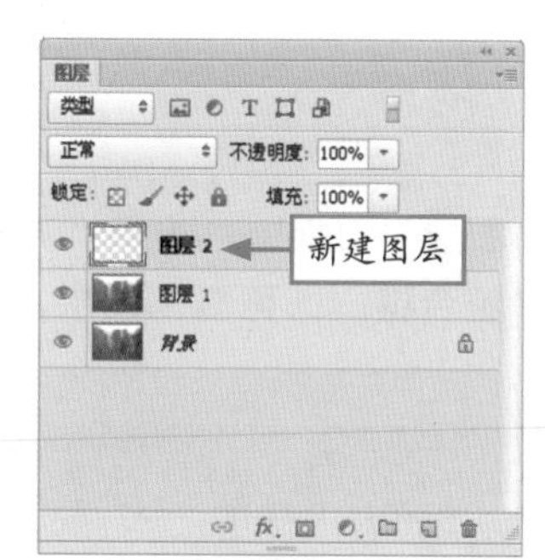

图 9-58　新建“图层 2”图层

步骤 4 设置默认的前景色和背景色，选择“滤镜”|“渲染”|“云彩”命令，即可添加“云彩”滤镜，效果如图 9-59 所示。

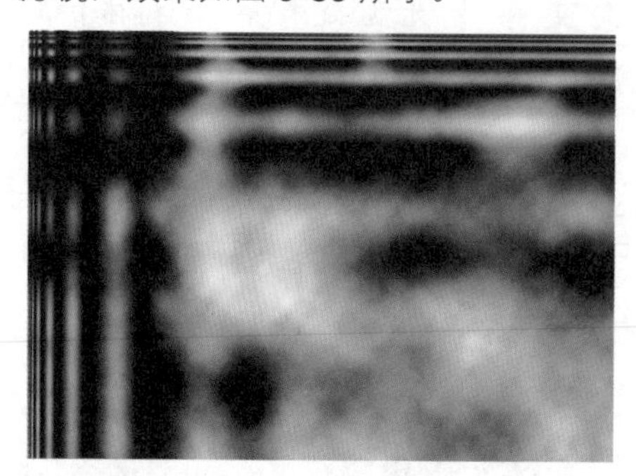

图 9-59　添加“云彩”滤镜后的效果

步骤 5 设置“图层 2”图层的“混合模式”为“滤色”，效果如图 9-60 所示。

图 9-60　设置图层混合模式后的效果

步骤 6 按 Ctrl + T 组合键，调出自由变换控制框，放大图像，效果如图 9-61 所示。

图 9-61　放大图像

专家提醒 在添加“云彩”滤镜时，它会将原图像全部覆盖，因此需要适当调整其大小或位置。

9.2.4 添加朦胧效果

在本例中，首先更改图层混合模式，然后运用“高斯模糊”滤镜来制作朦胧感，再通过“色相/饱和度”来调整颜色，最后降低图层的不透明度，体现朦胧中的鲜艳。

下面详细讲解如何添加朦胧效果，最终效果如图 9-62 所示。

图 9-62 添加朦胧效果

素材文件	光盘\素材\第9章\树林.jpg
效果文件	光盘\效果\第9章\树林.psd
视频文件	光盘\视频\第9章\9.2.4 添加朦胧效果.mp4

步骤 1 选择“文件”|“打开”命令，打开配书光盘中的“素材\第 9 章\树林 .jpg”，如图 9-63 所示。

图 9-63 打开素材图像

步骤 2 在“图层”面板中，选择“背景”图层，按 Ctrl + J 组合键，即可复制图层，如图 9-64 所示。

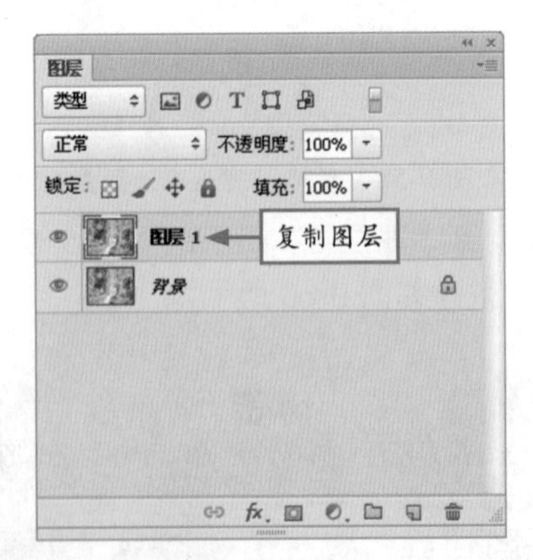

图 9-64 复制图层

步骤 3 在“图层”面板中，设置“图层 1”图层的“混合模式”为“滤色”，效果如图 9-65 所示。

步骤 4 选择“滤镜”|“模糊”|“高斯模糊”命令，弹出“高斯模糊”对话框，设置“半径”为 11.5，如图 9-66 所示。

图 9-65　设置图层混合模式后的效果

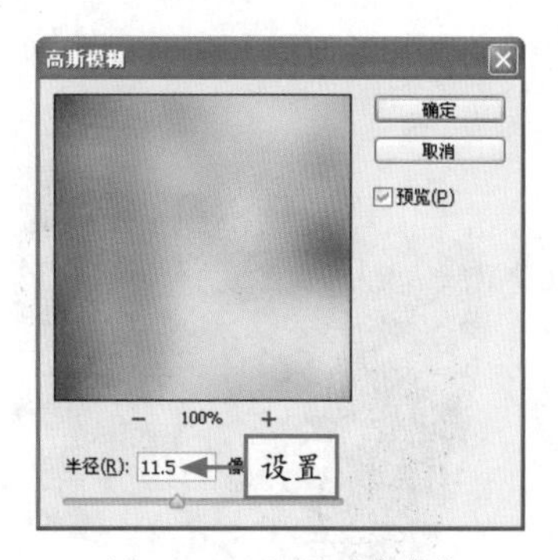

图 9-66　设置“半径”

专家提醒　“高斯模糊”滤镜是 Photoshop 中最常用的滤镜之一，它是依据高斯曲线调整图像像素值。

步骤 5　单击“确定”按钮，即可添加“高斯模糊”滤镜，效果如图 9-67 所示。

图 9-67　添加“高斯模糊”滤镜后的效果

步骤 6　新建“色相 / 饱和度”调整图层，展开“色相 / 饱和度”调整面板，设置各参数如图 9-68 所示。

图 9-68　在“色相 / 饱和度”调整面板中设置参数

步骤 7　执行操作后，即可调整图像的色相 / 饱和度，效果如图 9-69 所示。

图 9-69　调整色相 / 饱和度后的效果

步骤 8　设置“图层 1”图层的“不透明度”为 90，得到图像最终效果，如图 9-70 所示。

图 9-70　图像最终效果

9.2.5　添加流水动感效果

在本例中，主要是通过“扭曲”滤镜、“色相 / 饱和度”调整图层来制作溪水的流动效果，充分表现出小溪流水的流畅和柔美。

下面详细讲解如何添加流水动感效果，最终效果如图 9-71 所示。

图 9-71　添加流水动感效果

素材文件	光盘\素材\第9章\流水.jpg
效果文件	光盘\效果\第9章\流水.psd
视频文件	光盘\视频\第9章\9.2.5　添加流水动感效果.mp4

步骤 1　选择“文件”|“打开”命令，打开配书光盘中的“素材\第 9 章\流水 .jpg”，如图 9-72 所示。

图 9-72　打开素材图像

步骤 2　在“图层”面板中，选择“背景”图层，按 Ctrl ＋ J 组合键，即可复制图层，如图 9-73 所示。

图 9-73　复制图层

步骤 3　选择“滤镜”|“扭曲”|“波浪”命令，弹出“波浪”对话框，如图 9-74 所示。

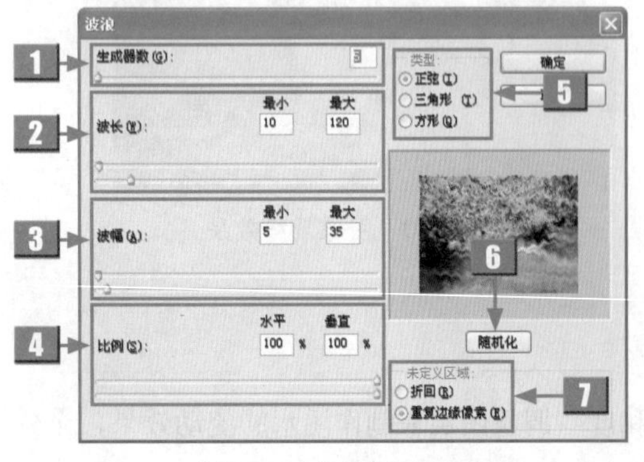

图 9-74　“波浪”对话框

步骤 4　在该对话框中，设置各参数如图 9-75 所示。

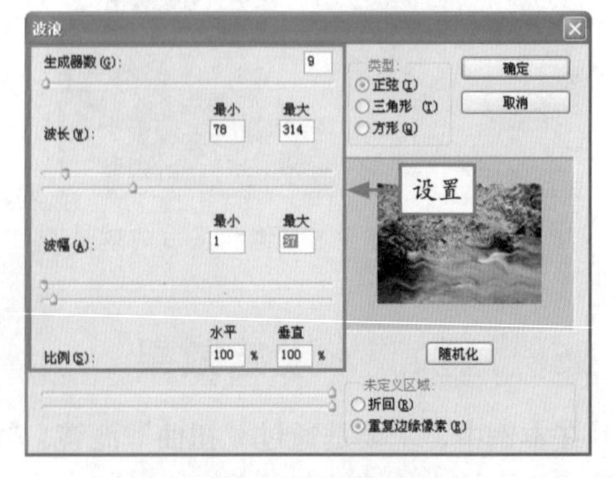

图 9-75　设置参数

标　号	名　称	介　绍
1	生成器数	用于设置图像中的波纹数量
2	波长	分别控制一个波长的最大和最小值，也就是设置一个波纹的宽度范围
3	波幅	用于设置波峰与波谷之间的最大和最小距离
4	比例	用于设置波在水平和垂直方向上的缩放比例
5	类型	在该选项组中包括“正弦”、“三角形”以及“方形”3个单选按钮，选中相应的单选按钮，即可指定波的类型
6	随机化	单击该按钮，可以选择当前设置的随机波动效果
7	未定义区域	用于指定向由于移动像素而产生的空区域中填充像素的方式，其中包括“折回”和“重复边缘像素”两个单选按钮

步骤 5 完成设置后，单击“确定”按钮，即可扭曲图像，效果如图 9-76 所示。

图 9-76　扭曲图像效果

步骤 6 单击“添加图层蒙版”按钮，添加图层蒙版，如图 9-77 所示。

图 9-77　添加图层蒙版

专家提醒 “扭曲”滤镜可以扭曲图像，以创建波纹、球面化以及波浪等效果，常用来制作水面波纹。

步骤 7 选取画笔工具，在其属性栏中，单击“点按可打开‘画笔预设’选取器”按钮，在弹出的“画笔预设”选取器中设置“大小”为 85 像素，如图 9-78 所示。

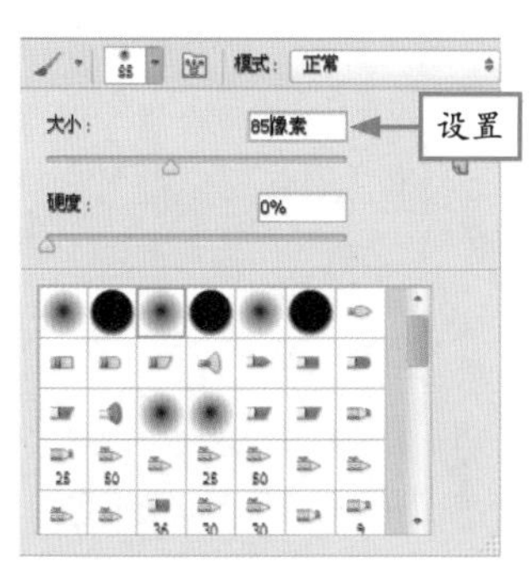

图 9-78　设置“大小”

步骤 8 设置前景色为黑色，将鼠标移至图像编辑窗口中的树木位置，单击鼠标左键并拖曳，涂抹图像，效果如图 9-79 所示。

图 9-79　涂抹图像效果

步骤 9 新建“色相 / 饱和度”调整图层，展开“色相 / 饱和度”调整面板，设置各参数如图 9-80 所示。

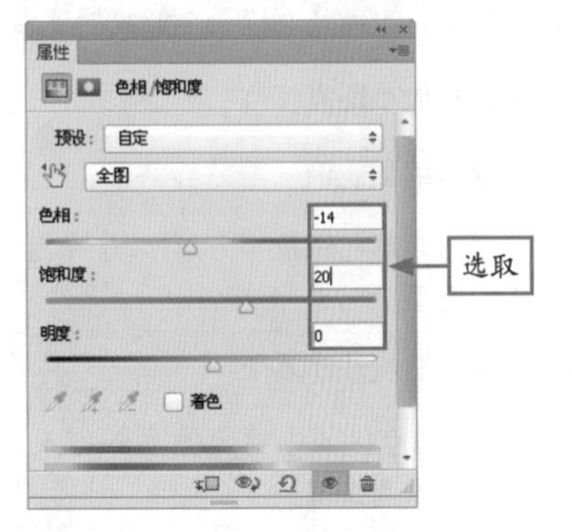

图 9-80 在“色相 / 饱和度”调整面板中设置参数

步骤 10 执行操作后，即可调整图像的色相 / 饱和度，图像最终效果如图 9-81 所示。

图 9-81 图像最终效果

第 10 章　照片的抠图与合成技巧

学 习 提 示

照片的背景具有说明地点、衬托主体的作用，然而不恰当的背景常常会影响到照片的整体效果。此时，利用 Photoshop 提供的“抠图”和“合成”功能可以轻松、快捷地更换照片的背景。本章就是详细介绍照片的抠图与合成方法。

主 要 内 容

- 照片抠图的 6 种技法
- 照片合成的 4 种技法

重点与难点

- 使用魔棒工具抠图
- 使用蒙版抠图
- 使用通道抠图
- 使用钢笔工具抠图
- 合成镜像效果
- 合成人像风景照

学完本章后你会做什么

- 掌握使用图层样式抠图的操作方法
- 掌握使用背景橡皮擦工具抠图的操作方法
- 掌握合成电子相册效果的操作方法

视 频 文 件

10.1 照片抠图的6种技法

Photoshop CS6 的工具箱中有许多适合抠图的工具，如魔棒工具、钢笔工具以及背景橡皮擦工具等。这些工具可以选取部分图像，创建一个指定的选区，以便进行其他操作或修改。本节将详细讲解如何运用这些工具、命令来对照片进行抠图。

10.1.1 使用魔棒工具抠图

魔棒工具是建立选区的工具之一，其作用是在一定的容差值范围内（默认值为 32），将颜色相同的区域同时选中，以达到抠取图像的目的。

下面通过一个实例详细讲解如何使用魔棒工具抠图，最终效果如图 10-1 所示。

图 10-1 使用魔棒工具抠图

素材文件	光盘\素材\第10章\手提包.jpg
效果文件	光盘\效果\第10章\手提包.psd
视频文件	光盘\视频\第10章\10.1.1 使用魔棒工具抠图.mp4

步骤 1 选择“文件”|“打开”命令，打开配书光盘中的“素材\第 10 章\手提包.jpg”，如图 10-2 所示。

图 10-2 打开素材图像

步骤 2 在“图层”面板中，选择“背景”图层，按 Ctrl ＋ J 组合键，即可复制图层，如图 10-3 所示。

图 10-3 复制图层

步骤 3　选取工具箱中的魔棒工具，在其属性栏中设置"容差"为 10，如图 10-4 所示。

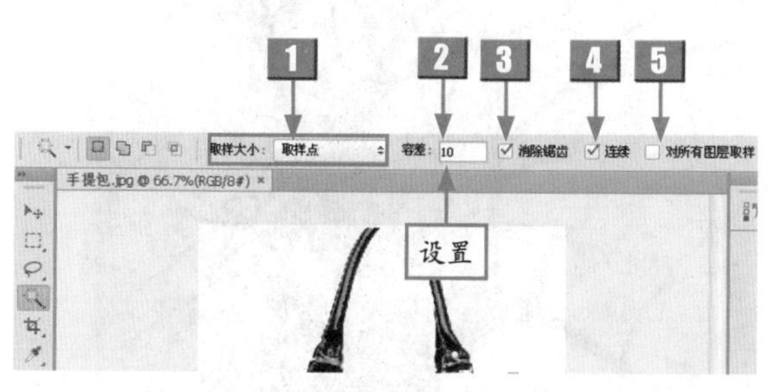

图 10-4　设置"容差"

步骤 4　将光标移至图像编辑窗口中，在白色区域上单击鼠标左键，即可创建选区，如图 10-5 所示。

图 10-5　创建选区

标　号	名　称	介　绍
1	取样大小	在该下拉的列表框中可以选择采样方式
2	容差	用来控制创建选区范围的大小，数值越小，所要求的颜色越相近；数值越大，则颜色相差越大
3	消除锯齿	用来模糊羽化边缘的像素，使其与背景像素产生颜色的过渡，从而消除边缘明显的锯齿
4	连续	选中该复选框后，只选取与鼠标单击处相连接的相近颜色
5	对所有图层取样	用于有多个图层的文件，选中该复选框后，将选取所有图层中相近颜色的区域；取消选中该复选框时，只选取当前图层中相近颜色的区域

步骤 5　按 Delete 键，即可删除部分图像，隐藏背景图层后的效果如图 10-6 所示。

图 10-6　删除部分图像

步骤 6　以同样的方法创建其他的选区，删除其他图像，最终效果如图 10-7 所示。

图 10-7　图像最终效果

10.1.2 使用图层样式抠图

在本例中，首先运用“复制图层”命令复制图层，接着新建图层，在填充颜色后，通过添加图层样式来达到抠图的效果。

下面详细讲解如何使用图层样式抠图，效果如图 10-8 所示。

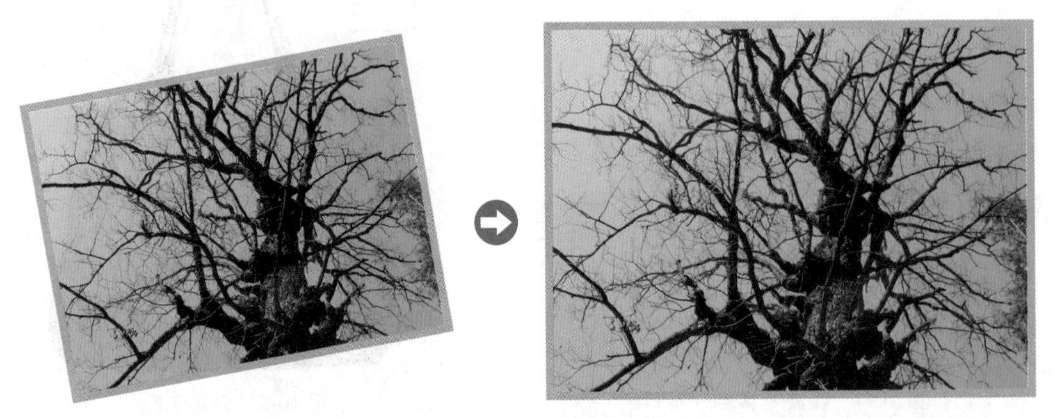

图 10-8 使用图层样式抠图

素材文件	光盘\素材\第10章\大树.jpg
效果文件	光盘\效果\第10章\大树.psd
视频文件	光盘\视频\第10章\10.1.2 使用图层样式抠图.mp4

步骤 1 选择“文件”|“打开”命令，打开配书光盘中的“素材\第 10 章\大树 .jpg”，如图 10-9 所示。

图 10-9 打开素材图像

步骤 2 在“图层”面板中，选择“背景”图层，按 Ctrl + J 组合键，即可复制图层，如图 10-10 所示。

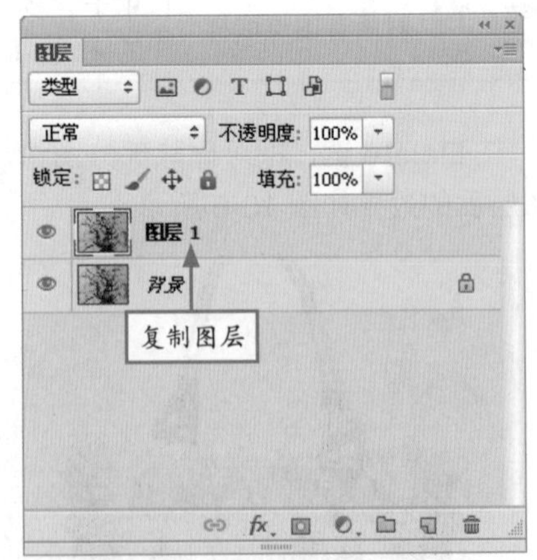

图 10-10 复制图层

步骤 3 在“图层”面板中，按 Ctrl + Shift + N 组合键，新建“图层 2”图层，然后将其移到“图层 1”图层的下方，如图 10-11 所示。

步骤 4 设置默认的前景色和背景色，按 Ctrl + Delete 组合键，为“图层 2”图层填充背景色，如图 10-12 所示。

图 10-11　新建“图层 2”图层

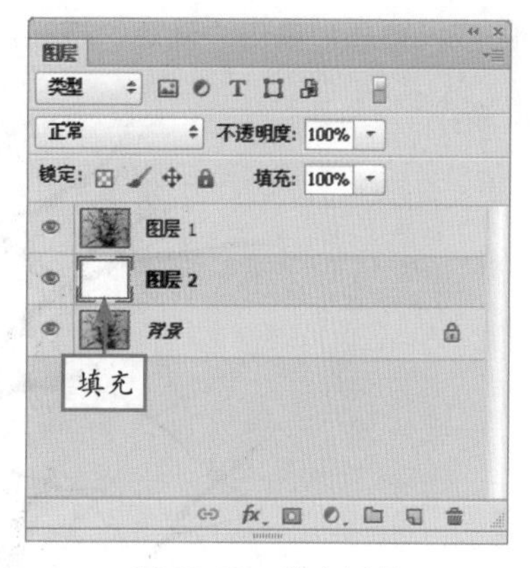

图 10-12　填充图层

步骤 5　在“图层”面板中，双击“图层 1”的图层缩览图，弹出“图层样式”对话框，如图 10-13 所示。

步骤 6　在“混合颜色带”选项组中，向左拖动“本图层”颜色条右侧的色标至合适位置，如图 10-14 所示。

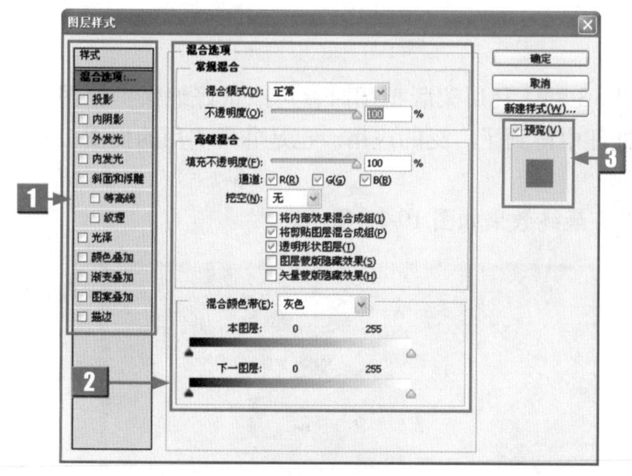

图 10-13　“图层样式”对话框

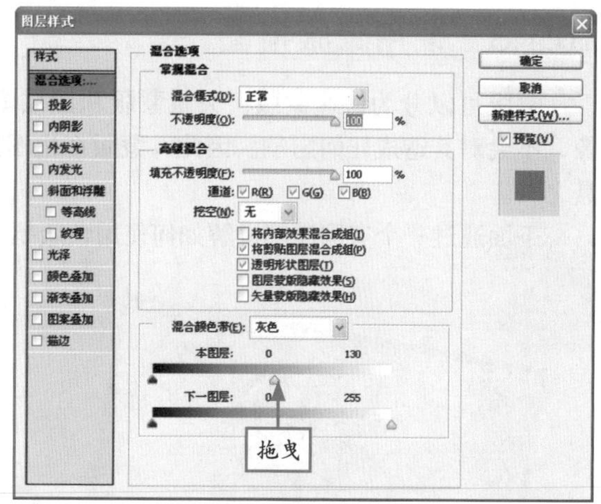

图 10-14　拖曳色标

标　号	名　称	介　绍
1	样式	其中列出了所有的图层样式。如果要同时应用多种图层样式，只需选中各图层样式的相对应的名称前的复选框，即可在对话框中间的参数控制区设置其相应参数
2	参数控制区	在选择不同图层样式的情况下，该区域会即时显示与之对应的参数选项。在Photoshop CS6中，“图层样式”对话框中增加了“设置为默认值”和“复位为默认值”两个按钮，前者可以将当前的参数保存为默认设置，便于以后应用；而后者则可以复位到系统或之前保存过的默认参数
3	预览	可以预览当前所设置的所有图层样式叠加在一起时的效果

专家提醒　除了上述方法外，在“图层”|“图层样式”子菜单中选择相应的命令，也可打开“图层样式”对话框，不同的只是“样式”列表框中出现被选中的复选框。

步骤 7 完成设置后，单击“确定”按钮，即可得到图像的最终效果，如图 10-15 所示。

图 10-15　图像最终效果

10.1.3　使用蒙版抠图

蒙版可以分为快速蒙版、矢量蒙版和图层蒙版 3 种。利用蒙版抠图时，可以很好地保护原图像，不会对其造成任何影响。因此，蒙版在抠图处理中得到了广泛的应用。也是非常实用的抠图工具之一。

下面通过一个实例详细讲解如何使用蒙版抠图，最终效果如图 10-16 所示。

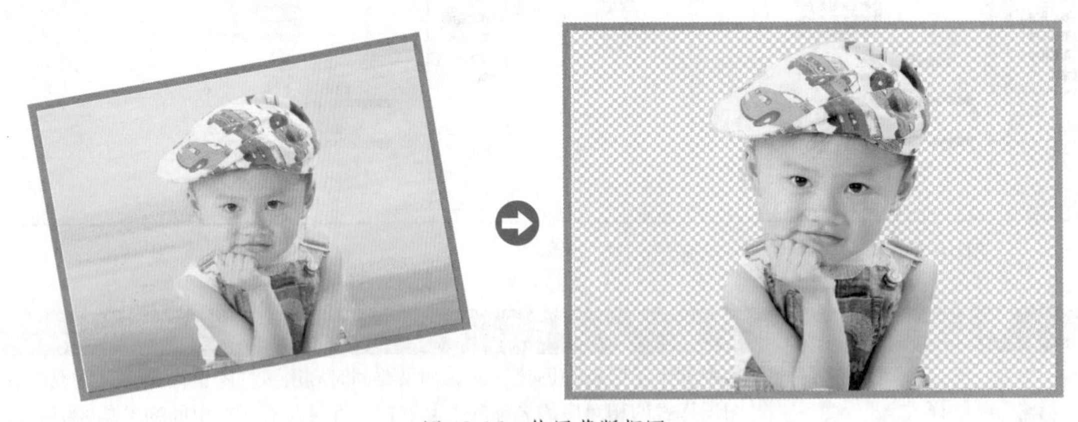

图 10-16　使用蒙版抠图

素材文件	光盘\素材\第10章\小孩.jpg
效果文件	光盘\效果\第10章\小孩.psd
视频文件	光盘\视频\第10章\10.1.3　使用蒙版抠图.mp4

步骤 1 选择“文件”|“打开”命令，打开配书光盘中的“素材\第 10 章\小孩 .jpg”，如图 10-17 所示。

步骤 2 在“图层”面板中，选择“背景”图层，按 Ctrl + J 组合键，即可复制图层，如图 10-18 所示。

图 10-17　打开素材图像

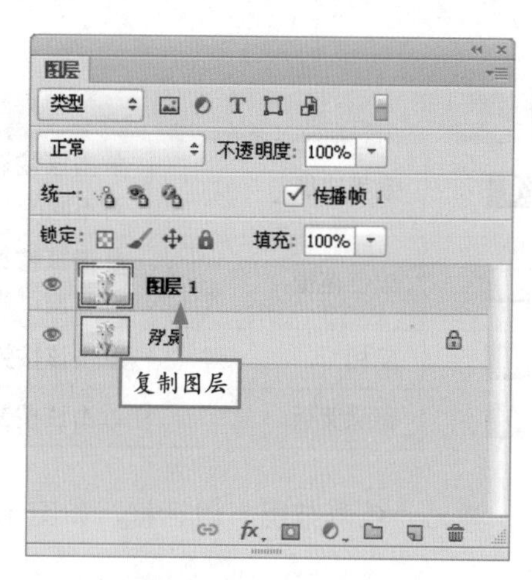

图 10-18　复制图层

步骤 3　在"图层"面板中，单击"添加图层蒙版"按钮，添加图层蒙版，如图 10-19 所示。

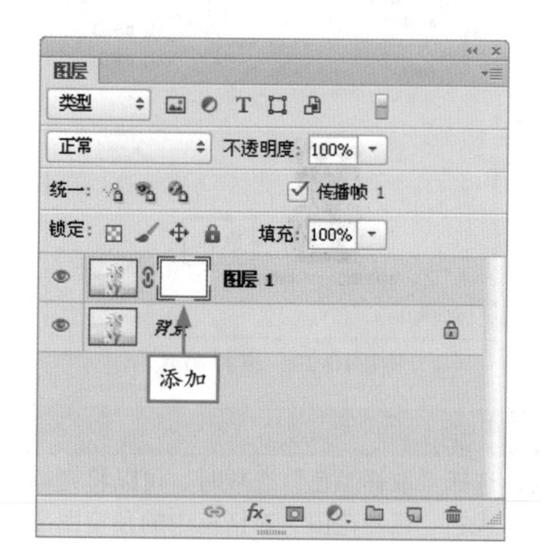

图 10-19　添加图层蒙版

步骤 4　选择"窗口" | "属性"命令，展开"蒙版"面板，单击"颜色范围"按钮，如图 10-20 所示。

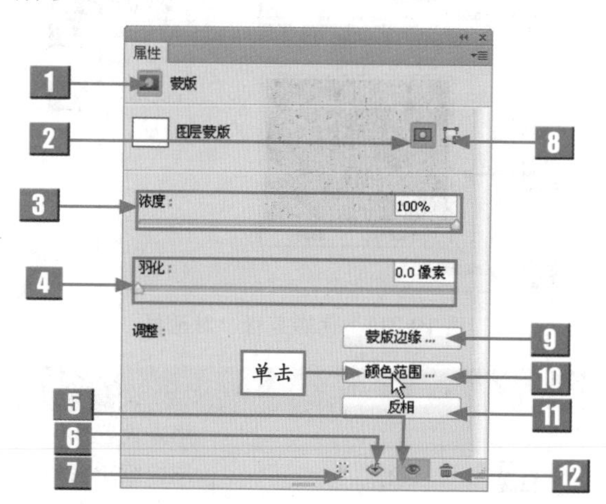

图 10-20　单击"颜色范围"按钮

标　号	名　称	介　绍
1	当前选择的蒙版	显示了在"图层"面板中选择的蒙版类型
2	添加像素蒙版	单击该按钮，可以为当前图层添加图层蒙版
3	浓度	拖曳滑块可以控制蒙版的不透明度，即蒙版的遮盖强度
4	羽化	拖曳滑块可以柔化蒙版的边缘
5	停用/启用蒙版	单击该按钮，可以停用或启用当前蒙版
6	应用蒙版	单击该按钮，可以应用当前蒙版
7	从蒙版中载入选区	单击该按钮，可以从蒙版中载入选区
8	添加矢量蒙版	单击该按钮，可以添加矢量蒙版

续表

标号	名称	介绍
9	蒙版边缘	单击该按钮，在弹出的"调整蒙版"对话框中可以修改蒙版边缘，针对不同的背景查看蒙版。这些操作与调整选区边缘基本相同
10	颜色范围	单击该按钮，弹出"色彩范围"对话框，通过在图像中取样并调整颜色容差可修改蒙版范围
11	反相	单击该按钮，可以反转蒙版的遮盖区域
12	删除蒙版	单击该按钮，可以删除当前蒙版

步骤5 弹出"色彩范围"对话框，如图10-21所示。

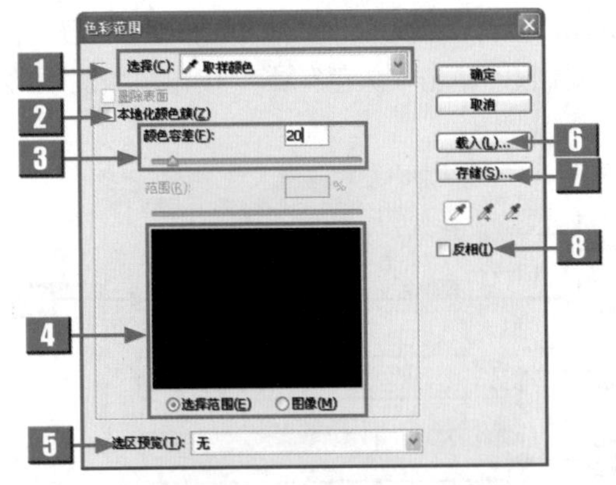

图10-21 "色彩范围"对话框

步骤6 按住Shift键的同时，在图像编辑窗口中单击鼠标左键并拖曳，取样颜色，如图10-22所示。

图10-22 取样颜色

标号	名称	介绍
1	选择	用来设置选区的创建方式。选择"取样颜色"选项时，可以将光标放在图像编辑窗口中的图像上，或在"色彩范围"对话框中的预览图像上单击鼠标左键，对颜色进行取样
2	本地化颜色簇	选中该复选框后，拖曳"范围"滑块可以控制要包含在蒙版中的颜色与取样点的最大和最小距离
3	颜色容差	用来控制颜色的选择范围，该值越高，包含的颜色越广
4	预览区	其中包含两个单选按钮，若选中"选择范围"单选按钮，则预览区的图像中，白色代表被选择的区域，黑色代表未选择的区域，灰色代表被部分选择的区域；若选中"图像"单选按钮，则预览区会显示彩色图像
5	选区预览	用来设置图像编辑窗口中选区的预览方式。选择"无"选项，表示不在图像编辑窗口中显示选区；选择"灰度"选项，可以按照选区在灰度通道中的外观来显示；选择"黑色杂边"选项，可以在未选择的区域上覆盖一层黑色；选择"白色杂边"选项，可以在未选择的区域上覆盖一层白色；选择"快速蒙版"选项，可以显示选区在快速蒙版状态下的效果，此时未选择的区域会覆盖一层红色
6	载入	单击该按钮，可以载入存储的选区预设文件

续表

标　　号	名　　称	介　　绍
7	存储	单击该按钮，可以将当前的设置状态保存为选区预设
8	反相	选中该复选框，可以反转选区，相当于创建了选区后，执行“选择”|“反向”命令

步骤 7　单击“确定”按钮，隐藏“背景”图层，效果如图 10-23 所示。

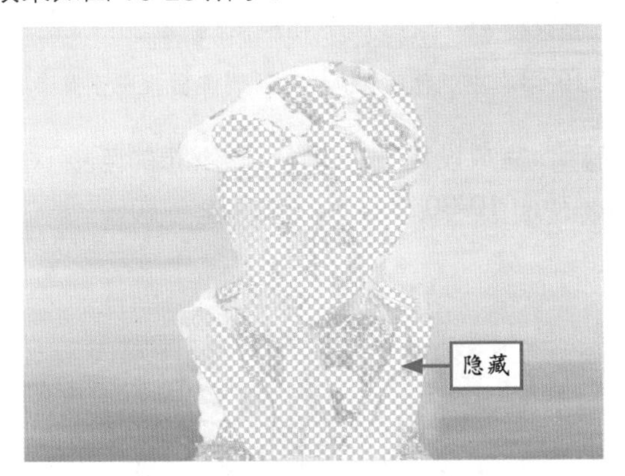

图 10-23　隐藏部分图像效果

步骤 8　按【Ctrl + I】组合键，反相图像，效果如图 10-24 所示。

图 10-24　反相图像效果

步骤 9　设置前景色为白色，选取画笔工具，在其属性栏中单击“点按可打开‘画笔预设’选取器”按钮，在弹出的“画笔预设”选取器中设置各参数如图 10-25 所示。

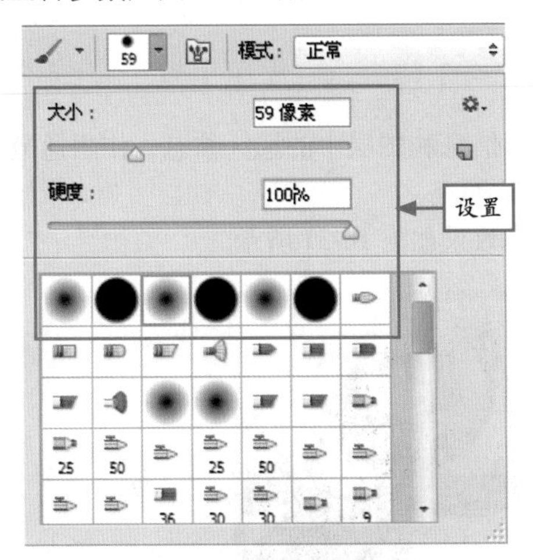

图 10-25　设置参数

步骤 10　将光标移至图像编辑窗口中，单击鼠标左键并拖曳，适当地涂抹图像，效果如图 10-26 所示。

图 10-26　涂抹图像

步骤 11　新建“色阶”调整图层，展开“色阶”调整面板，设置各参数如图 10-27 所示。

步骤 12　新建“色相 / 饱和度”调整图层，展开“色相 / 饱和度”调整面板，设置各参数如图 10-28 所示。

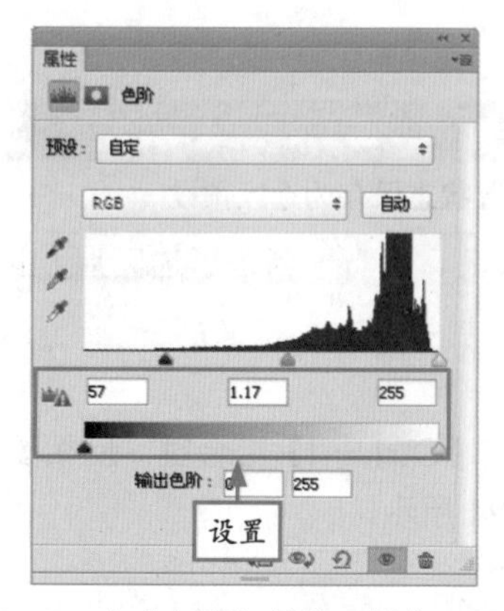

图 10-27　在“色阶”调整面板中设置参数

图 10-28　在“色相 / 饱和度”调整面板中设置参数

步骤 13　新建“色彩平衡”调整图层，展开“色彩平衡”调整面板，设置各参数如图 10-29 所示。

步骤 14　完成设置后，即可调整图像的色彩平衡，效果如图 10-30 所示。

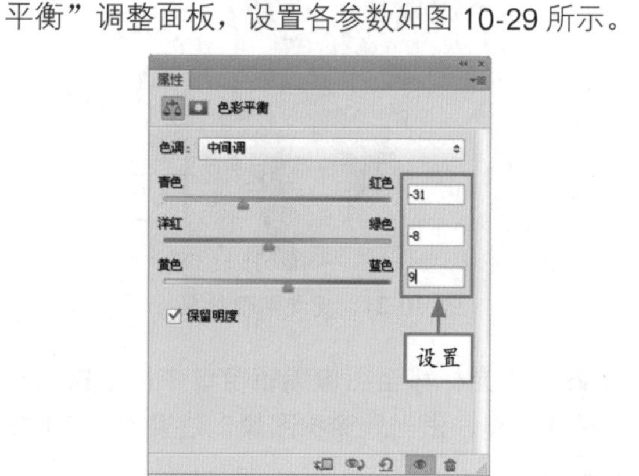

图 10-29　在“色彩平衡”调整面板中设置参数

图 10-30　调整图像色彩平衡

10.1.4　使用通道抠图

“通道”是一种灰度图像，主要用来存储图像的色彩信息和图层中的选区信息。使用通道可以对图像进行一些复杂的合成处理，从而制作出一些特殊效果。

下面通过一个实例详细讲解如何使用通道抠图，最终效果如图 10-31 所示。

图 10-31　使用通道抠图

素材文件	光盘\素材\第10章\美女1.jpg
效果文件	光盘\效果\第10章\美女1.psd
视频文件	光盘\视频\第10章\10.1.4　使用通道抠图.mp4

步骤 1 选择“文件”|“打开”命令，打开配书光盘中的“素材\第 10 章\美女 1.jpg”，如图 10-32 所示。

图 10-32　打开素材图像

步骤 2 在“图层”面板中，选择“背景”图层，按 Ctrl + J 组合键，即可复制图层，如图 10-33 所示。

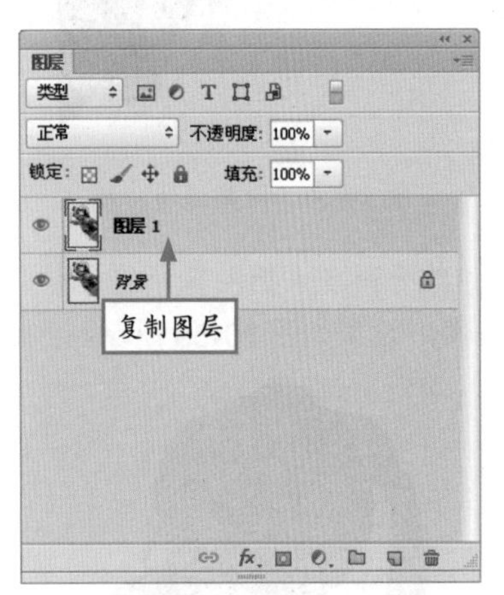

图 10-33　复制图层

步骤 3 调出“通道”面板，选择“绿”通道，如图 10-34 所示。

图 10-34　选择“绿”通道

步骤 4 按 Ctrl + M 组合键，弹出“曲线”对话框，设置各参数如图 10-35 所示。

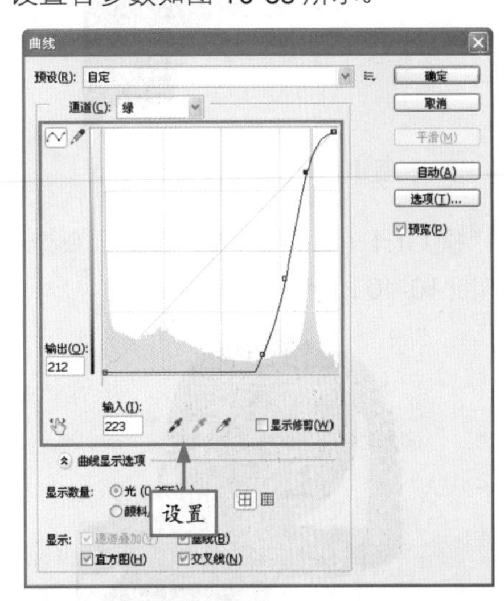

图 10-35　在“曲线”对话框中设置参数

步骤 5 单击“确定”按钮，即可调整通道的曲线，效果如图 10-36 所示。

步骤 6 选取黑色画笔工具，在其属性栏中单击“点按可打开‘画笔预设’选取器”按钮，在弹出的“画笔预设”选取器中设置各参数如图 10-37 所示。

图 10-36　调整通道曲线

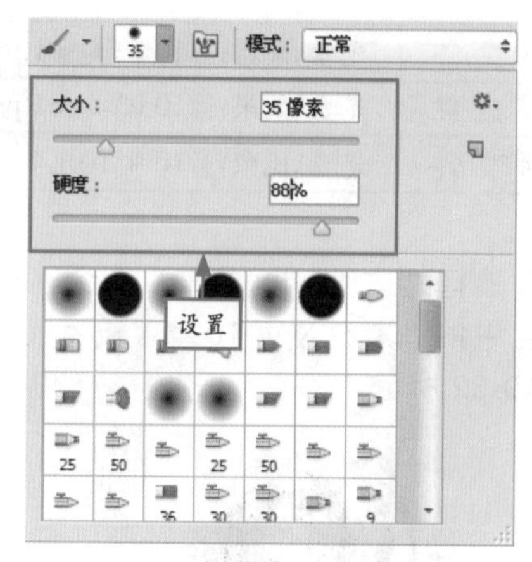

图 10-37　设置参数

步骤 7　将光标移至人物图像所在的位置，适当地涂抹图像，效果如图 10-38 所示。

图 10-38　涂抹图像效果

步骤 8　按住 Ctrl 键的同时，单击“绿”通道缩览图，载入选区，如图 10-39 所示。

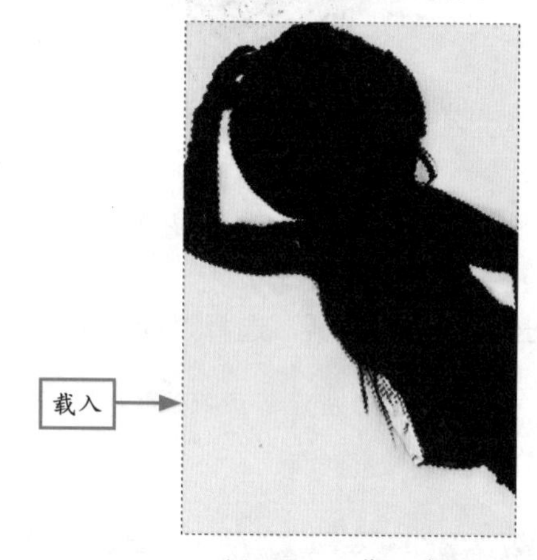

图 10-39　载入选区

步骤 9　按 Ctrl + Shift + I 组合键，反选选区，效果如图 10-40 所示。

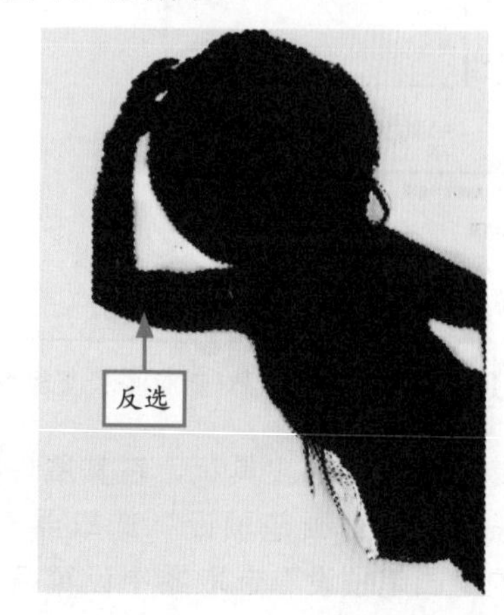

图 10-40　反选选区

步骤 10　在“图层”面板中，隐藏“图层 1”图层，如图 10-41 所示。

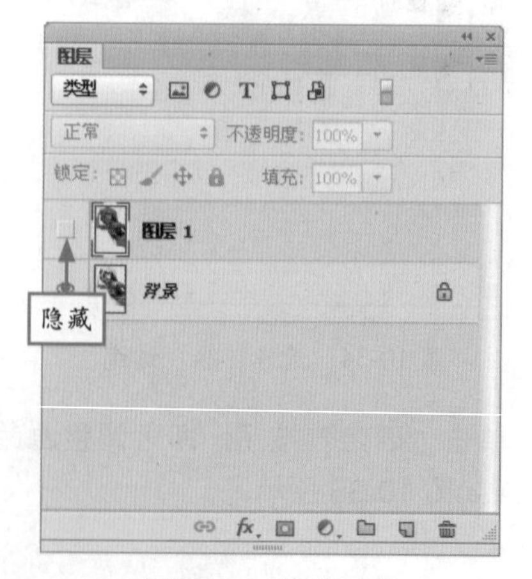

图 10-41　隐藏图层

步骤 11 选择“背景”图层，按 Shift + F6 组合键，弹出“羽化选区”对话框，设置“羽化半径”为 1，然后单击“确定”按钮，如图 10-42 所示。

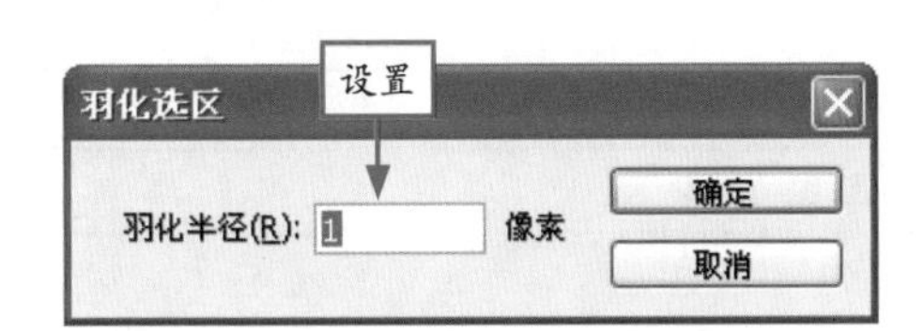

图 10-42 设置“羽化半径”

步骤 12 按 Ctrl + J 组合键，复制图像，得到“图层 2”图层，如图 10-43 所示。

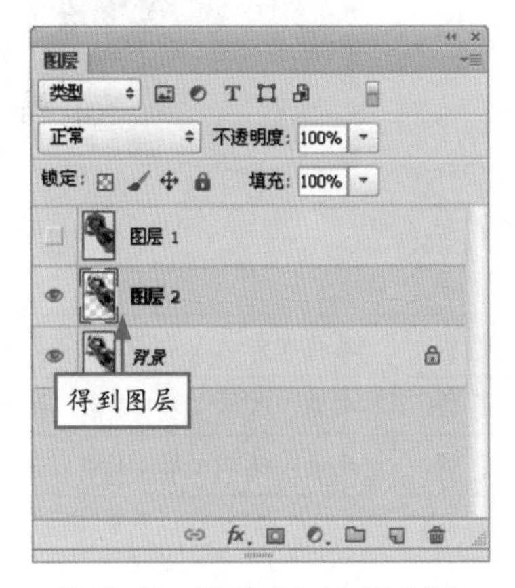

图 10-43 得到“图层 2”图层

专家提醒 “羽化选区”是图像处理中的常见操作，可以在选区和背景之间创建一条模糊的过渡边缘，使选区的颜色或图像产生平滑的过渡效果。如果“羽化半径”值过低，则不能立即从选区中看到明显的效果。

步骤 13 在“图层”面板中，隐藏“背景”图层，如图 10-44 所示。

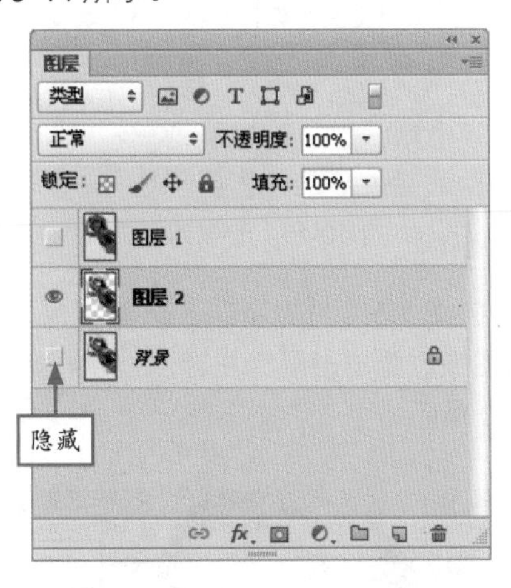

图 10-44 隐藏图层

步骤 14 执行操作后，即可得到隐藏图层后的图像效果，如图 10-45 所示。

图 10-45 图像效果

10.1.5 使用钢笔工具抠图

钢笔工具是 Photoshop 中最常用的工具之一，通过它可以随意创建一条或多条闭合的路径，再将路径转换为选区，即可轻松地抠图。

下面通过一个实例详细讲解如何使用钢笔工具抠图，最终效果如图 10-46 所示。

图 10-46　使用钢笔工具抠图

素材文件	光盘\素材\第 10 章\美女 2.jpg
效果文件	光盘\效果\第 10 章\美女 2.psd
视频文件	光盘\视频\第 10 章\10.1.5　使用钢笔工具抠图 .mp4

步骤 1 选择“文件”|“打开”命令，打开配书光盘中的“素材\第 10 章\美女 2.jpg”，如图 10-47 所示。

图 10-47　打开素材图像

步骤 2 在“图层”面板中，选择“背景”图层，按 Ctrl + J 组合键，即可复制图层，如图 10-48 所示。

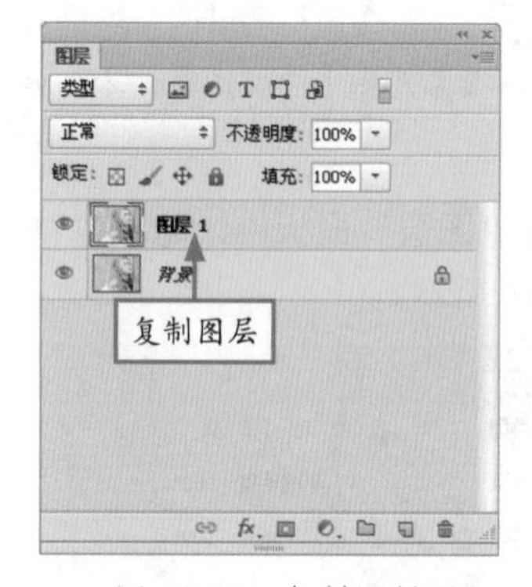

图 10-48　复制图层

步骤 3 选择“背景”图层，设置前景色为白色，按 Alt + Delete 组合键，填充前景色，如图 10-49 所示。

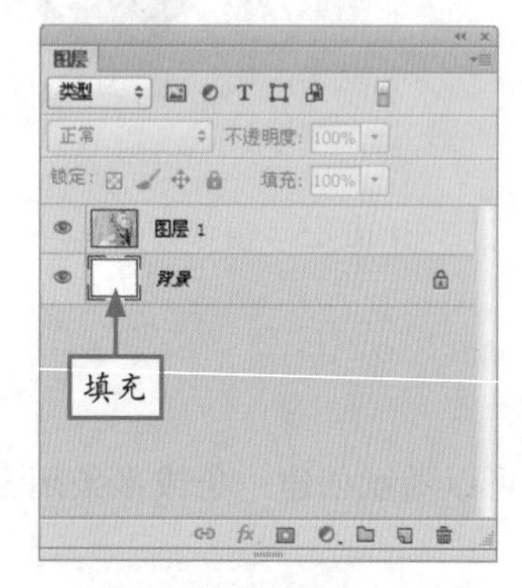

图 10-49　填充图层

步骤 4 选择“图层 1”图层，选取钢笔工具，在人物图像位置单击鼠标左键，创建起始点，如图 10-50 所示。

图 10-50　创建起始点

步骤 5 将光标移至合适位置，单击鼠标左键并拖曳，创建第 2 个锚点，效果如图 10-51 所示。

图 10-51 创建第 2 个锚点

步骤 6 继续单击鼠标左键并拖曳绘制锚点，至起始点处单击鼠标左键，创建封闭路径，如图 10-52 所示。

图 10-52 创建闭合路径

步骤 7 以同样的方法，创建其他的闭合路径，效果如图 10-53 所示。

图 10-53 创建其他闭合路径

步骤 8 按 Ctrl + Enter 组合键，将路径转换为选区，效果如图 10-54 所示。

图 10-54 将路径转换为选区

步骤 9 按 Shift + F6 组合键，弹出“羽化选区”对话框，设置“羽化半径”为 1，然后单击“确定”按钮，如图 10-55 所示。

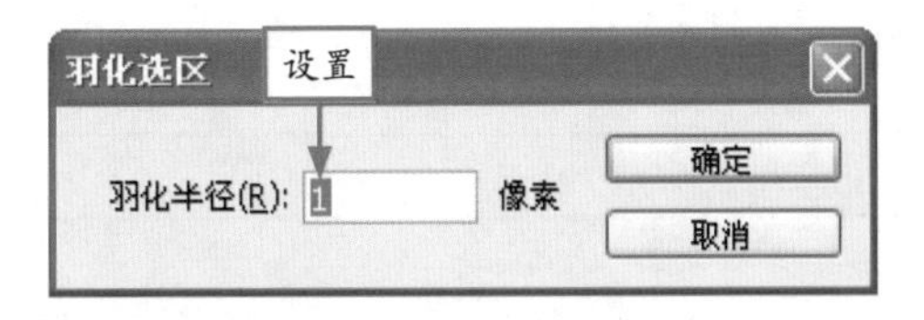

图 10-55 设置“羽化半径”

步骤 10 按 Ctrl + J 组合键，复制图像，得到“图层 2”图层，然后隐藏相应图层，如图 10-56 所示。

图 10-56 隐藏相应图层

步骤 11 执行操作后，即可得到隐藏图层后的图像效果，如图 10-57 所示。

图 10-57 隐藏图层后的图像效果

步骤 12 选取魔棒工具，创建相应的选区，对其进行修饰，效果如图 10-58 所示。

图 10-58 修饰图像效果

专家提醒 钢笔工具是基本的形状绘制工具，也是一种特殊的工具，可以创建直线和平滑、流畅的曲线。在使用钢笔工具创建路径时，按住 Shift 键，可以按 45 度、水平或垂直的方向进行创建。

10.1.6 使用背景橡皮擦工具抠图

背景橡皮擦工具是一种很重要的抠图工具，可以擦除图像的背景区域，将其涂抹成透明的区域。此外，在涂抹背景图像的同时还将保留对象的边缘。

下面通过一个实例讲解如何使用背景橡皮擦工具抠图，最终效果如图 10-59 所示。

图 10-59 使用背景橡皮擦工具抠图

素材文件	光盘\素材\第10章\美女3.jpg
效果文件	光盘\效果\第10章\美女3.psd
视频文件	光盘\视频\第10章\10.1.6 使用背景橡皮擦工具抠图.mp4

步骤 1 选择“文件”|“打开”命令，打开配书光盘中的“素材\第 10 章\美女 3.jpg”，如图 10-60 所示。

图 10-60 打开素材图像

步骤 2 选择工具箱中的吸管工具，在图像编辑窗口中的背景上单击鼠标左键，吸取前景色，如图 10-61 所示。

图 10-61 吸取前景色

步骤 3 单击工具箱下方的“切换前景色和背景色”按钮，切换前景色和背景色，如图 10-62 所示。

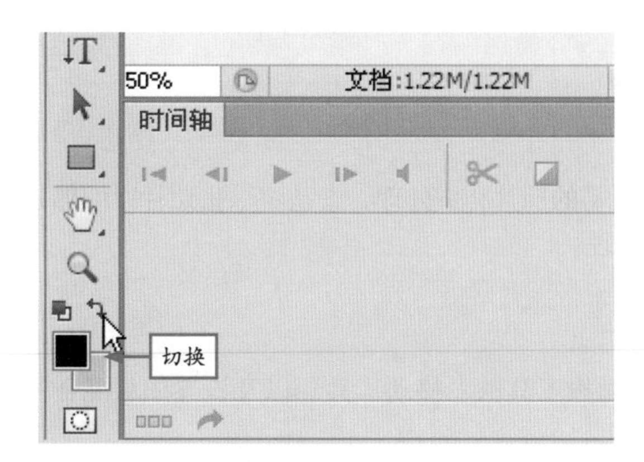

图 10-62 切换前景色和背景色

步骤 4 选取工具箱中的背景橡皮擦工具，在其属性栏中设置各参数，如图 10-63 所示。

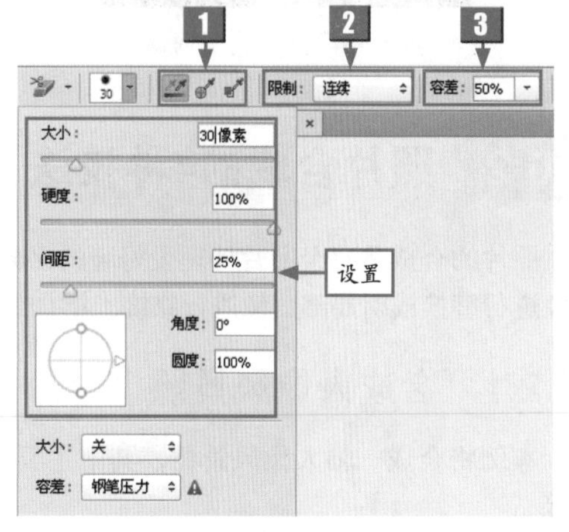

图 10-63 在背景橡皮擦工具属性栏中设置参数

标　号	名　称	介　绍
1	取样	主要用于设置清除颜色的方式。若单击“取样：连续”按钮，则在擦除图像时，会随着鼠标移动进行连续的颜色取样和擦除，因此可擦除连续区域中的不同颜色；若单击“取样：一次”按钮，则只擦除第一次进行取样的颜色区域；若单击“取样：背景色板”按钮，则会擦除包含背景颜色的图像区域
2	限制	定义擦除图像时的限制模式。选择“不连续”选项，可以擦除出现在光标下任何位置的样本颜色；选择“连续”选项，只擦除包含样本颜色且相互连接的区域；选择“查找边缘”选项，可擦除包含样板颜色的连续区域，同时更好地保留形状边缘的锐化程度

续表

标 号	名 称	介 绍
3	容差	用来设置颜色的容差范围。低容差仅限于擦除与样本颜色非常相似的区域；高容差可擦除范围更广的颜色

步骤 5 将光标移至图像编辑窗口中，单击鼠标左键并拖曳，擦除背景图像，如图 10-64 所示。

图 10-64 擦除背景图像

步骤 6 重复步骤 2 ～ 5，擦除其他的背景图像，得到最终效果，如图 10-65 所示。

图 10-65 图像最终效果

10.2 照片合成的4种技法

照片的合成是每个照片处理爱好者的必修课。简易的照片合成处理，就是将一张照片中的部分图像进行替换或对局部图像进行修饰、增加效果等处理。

10.2.1 合成人像风景照

本例将合成一幅人像风景照，其中主要用到了魔棒工具、移动工具以及设置图层混合模式等。

下面详细讲解如何合成人像风景照，最终效果如图 10-66 所示。

图 10-66 合成人像风景照

素材文件	光盘\素材\第10章\旅行.jpg、风景.jpg
效果文件	光盘\效果\第10章\风景.psd
视频文件	光盘\视频\第10章\10.2.1　合成人像风景照.mp4

步骤 1 选择“文件”|“打开”命令，打开配书光盘中的“素材\第 10 章\旅行 .jpg”，如图 10-67 所示。

图 10-67　打开素材图像

步骤 2 选择“背景”图层，双击鼠标左键，在弹出的“新建图层”对话框中单击“确定”按钮，将“背景”图层转换为“图层 0”，如图 10-68 所示。

图 10-68　转换图层

步骤 3 选取工具箱中的魔棒工具，在图像编辑窗口中单击鼠标左键，创建选区，如图 10-69 所示。

图 10-69　创建选区

步骤 4 按 Delete 键，即可删除选区内的图像，效果如图 10-70 所示。

图 10-70　图像效果

专家提醒 在使用魔棒工具时，按住 Shift 键或 Alt 键，可以增加或减小选区范围。此操作也适用于其他选择工具。

步骤 5 重复步骤 3 ～ 4，创建其他选区并删除选区内的图像，效果如图 10-71 所示。

步骤 6 选择“文件”|“打开”命令，打开配书光盘中的“素材\第 10 章\风景 .jpg”，如图 10-72 所示。

图 10-71　删除其他图像效果

图 10-72　打开素材图像

步骤 7 在“旅行”图像编辑窗口中，选择相应的图像，将其拖曳至“风景”图像编辑窗口中，如图 10-73 所示。

图 10-73　拖入素材

步骤 8 在“风景”图像编辑窗口中，调整拖入素材的位置，设置“图层 1”图层的“混合模式”为“溶解”，效果如图 10-74 所示。

图 10-74　图像最终效果

专家提醒 在使用“溶解”图层混合模式降低图层的不透明度时，可以使半透明区域上的像素离散，产生点状颗粒。

10.2.2　合成镜像效果

可以将彩色与灰色同时融入一幅照片中，利用其强烈的对比来突出主体，达到一种特殊的镜像合成效果。

下面通过一个实例详细讲解如何合成镜像效果，最终效果如图 10-75 所示。

图 10-75　合成镜像效果

素材文件	光盘\素材\第10章\美女4.jpg
效果文件	光盘\效果\第10章\美女4.psd
视频文件	光盘\视频\第10章\10.2.2　合成镜像效果.mp4

步骤 1 选择“文件”|“打开”命令，打开配书光盘中的“素材\第 10 章\美女 4.jpg”，如图 10-76 所示。

图 10-76　打开素材图像

步骤 2 在“图层”面板中，选择“背景”图层，按 Ctrl + J 组合键，即可复制图层，如图 10-77 所示。

图 10-77　复制图层

步骤 3 选取工具箱中的移动工具，移动图像至合适位置，效果如图 10-78 所示。

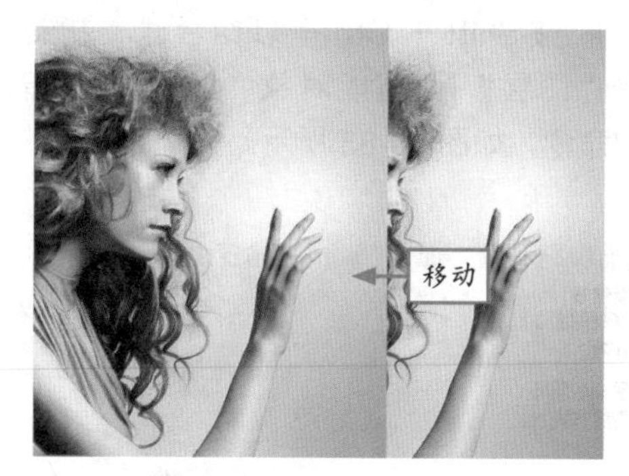

图 10-78　移动图像效果

步骤 4 选择“图层 1”图层，按 Ctrl + J 组合键，即可复制图层，如图 10-79 所示。

图 10-79　复制图层

步骤 5 选择“编辑”|“变换”|“水平翻转”命令，即可水平翻转图像，效果如图 10-80 所示。

图 10-80　翻转图像效果

步骤 6 选取移动工具，向右移动图像至合适的位置，效果如图 10-81 所示。

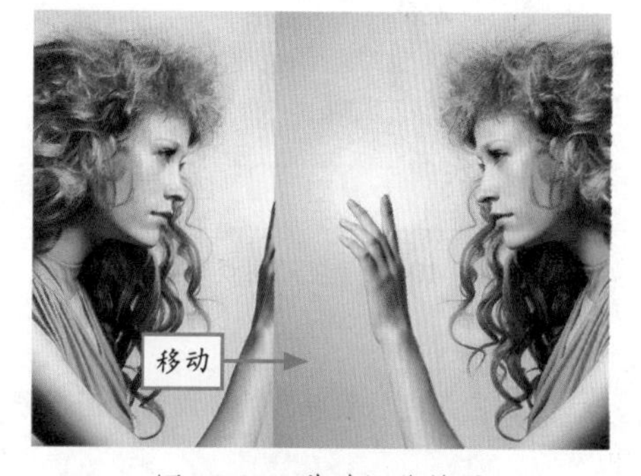

图 10-81　移动图像效果

步骤 7 单击“添加图层蒙版”按钮，添加图层蒙版，如图 10-82 所示。

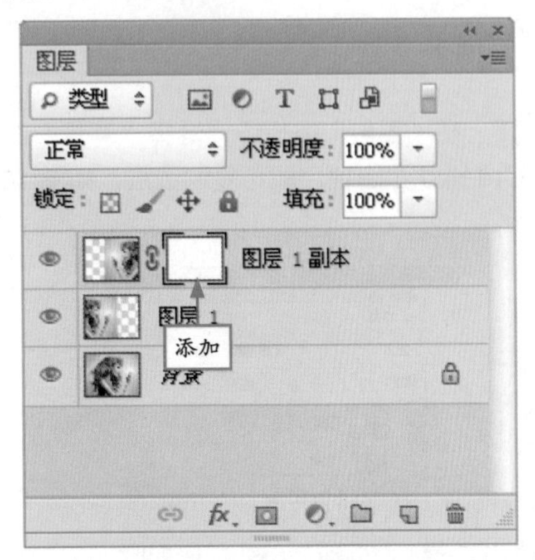

图 10-82 添加图层蒙版

步骤 8 选取画笔工具，在图像编辑窗口中涂抹图像，效果如图 10-83 所示。

图 10-83 涂抹图像效果

专家提醒 在两个图层之间调整图像位置时，可以将图像的“不透明度”设置为 50，便于对齐或调整图像的位置。

步骤 9 在“图层 1 副本”图层的图层蒙版缩览图上单击鼠标右键，在弹出的快捷菜单中选择“应用蒙版图层”命令，即可应用图层蒙版，如图 10-84 所示。

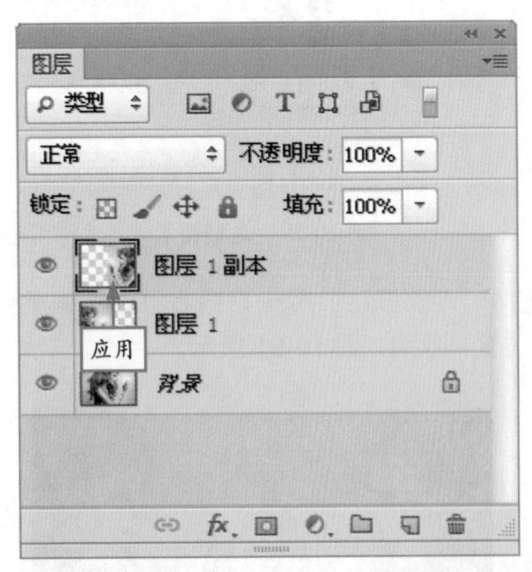

图 10-84 应用图层蒙版

步骤 10 按 Shift + Ctrl + U 组合键，去除颜色。选择“图层”|“智能对象”|“转换为智能对象”命令，如图 10-85 所示。

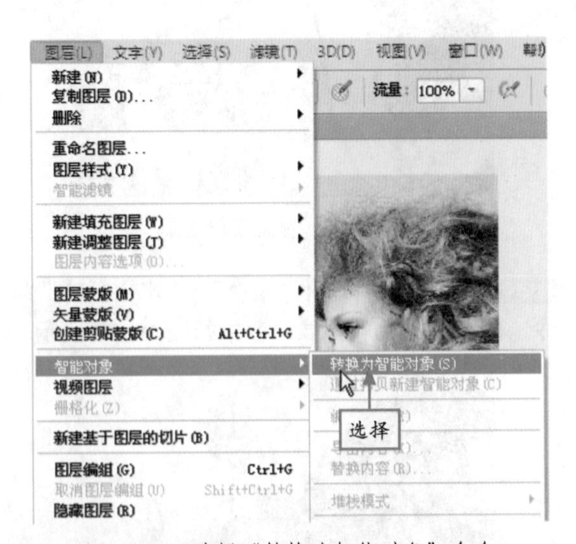

图 10-85 选择“转换为智能对象”命令

专家提醒 应用图层蒙版可以将添加过图层蒙版的图层转换为普通的图层，将图层蒙版中的效果添加至图层中。

步骤 11 选择“滤镜”|“扭曲”|“波纹”命令，弹出“波纹”对话框，设置“数量”为 69，如图 10-86 所示。

图 10-86 设置“数量”

步骤 12 单击“确定”按钮，即可添加“波纹”滤镜，效果如图 10-87 所示。

图 10-87 添加滤镜效果

标　号	名　称	介　绍
1	数量	用于设置图像中涟漪的数量，可以通过直接输入数值或拖曳滑块来调整
2	大小	在该下拉列表框中可以选择涟漪的大小

步骤 13 单击“图层 1 副本”图层的滤镜缩览图，如图 10-88 所示。

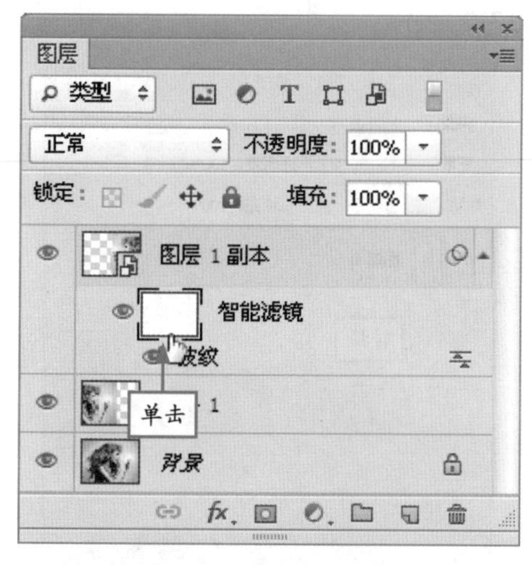

图 10-88 单击滤镜缩览图

步骤 14 选取画笔工具，设置前景色为黑色，在人物面部涂抹，如图 10-89 所示。

图 10-89 涂抹图像效果

10.2.3 合成绚丽线条

钢笔工具与画笔工具相结合，可以为照片添加一些时尚的线条，增强其绚丽感。下面通过一个实例详细讲解如何合成绚丽线条感，最终效果如图 10-90 所示。

图 10-90　合成绚丽线条感

素材文件	光盘\素材\第10章\美女5.jpg、背景.jpg、圆点.jpg、灯光.psd
效果文件	光盘\效果\第10章\背景.psd
视频文件	光盘\视频\第10章\10.2.3　合成绚丽线条.mp4

步骤 1 选择“文件”|“打开”命令，打开配书光盘中的“素材\第10章\美女5.jpg”，如图10-91所示。

图 10-91　打开素材图像

步骤 2 选择“背景”图层，双击鼠标左键在弹出的“新建图层”对话框中，单击“确定”按钮，将“背景”图层转换为“图层0”，如图10-92所示。

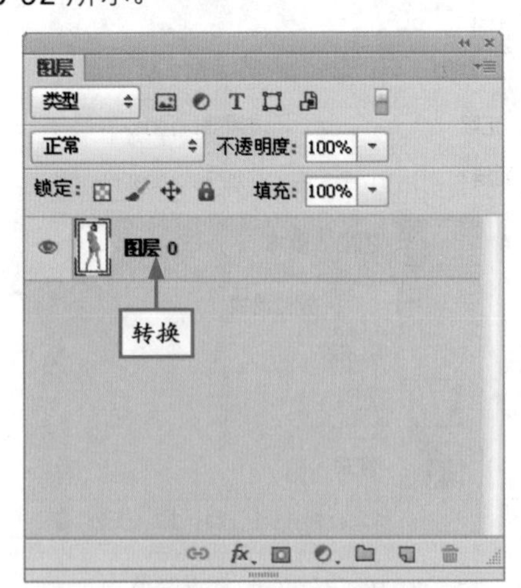

图 10-92　转换图层

步骤 3 选取工具箱中的魔棒工具，在图像编辑窗口中单击鼠标左键，创建选区，如图10-93所示。

步骤 4 按Delete键，即可删除选区内的图像。按Ctrl＋D组合键，取消选区，如图10-94所示。

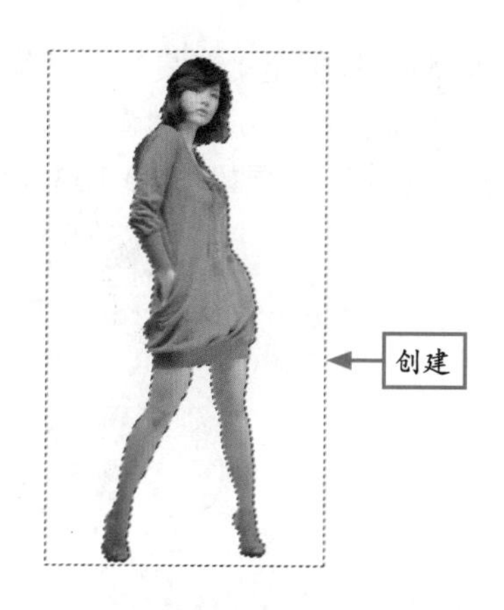

图 10-93　创建选区

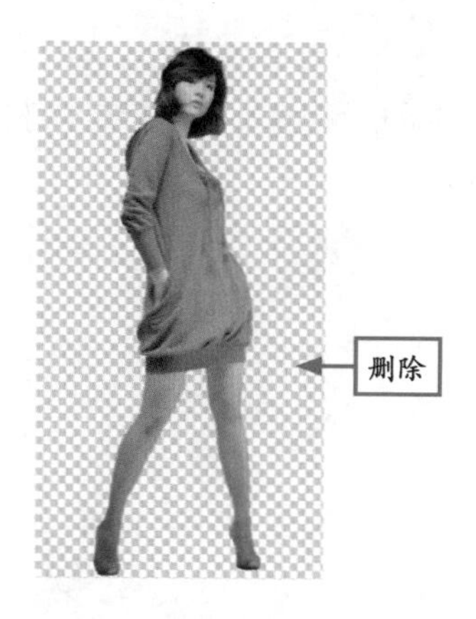

图 10-94　删除选区内图像

步骤 5 选择“文件”|“打开”命令，打开配书光盘中的“素材\第 10 章\背景 .jpg”，如图 10-95 所示。

图 10-95　打开素材图像

步骤 6 在“美女 5”图像编辑窗口中，选择相应的图像，将其拖曳至“背景”图像编辑窗口中，如图 10-96 所示。

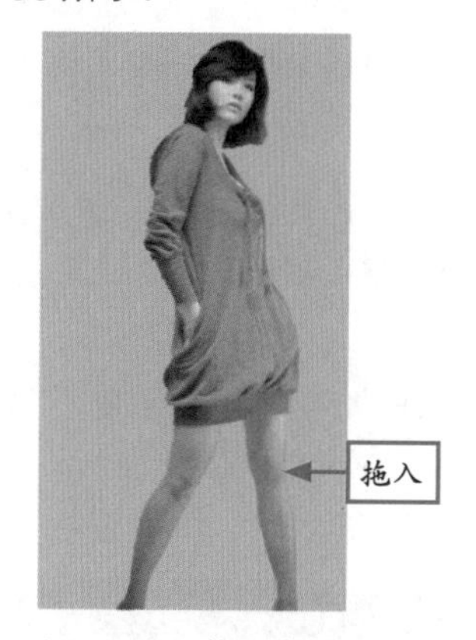

图 10-96　拖入素材

步骤 7 选择“文件”|“打开”命令，打开配书光盘中的“素材\第 10 章\圆点 .jpg”，如图 10-97 所示。

图 10-97　打开素材图像

步骤 8 将其拖曳至“背景”图像编辑窗口，然后设置“图层 2”图层的“混合模式”为“滤色”、“不透明度”为 50，效果如图 10-98 所示。

图 10-98　设置图层混合模式和不透明度后的效果

步骤 9 选择“文件”|“打开”命令，打开配书光盘中的“素材\第 10 章\灯光 .psd”，如图 10-99 所示。

图 10-99 打开素材图像

步骤 10 将其拖曳至“背景”图像编辑窗口，然后设置“图层 3”图层的“混合模式”为“线性减淡（添加）”，效果如图 10-100 所示。

图 10-100 设置图层混合模式后的效果

专家提醒 使用“线性减淡（添加）”混合模式可以通过增加亮度来减淡颜色，其亮化效果比“滤色”和“颜色减淡”模式都要强烈。

步骤 11 新建“色相／饱和度”调整图层，展开“色相／饱和度”调整面板，设置各参数如图 10-101 所示。

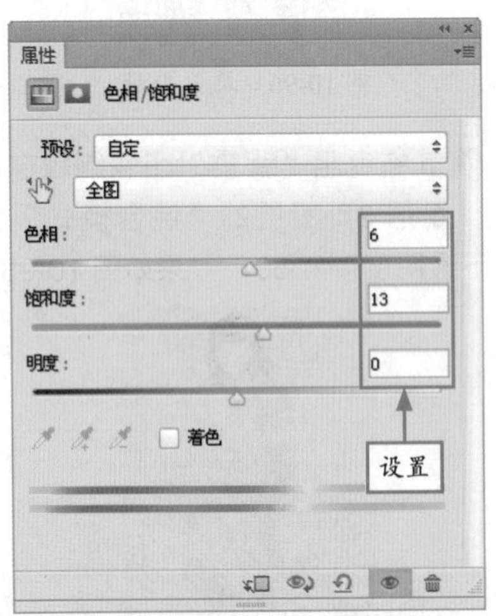

图 10-101 在“色相／饱和度”调整面板中设置参数

步骤 12 完成设置后，即可调整图像的色相／饱和度，效果如图 10-102 所示。

图 10-102 调整色相／饱和度后的效果

步骤 13 新建“图层 4”图层，选取工具箱中的钢笔工具，在图像编辑窗口中创建多条不闭合路径，如图 10-103 所示。

步骤 14 选取画笔工具，在其属性栏中单击右侧的下拉按钮，在弹出的下拉面板中设置各参数如图 10-104 所示。

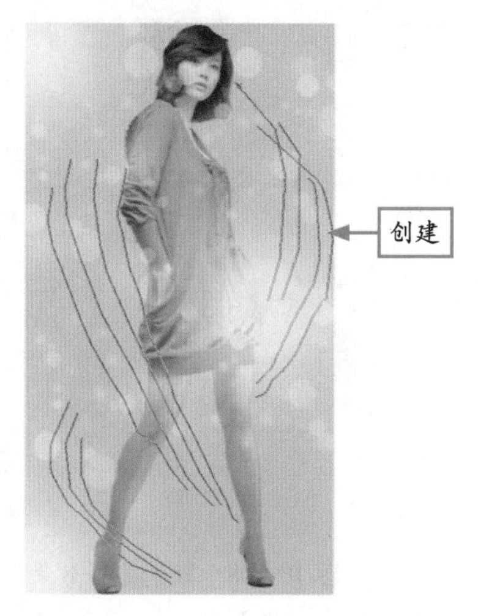

图 10-103　创建路径

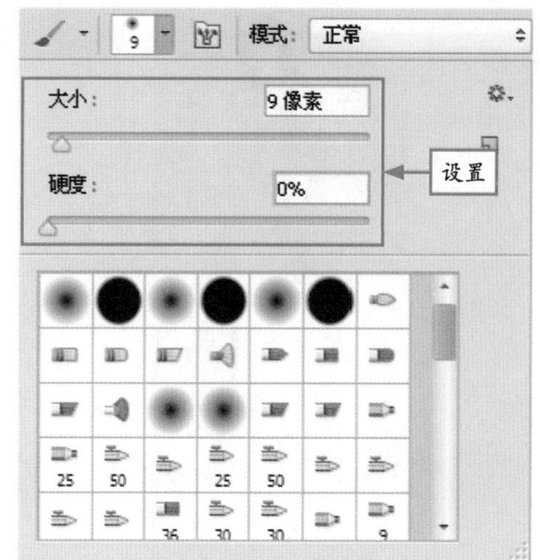

图 10-104　设置参数

专家提醒　在使用钢笔工具创建单条或多条不闭合路径时，每创建好一条路径都需按 Esc 键来确认。

步骤 15　按 F5 键，调出“画笔”面板，设置“间距”为 168，如图 10-105 所示。

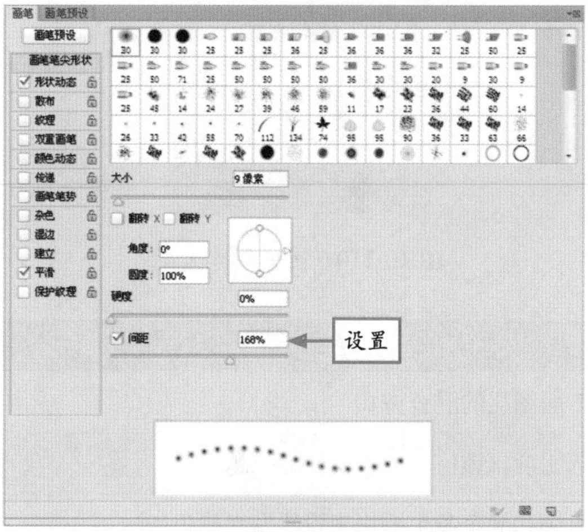

步骤 16　选中“形状动态”复选框，设置“大小抖动”为 100%，如图 10-106 所示。

图 10-105　设置“间距”

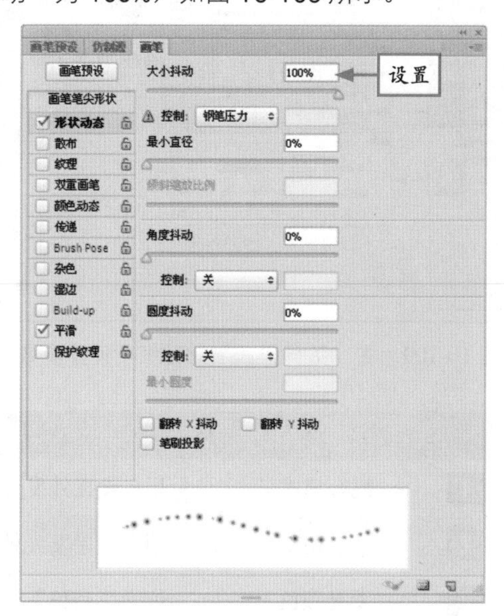

图 10-106　设置“大小抖动”

专家提醒　在“大小抖动”选项组中将“控制”设置为“钢笔压力”后，再次使用画笔描边路径时，可以创建出粗细变化的描边效果

步骤 17　调出“路径”面板，单击“用画笔描边路径”按钮，描边路径，效果如图 10-107 所示。

步骤 18　在“路径”面板中的空白处单击鼠标左键，即可取消路径，效果如图 10-108 所示。

图 10-107　描边路径效果

图 10-108　取消路径效果

步骤19　在“图层4”图层上双击鼠标左键，弹出“图样样式”对话框，设置各参数如图 10-109 所示。

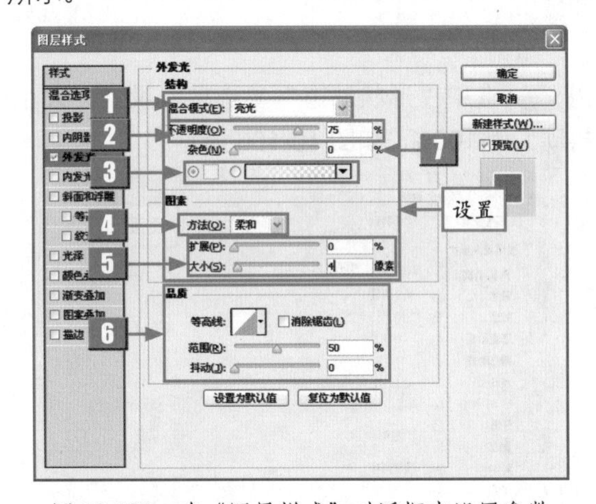

图 10-109　在“图层样式”对话框中设置参数

步骤20　单击“确定”按钮，即可应用图层 4 样式，图像最终效果如图 10-110 所示。

图 10-110　图像最终效果

标　号	名　称	介　绍
1	混合模式	用来设置外发光效果与下面图层的混合方式
2	不透明度	用来设置发光效果的不透明度，该值越低，发光效果越弱
3	发光颜色	位于“杂色”选项下的色块和颜色条主要用来设置发光颜色
4	方法	用来设置发光的方法，以控制发光的准确程度
5	扩展/大小	“扩展”选项用来设置发光范围的大小；“大小”选项用来设置光晕范围的大小
6	品质	该选项组主要用来设置外发光的明暗部分、等高线边缘像素、范围大小以及抖动大小等参数
7	杂色	可以在发光效果中添加随机的杂色，使光晕呈现颗粒感

10.2.4 合成电子相册效果

本例要实现的是一个电子相册的合成效果，主要是通过圆角矩形工具和工作路径的转换等制作。下面详细讲解如何合成电子相册效果，最终效果如图 10-111 所示。

图 10-111 合成电子相册效果

素材文件	光盘\素材\第10章\男孩.jpg、相册背景.jpg
效果文件	光盘\效果\第10章\相册背景.psd
视频文件	光盘\视频\第10章\10.2.4 合成电子相册效果.mp4

步骤 1 选择“文件”|“打开”命令，打开配书光盘中的“素材\第 10 章\男孩 .jpg”，如图 10-112 所示。

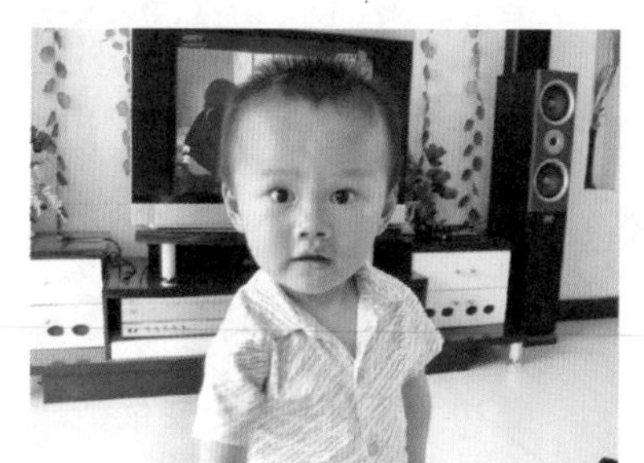

图 10-112 打开素材图像

步骤 2 选取工具箱中的圆角矩形工具，在图像编辑窗口中单击鼠标左键并拖曳，创建圆角矩形路径，如图 10-113 所示。

图 10-113 创建圆角矩形路径

专家提醒 在运用圆角矩形工具绘制路径时，按住 Shift 键的同时在图像编辑窗口中单击鼠标左键并拖曳，可绘制一个正圆角矩形。

步骤 3 按 Ctrl + Enter 组合键，将路径转换为选区，如图 10-114 所示。

图 10-114 将路径转换为选区

步骤 4 按 Shift + Ctrl + I 组合键，反选选区，如图 10-115 所示。

图 10-115 反选选区

步骤 5 选择"背景"图层，双击鼠标左键，将其转换为"图层 0"，如图 10-116 所示。

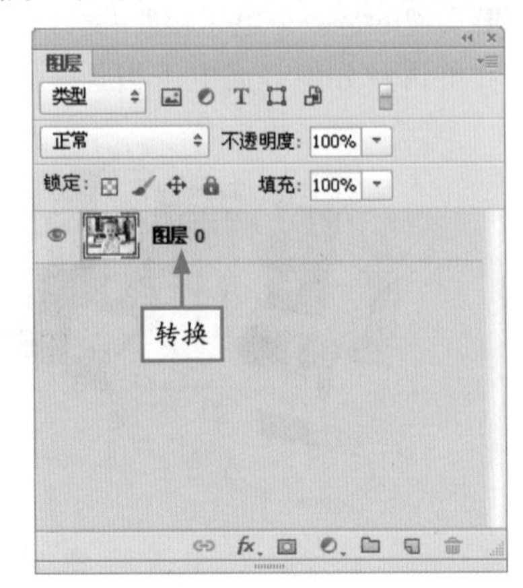

图 10-116 转换图层

步骤 6 按 Delete 键，即可删除选区内的图像，效果如图 10-117 所示。

图 10-117 删除选区内的图像

步骤 7 选择"文件" | "打开"命令，打开配书光盘中的"素材 \ 第 10 章 \ 相册背景 .jpg"，如图 10-118 所示。

图 10-118 打开素材图像

步骤 8 在"男孩"图像编辑窗口中，选择相应的图像，将其拖曳至"相册背景"图像编辑窗口中，如图 10-119 所示。

图 10-119 拖入素材

步骤 9 在"相册背景"图像编辑窗口中，调整新拖入素材的大小和位置，即可合成电子相册效果，如图 10-120 所示。

图 10-120 调整素材图像

第 11 章　人像照片的精修与美化

学习提示

人像摄影在摄影中是一个非常重要且难点较多的领域。一张成功的人像照片除了需要展现人物的美貌，还要反映人物的性格特点。本章将详细介绍运用 Photoshop CS6 对人像照片中的细节进行修饰的操作方法。

主要内容

- 眼部精修与美化
- 脸部与头发精修
- 身体部分精修

重点与难点

- 去除眼袋
- 增大眼睛
- 变换眼睛颜色
- 添加靓丽唇彩
- 更换头发颜色
- 制作 S 形身材

学完本章后你会做什么

- 掌握添加绚丽眼睛的操作方法
- 掌握添加面部腮红的操作方法
- 掌握美白肌肤的操作方法

视频文件

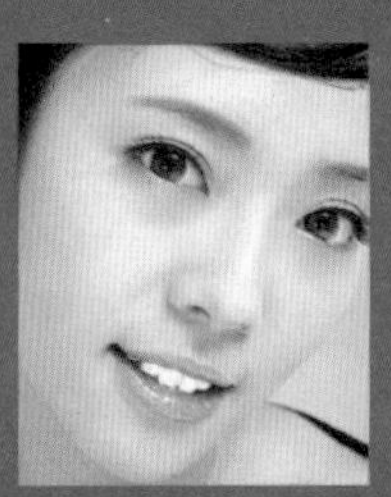

11.1 眼部精修与美化

眼部美容主要包括去除眼袋、增大眼睛、变换眼睛颜色、添加纤长睫毛以及添加眼影等。本节将详细介绍眼部精修与美化的操作方法。

11.1.1 去除眼袋

随着工作压力的不断增大，疲劳带来的眼袋深深困扰着爱美的女性。对于照片中的眼袋，可以通过修复画笔工具来处理。

下面通过一个实例详细讲解如何去除眼袋，最终效果如图 11-1 所示。

图 11-1 去除眼袋

素材文件	光盘\素材\第11章\纯真.jpg
效果文件	光盘\效果\第11章\纯真.psd
视频文件	光盘\视频\第11章\11.1.1 去除眼袋.mp4

步骤 1 选择“文件”|“打开”命令，打开配书光盘中的“素材\第 11 章\纯真 .jpg”，如图 11-2 所示。

图 11-2 打开素材图像

步骤 2 在“图层”面板中，选择“背景”图层，按 Ctrl + J 组合键，即可复制图层，如图 11-3 所示。

图 11-3 复制图层

步骤 3 选取修复画笔工具，在其属性栏中单击“单击以打开‘画笔预设’选取器”按钮，在弹出的“画笔”选取器中设置各参数如图 11-4 所示。

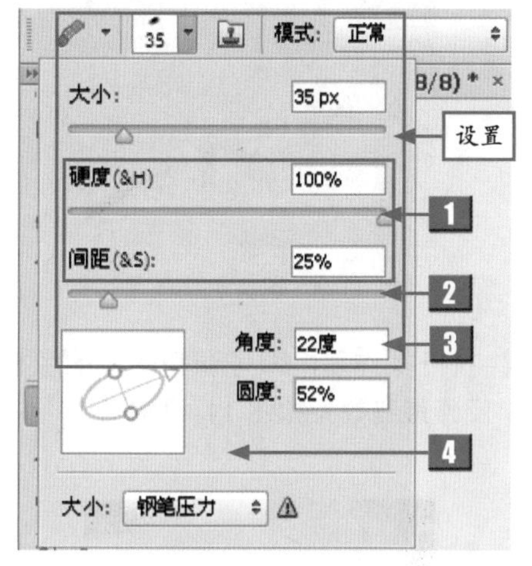

图 11-4 设置参数

步骤 4 将光标移至图像编辑窗口中，按住 Alt 键的同时，单击右眼附近的图像进行取样，如图 11-5 所示。

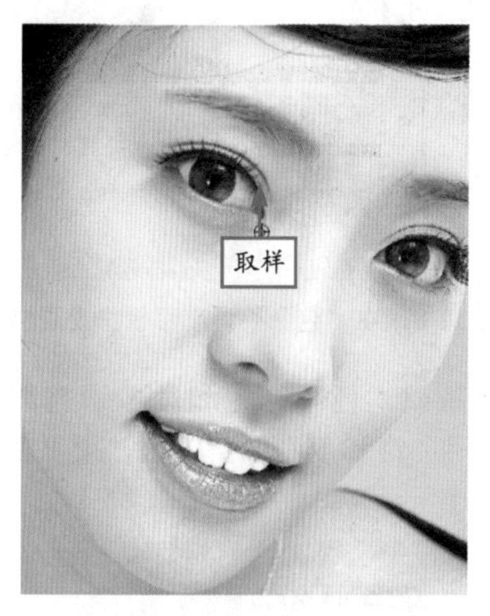

图 11-5 取样图像

标 号	名 称	介 绍
1	间距	该选项区用于设置画笔的间距参数值
2	角度	该选项区用于设置画笔的角度参数值
3	圆度	该选项区用于设置画笔的圆度参数值
4	大小	其中包括“关”、“钢笔压力”以及“光笔轮”3个选项，主要应用于图像的修补

步骤 5 将光标移至右眼袋上，单击鼠标左键，即可修复图像，效果如图 11-6 所示。

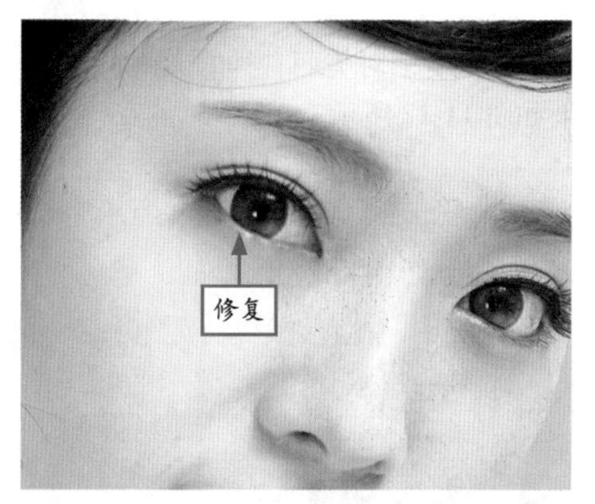

图 11-6 修复图像效果

步骤 6 将光标移至左眼袋上，以同样的方法对其进行修复，效果如图 11-7 所示。

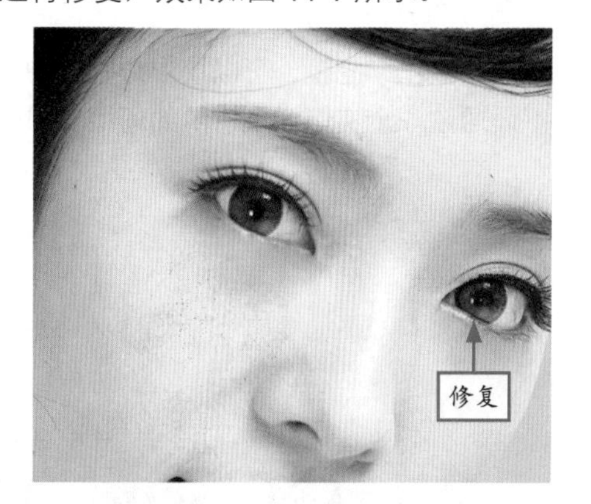

图 11-7 修复左眼袋效果

步骤 7 新建“色阶”调整图层，展开“色阶”调整面板，设置各参数如图 11-8 所示。

步骤 8 执行操作后，即可调整图像的色阶，效果如图 11-9 所示。

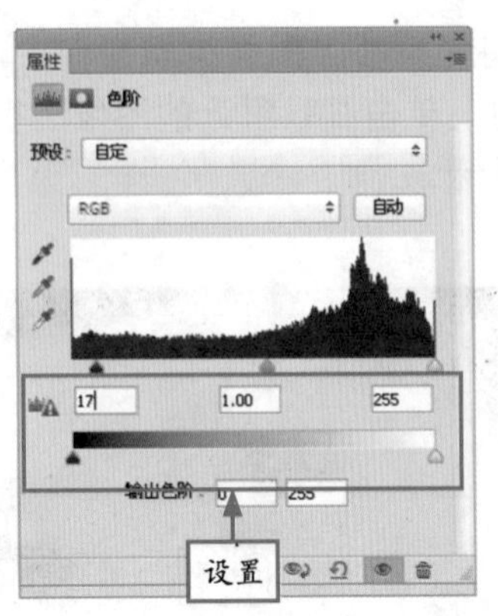

图 11-8　在“色阶”调整面板中设置参数

图 11-9　调整色阶效果

步骤 9　新建“色相 / 饱和度”调整图层，展开“色相 / 饱和度”调整面板，设置各参数如图 11-10 所示。

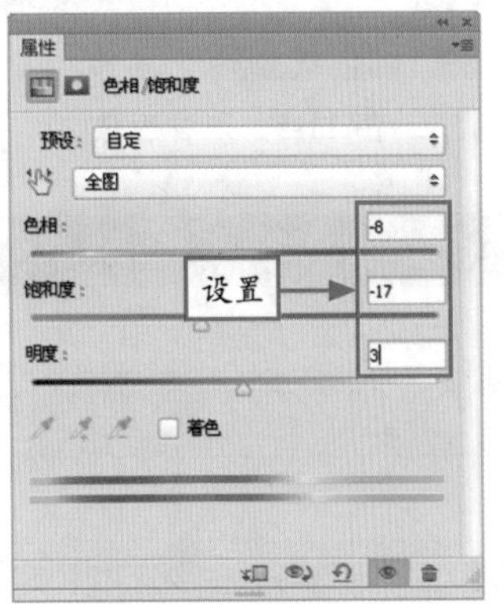

图 11-10　在“色相 / 饱和度”调整面板中设置参数

步骤 10　执行操作后，即可调整图像的色相 / 饱和度，图像最终效果如图 11-11 所示。

图 11-11　图像最终效果

11.1.2　增大眼睛

通过“液化”滤镜，可以让用户拍摄的每一张人物照片都拥有一对美丽有神的大眼睛。下面通过一个实例详细讲解如何增大眼睛，最终效果如图 11-12 所示。

图 11-12　增大眼睛

素材文件	光盘\素材\第11章\美女1.jpg
效果文件	光盘\效果\第11章\美女1.psd
视频文件	光盘\视频\第11章\11.1.2　增大眼睛.mp4

步骤 1 选择“文件”|“打开”命令，打开配书光盘中的“素材\第 11 章\美女 1.jpg”，如图 11-13 所示。

图 11-13　打开素材图像

步骤 2 在“图层”面板中，选择“背景”图层，按 Ctrl ＋ J 组合键，即可复制图层，如图 11-14 所示。

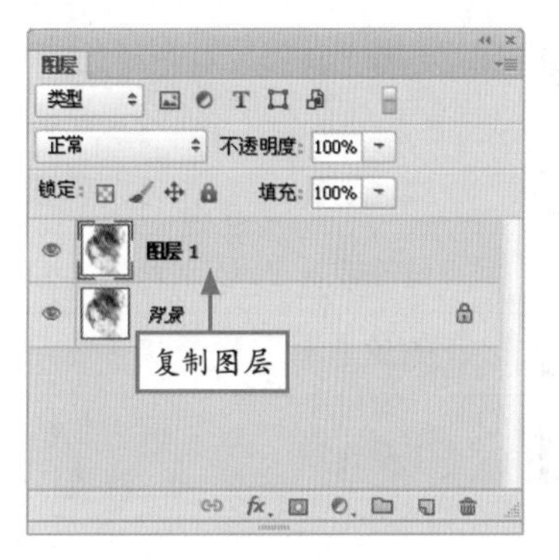

图 11-14　复制图层

步骤 3 选择“滤镜”|“液化”命令，弹出“液化”对话框，如图 11-15 所示。

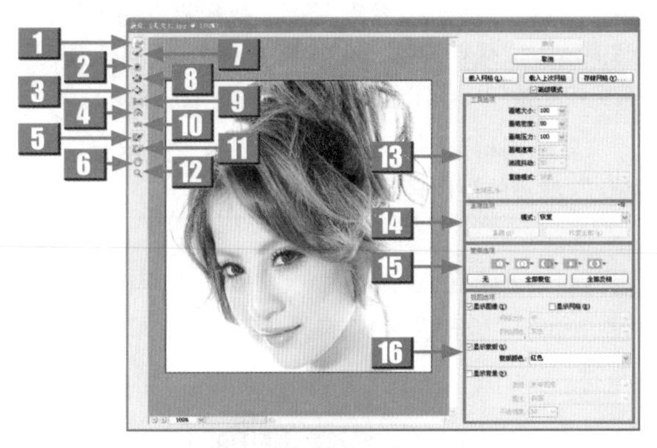

图 11-15　“液化”对话框

步骤 4 在该对话框中，选取冻结蒙版工具，设置各参数如图 11-16 所示。

图 11-16　设置参数

标　号	名　称	介　绍
1	向前变形工具	选取该工具，可以向前推动像素
2	顺时针旋转扭曲工具	在图像中单击或拖动鼠标可顺时针旋转像素，按住Alt键的同时单击或拖动鼠标则逆时针旋转扭曲像素
3	膨胀工具	可以使像素向画笔区域中心以外的方向移动，产生向外膨胀的效果
4	镜像工具	在图像上拖动时可以将像素复制到画笔区域，创建出镜像效果
5	冻结蒙版工具	如果要对一些区域进行处理，而又不希望影响其他区域，可以使用该工具在图像上绘制出冻结区域，即要保护的区域

续表

标号	名称	介绍
6	抓手工具	用于移动图像，方便地查看图像的各部分区域
7	重建工具	用来恢复图像。在变形的区域中单击或拖动涂抹，可以使变形区域的图像恢复为原来的效果
8	褶皱工具	可以使像素向画笔区域的中心移动，使图像产生向内收缩的效果
9	左推工具	垂直向上拖动鼠标时，像素向左移动；向下拖动，像素向右移动；按住Alt键的同时垂直向上拖动时，像素向右移动；按住Alt键的同时垂直向下拖动时，像素向左移动
10	湍流工具	可以平滑地混杂像素，创建出类似火焰、云彩、波浪等效果
11	解冻蒙版工具	利用该工具涂抹冻结区域，可以解除冻结
12	缩放工具	用于放大、缩小图像
13	工具选项	其中包括“画笔大小”、“画笔密度”、“画笔压力”、“画笔速率”、“湍流抖动”、“重建模式”、“光笔压力”等选项
14	重建选项	在“模式”下拉列表框中可以选择重建模式；单击“重建”按钮，可以应用重建效果；单击“恢复全部”按钮，可以取消所有扭曲效果，即使当前图像中有被冻结的区域也不例外
15	蒙版选项	在该选项组中，可以利用上方的“替换选区”、“添加到选区”、“从选区中减去”、“与选区交叉”以及“反相选区”等图标执行相应的操作。单击“无”按钮，可以解冻所有区域；单击“全部蒙住”按钮，可以使图像全部冻结；单击“全部反相”按钮，可以使冻结和解冻区域反相
16	视图选项	其中包括“显示图像”、“显示网格”、“显示蒙版”以及“显示背景”等复选框，可以设置“液化”滤镜的视图显示对象

步骤 5 在人物的眼珠上单击鼠标左键并涂抹，将涂抹的区域冻结，效果如图 11-17 所示。

图 11-17　冻结涂抹的区域

步骤 6 继续在人物的另一只眼珠上单击鼠标左键并涂抹，冻结涂抹的区域，效果如图 11-18 所示。

图 11-18　冻结涂抹的另一只眼珠

步骤 7 在“液化”对话框左侧的工具箱中选取膨胀工具，在“工具选项”选项组中设置各参数如图 11-19 所示。

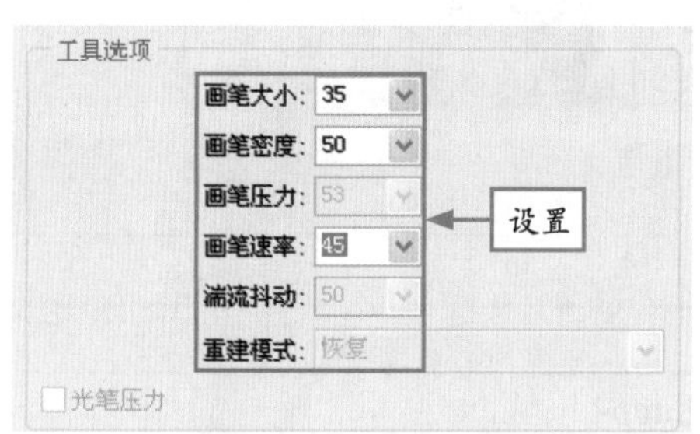

图 11-19　设置各参数

步骤 8 在人物的眼珠上单击鼠标左键并涂抹，对其进行膨胀处理，效果如图 11-20 所示。

图 11-20　膨胀处理眼珠

步骤 9 在人物的另一只眼珠上单击鼠标左键并涂抹，同样进行膨胀处理，效果如图 11-21 所示。

图 11-21　膨胀处理另一只眼珠

步骤 10 单击“确定”按钮，即可将人物的眼睛变大，最终效果如图 11-22 所示。

图 11-22　图像最终效果

专家提醒 除了上述方法外，用户还可以直接按 Shift + Ctrl + X 组合键快速打开“液化”对话框。

11.1.3　变换眼睛颜色

在本例中，将通过椭圆选框工具在人物眼睛部位创建选区，然后通过图层混合模式的调整关系，对照片中人物的眼睛进行变色处理。

下面详细讲解如何变换眼睛颜色，最终效果如图 11-23 所示。

图 11-23　变换眼睛颜色

素材文件	光盘\素材\第11章\美女2.jpg
效果文件	光盘\效果\第11章\美女2.psd
视频文件	光盘\视频\第11章\11.1.3　变换眼睛颜色.mp4

步骤 1　选择“文件”|“打开”命令，打开配书光盘中的“素材\第 11 章\美女 2.jpg”，如图 11-24 所示。

图 11-24　打开素材图像

步骤 2　复制“背景”图层，得到“图层 1”图层。选取工具箱中的椭圆选框工具，如图 11-25 所示。

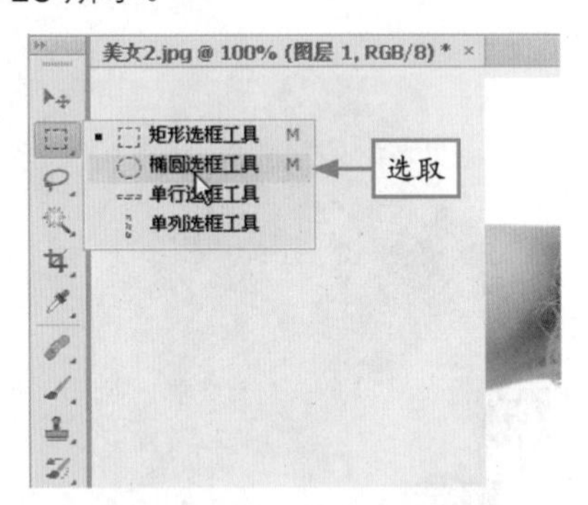

图 11-25　选取椭圆选框工具

步骤 3　将光标移至图像编辑窗口中，在人物右眼位置创建选区，效果如图 11-26 所示。

图 11-26　创建选区

步骤 4　按 Shift + F6 组合键，弹出“羽化选区”对话框，设置“羽化半径”为 3，如图 11-27 所示。

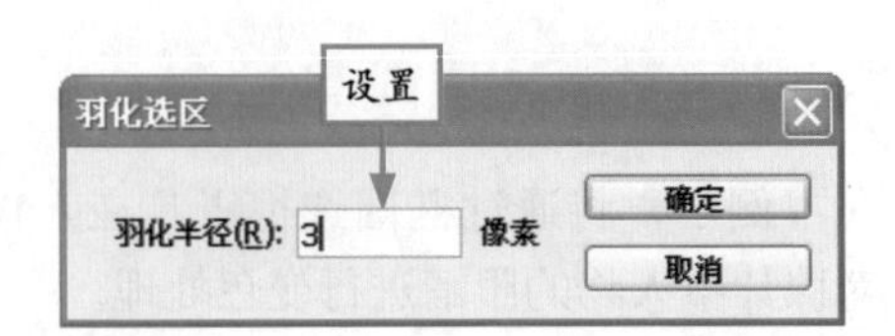

图 11-27　设置“羽化半径”

专家提醒 当需要创建一个正圆选区时，可以在选取椭圆选框工具后，按住 Shift 键的同时单击鼠标左键并拖曳。

步骤 5 单击“确定”按钮，即可羽化选区，效果如图 11-28 所示。

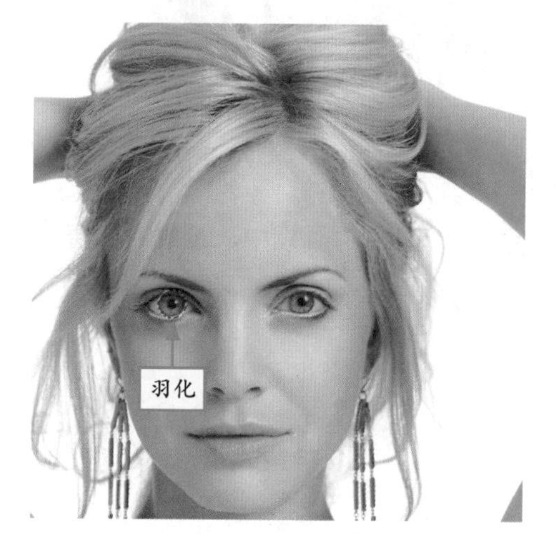

图 11-28　羽化选区效果

步骤 6 设置前景色为浅绿色（R、G、B 参数分别为 104、248、233），单击“确定”按钮，如图 11-29 所示。

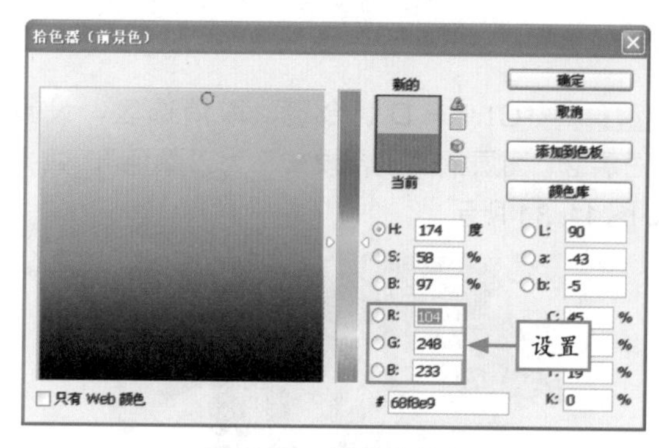

图 11-29　设置前景色

步骤 7 在“图层”面板中，新建“图层 2”图层，如图 11-30 所示。

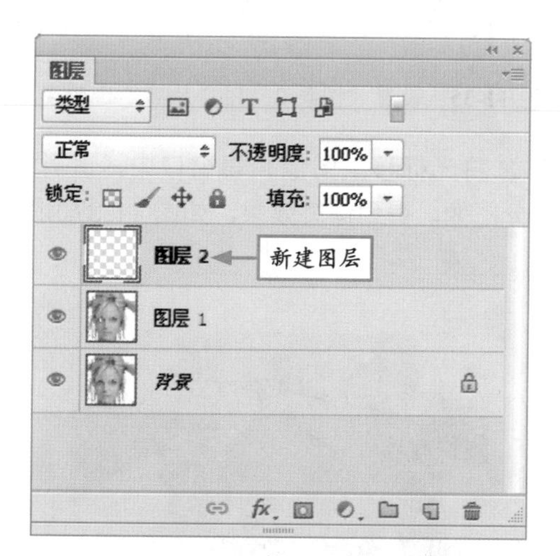

图 11-30　新建“图层 2”图层

步骤 8 按 Alt + Delete 组合键，填充颜色；然后选择“选择”|“取消选择”命令，取消选区，效果如图 11-31 所示。

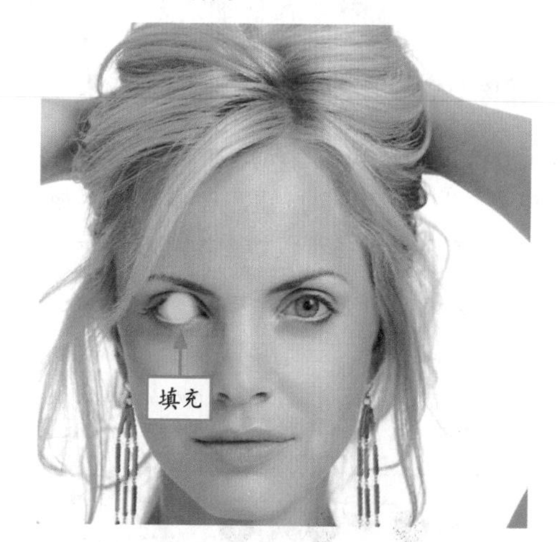

图 11-31　填充选区效果

步骤 9 选取工具箱中的椭圆选框工具，将光标移至图像编辑窗口中，在人物左眼位置创建选区，效果如图 11-32 所示。

步骤 10 按 Shift+F6 组合键在弹出的“羽化选区”对话框中，设置“羽化半径”为 3，单击“确定”按钮，即可羽化选区。按 Alt + Delete 组合键，填充颜色，效果如图 11-33 所示。

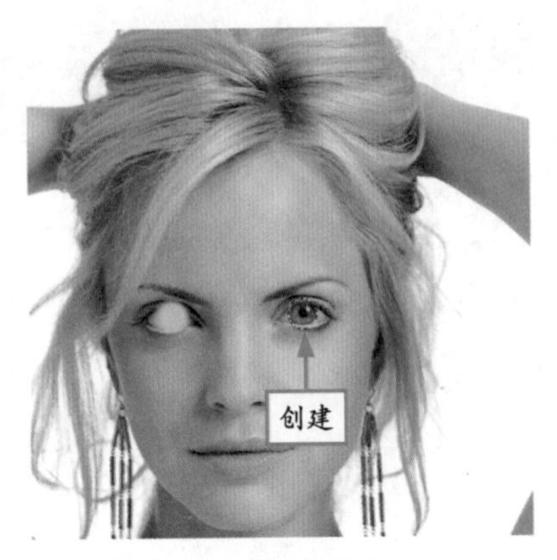

图 11-32　创建选区

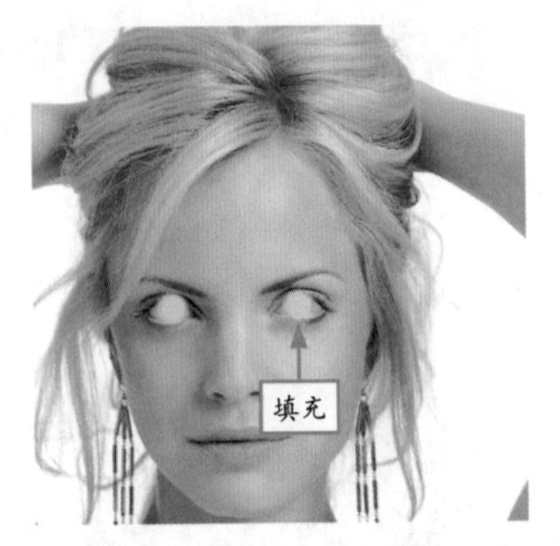

图 11-33　填充颜色效果

步骤 11　按 Ctrl + D 组合键，取消选区。设置“图层 2”图层的“混合模式”为“颜色”，效果如图 11-34 所示。

图 11-34　设置图层混合模式后的效果

步骤 12　在“图层”面板中，设置“图层 2”图层的“不透明度”为 75%，如图 11-35 所示。

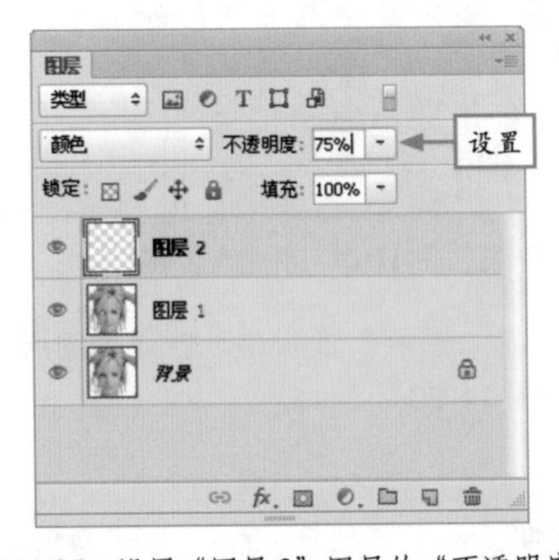

图 11-35　设置“图层 2”图层的“不透明度”

步骤 13　选取橡皮擦工具，单击“点按可打开‘画笔预设’选取器”按钮，在弹出的“画笔预设”选取器，设置各参数如图 11-36 所示。

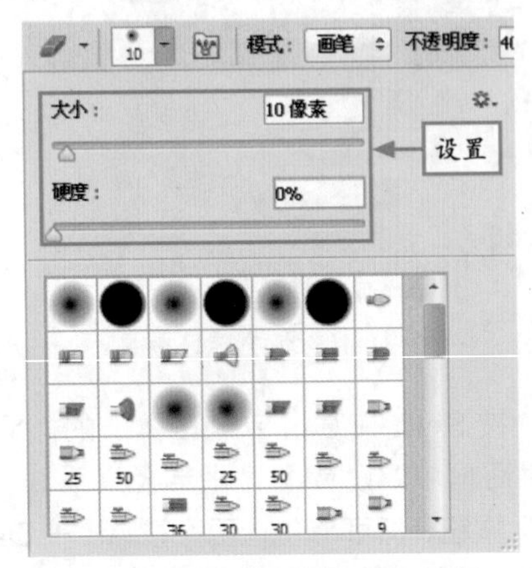

图 11-36　设置参数

步骤 14　将光标移至图像编辑窗口中，适当地擦除部分图像，得到最终效果，如图 11-37 所示。

图 11-37　图像最终效果

11.1.4 添加纤长睫毛

针对照片中不太明显的睫毛，可以使用画笔工具绘制相应的形状，然后通过“自然饱和度”和“色彩平衡”调整图层来调整图像的整体效果。

下面通过一个实例详细讲解如何添加纤长睫毛，最终效果如图 11-38 所示。

图 11-38 添加纤长睫毛

素材文件	光盘\素材\第11章\美女3.jpg
效果文件	光盘\效果\第11章\美女3.psd
视频文件	光盘\视频\第11章\11.1.4 添加纤长睫毛.mp4

步骤 1 选择“文件”|“打开”命令，打开配书光盘中的“素材\第 11 章\美女 3.jpg”，如图 11-39 所示。

图 11-39 打开素材图像

步骤 2 在“图层”面板中，新建“图层 1”图层。选取画笔工具，在其属性栏中设置“不透明度”为 100，如图 11-40 所示。

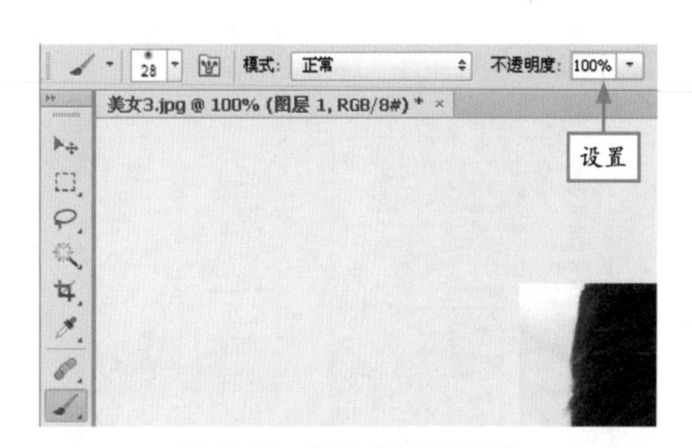

图 11-40 设置“不透明度”

步骤 3 选择“窗口”|“画笔预设”命令，打开“画笔预设”面板，从中选择“沙丘草”画笔，如图 11-41 所示。

步骤 4 切换至“画笔”面板，在左侧列表框中选择“画笔笔尖形状”选项，设置各参数如图 11-42 所示。

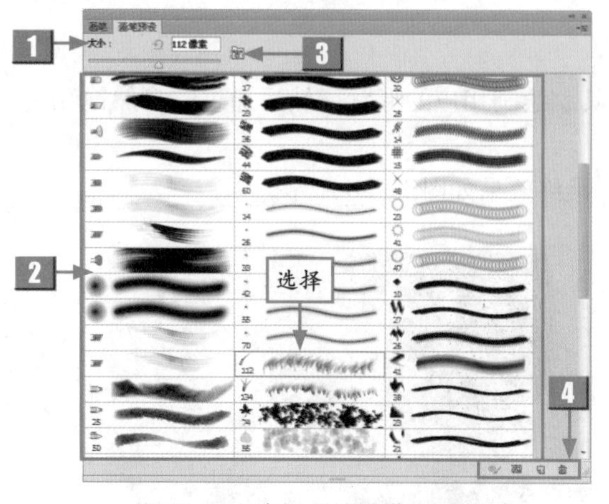

图 11-41　选择“沙丘草”画笔

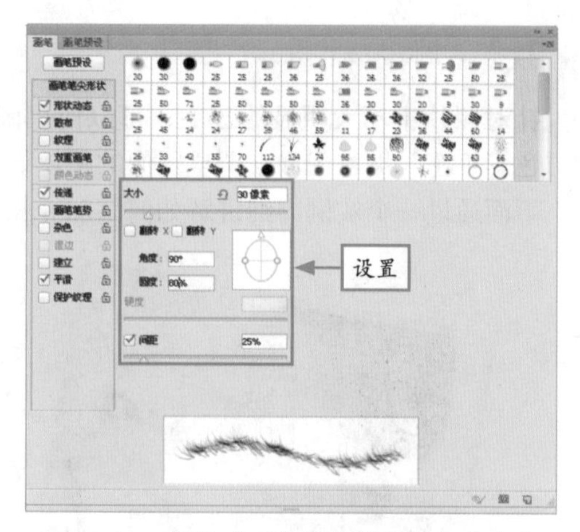

图 11-42　设置“画笔笔尖形状”相应参数

标　号	名　称	介　绍
1	大小	在右侧文本框中输入相应数值，或者拖动下方的滑块，即可调节画笔的直径
2	画笔预设	在该列表框中可以选择不同的画笔笔尖形状
3	切换画笔面板	单击该按钮，将切换至“画笔”面板
4	画笔工具箱	单击该区域中不同按钮，可以隐藏/显示、管理、新建以及删除画笔

专家提醒　画笔工具的各种属性主要是通过“画笔”面板来实现的，在其中可以对画笔笔触进行更加详细的设置，从而获取丰富的画笔效果。

步骤 5　在左侧列表框中选中“形状动态”复选框，设置其参数如图 11-43 所示。

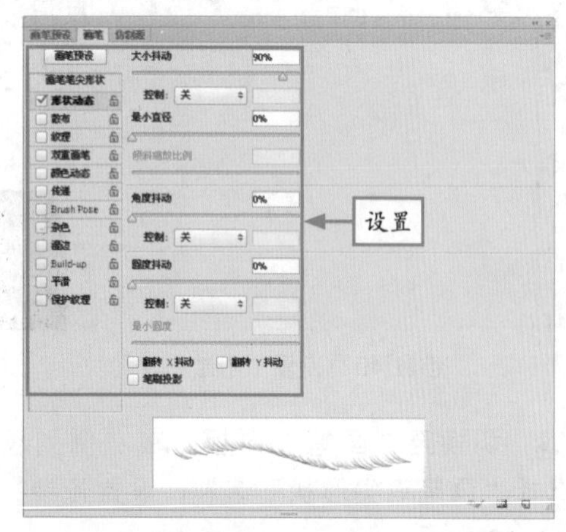

图 11-43　设置“形状动态”参数

步骤 6　设置前景色为黑色，将光标移至人物的右眼眼尾处，如图 11-44 所示。

图 11-44　移动光标

步骤 7　单击鼠标左键并拖曳，绘制图像，效果如图 11-45 所示。

步骤 8　在左侧列表框中选择“画笔笔尖形状”选项，设置各参数如图 11-46 所示。

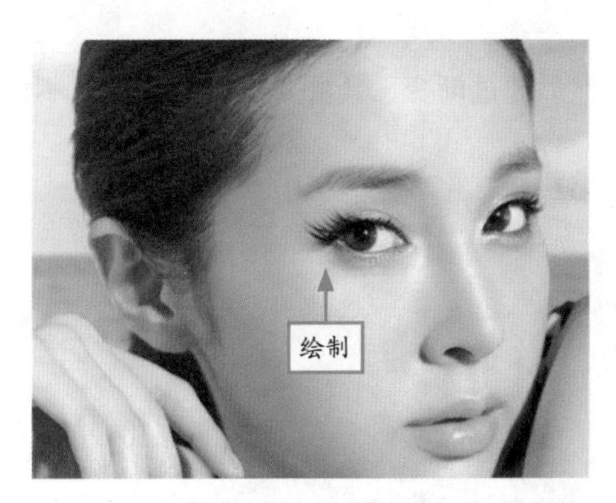

图 11-45　绘制图像

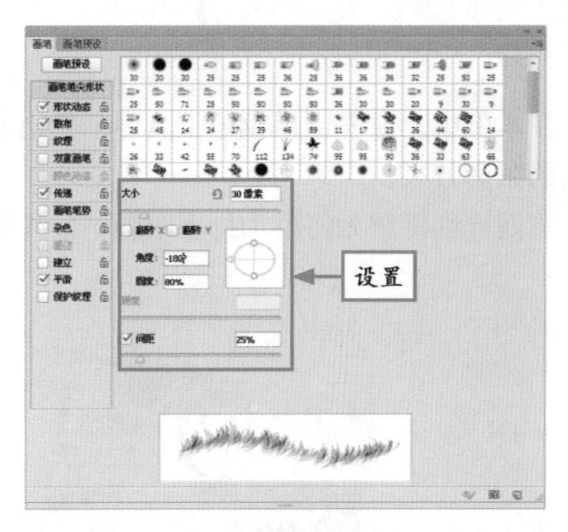

图 11-46　设置“画笔笔尖形状”相应参数

步骤 9　将光标移动到另一只眼睛的眼尾处，单击鼠标左键并拖曳，绘制图像，效果如图 11-47 所示。

步骤 10　新建“自然饱和度”调整图层，展开“自然饱和度”调整面板，设置“自然饱和度”为 49，如图 11-48 所示。

图 11-47　绘制图像

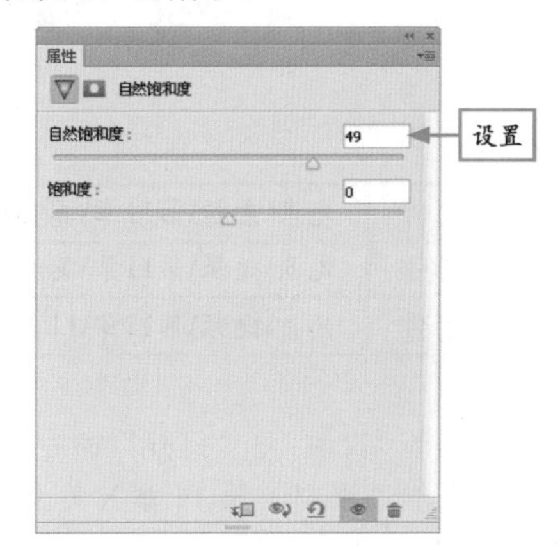

图 11-48　设置“自然饱和度”

步骤 11　新建“色彩平衡”调整图层，展开“色彩平衡”调整面板，设置各参数如图 11-49 所示。

步骤 12　完成设置后，即可调整图像的自然饱和度与色彩平衡，图像最终效果如图 11-50 所示。

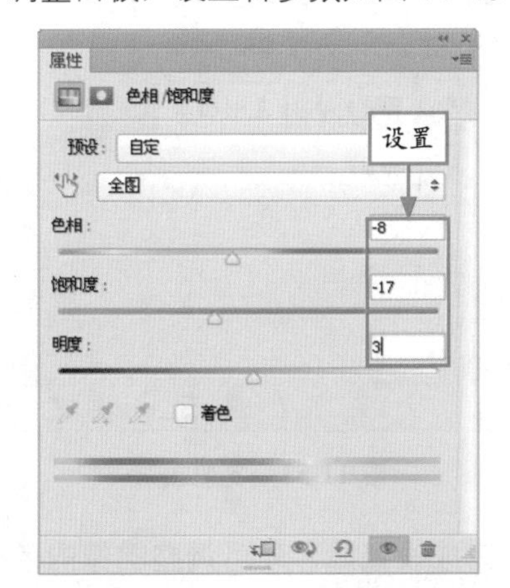

图 11-49　在“色彩平衡”调整面板中设置参数

图 11-50　图像最终效果

11.1.5 添加绚丽眼影

在本例中，首先运用钢笔工具创建出眼影区域，然后通过渐变工具填充彩色渐变，制作出绚丽的眼影效果。

下面详细讲解如何添加绚丽眼影，最终效果如图 11-51 所示。

图 11-51 添加绚丽眼影

素材文件	光盘\素材\第11章\美女4.jpg
效果文件	光盘\效果\第11章\美女4.psd
视频文件	光盘\视频\第11章\11.1.5 添加绚丽眼影.mp4

步骤 1 选择“文件”|“打开”命令，打开配书光盘中的“素材\第 11 章\美女 4.jpg”，如图 11-52 所示。

图 11-52 打开素材图像

步骤 2 在“图层”面板中，选择“背景”图层，按 Ctrl + J 组合键，即可复制图层，如图 11-53 所示。

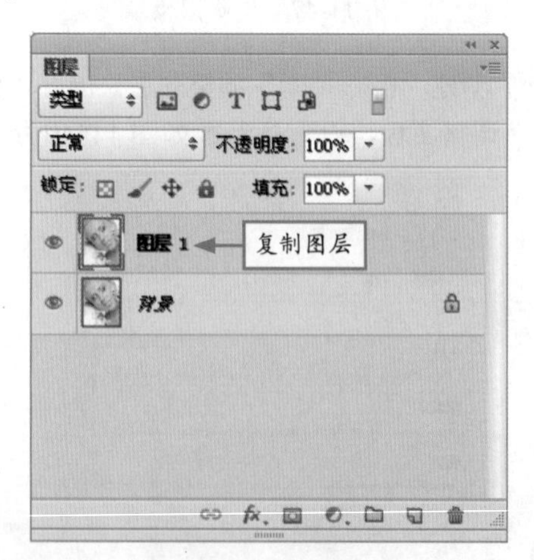

图 11-53 复制图层

步骤 3 新建“色阶”调整图层，展开“色阶”调整面板，设置各参数如图 11-54 所示。

步骤 4 完成设置后，即可调整图像的色阶，效果如图 11-55 所示。

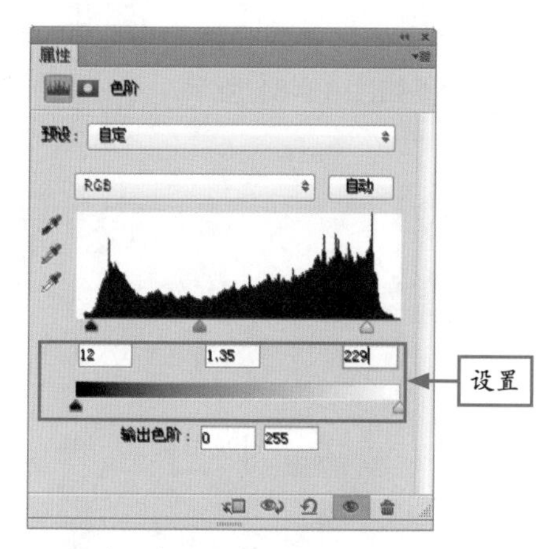

图 11-54　在“色阶”调整面板中设置参数

图 11-55　调整色阶效果

步骤 5　新建“图层 2”图层，然后选取钢笔工具，创建一条闭合路径，如图 11-56 所示。

图 11-56　创建闭合路径

步骤 6　按 Ctrl + Enter 组合键，将路径转换为选区，效果如图 11-57 所示。

图 11-57　将路径转换为选区

步骤 7　按 Shift + F6 组合键，弹出“羽化选区”对话框，设置“羽化半径”为 5，如图 11-58 所示。

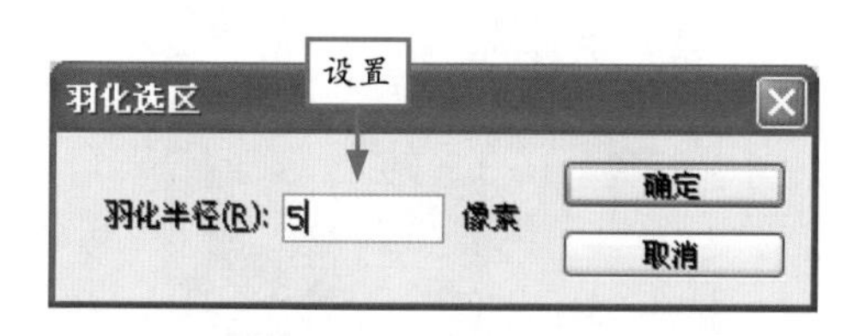

图 11-58　设置“羽化半径”

步骤 8　单击“确定”按钮，即可羽化选区，效果如图 11-59 所示。

图 11-59　羽化选区效果

步骤 9 选取渐变工具，在其属性栏中单击“点按可编辑渐变”按钮，在弹出的“渐变编辑器”对话框中设置“渐变”为“蓝”、“红”、“黄”的三色渐变，然后单击“确定”按钮，如图 11-60 所示。

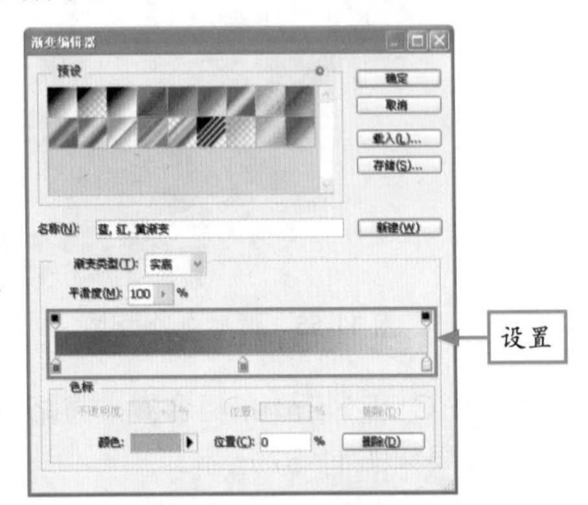

图 11-60 设置参数值

步骤 10 将光标移至图像编辑窗口中，填充渐变颜色，效果如图 11-61 所示。

图 11-61 填充渐变效果

步骤 11 取消选区，设置“图层 2”图层的“混合模式”为“柔光”，效果如图 11-62 所示。

图 11-62 设置图层混合模式后的效果

步骤 12 新建“图层 3”图层，然后选取钢笔工具，创建一条闭合路径，效果如图 11-63 所示。

图 11-63 创建闭合路径

步骤 13 按 Ctrl + Enter 组合键，将闭合路径转换为选区，效果如图 11-64 所示。

图 11-64 将路径转换为选区

步骤 14 按 Shift+F6 组合键，在弹出的“羽化选区”对话框中设置“羽化半径”为 3，然后单击“确定”按钮，羽化选区，并填充渐变颜色，效果如图 11-65 所示。

图 11-65 填充渐变颜色效果

步骤15 取消选区，设置“图层 3”图层的“混合模式”为“柔光”，如图 11-66 所示。

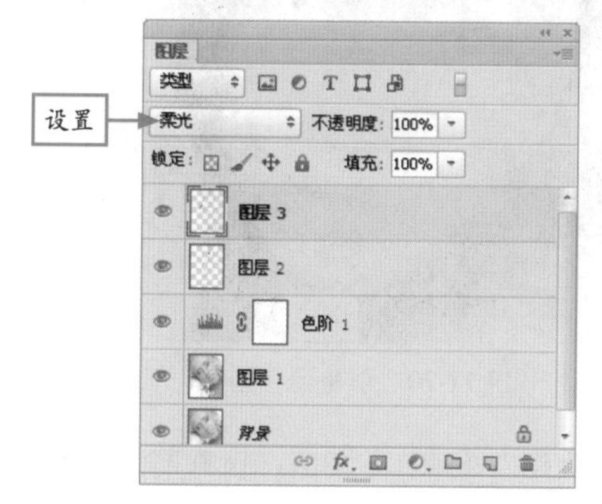

图 11-66 设置图层混合模式

步骤16 完成设置后，即可得到图像最终效果，如图 11-67 所示。

图 11-67 图像最终效果

11.2 脸部与头发精修

人物肖像照往往会突出表现人物的脸部细节和头发，所以许多脸部和头发问题也会被放大。本节将详细介绍如何运用 Photoshop CS6 调整照片中人物的脸部和头发，以实现更好的效果。

11.2.1 添加靓丽唇彩

在日常化妆中，嘴唇是非常重要的部位，闪亮的唇彩能够更好地体现女孩的时尚与个性。下面通过一个实例详细讲解如何添加靓丽唇彩，最终效果如图 11-68 所示。

图 11-68 添加靓丽唇彩

素材文件	光盘\素材\第11章\美女5.jpg
效果文件	光盘\效果\第11章\美女5.psd
视频文件	光盘\视频\第11章\11.2.1 添加靓丽唇彩.mp4

步骤1 选择“文件”|“打开”命令，打开配书光盘中的“素材\第 11 章\美女 5.jpg”，如图 11-69 所示。

步骤2 选取工具箱中的钢笔工具，在图像编辑窗口中的嘴唇部分创建闭合路径，效果如图 11-70 所示。

图 11-69　打开素材图像

图 11-70　创建闭合路径

步骤 3　调出“路径”面板，在灰色空白处单击鼠标左键，隐藏路径，如图 11-71 所示。

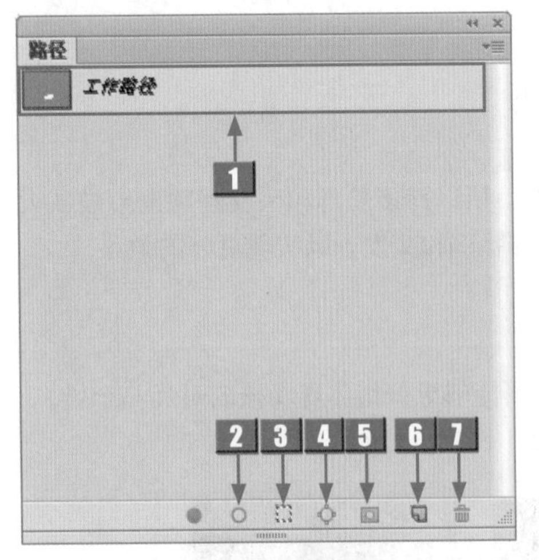

图 11-71　隐藏路径

步骤 4　新建“图层 1”图层，设置前景色为灰色，如图 11-72 所示。

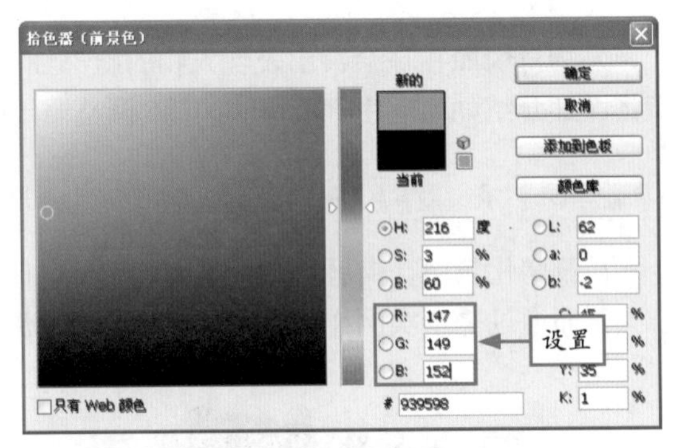

图 11-72　设置前景色

标　号	名　称	介　绍
1	工作路径	显示了当前文件中包含的路径、临时路径和矢量蒙版
2	用画笔描边路径	单击该按钮，可以按当前选择的绘画工具和前景色沿路径进行描边
3	将路径作为选区载入	单击该按钮，可以将创建的路径作为选区载入
4	用前景色填充路径	单击该按钮，可以用当前设置的前景色填充被路径包围的区域
5	从选区生成工作路径	单击该按钮，可以将当前创建的选区生成为工作路径
6	创建新路径	单击该按钮，可以创建一个新路径层
7	删除当前路径	单击该按钮，可以删除当前选择的工作路径

步骤 5　按 Alt + Delete 组合键，填充前景色，效果如图 11-73 所示。

步骤 6　选择“滤镜”|“杂色”|“添加杂色”命令，如图 11-74 所示。

图 11-73　填充前景色效果

图 11-74　选择“添加杂色”命令

步骤 7 弹出“添加杂色”对话框，设置各参数如图 11-75 所示。

步骤 8 单击“确定”按钮，即可添加杂色，效果如图 11-76 所示。

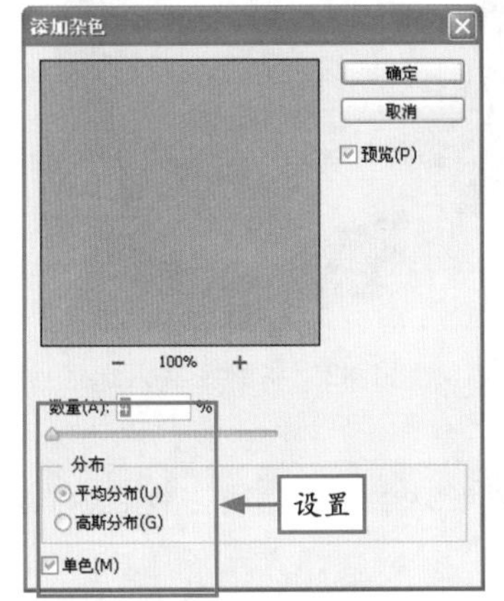

图 11-75　在“添加杂色”对话框中设置参数

图 11-76　添加杂色效果

步骤 9 按 Ctrl + L 组合键，弹出“色阶”对话框，设置各参数如图 11-77 所示。

步骤 10 单击“确定”按钮，即可调整图像色阶，效果如图 11-78 所示。

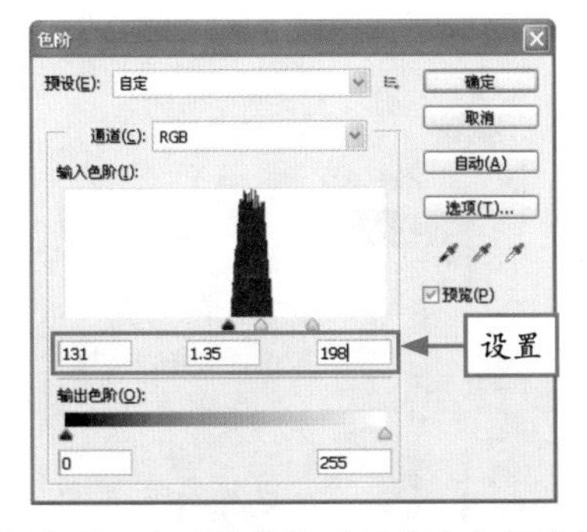

图 11-77　在“色阶”对话框中设置参数

图 11-78　调整图像色阶

步骤 11 按 Shift + Ctrl + U 组合键，去色图像，效果如图 11-79 所示。

步骤 12 设置“图层 1”图层的“混合模式”为“颜色减淡”，效果如图 11-80 所示。

图 11-79　去色图像效果

图 11-80　设置图层混合模式后的效果

步骤 13 在“路径”面板中，按住 Ctrl 键的同时选择“工作路径”选项，如图 11-81 所示。

图 11-81　选择“工作路径”选项

步骤 14 执行操作后，即可将路径载入选区，效果如图 11-82 所示。

图 11-82　将路径载入选区

专家提醒 除了上述方法外，用户还可以在“路径”面板中选择“工作路径”选项，单击底部的“从选区生成工作路径”按钮，将路径载入选区。

步骤 15 按 Shift ＋ F6 组合键，弹出“羽化选区”对话框，设置“羽化半径”为 2，如图 11-83 所示。

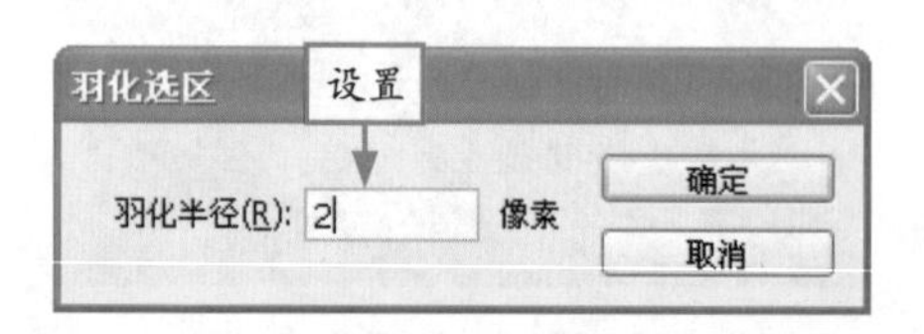

图 11-83　设置“羽化半径”

步骤 16 单击“确定”按钮，即可羽化选区。在“图层”面板中，为“图层 1”图层添加图层蒙版，如图 11-84 所示。

图 11-84　添加图层蒙版

步骤 17 执行操作后，得到添加图层蒙版后的图像效果，如图 11-85 所示。

步骤 18 运用黑色画笔工具涂抹嘴唇部分，隐藏部分效果，如图 11-86 所示。

图 11-85　添加图层蒙版效果

图 11-86　涂抹图像效果

步骤19 载入并羽化选区，然后新建“色相／饱和度”调整图层，展开“色相／饱和度”调整面板，设置各参数如图 11-87 所示。

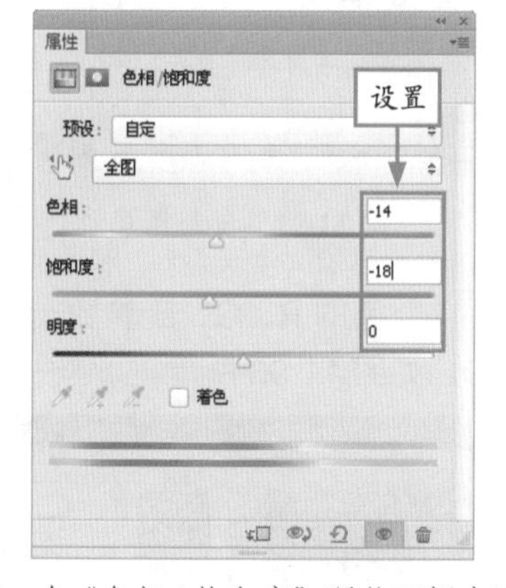

图 11-87　在“色相 / 饱和度”调整面板中设置参数

步骤20 完成设置，即可调整图像的色相／饱和度，得到最终效果，如图 11-88 所示。

图 11-88　图像最终效果

11.2.2　更换头发颜色

在本例中，将通过画笔工具、橡皮擦工具和图层混合模式的调整，实现头发颜色的更换。下面详细讲解如何更换头发颜色，最终效果如图 11-89 所示。

图 11-89　更换头发颜色

素材文件	光盘\素材\第11章\美女6.jpg
效果文件	光盘\效果\第11章\美女6.psd
视频文件	光盘\视频\第11章\11.2.2 更换头发颜色.mp4

步骤 1 选择“文件”|“打开”命令，打开配书光盘中的“素材\第11章\美女6.jpg”，如图11-90所示。

图11-90 打开素材图像

步骤 2 在“图层”面板中，选择“背景”图层，按Ctrl+J组合键，即可复制图层，如图11-91所示。

图11-91 复制图层

步骤 3 新建“图层2”图层，选取画笔工具，设置“大小”为90像素，如图11-92所示。

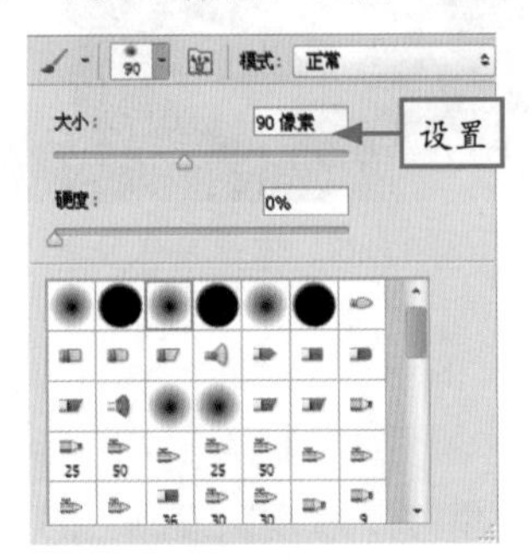

图11-92 设置“大小”

步骤 4 将前景色的R、G、B参数分别设置为255、0、0，如图11-93所示。

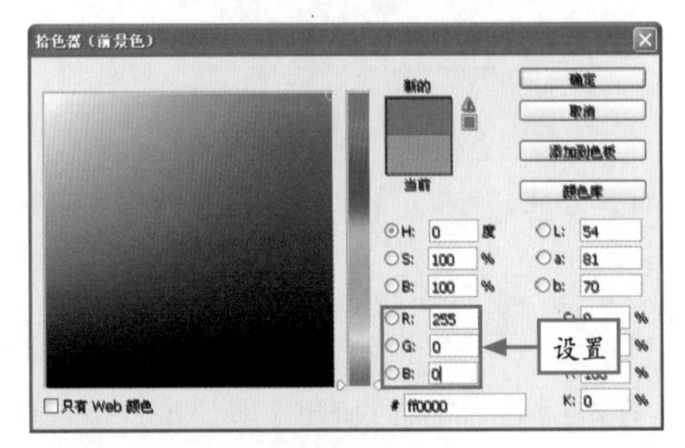

图11-93 设置前景色

步骤 5 将光标移至图像编辑窗口中，绘制图像，效果如图11-94所示。

图11-94 绘制图像

步骤 6 选取橡皮擦工具，适当地擦除人物边缘多余的图像，效果如图11-95所示。

图11-95 擦除部分图像

步骤 7 设置“图层 2”图层的“混合模式”为“色相”，如图 11-96 所示。

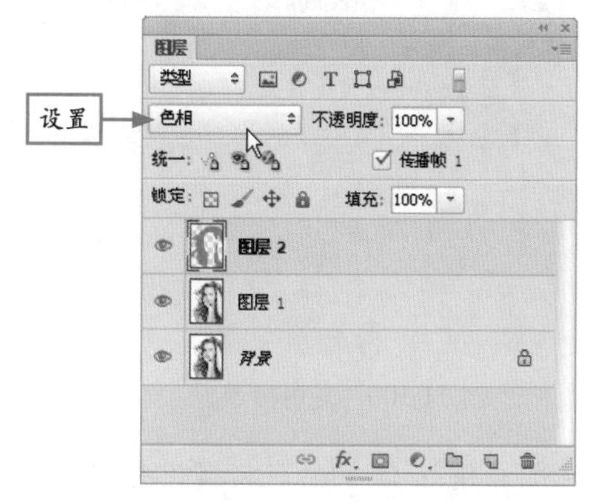

图 11-96 设置图层混合模式

步骤 8 完成设置后，即可得到图像的最终效果，如图 11-97 所示。

图 11-97 图像最终效果

11.2.3 添加脸部腮红

在本例中，先使用画笔工具绘制腮红，然后设置图层的混合模式，使制作的腮红与照片中的人物完美融合。

下面详细讲解如何添加脸部腮红，最终效果如图 11-98 所示。

图 11-98 添加脸部腮红

素材文件	光盘\素材\第11章\美女7.jpg
效果文件	光盘\效果\第11章\美女7.psd
视频文件	光盘\视频\第11章\11.2.3 添加脸部腮红.mp4

步骤 1 选择“文件”|“打开”命令，打开配书光盘中的“素材\第 11 章\美女 7.jpg”，如图 11-99 所示。

步骤 2 在“图层”面板中，选择“背景”图层，按 Ctrl + J 组合键，即可复制图层，如图 11-100 所示。

图 11-99　打开素材图像

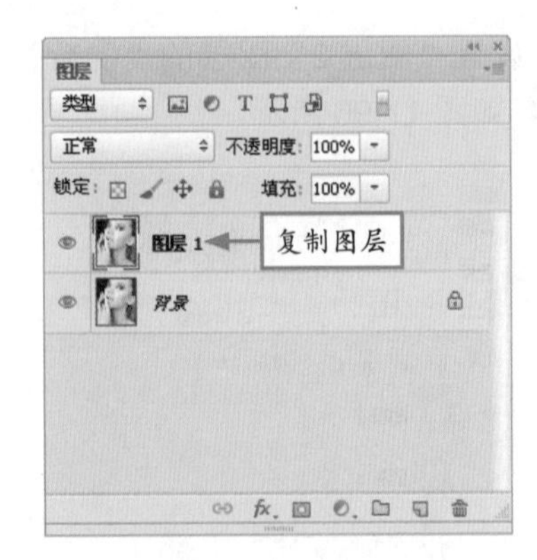

图 11-100　复制图层

步骤 3　将前景色的 R、G、B 参数分别设置为 255、111、138，如图 11-101 所示。

步骤 4　选取画笔工具，在其属性栏中单击“点按可打开‘画笔预设’选取器”按钮，在弹出的“画笔预设”选取器中设置“大小”为 100 像素，如图 11-102 所示。

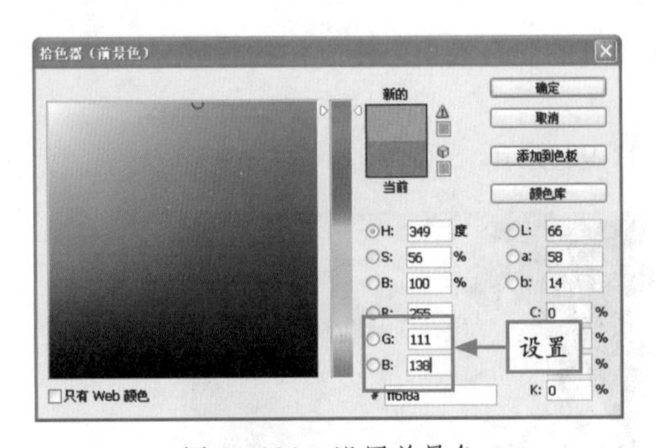

图 11-101　设置前景色

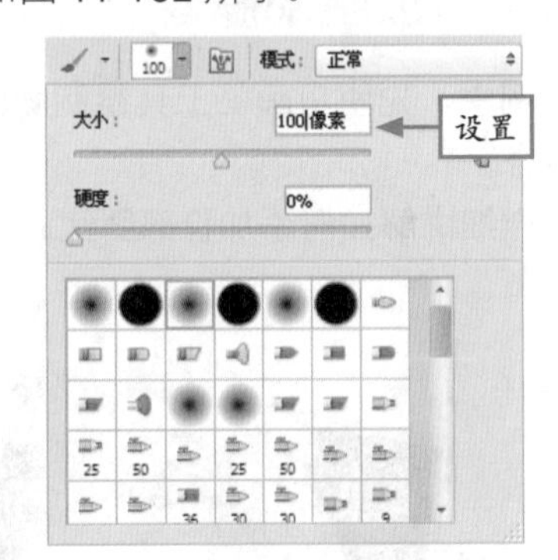

图 11-102　设置“大小”

步骤 5　将光标移至图像编辑窗口中，适当地涂抹图像，效果如图 11-103 所示。

步骤 6　选取橡皮擦工具，适当地擦除多余的图像，效果如图 11-104 所示。

图 11-103　涂抹图像效果

图 11-104　擦除多余图像

步骤 7　设置“图层 1”图层的“混合模式”为“柔光”，如图 11-105 所示。

步骤 8　完成设置后，图像效果如图 11-106 所示。

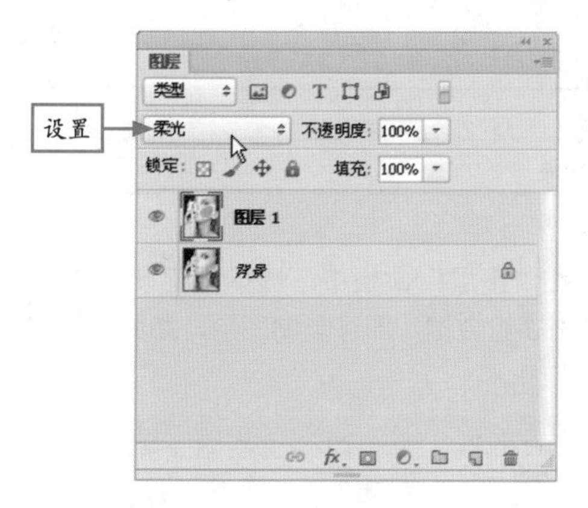

图 11-105 设置图层混合模式

图 11-106 图像效果

步骤 9 新建"色相/饱和度"调整图层，设置"饱和度"为 28，如图 11-107 所示。

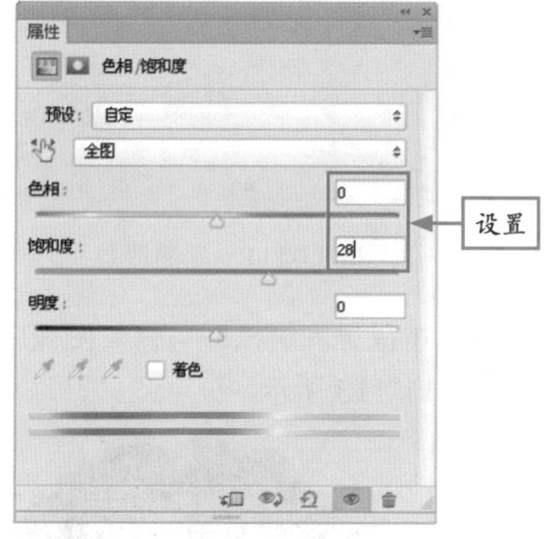

图 11-107 设置"饱和度"

步骤 10 完成设置后，即可调整图像的色相/饱和度，最终效果如图 11-108 所示。

图 11-108 图像最终效果

11.2.4 消除面部斑点

运用污点修复画笔工具去除污渍十分方便，它可以自动采样，快速修复有污点的图像。下面通过一个实例详细讲解如何消除面部斑点，最终效果如图 11-109 所示。

图 11-109 消除面部斑点效果图

素材文件	光盘\素材\第11章\美女8.jpg
效果文件	光盘\效果\第11章\美女8.psd
视频文件	光盘\视频\第11章\11.2.4　消除面部斑点.mp4

步骤 1 选择“文件”|“打开”命令，打开配书光盘中的“素材\第11章\美女8.jpg”，如图11-110所示。

图 11-110　打开素材图像

步骤 2 在“图层”面板中，选择“背景”图层，按Ctrl＋J组合键，即可复制图层，如图11-111所示。

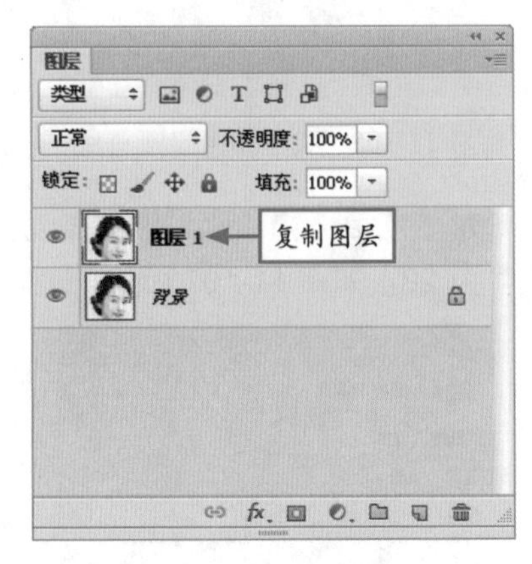

图 11-111　复制图层

步骤 3 选取污点修复画笔工具，将光标移至图像编辑窗口中的污点位置，如图11-112所示。

图 11-112　定位鼠标

步骤 4 单击鼠标左键，即可修复图像中的污点，效果如图11-113所示。

图 11-113　修复图像污点效果

专家提醒 污点修复画笔工具可以快速移去照片中的污点和其他不理想部分。其工作方式与修复画笔工具类似，使用图像或图案中的样本像素进行绘画，将样本像素的纹理、光照、透明度以及阴影与所修复的像素相匹配。

步骤 5 以同样的方法，继续修复污点，效果如图11-114所示。

步骤 6 按Ctrl＋U组合键，弹出“色相/饱和度”对话框，如图11-115所示。

图 11-114　修复污点效果

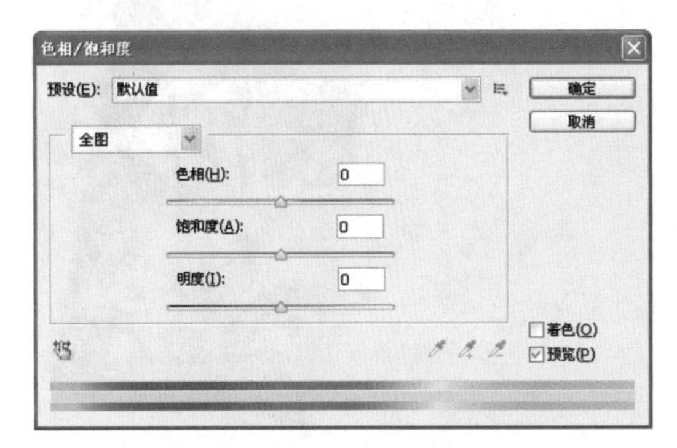

图 11-115　“色相/饱和度”对话框

步骤 7 在“饱和度”文本框中输入“17”，如图 11-116 所示。

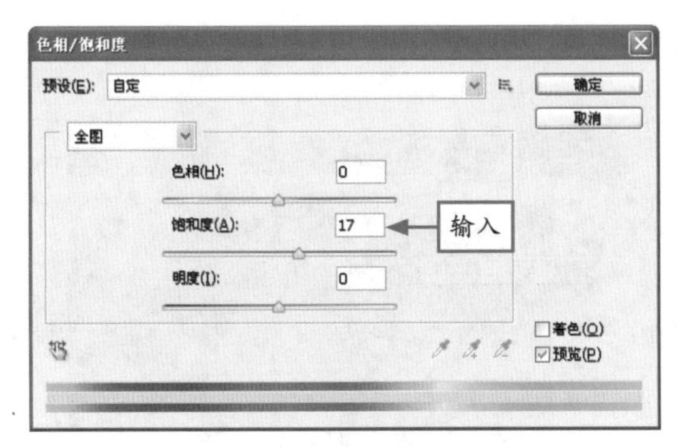

图 11-116　设置“饱和度”

步骤 8 单击“确定”按钮，即可调整图像的色相/饱和度，效果如图 11-117 所示。

图 11-117　图像效果

11.3 身体部分精修

照片中的人物身体修饰，主要是对人物的体形和肌肤等进行修正，使其拥有明星般的完美身材。本节将详细介绍精修身体部分的操作方法。

11.3.1　制作S形身材

通过“液化”滤镜，可以调整人物整体的线条，打造出完美的身材比例。

下面通过一个实例详细讲解如何制作 S 形身材，最终效果如图 11-118 所示。

素材文件	光盘\素材\第11章\车模.jpg
效果文件	光盘\效果\第11章\车模.psd
视频文件	光盘\视频\第11章\11.3.1　制作S形身材.mp4

图 11-118　S 形身材最终效果

步骤 1　选择“文件”|“打开”命令，打开配书光盘中的“素材\第 11 章\车模 .jpg”，如图 11-119 所示。

图 11-119　打开素材图像

步骤 2　选择“滤镜”|“液化”命令，弹出“液化”对话框，选取向前变形工具，如图 11-120 所示。

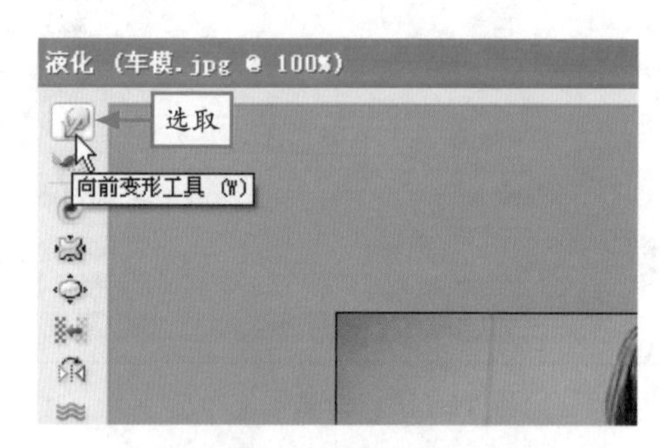

图 11-120　选取向前变形工具

步骤 3　在“工具选项”选项组中，设置各参数如图 11-121 所示。

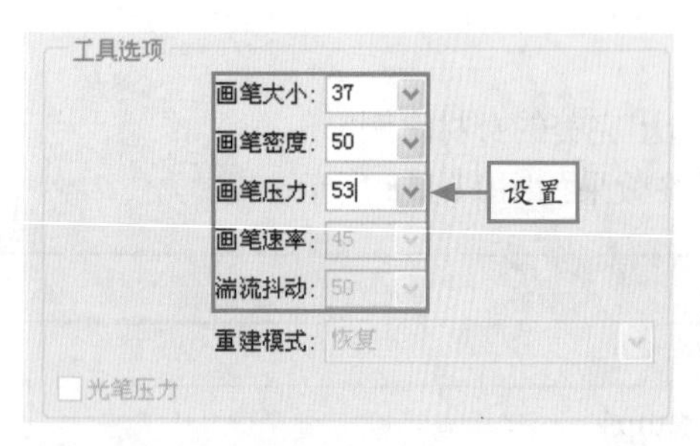

图 11-121　在“工具选项”选项组中设置参数

步骤 4　将光标移至人物的腰部，单击鼠标左键并向右侧拖曳，如图 11-122 所示。

图 11-122　单击鼠标左键并拖曳

步骤 5 以同样方法，在图像上反复单击鼠标左键并拖曳，修饰右侧腰部，效果如图 11-123 所示。

图 11-123 修饰腰部效果

步骤 6 在“液化”对话框的左侧，选取褶皱工具，如图 11-124 所示。

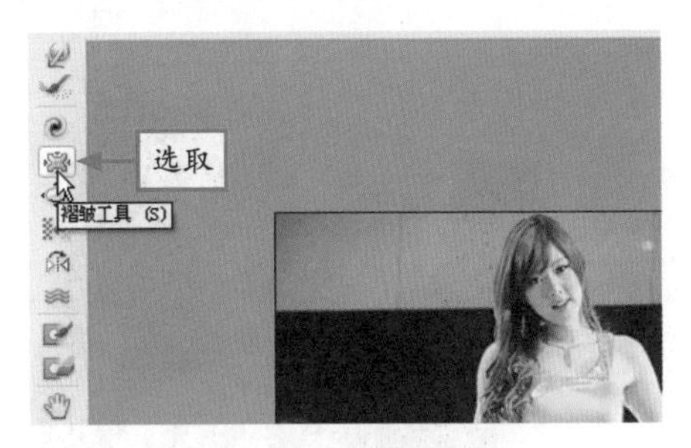

图 11-124 选取褶皱工具

步骤 7 在“工具选项”选项组中，设置各参数如图 11-125 所示。

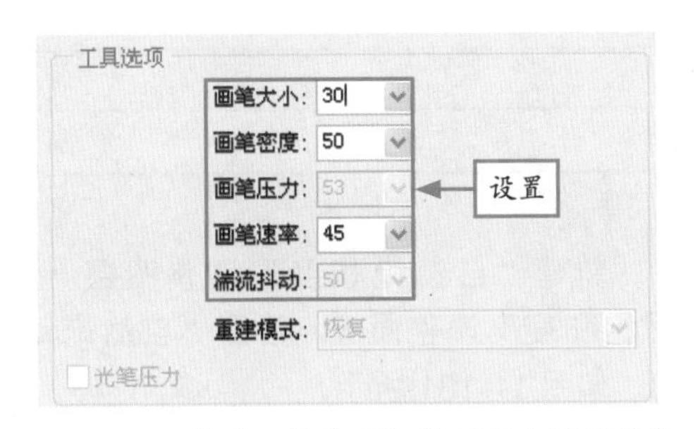

图 11-125 在“工具选项”选项组中设置参数

步骤 8 将光标移至人物的左侧腰部，单击鼠标左键并向左侧拖曳，如图 11-126 所示。

图 11-126 单击鼠标左键并拖曳

步骤 9 以同样方法，在图像上反复单击鼠标左键并拖曳，修饰左侧腰部，效果如图 11-127 所示。

图 11-127 修饰腰部效果

步骤 10 切换使用向前变形工具和褶皱工具，制作出更好的效果。最后单击“确定”按钮，得到最终效果，如图 11-128 所示。

图 11-128 图像最终效果

11.3.2 美白肌肤

灵活、巧妙地运用蒙版工具，可以简化很多繁琐的操作步骤。本例将运用蒙版和调整图层来达到美白人物肌肤的效果。

下面详细讲解如何美白肌肤，最终效果如图 11-129 所示。

图 11-129 美白肌肤

素材文件	光盘\素材\第11章\美女9.jpg
效果文件	光盘\效果\第11章\美女9.psd
视频文件	光盘\视频\第11章\11.3.2 美白肌肤.mp4

步骤1 选择“文件”|“打开”命令，打开配书光盘中的“素材\第 11 章\美女 9.jpg”，如图 11-130 所示。

图 11-130 打开素材图像

步骤2 新建“自然饱和度”调整图层，展开“自然饱和度”调整面板，设置“自然饱和度”为 78，如图 11-131 所示。

图 11-131 设置“自然饱和度”

步骤3 完成设置后，即可调整图像的自然饱和度，效果如图 11-132 所示。

步骤4 单击“自然饱和度”调整图层蒙版缩览图，然后选取画笔工具，涂抹图像，效果如图 11-133 所示。

图 11-132 调整图像的自然饱和度

图 11-133 涂抹图像效果

步骤 5 新建“色彩平衡”调整图层，展开“色彩平衡”调整面板，设置各参数如图 11-134 所示。

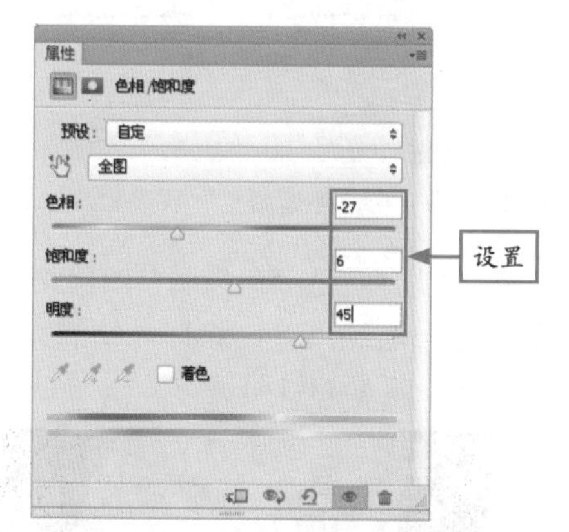

图 11-134 在“色彩平衡”调整面板中设置参数

步骤 6 完成设置后，即可调整图像的色彩平衡，效果如图 11-135 所示。

图 11-135 调整色彩平衡效果

步骤 7 单击“色彩平衡 1”调整图层蒙版缩览图，然后选取画笔工具，涂抹人物的嘴唇和头发区域，效果如图 11-136 所示。

图 11-136 涂抹图像效果

步骤 8 新建“亮度 / 对比度”调整图层，展开“亮度 / 对比度”调整面板，设置“亮度”为 25，如图 11-137 所示。

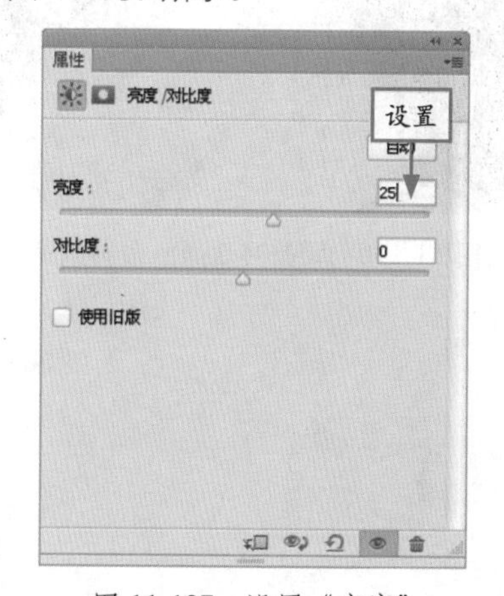

图 11-137 设置“亮度”

专家提醒 在运用图层蒙版和画笔工具对人物的嘴唇进行涂抹和修饰时，应该根据需要随时调整画笔的大小、硬度和不透明度。

步骤 9 完成设置后，即可调整图像的亮度/对比度，效果如图 11-138 所示。

图 11-138 调整亮度/对比度后的效果

步骤 10 新建“可选颜色”调整图层，展开“可选颜色”调整面板，设置各参数如图 11-139 所示。

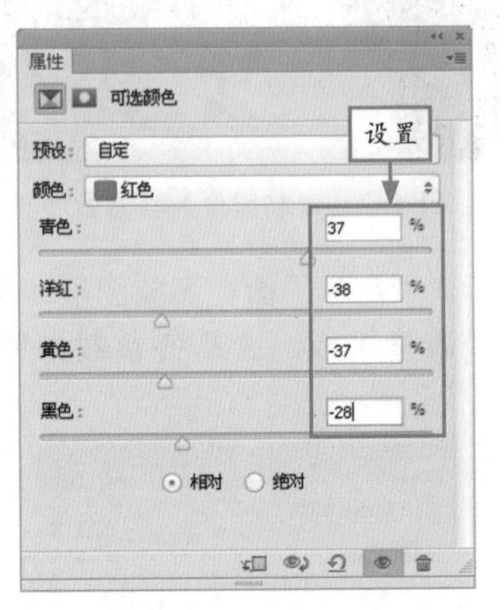

图 11-139 在“可选颜色”调整面板中设置参数

步骤 11 完成设置后，即可调整图像的可选颜色，效果如图 11-140 所示。

图 11-140 调整可选颜色后的效果

步骤 12 单击“可选颜色”调整图层蒙版缩览图，然后选取画笔工具，涂抹人物的嘴唇和头发区域，效果如图 11-141 所示。

图 11-141 图像最终效果

第 4 篇　综合应用篇

本篇专业讲解了相框与非主流照片处理、儿童与老年人照片的处理、婚纱与写真照片的处理、照片在生活中的应用，照片在平面设计中的应用等内容。

第 12 章　相框与非主流照片处理

学习提示

为数码照片添加相框或进行非主流化处理，在实际操作中十分常见。本章将通过卡角艺术、那份凝望、风华绝代、无敌小公主、大眼睛美女以及为爱远行 6 张数码照片，详细介绍相框与非主流照片处理的操作方法。

主要内容

- 制作卡角艺术效果
- 制作那份凝望效果
- 制作风华绝代效果
- 制作无敌小公主效果
- 制作为爱远行效果
- 制作大眼睛美女效果

重点与难点

- 制作那份凝望效果
- 制作风华绝代效果
- 制作为爱远行效果

学完本章后你会做什么

- 掌握制作卡角艺术效果的操作方法
- 掌握制作大眼睛美女效果的操作方法
- 掌握制作无敌小公主效果的操作方法

视频文件

12.1 制作卡角艺术效果

照片卡角是保存传统照片最常用的方法之一。利用 Photoshop CS6 提供的“动作”命令，可以轻松地实现逼真的照片卡角效果。

下面通过一个实例详细讲解卡角艺术效果的制作方法，最终效果如图 12-1 所示。

图 12-1　卡角艺术最终效果

素材文件	光盘\素材\第12章\依偎.jpg
效果文件	光盘\效果\第12章\卡角艺术.psd
视频文件	光盘\视频\第12章\12.1　制作卡角艺术效果.mp4

步骤 1　选择“文件”|“打开”命令，打开配书光盘中的“素材\第 12 章\依偎.jpg”，如图 12-2 所示。

图 12-2　打开素材图像

步骤 2　按 D 键，设置前景色为黑色、背景色为白色。选择“窗口”|“动作”命令，如图 12-3 所示。

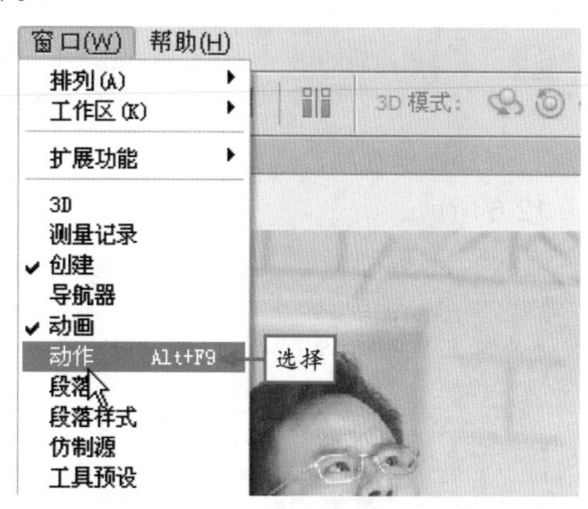

图 12-3　选择“动作”命令

步骤 3　打开“动作”面板，如图 12-4 所示。

步骤 4　单击右上角的按钮，在弹出的菜单中选择“画框”命令，如图 12-5 所示。

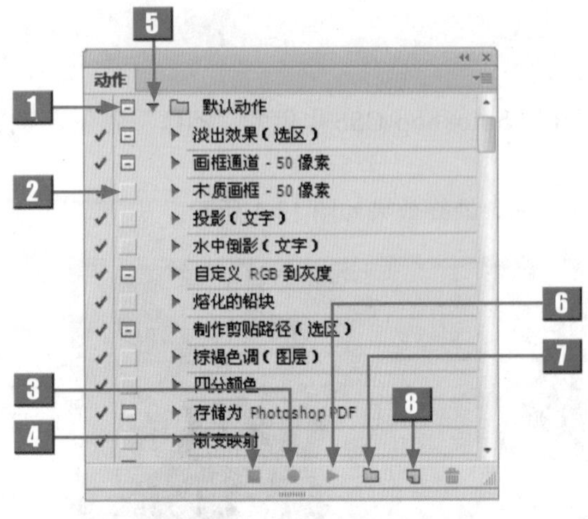

图 12-4 “动作”面板

图 12-5 选择“画框”命令

标号	名称	介绍
1	切换对话开/关	当面板中出现这个图标时，表示动作执行到该步时将暂停
2	切换项目开/关	允许/禁止执行动作组中的动作、选定的部分动作或动作中的命令
3	开始记录	单击该按钮，开始录制动作
4	停止播放/记录	该按钮只有在记录动作或播放动作时才可用。单击该按钮，将停止当前的记录或播放操作
5	展开/折叠	单击该图标，可以展开/折叠动作组，以便存放新的动作
6	播放选定的动作	单击该按钮，可以播放当前选择的动作
7	创建新组	单击该按钮，可以创建一个新的动作组
8	创建新动作	单击该按钮，可以地创建新的动作

步骤 5 展开画框选项，选择“照片卡角”选项，如图 12-6 所示。

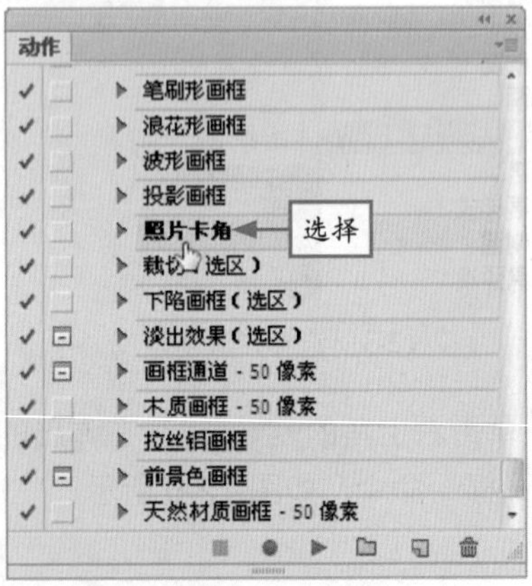

图 12-6 选择“照片卡角”选项

步骤 6 在“动作”面板中，单击“播放选定的动作”按钮▶，如图 12-7 所示。

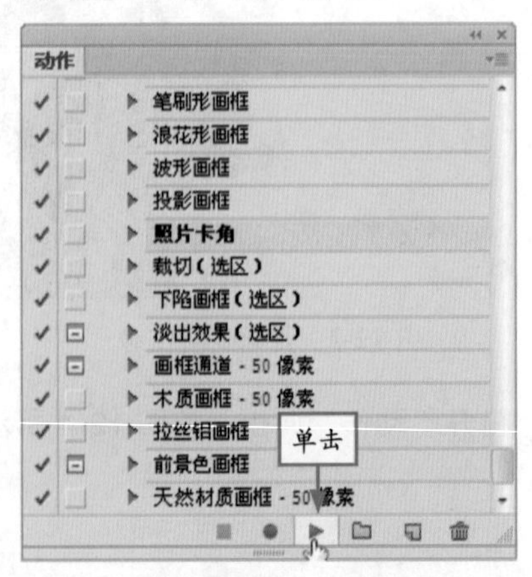

图 12-7 单击“播放选定的动作”按钮

步骤 7 此时，系统将自动执行该动作，在图像编辑窗口中添加镜框效果，如图 12-8 所示。

图 12-8 添加镜框效果

专家提醒 动作不同于滤镜，它只是 Photoshop 中的宏文件，是由一步步的 Photoshop 操作组成的；而滤镜本质上是一个复杂的数学运算法则，也就是说，原图中的每个像素和滤镜处理后的对应像素之间都有一个运算法则。

12.2 制作那份凝望效果

不同的照片可以选择不同风格的相框，不同风格的相框可以带来不同的效果。在本例中，先进行图像拖放，然后运用魔棒工具创建选区，制作图像合成效果。

下面详细讲解那份凝望效果的制作方法，最终效果如图 12-9 所示。

图 12-9 那份凝望最终效果

素材文件	光盘\素材\第12章\凝望.jpg、相框.jpg
效果文件	光盘\效果\第12章\那份凝望.psd
视频文件	光盘\视频\第12章\12. 2 制作那份凝望效果.mp4

步骤 1 选择“文件”|“打开”命令，打开配书光盘中的“素材\第 12 章\凝望 .jpg”，如图 12-10 所示。

步骤 2 选择“文件”|“打开”命令，打开配书光盘中的“素材\第 12 章\相框 .jpg”，如图 12-11 所示。

图 12-10　打开素材图像

图 12-11　打开素材图像

步骤 3 选取工具箱中的移动工具，将“凝望”图像拖曳至“相框”图像编辑窗口中，如图 12-12 所示。

图 12-12　拖曳素材

步骤 4 按 Ctrl + T 组合键，调出变换控制框，调整“凝望”图像的大小，效果如图 12-13 所示。

图 12-13　调整图像大小

步骤 5 在“图层”面板中，设置“图层 1”图层的“不透明度”为 50，效果如图 12-14 所示。

图 12-14　设置图层不透明度后的效果

步骤 6 在“图层”面板中，单击“图层 1”图层前的“指示图层可见性”图标，隐藏图层，如图 12-15 所示。

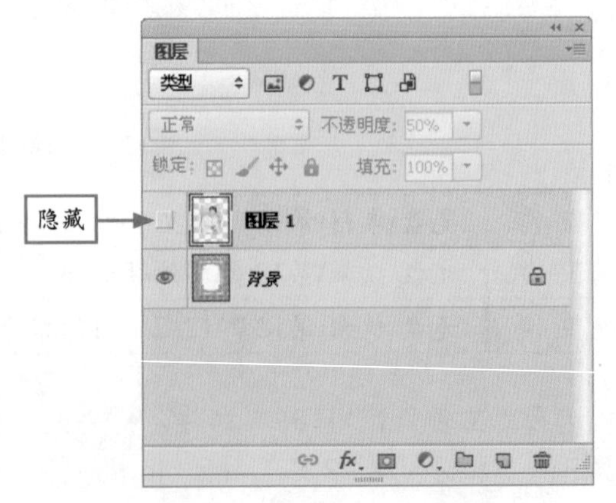

图 12-15　隐藏图层

步骤 7 选择“背景”图层，双击鼠标左键，即可将其转换为“图层 0”图层，如图 12-16 所示。

图 12-16 转换图层

步骤 8 选取魔棒工具，设置“容差”为 100，在白色底板处单击鼠标左键，创建选区，如图 12-17 所示。

图 12-17 创建选区

步骤 9 显示“图层 1”图层，单击“添加图层蒙版”按钮，为其添加图层蒙版，如图 12-18 所示。

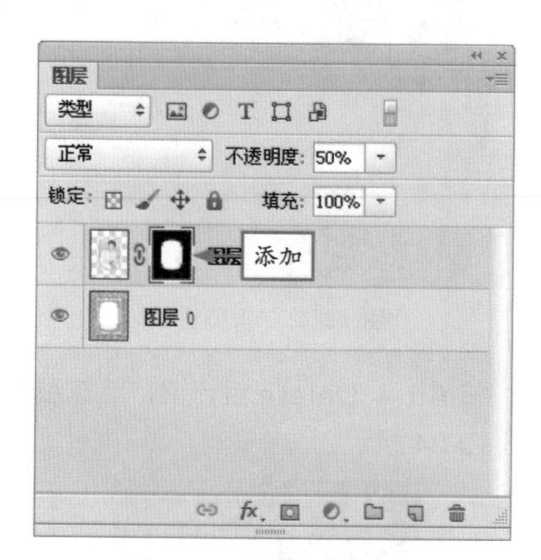

图 12-18 添加图层蒙版

步骤 10 设置“图层 1”图层的“不透明度”为 100，得到最终效果，如图 12-19 所示。

图 12-19 图像最终效果

12.3 制作风华绝代效果

用画笔轻轻地刷几笔，就能让人物照片更具视觉冲击力，令人时刻感受到前卫的气息。下面通过一个实例详细讲解风华绝代效果的制作方法，最终效果如图 12-20 所示。

图 12-20　风华绝代最终效果

素材文件	光盘\素材\第12章\美女1.jpg
效果文件	光盘\效果\第12章\风华绝代.psd
视频文件	光盘\视频\第12章\12.3　制作风华绝代效果.mp4

步骤 1　选择“文件”|“打开”命令，打开配书光盘中的“素材\第12章\美女1.jpg”，如图 12-21 所示。

图 12-21　打开素材图像

步骤 2　在“图层”面板中，按 Ctrl + Shift + N 组合键，新建“图层 1”图层，如图 12-22 所示。

图 12-22　新建图层

步骤 3　设置前景色为淡紫色（R、G、B 参数分别为 196、114、208），如图 12-23 所示。

图 12-23　设置前景色

步骤 4　按 Alt + Delete 组合键，填充图像，效果如图 12-24 所示。

图 12-24　填充图像效果

步骤 5 选取工具箱中的橡皮擦工具，在其属性栏中设置各参数，如图 12-25 所示。

图 12-25 在橡皮擦工具属性栏中设置参数

步骤 6 按 F5 键，调出“画笔”面板，从中选择合适的画笔，如图 12-26 所示。

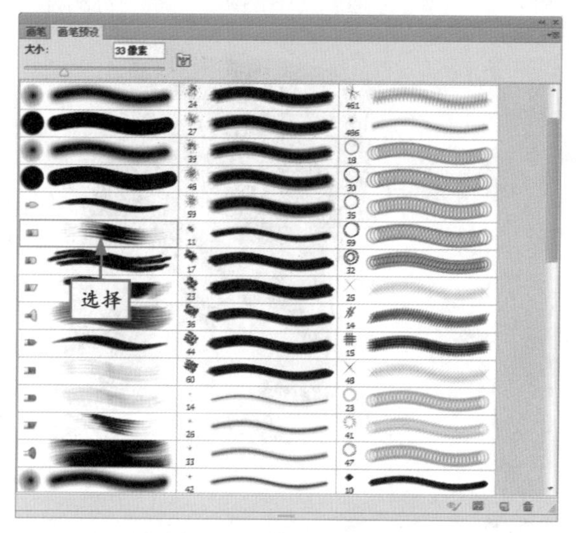

图 12-26 选择合适的画笔

专家提醒 在 Photoshop CS6 中使用橡皮擦工具时，按住 Alt 键，即可将其切换为历史记录橡皮擦工具，利用该工具可以恢复到指定的步骤记录状态。

步骤 7 将光标移至图像编辑窗口中，单击鼠标左键并拖曳，擦除图像，如图 12-27 所示。

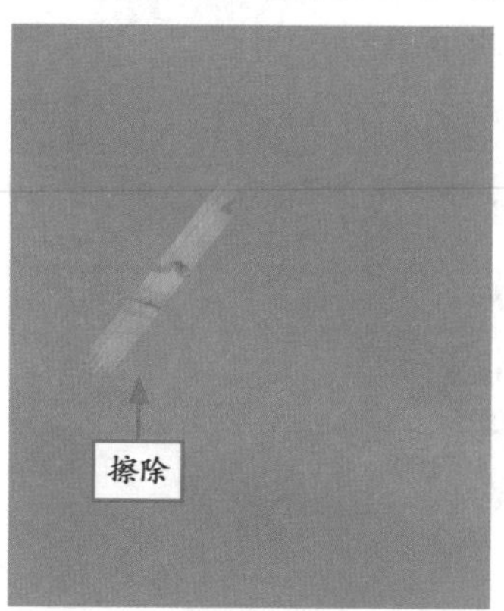

图 12-27 擦除图像效果

步骤 8 以同样的方法，继续擦除图像，得到最终效果，如图 12-28 所示。

图 12-28 图像最终效果

12.4 制作无敌小公主效果

在本例中，将通过调整图像的色相 / 饱和度、高斯模糊图像、设置图层混合模式、创建选区以及填充颜色等方法制作“无敌小公主”非主流照片效果。

下面详细讲解无敌小公主效果的制作方法，最终效果如图 12-29 所示。

图 12-29　无敌小公主最终效果

素材文件	光盘\素材\第12章\美女2.jpg、可爱饰品.psd
效果文件	光盘\效果\第12章\无敌小公主.psd
视频文件	光盘\视频\第12章\12.4　制作无敌小公主效果.mp4

步骤 1　选择“文件”|“打开”命令，打开配书光盘中的“素材\第 12 章\美女 2.jpg”，如图 12-30 所示。

图 12-30　打开素材图像

步骤 2　复制“背景”图层，得到“图层 1”图层。新建“亮度/对比度”调整图层，展开“亮度/对比度”调整面板，设置各参数如图 12-31 所示。

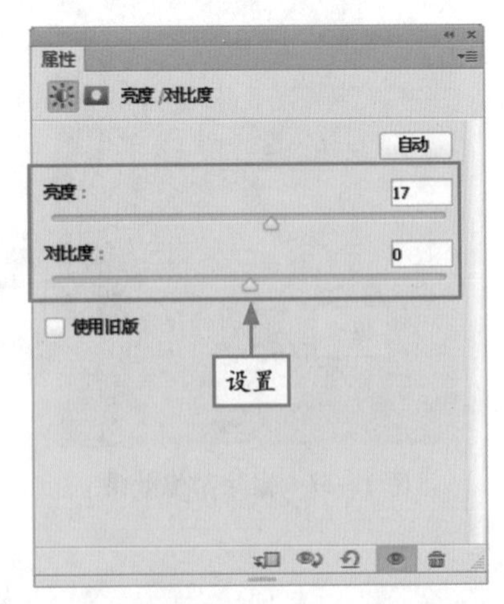

图 12-31　在“亮度/对比度”调整面板中设置参数

步骤 3　完成设置后，即可调整图像的亮度/对比度，效果如图 12-32 所示。

步骤 4　新建“色相/饱和度”调整图层，展开“色相/饱和度”调整面板，设置各参数如图 12-33 所示。

图 12-32　调整图像亮度 / 对比度效果

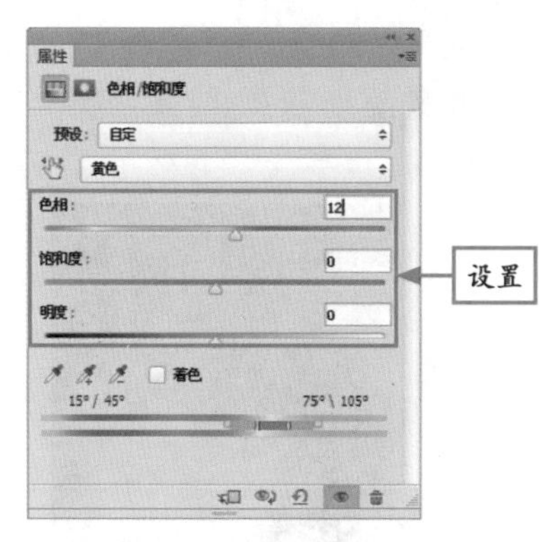

图 12-33　在“色相 / 饱和度”调整面板中设置参数

步骤 5　完成设置后，即可调整图像的色相 / 饱和度，效果如图 12-34 所示。

图 12-34　调整图像色相 / 饱和度效果

步骤 6　按 Alt ＋ Ctrl ＋ Shift ＋ E 组合键，盖印图层，如图 12-35 所示。

图 12-35　盖印图层

专家提醒　在设计非主流照片的过程中，可以运用“色相 / 饱和度”命令来调整照片的色相、饱和度和亮度值，还可以调整照片的整体颜色，使其变成另一种颜色。

步骤 7　选择“滤镜”|“模糊”|“高斯模糊”命令，弹出“高斯模糊”对话框，设置“半径”为 5，如图 12-36 所示。

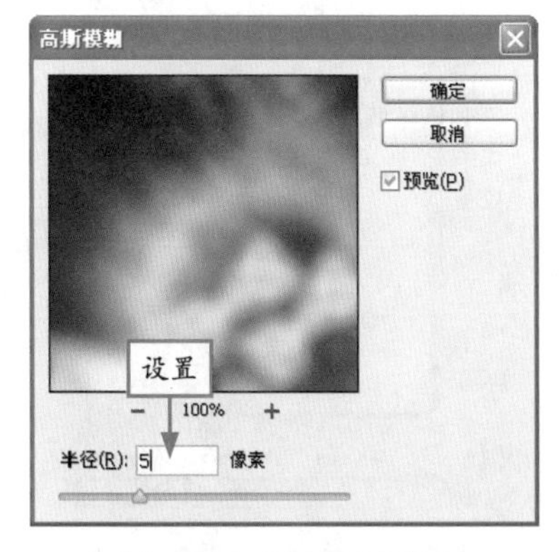

图 12-36　设置“半径”

步骤 8　单击“确定”按钮，即可添加“高斯模糊”滤镜，效果如图 12-37 所示。

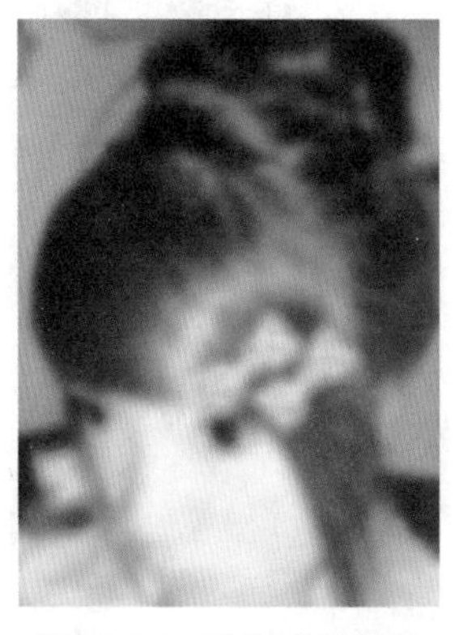

图 12-37　添加滤镜效果

步骤 9 选择“滤镜”|“模糊”|“高斯模糊”命令，再次高斯模糊图像，效果如图 12-38 所示。

图 12-38　高斯模糊图像效果

步骤 10 在“图层”面板中，设置“图层 1”图层的“混合模式”为“柔光”，效果如图 12-39 所示。

图 12-39　设置图层混合模式后的效果

步骤 11 新建“图层 3”图层，设置前景色为粉红色（R、G、B 参数分别为 249、203、223），如图 12-40 所示。

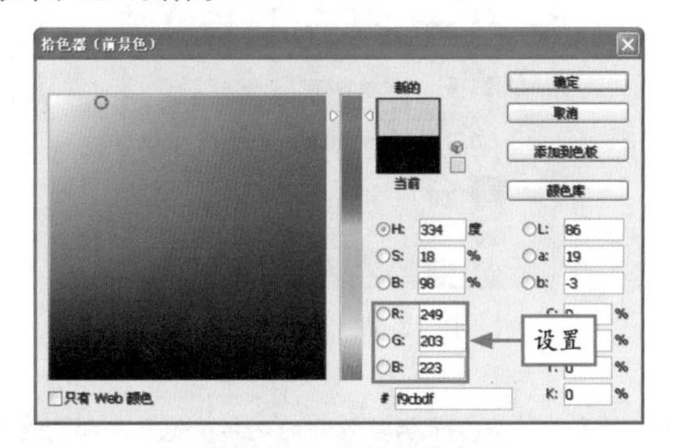

图 12-40　设置前景色

步骤 12 按 Alt + Delete 组合键，填充前景色，效果如图 12-41 所示。

图 12-41　填充前景色效果

步骤 13 设置“图层 3”图层的“混合模式”为“叠加”、“不透明度”为 53，效果如图 12-42 所示。

图 12-42　图像效果

步骤 14 新建“曲线”调整图层，展开“曲线”调整面板，设置“输入”和“输出”分别为 87、52 和 191、167，如图 12-43 所示。

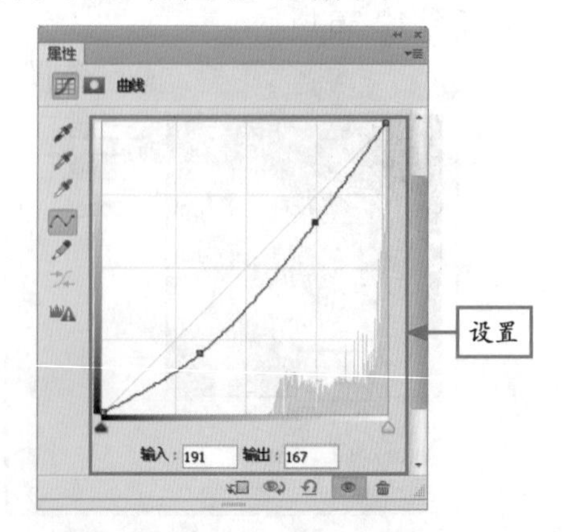

图 12-43　设置“输入”和“输出”

步骤 15 选取工具箱中的椭圆选框工具◌，在人物的脸上绘制一个椭圆形选区，如图 12-44 所示。

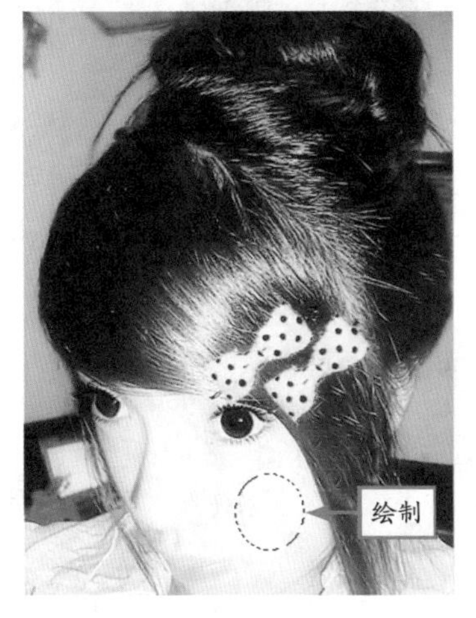

图 12-44 绘制椭圆选区

步骤 16 按 Shift + F6 组合键，弹出“羽化选区”对话框，设置“羽化半径”为 10，如图 12-45 所示。

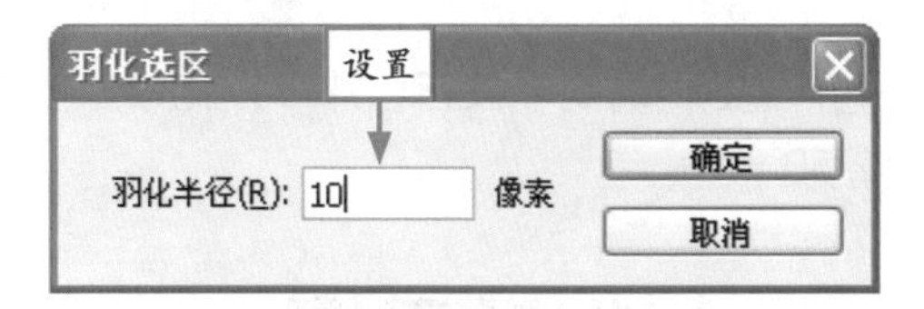

图 12-45 设置“羽化半径”

专家提醒 为照片中的人物添加各种样式及颜色的腮红，可以使其显得更可爱。在非主流照片设计中经常会用到这一设计手法。在 Photoshop CS6 中，一般是使用椭圆选框工具◌来绘制腮红。

步骤 17 单击“确定”按钮，即可羽化选区。新建“图层 4”图层，设置前景色为淡红色（R、G、B 参数为 247、189、187），如图 12-46 所示。

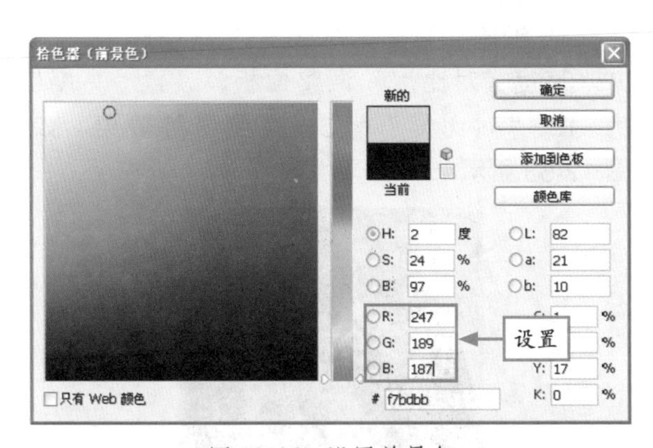

图 12-46 设置前景色

步骤 18 按 Alt + Delete 组合键，填充前景色，然后取消选区。设置“图层 4”图层的“混合模式”为“正片叠底”，效果如图 12-47 所示。

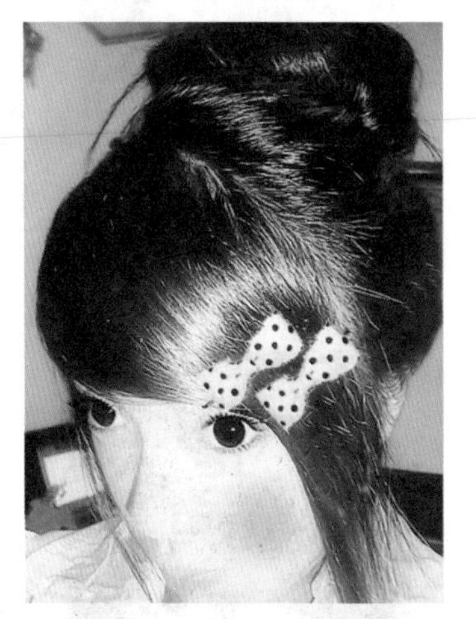

图 12-47 设置图层混合模式后的效果

步骤 19 按 Alt + Ctrl + Shift + E 组合键，盖印图层，得到“图层 5”图层，如图 12-48 所示。

步骤 20 选择“滤镜”|“锐化”|“USM 锐化”命令，弹出“USM 锐化”对话框，设置各参数如图 12-49 所示。

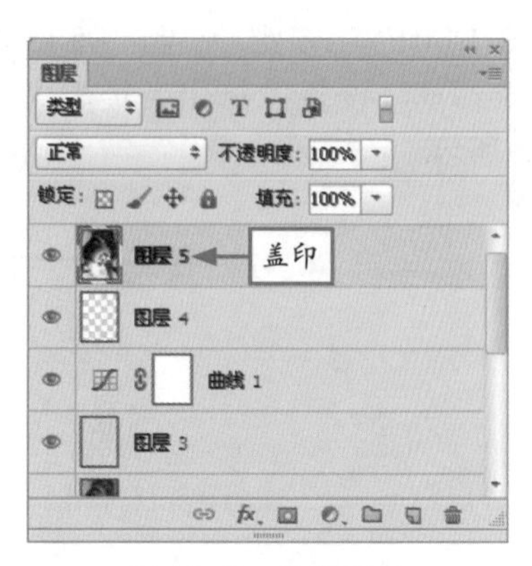

图 12-48　盖印图层

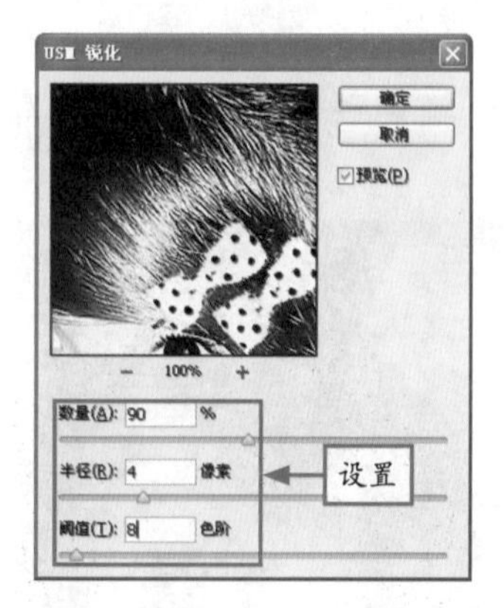

图 12-49　在“USM 锐化”对话框中设置参数

步骤21 单击“确定”按钮，即可锐化图像，如图 12-50 所示。

图 12-50　锐化图像效果

步骤22 选择“文件”|“打开”命令，打开配书光盘中的“素材＼第 12 章＼可爱饰品 .psd”，如图 12-51 所示。

图 12-51　打开素材图像

步骤23 将打开的素材图像拖曳至“美女 2”图像编辑窗口中，然后调整其位置，如图 12-52 所示。

图 12-52　拖入素材

步骤24 新建“亮度／对比度”调整图层，展开“亮度／对比度”调整面板，设置“亮度”为 –19、“对比度”为 5，得到最终效果，如图 12-53 所示。

图 12-53　图像最终效果

12.5 制作为爱远行效果

在本例中，将通过横排文字工具、“缩放”命令以及“图层样式”对话框等制作非主流的为爱远行效果。

下面详细讲解为爱远行效果的制作方法，最终效果如图 12-54 所示。

图 12-54　制作为爱远行效果

素材文件	光盘\素材\第12章\夜晚.jpg、文字符号.psd
效果文件	光盘\效果\第12章\为爱远行.psd
视频文件	光盘\视频\第12章\12. 5　制作为爱远行效果.mp4

步骤 1　选择“文件”|“打开”命令，打开配书光盘中的“素材\第 12 章\夜晚 .jpg”，如图 12-55 所示。

图 12-55　打开素材图像

步骤 2　选取工具箱中的横排文字工具，在其属性栏中设置各参数如图 12-56 所示。

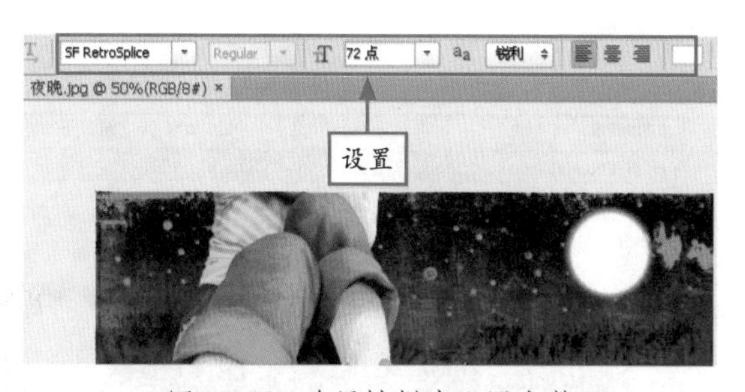

图 12-56　在属性栏中设置参数

步骤 3　在图像编辑窗口的右侧输入文字“LONELY”，然后选取工具箱中的移动工具，调整文字位置，如图 12-57 所示。

步骤 4　将文字图层进行栅格化处理，然后按 Ctrl + T 组合键，调出变换控制框，放大文字对象，效果如图 12-58 所示。

图 12-57　输入文字效果

图 12-58　放大文字效果

步骤 5　在“图层”面板中，设置文字图层的“混合模式”为“柔光”，效果如图 12-59 所示。

步骤 6　复制 LONELY 图层两次，得到“LONELY 副本”和“LONELY 副本 2”图层，效果如图 12-60 所示。

图 12-59　设置图层混合模式后的效果

图 12-60　复制图层后的效果

步骤 7　选取工具箱中的横排文字工具，在其属性栏中设置各参数如图 12-61 所示。

步骤 8　将光标移至图像编辑窗口中，输入文字“路有多远”，效果如图 12-62 所示。

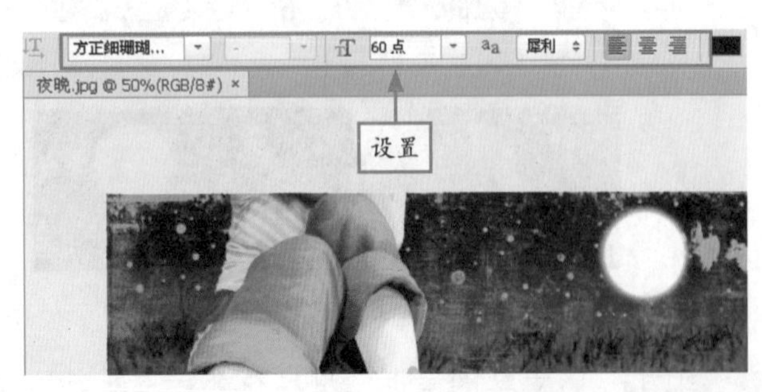

图 12-61　在属性栏中设置参数

图 12-62　输入文字效果

步骤 9　选择文字“路”，设置“字号大小”为 72，效果如图 12-63 所示。

步骤 10　双击“路有多远”文字图层，弹出“图层样式”对话框，如图 12-64 所示。

图 12-63　设置字体大小效果

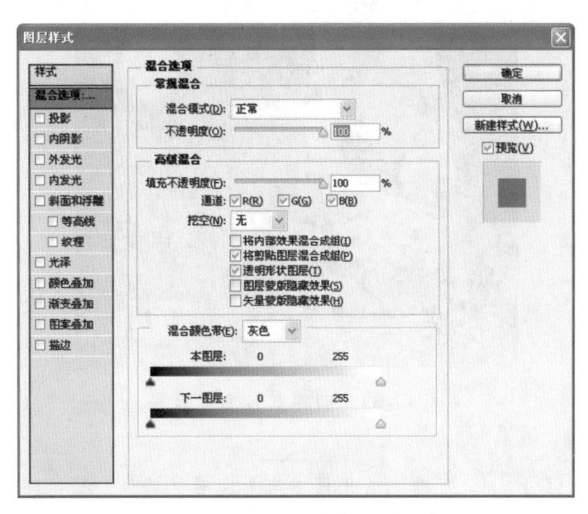

图 12-64　“图层样式”对话框

步骤 11　在该对话框中，设置各参数如图 12-65 所示。

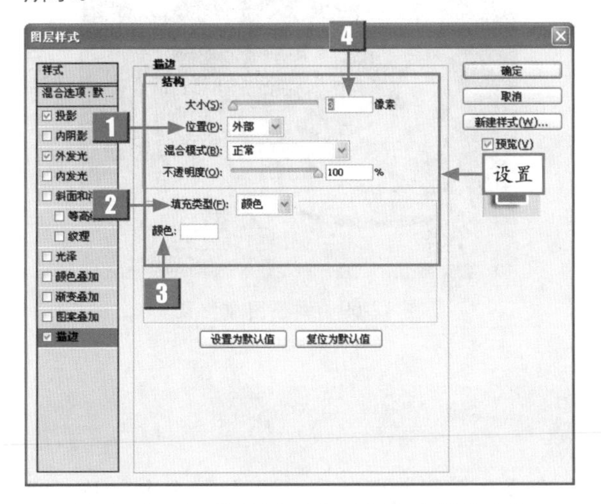

图 12-65　在“图层样式”对话框中设置参数

步骤 12　单击“确定”按钮，即可应用图层样式，然后调整文字位置，如图 12-66 所示。

图 12-66　应用图层样式效果

标　号	名　称	介　绍
1	位置	在该下拉列表框中可以选择描边的位置
2	填充类型	用于设置图像描边的类型
3	颜色	单击色块，可设置描边的颜色
4	大小	用于设置描边的大小，可以直接输入数值或拖曳滑块来调整

步骤 13　重复步骤 7 ～ 12，创建其他的文字，并调整其位置，效果如图 12-67 所示。

步骤 14　选择“文件”|“打开”命令，打开配书光盘中的“素材\第 12 章\文字符号 .psd”，如图 12-68 所示。

图 12-67　创建其他文字效果

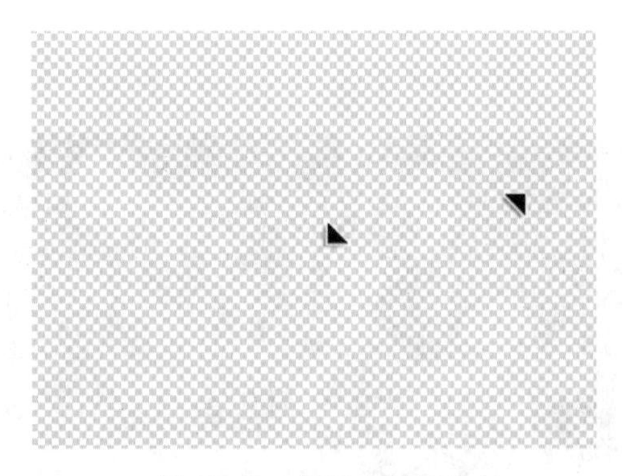
图 12-68　打开素材图像

专家提醒 非主流用语中有着大量的符号、繁体字、日文和英文。非主流语言所想表达的语义一般来说具有非常大的想象空间。

步骤 15 将打开的素材图像拖曳至“夜晚”图像编辑窗口中，然后调整其位置，效果如图 12-69 所示。

图 12-69　调整图像位置

12.6 制作大眼睛美女效果

在本例中，将通过“色阶”命令、“高斯模糊”命令、椭圆选框工具、“羽化”命令以及“画笔”面板等制作带有非主流效果的大眼睛美女。

下面详细讲解大眼睛美女效果的制作方法，最终效果如图 12-70 所示。

图 12-70　大眼睛美女最终效果

素材文件	光盘\素材\第12章\美女3.jpg、皇冠.psd
效果文件	光盘\效果\第12章\大眼睛美女.psd
视频文件	光盘\视频\第12章\12.6　制作大眼睛美女效果.mp4

步骤 1　选择“文件”|“打开”命令，打开配书光盘中的“素材\第 12 章\美女 3.jpg”，如图 12-71 所示。

图 12-71　打开素材图像

步骤 2　在“图层”面板中，选择“背景”图层，按 Ctrl + J 组合键，即可复制图层，如图 12-72 所示。

图 12-72　复制图层

步骤 3　选择“图像”|“调整”|“色阶”命令，弹出“色阶”对话框，设置各参数如图 12-73 所示。

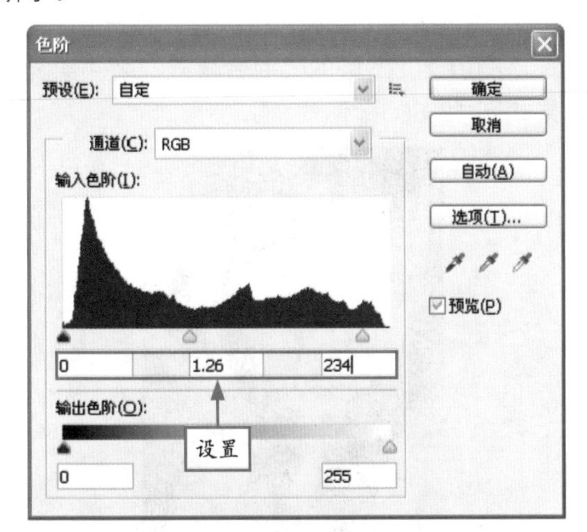

图 12-73　在“色阶”对话框中设置参数

步骤 4　单击“确定”按钮，即可调整图像的色阶，效果如图 12-74 所示。

图 12-74　调整图像色阶效果

步骤 5　在“图层”面板中，选择“图层 1”图层，按 Ctrl + J 组合键，即可复制图层，如图 12-75 所示。

步骤 6　选择“滤镜”|“模糊”|“高斯模糊”命令，弹出“高斯模糊”对话框，设置“半径”为 5，如图 12-76 所示。

图 12-75　复制图层

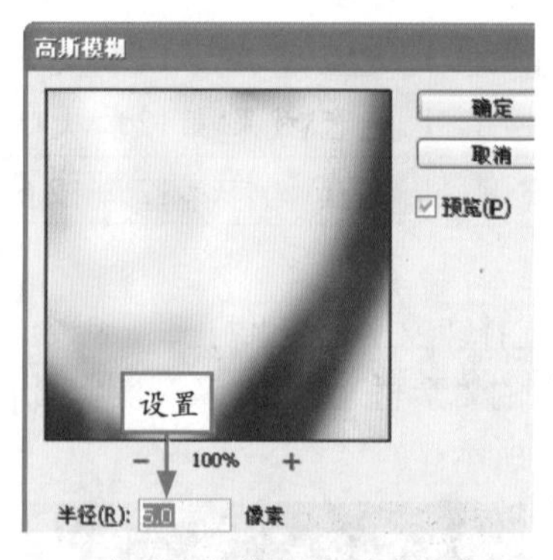

图 12-76　在“高斯模糊”对话框中设置参数

步骤 7　单击“确定”按钮，即可高斯模糊图像，效果如图 12-77 所示。

步骤 8　设置“图层 1 副本”图层的“混合模式”为“柔光”，效果如图 12-78 所示。

图 12-77　高斯模糊图像

图 12-78　设置图层混合模式后的效果

步骤 9　新建“图层 2”图层，设置前景色为玫红色（R、G、B 参数为 248、63、189），如图 12-79 所示。

步骤 10　按 Alt + Delete 组合键，填充前景色。设置“图层 2”图层的“混合模式”为“柔光”，效果如图 12-80 所示。

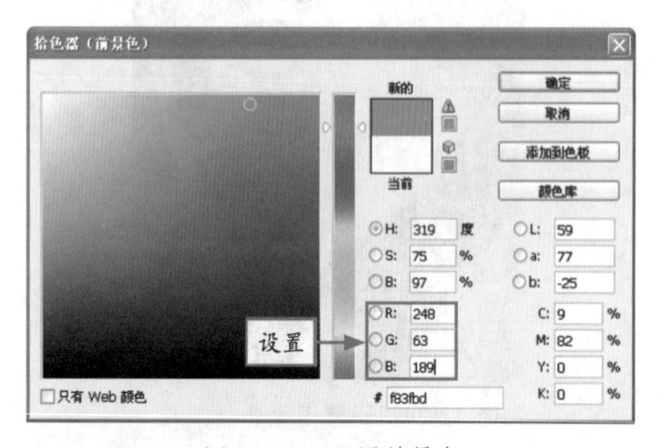

图 12-79　设置前景色

图 12-80　设置图层混合模式后的效果

步骤 11　设置“图层 2”图层的“不透明度”为 51，如图 12-81 所示。

步骤 12　选取椭圆选框工具，在人物的脸部绘制两个选区，如图 12-82 所示。

图 12-81　设置图层不透明度后的效果

图 12-82　绘制两个椭圆形选区

专家提醒 在绘制两个椭圆形选区时，用户需要在椭圆选框工具属性栏中单击“添加到选区”按钮，才能同时绘制两个选区。

步骤 13 按 Shift + F6 组合键，弹出“羽化”对话框，设置“羽化半径”为 10，单击“确定”按钮，如图 12-83 所示。

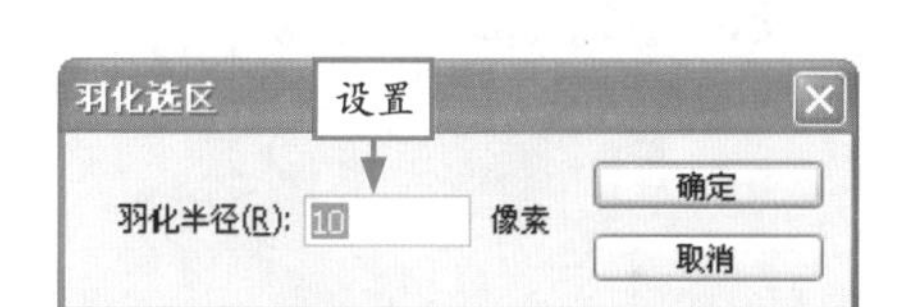

图 12-83　设置“羽化半径”

步骤 14 新建“图层 3”图层，设置前景色为粉红色（R、G、B 参数为 252、196、209），如图 12-84 所示。

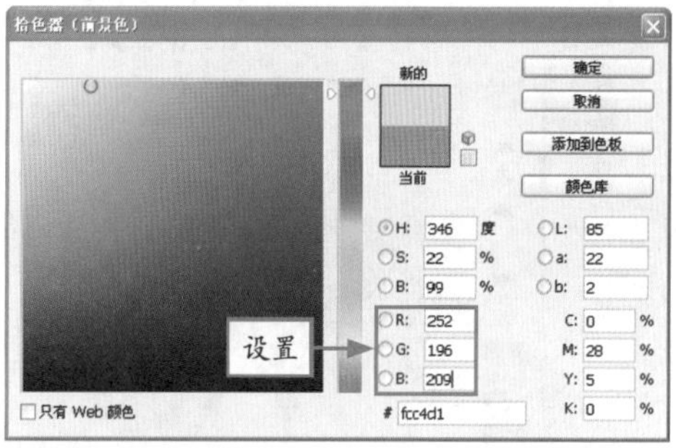

图 12-84　设置前景色

步骤 15 按 Alt + Delete 组合键，填充前景色，取消选区，效果如图 12-85 所示。

图 12-85　填充图像效果

步骤 16 选择“文件”|“打开”命令，打开配书光盘中的“素材\第 12 章\皇冠 .psd”，如图 12-86 所示。

图 12-86　打开素材图像

步骤17 将打开的素材图像拖曳至“大眼睛”图像编辑窗口中的适当位置，效果如图12-87所示。

图12-87 拖入素材效果

步骤18 新建“图层7”图层，设置前景色为白色。选取工具箱中的画笔工具，如图12-88所示。

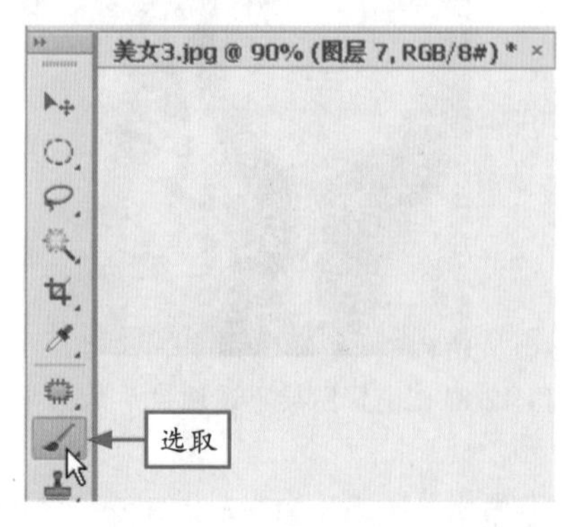

图12-88 选取画笔工具

步骤19 按F5键，调出“画笔”面板，设置各参数如图12-89所示。

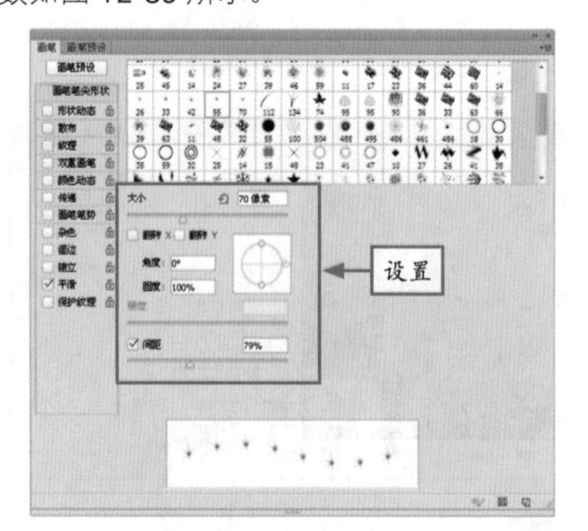

图12-89 在“画笔”面板中设置参数

步骤20 选中“散布”复选框，设置其参数如图12-90所示。

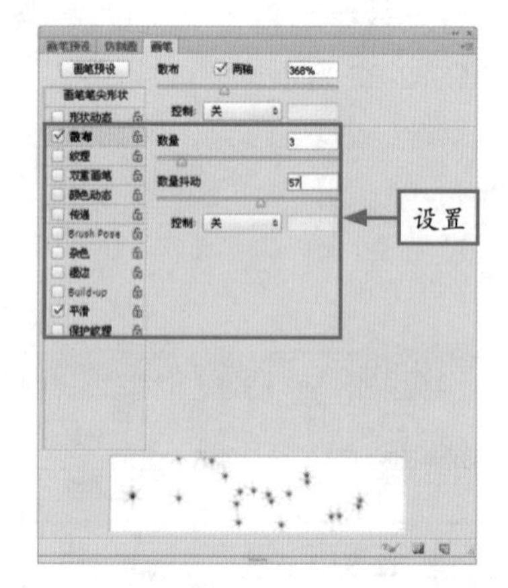

图12-90 设置“散布”相应参数

步骤21 将光标移至图像编辑窗口中，单击鼠标左键绘制星星，如图12-91所示。

图12-91 绘制星星效果

步骤22 以同样的方法绘制其他的星星，效果如图12-92所示。

图12-92 绘制其他星星

第 13 章　儿童与老年人照片的处理

|学 习 提 示|

时光匆匆流逝，许多美好的回忆都会逐渐变得模糊，只有被数码相机定格下来的画面依旧清晰，让人能够重温从前的快乐。本章将运用五花八门的处理方法，充分地发挥想象力，为儿童照片和老年人照片添加艺术效果。

|主 要 内 容|

- 制作鸟语花香效果
- 制作温暖童年效果
- 制作老年回忆效果
- 制作快乐童真效果
- 制作幸福相伴效果
- 制作品味秋韵效果

|重点与难点|

- 制作快乐童真效果
- 制作温暖童年效果
- 制作品味秋韵效果

|学完本章后你会做什么|

- 掌握制作鸟语花香效果的操作方法
- 掌握制作幸福相伴效果的操作方法
- 掌握制作老年回忆效果的操作方法

|视 频 文 件|

13.1 制作鸟语花香效果

本例以日常的生活照为主体，为其添加一系列生动活泼的图像来修饰，最后添加一些主题文字，丰富照片内涵。

下面详细讲解鸟语花香效果的制作方法，最终效果如图 13-1 所示。

图 13-1 鸟语花香最终效果

素材文件	光盘\素材\第13章\女孩.jpg、卡通.psd、星星.psd
效果文件	光盘\效果\第13章\鸟语花香.psd
视频文件	光盘\视频\第13章\13.1 制作鸟语花香效果.mp4

步骤 1 选择“文件”|“新建”命令，弹出“新建”对话框，设置各参数如图 13-2 所示，然后单击“确定”按钮，新建文件。

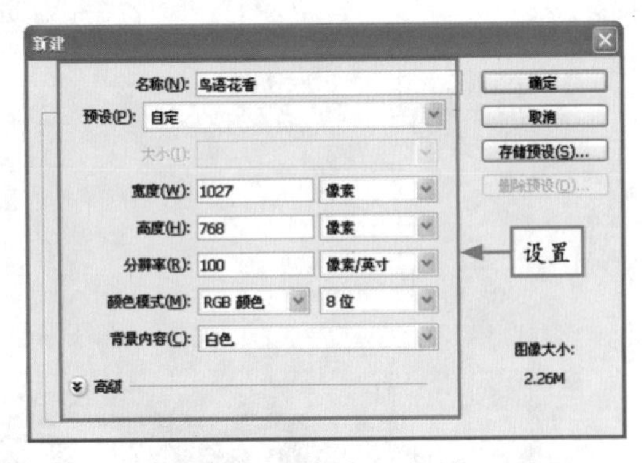

图 13-2 “新建”对话框

步骤 2 单击工具箱下方的“设置前景色”色块，弹出“拾色器（前景色）”对话框，设置各参数如图 13-3 所示，然后单击“确定”按钮。

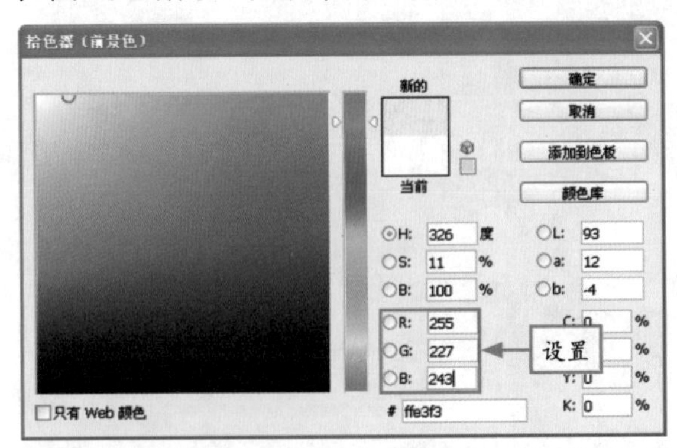

图 13-3 “拾色器（前景色）”对话框

步骤 3 选择“编辑”|“填充”命令，弹出“填充”对话框，设置各参数如图 13-4 所示。

步骤 4 单击“确定”按钮，即可为“背景”图层填充前景色，效果如图 13-5 所示。

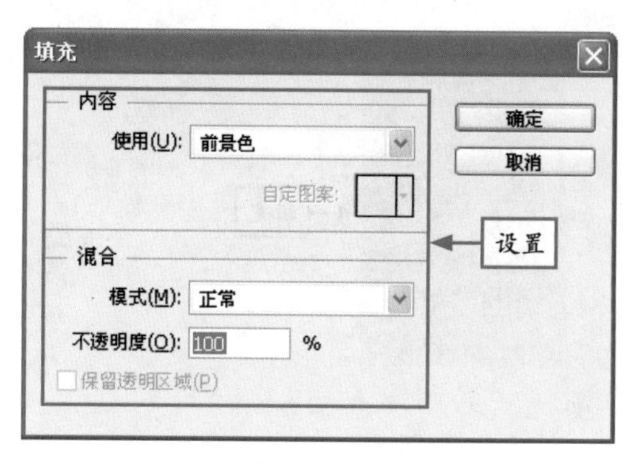

图 13-4　在“填充”对话框中设置参数

图 13-5　填充前景色

步骤 5　在“图层”面板中，选择“背景”图层，按 Ctrl + J 组合键复制图层，得到“图层 1”图层，如图 13-6 所示。

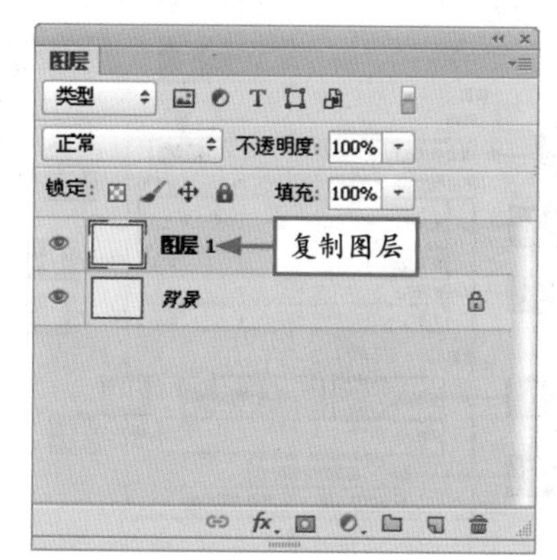

图 13-6　复制图层

步骤 6　按 Ctrl + T 组合键，调出变换控制框；然后按 Shift + Alt 组合键，等比例缩放图像，效果如图 13-7 所示。

图 13-7　缩放图像

步骤 7　按住 Ctrl 键的同时，单击“图层 1”图层，调出选区，如图 13-8 所示。

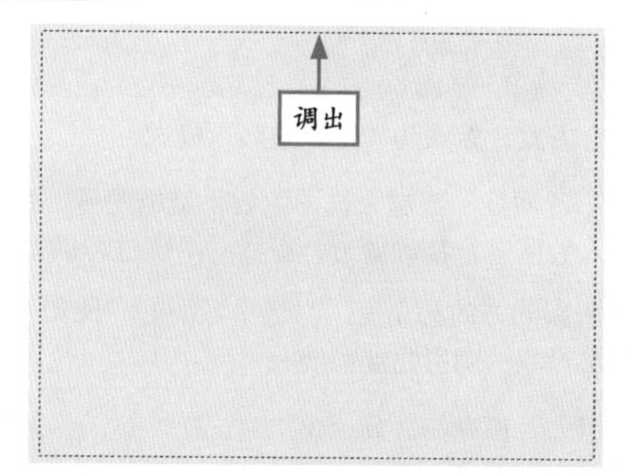

图 13-8　调出选区

步骤 8　设置前景色为白色，按 Alt + Delete 组合键，填充选区，如图 13-9 所示。

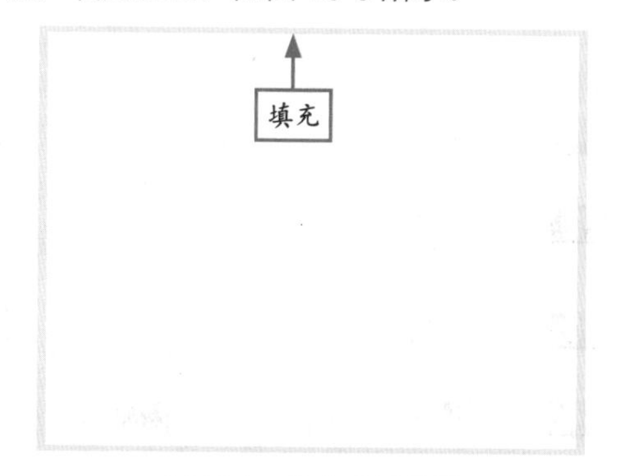

图 13-9　填充选区效果

步骤 9　新建“图层 2”图层，选取矩形选框工具，在图像编辑窗口中创建一个适当大小的矩形选区，如图 13-10 所示。

步骤 10　设置前景色为玫红色，RGB 参数为 217、107、150，然后按 Alt + Delete 组合键，填充颜色，取消选区后的效果如图 13-11 所示。

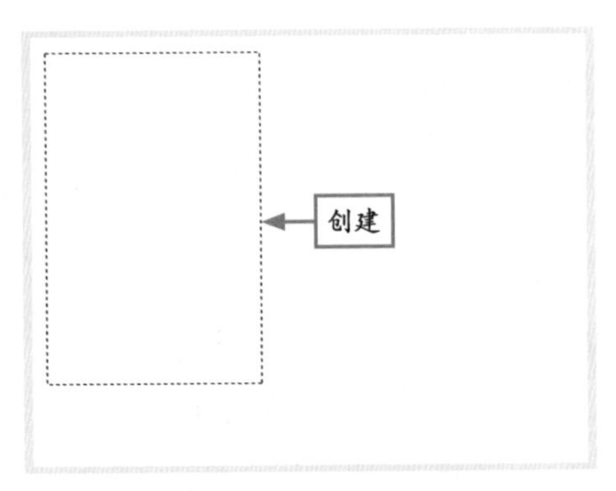

图 13-10　创建矩形选区

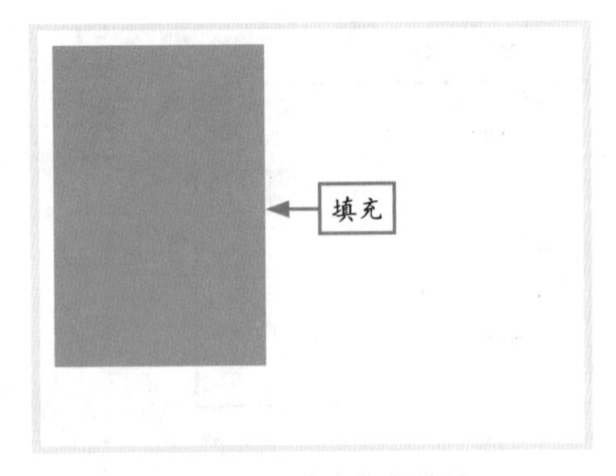

图 13-11　填充颜色效果

步骤 11　复制“图层 2”图层；按 Ctrl + T 组合键，缩小图像；然后按 Alt + Delete 组合键，将其填充为白色，如图 13-12 所示。

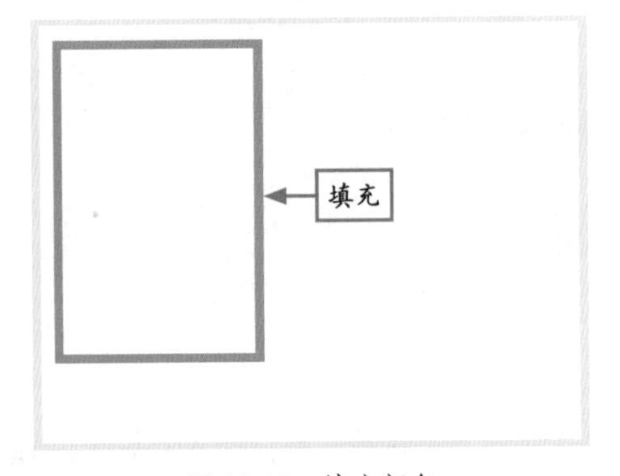

图 13-12　填充颜色

步骤 12　双击“图层 2”图层，弹出“图层样式”对话框，在左侧的“样式”列表框中选中“投影”复选框，设置各参数如图 13-13 所示。

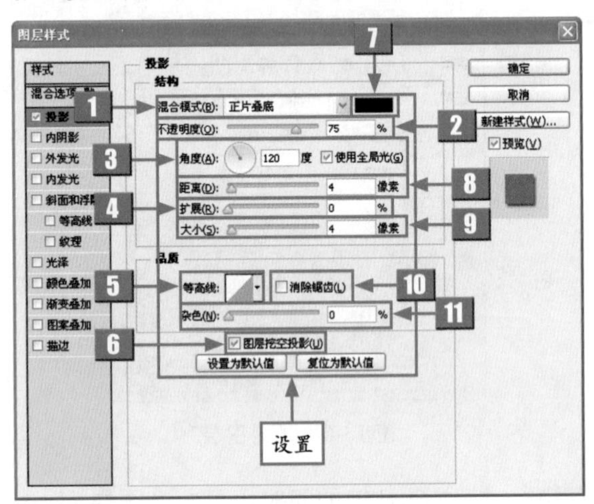

图 13-13　设置“投影”相应参数

标　号	名　称	介　绍
1	混合模式	用来设置投影与下面图层的混合方式，默认为“正片叠底”模式
2	不透明度	设置图层效果的不透明度，“不透明度”值越大，图像效果就越明显。用户可以直接在后面的数值框中输入数值进行精确调节，或拖动滑块进行调节
3	角度	设置光照角度，可以确定投下阴影的方向与角度。当选中后面的“使用全局光”复选框时，可以将所有图层对象的阴影角度都统一
4	扩展	设置模糊的边界，“扩展”值越大，模糊的部分越少
5	等高线	设置阴影的明暗部分。单击右侧的下拉按钮，在弹出的下拉列表框中可以选择预设效果；也可以单击预设效果，在弹出的“等高线编辑器”对话框中重新进行编辑
6	图层挖空阴影	用来控制半透明图层中投影的可见性

续表

标　号	名　称	介　绍
7	投影颜色	在“混合模式”右侧的颜色框中，可以设定阴影的颜色
8	距离	用于设置阴影偏移的幅度，距离越大，层次感越强；距离越小，层次感越弱
9	大小	用于设置模糊的边界，“大小”值越大，模糊的部分就越大
10	消除锯齿	混合等高线边缘的像素，使投影更加平滑
11	杂色	为阴影添加杂点效果，“杂色”值越大，杂点越明显

步骤13　单击“确定”按钮，即可添加“投影”图层样式，如图 13-14 所示。

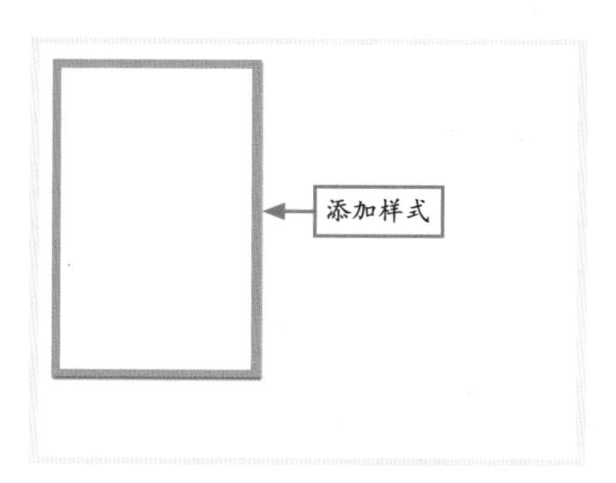

图 13-14　添加图层样式

步骤14　选择并复制“图层 2”图层和“图层 2 副本”图层，如图 13-15 所示。

图 13-15　复制图层

步骤15　选取工具箱中的移动工具，调整复制所得图像位置，效果如图 13-16 所示。

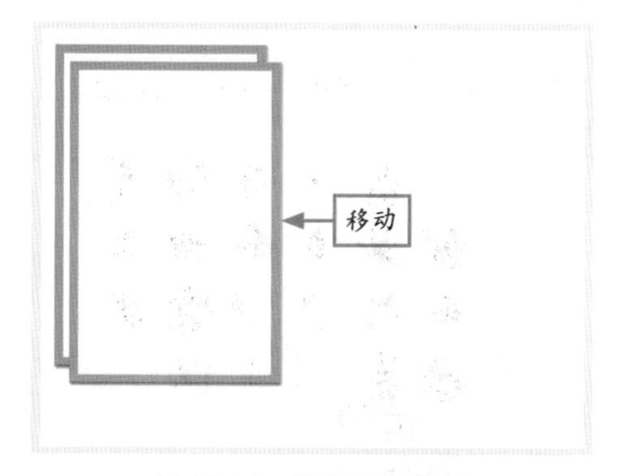

图 13-16　调整图像位置

步骤16　新建“图层 3”图层，将前景色的 R、G、B 参数值分别设置为 255、158、202，如图 13-17 所示。

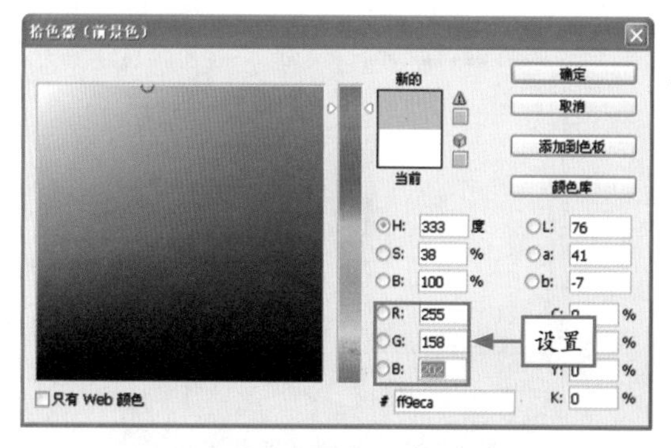

图 13-17　设置 R、G、B 参数

步骤17　选取画笔工具，在其属性栏中设置“不透明度”为 80，在图像编辑窗口中绘制图像，效果如图 13-18 所示。

步骤18　以同样的方法，新建图层；然后选取画笔工具，绘制相应的图像；再调整各图层之间的顺序，效果如图 13-19 所示。

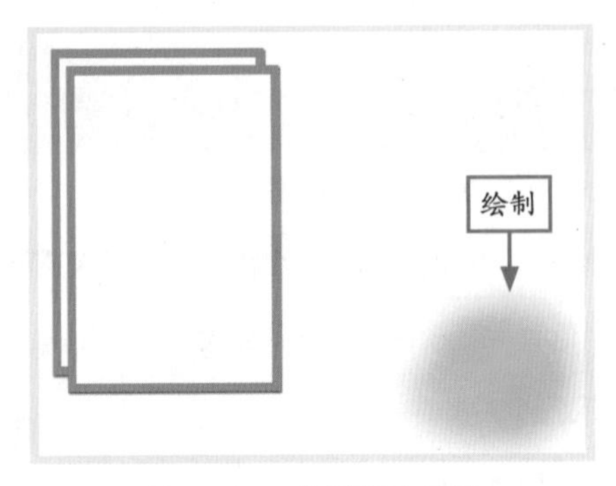

图 13-18　绘制图像效果

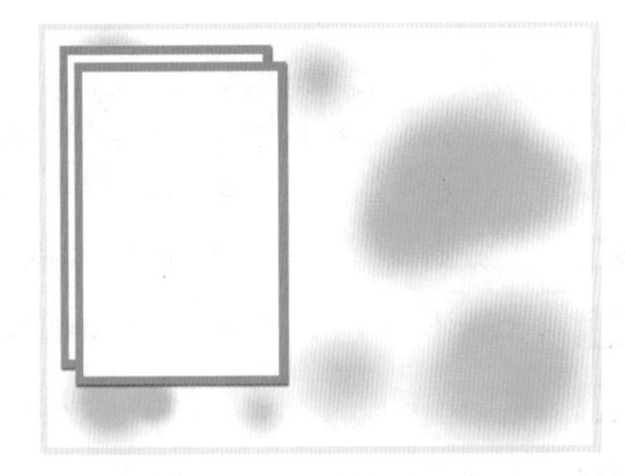

图 13-19　绘制相应图像

步骤19 选取自定形状工具，在其属性栏中打开“图形”下拉列表框从中选择“花 1”形状，如图 13-20 所示。

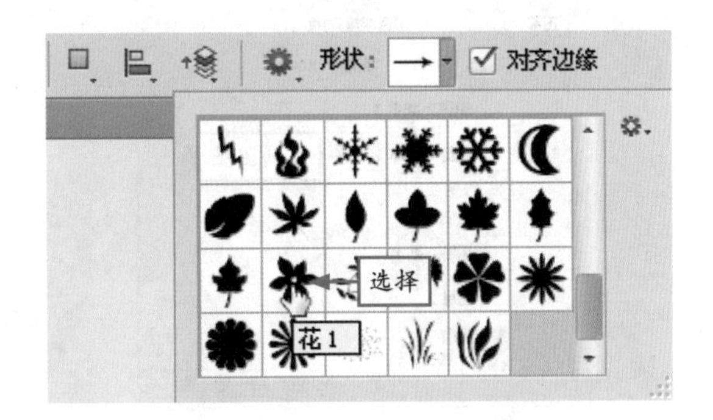

图 13-20　选择“花 1”形状

步骤20 新建“图层 10”图层，将前景色的 R、G、B 参数值分别设置为 255、117、192，然后在图像上单击鼠标左键并拖曳，绘制花，如图 13-21 所示。

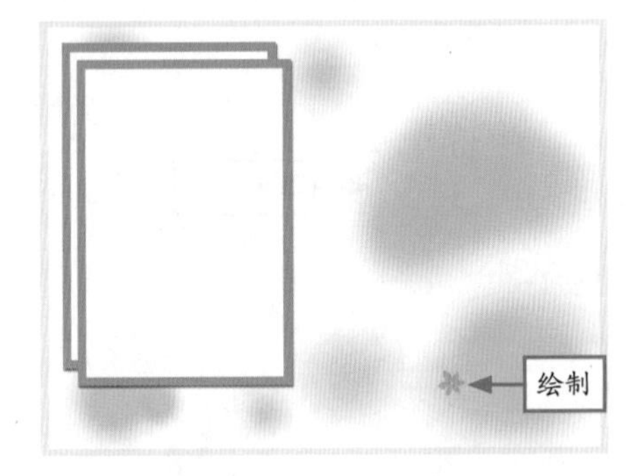

图 13-21　绘制花图像

步骤21 多次复制“图层 10”图层，根据需要对各图层的位置、大小和角度进行适当的调整，再调整图层顺序，如图 13-22 所示。

图 13-22　复制并调整图像

步骤22 选取自定形状工具，在其属性栏中打开“图形”下拉列表框，从中选择“花 6”形状，如图 13-23 所示。

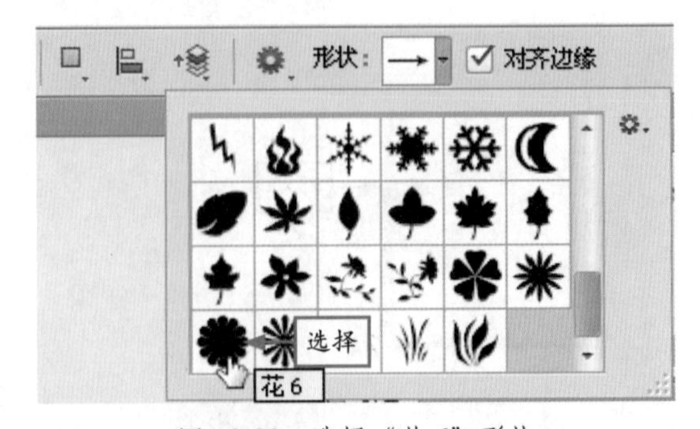

图 13-23　选择“花 6”形状

步骤23 将填充颜色的 R、G、B 参数值分别设置为 237、125、158，在图像上单击鼠标左键并拖曳，绘制形状，效果如图 13-24 所示。

步骤24 选取自定形状工具，将填充颜色的 R、G、B 参数值分别设置为 255、210、101，单击鼠标左键并拖曳，绘制形状，如图 13-25 所示。

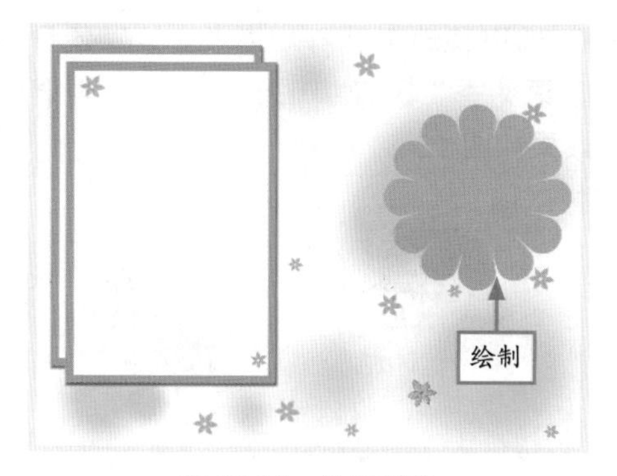

图 13-24　绘制形状

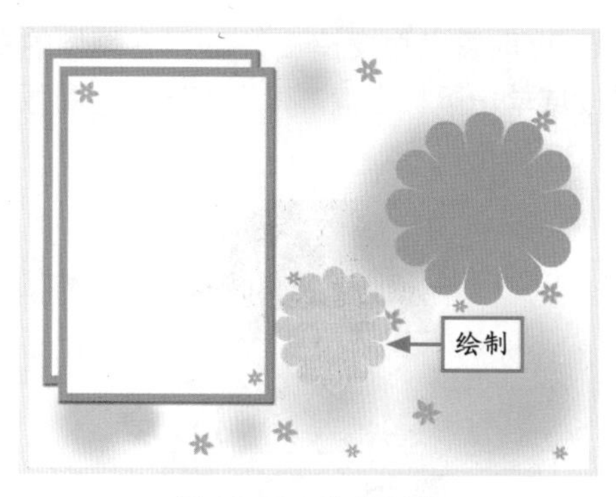

图 13-25　绘制形状

步骤 25　双击“形状 2”图层，弹出“图层样式”对话框，在左侧的“样式”列表框中选中“外发光”复选框，设置各参数如图 13-26 所示。

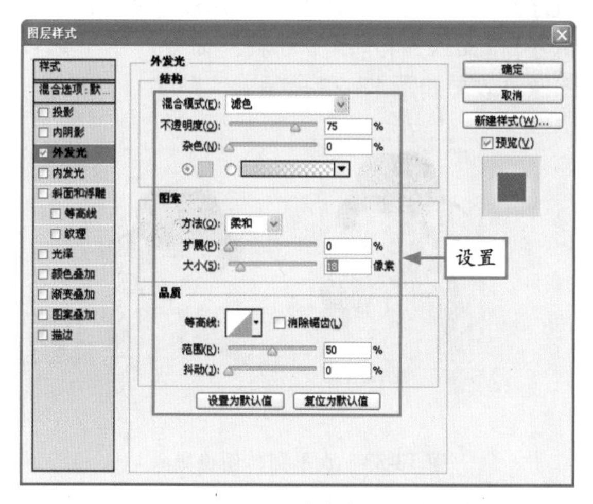

图 13-26　设置“外发光”相应参数

步骤 26　单击“确定”按钮，即可添加“外发光”图层样式，效果如图 13-27 所示。

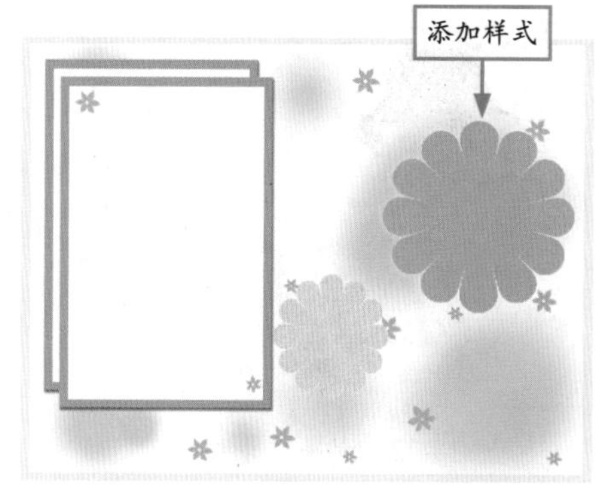

图 13-27　添加图层样式效果

步骤 27　以同样的方法，为“形状 3”图层添加“外发光”图层样式，效果如图 13-28 所示。

图 13-28　添加图层样式效果

步骤 28　选择“文件”|“打开”命令，打开配书光盘中的“素材\第 13 章\女孩 .jpg”，如图 13-29 所示。

图 13-29　打开素材图像

步骤29 选取魔术橡皮擦工具，在图像的白色背景区域单击鼠标左键，即可擦除白色图像，如图 13-30 所示。

图 13-30　擦除白色图像

步骤30 选取移动工具，将“女孩”素材拖曳至“鸟语花香”图像编辑窗口中，适当调整大小，效果如图 13-31 所示。

图 13-31　拖入素材效果

步骤31 选择“编辑”|“变换”|“水平翻转”命令，水平翻转图像，效果如图 13-32 所示。

图 13-32　水平翻转图像效果

步骤32 复制“图层 11”图层，选择“编辑”|“变换”|“水平翻转”命令，水平翻转图像，效果如图 13-33 所示。

图 13-33　水平翻转图像效果

步骤33 调整图像位置，在“图层 11 副本”图层上添加图层蒙版，使用黑色画笔工具涂抹图像，效果如图 13-34 所示。

图 13-34　涂抹图像效果

步骤34 以同样的方法，复制应用蒙版的图像，水平翻转图像，并调整其大小、位置和角度，效果如图 13-35 所示。

图 13-35　调整图像效果

步骤35 选择“文件”|“打开”命令，打开配书光盘中的“素材\第 13 章\卡通 .psd”，如图 13-36 所示。

步骤36 将“卡通”素材拖曳至“鸟语花香”图像编辑窗口中，调整图像的大小和位置，效果如图 13-37 所示。

图 13-36 打开素材图像

图 13-37 调整图像效果

步骤 37 选择“文件” | “打开”命令，打开配书光盘中的“素材\第 13 章\星星 .psd”，如图 13-38 所示。

图 13-38 打开素材图像

步骤 38 将“星星”素材拖曳至“鸟语花香”图像编辑窗口中，复制并调整“星星”图像，效果如图 13-39 所示。

图 13-39 复制并调整图像

步骤 39 选取横排文字工具，设置前景色为粉色（R、G、B 参数为 217、141、163）、“字体”为“方正卡通简体”、“大小”为 56，在图像编辑窗口中输入文字，效果如图 13-40 所示。

图 13-40 输入文字

步骤 40 在“图层”面板中双击文字图层，弹出“图层样式”对话框，选中“描边”复选框，设置颜色为白色；选中“投影”复选框，设置各参数如图 13-41 所示。

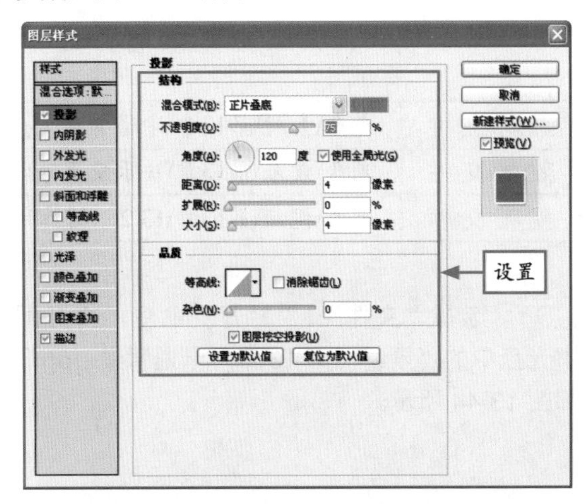

图 13-41 在“图层样式”对话框中设置参数

步骤41 单击“确定”按钮，即可为文字添加图层样式，效果如图 13-42 所示。

图 13-42 添加图层样式后的效果

13.2 制作快乐童真效果

本例将通过复制图层、填充图层、缩小图像、“高斯模糊”命令以及“变换选区”命令等制作快乐童真效果。

下面详细讲解快乐童真效果的制作方法，最终效果如图 13-43 所示。

图 13-43 快乐童真最终效果

素材文件	光盘\素材\第13章\卡通背景.jpg、骑车1.jpg、骑车2.jpg、文字.psd
效果文件	光盘\效果\第13章\快乐童真.psd
视频文件	光盘\视频\第13章\13.2 制作快乐童真效果.mp4

步骤1 选择“文件”|“打开”命令，打开配书光盘中的“素材\第 13 章\卡通背景 .jpg”，如图 13-44 所示。

步骤2 复制“背景”图层，得到“图层 1”图层。选择“背景”图层，填充颜色（R、G、B 参数为 125、1、9），如图 13-45 所示。

图 13-44　打开素材图像

图 13-45　填充图层

步骤 3　选择“图层 1”图层，按 Ctrl + L 组合键，将图像缩小并拖曳至合适的位置，效果如图 13-46 所示。

图 13-46　缩放图像效果

步骤 4　在“背景”图层的上方新建“图层 2”图层，填充黑色，并将图像缩小，效果如图 13-47 所示。

图 13-47　缩小图像效果

步骤 5　选择“图层 1”图层，选择“滤镜”|“模糊”|“高斯模糊”命令，弹出“高斯模糊”对话框，设置“半径”为 5，如图 13-48 所示。

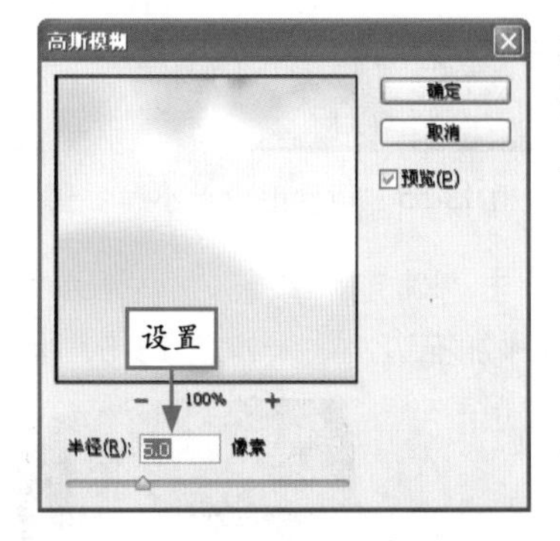

图 13-48　设置“半径”

步骤 6　单击“确定”按钮，即可高斯模糊图像编辑窗口中的图像，效果如图 13-49 所示。

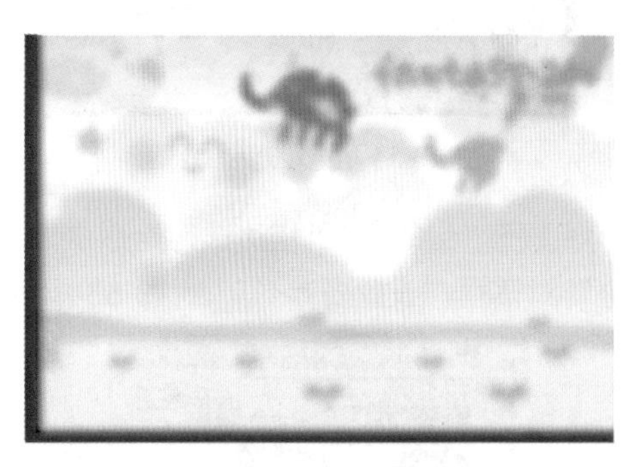

图 13-49　高斯模糊图像

步骤 7　选择“文件”|“打开”命令，打开配书光盘中的“素材\第 13 章\骑车 1.jpg”，将其拖曳至“卡通背景”图像编辑窗口中，如图 13-50 所示。

步骤 8　选择“图像”|“调整”|“亮度/对比度”命令，弹出“亮度/对比度”对话框，设置各参数如图 13-51 所示。

图 13-50　打开素材图像

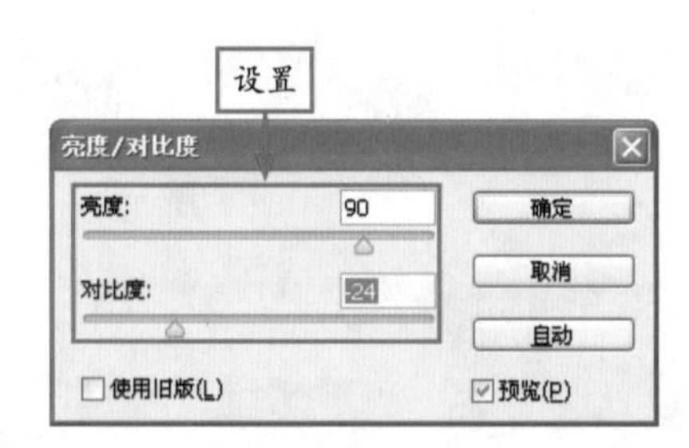

图 13-51　在“亮度/对比度”对话框中设置参数

步骤 9 单击“确定”按钮，即可调整图像的亮度/对比度，效果如图 13-52 所示。

图 13-52　调整图像亮度/对比度效果

步骤 10 选取矩形选框工具，在图像编辑窗口中创建一个矩形选区，如图 13-53 所示。

图 13-53　创建矩形选区

步骤 11 选择“选择”|“变换选区”命令，调出变换控制框，旋转选区，如图 13-54 所示。

图 13-54　旋转选区效果

步骤 12 选择“选择”|“反向”命令，反选选区；按 Delete 键，删除选区内的图像；调整图像大小和位置，如图 13-55 所示。

图 13-55　调整图像大小和位置

步骤 13 选择“编辑”|“描边选区”命令，弹出“描边”对话框，设置各参数如图 13-56 所示。

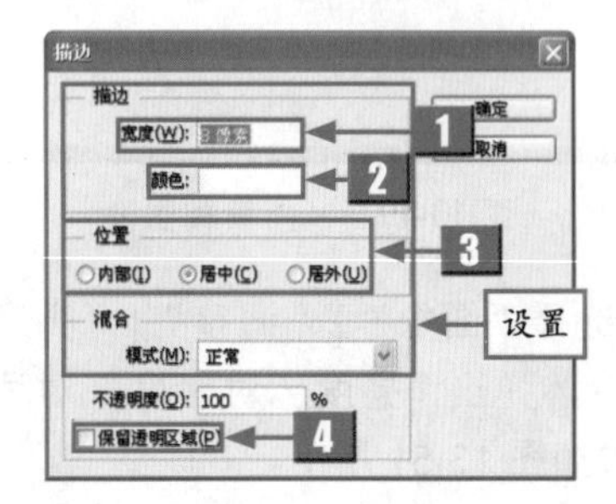

图 13-56　在“描边”对话框中设置参数

步骤 14 单击“确定”按钮，即可为“骑车 1”素材图像添加描边，效果如图 13-57 所示。

图 13-57　添加描边效果

标　号	名　称	介　绍
1	宽度	在该文本框中输入数值，可确定描边线条的宽度，数值越大线条越宽
2	颜色	单击色块，可在弹出的“拾色器”对话框中选择一种合适的颜色
3	位置	选择各个单选按钮，可以设置描边线条相对于选区的位置
4	保留透明区域	如果当前描边的选区范围内存在透明区域，则选中该复选框后，将不对透明区域进行描边

步骤 15　选择“文件”|“打开”命令，打开配书光盘中的“素材\第 13 章\骑车 2.jpg”，如图 13-58 所示。

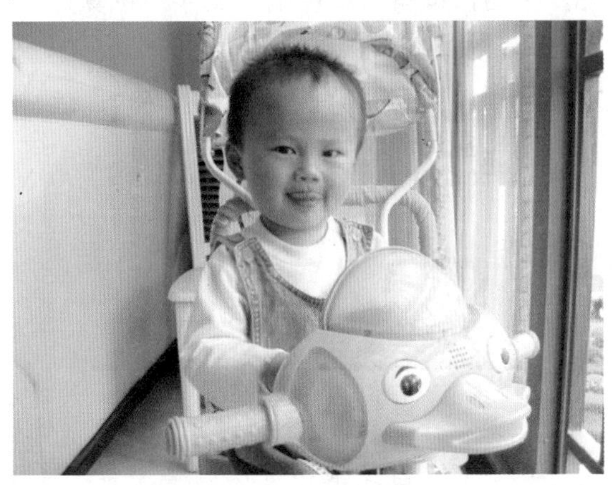

图 13-58　打开素材图像

步骤 16　将其拖曳至“卡通背景”图像编辑窗口中按 Ctrl + T 组合键，调出变换控制框，缩小图像，效果如图 13-59 所示。

图 13-59　缩小图像效果

步骤 17　选择“编辑”|“描边选区”命令，弹出“描边”对话框，设置各参数如图 13-60 所示。

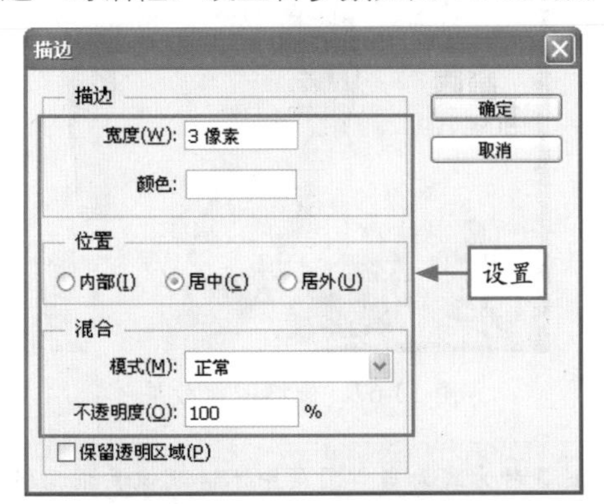

图 13-60　在“描边”对话框中设置各参数

步骤 18　单击“确定”按钮，即可为“骑车 2”素材图像添加描边，效果如图 13-61 所示。

图 13-61　添加描边效果

步骤 19　将“图层 4”图层拖曳至“图层 3”图层的下方，将图像旋转至合适角度，效果如图 13-62 所示。

步骤 20　复制“图层 4”图层，得到“图层 4 副本”图层。选择“图层 4”图层，将其旋转至合适角度，效果如图 13-63 所示。

图 13-62 旋转图像效果

图 13-63 旋转图像效果

步骤21 选择“文件”|“打开”命令，打开配书光盘中的“素材\第13章\文字.psd”，将其拖曳至“卡通背景”图像编辑窗口中，如图13-64所示。

图 13-64 拖入素材图像

步骤22 选取横排文字工具，在其属性栏中设置“字体”为“方正综艺繁体”、“大小”为48，在图像编辑窗口中输入文字“童真”，如图13-65所示。

图 13-65 输入文字

步骤23 双击“童真”文本图层，弹出“图层样式”对话框，在左侧“样式”列表框中选中“描边”复选框，设置颜色为白色，然后单击“确定”按钮，效果如图13-66所示。

图 13-66 添加图层样式效果

步骤24 新建“自然饱和度”调整图层，展开“自然饱和度”调整面板，设置“自然饱和度”为59，得到图像最终效果，如图13-67所示。

图 13-67 最终图像效果

> **专家提醒** 使用“描边”图层样式，可以用颜色、渐变或图案3种方式为当前图层中不透明像素描画轮廓，对于有硬边的图层（如文字）效果非常显著。

13.3 制作温暖童年效果

本例以温馨的粉色为主题颜色，通过童年的纯真无暇和天真可爱，传达一种温暖的心情。

下面详细讲解温暖童年效果的制作方法，最终效果如图 13-68 所示。

图 13-68　温暖童年最终效果

素材文件	光盘\素材\第13章\粉色背景.jpg、花纹.psd、婴儿1.jpg、花草.psd、婴儿2.jpg
效果文件	光盘\效果\第13章\温暖童年.psd
视频文件	光盘\视频\第13章\13.3　制作温暖童年效果.mp4

步骤 1　选择“文件”|“新建”命令，弹出“新建”对话框，设置各参数如图 13-69 所示，然后单击“确定”按钮。

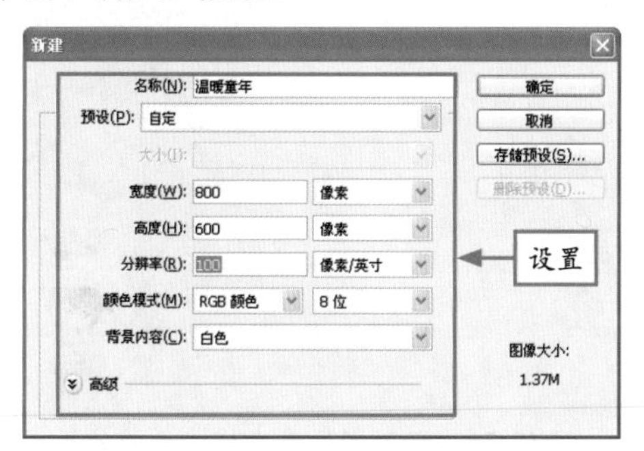

图 13-69　在“新建”对话框中设置参数

步骤 2　新建“图层 1”图层，选取渐变工具，填充 R、G、B 参数为 248、188、210 和 248、221、228 的径向渐变，如图 13-70 所示。

图 13-70　填充渐变效果

步骤 3　选择“文件”|“打开”命令，打开配书光盘中的“素材\第 13 章\粉色背景 .jpg”，如图 13-71 所示。

图 13-71　打开素材图像

步骤 4　将其拖曳至“温暖童年”图像编辑窗口中，然后新建“图层 2”图层，选取椭圆选框工具，创建选区，效果如图 13-72 所示。

图 13-72　创建选区

步骤5 按Shift＋F6组合键，弹出“羽化选区”对话框，设置“羽化半径”为25，如图13-73所示。

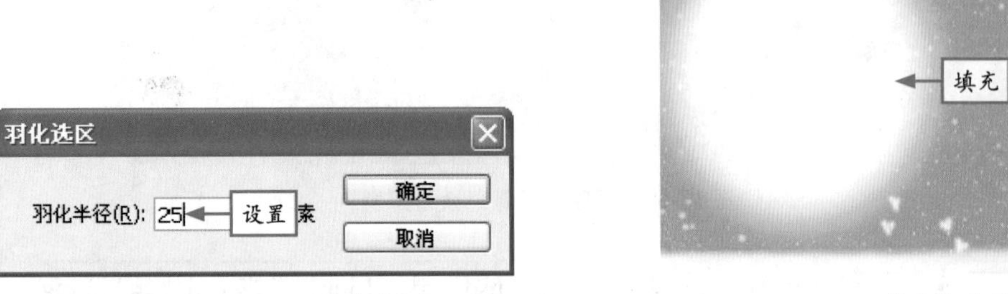

图13-73 设置“羽化半径”

步骤6 单击“确定”按钮，即可羽化选区。设置前景色为白色，按Alt＋Delete组合键填充颜色，效果如图13-74所示。

图13-74 填充颜色效果

步骤7 选择“文件”|“打开”命令，打开配书光盘中的“素材\第13章\花纹.psd”，将其拖曳至“温暖童年”图像编辑窗口中，如图13-75所示。

图13-75 拖入素材图像

步骤8 在“图层”面板中，设置“图层3”图层的“混合模式”为“滤色”，效果如图13-76所示。

图13-76 设置图层混合模式后的效果

步骤9 选择“文件”|“打开”命令，打开配书光盘中的“素材\第13章\婴儿1.jpg”，如图13-77所示。

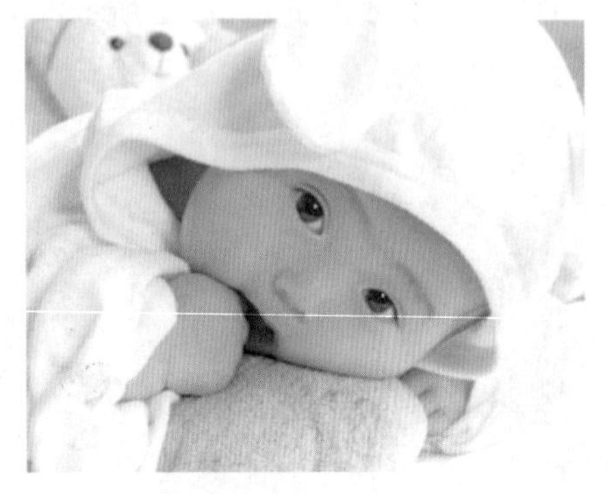

图13-77 打开素材图像

步骤10 将其拖曳至“温暖童年”图像编辑窗口中，按Ctrl＋T组合键，调出变换控制框，适当地旋转图像，如图13-78所示。

图13-78 适当地旋转图像

步骤 11 在“图层”面板中，选择“图层 4”图层，添加图层蒙版；选取画笔工具，在图像编辑窗口中涂抹图像，效果如图 13-79 所示。

图 13-79 涂抹图像效果

步骤 12 选择“文件”|“打开”命令，打开配书光盘中的“素材\第 13 章\花草.psd”，将其拖曳至“温暖童年”图像编辑窗口中，如图 13-80 所示。

图 13-80 拖入素材效果

步骤 13 选择“文件”|“打开”命令，打开配书光盘中的“素材\第 13 章\婴儿 2.jpg”，将其拖曳至“温暖童年”图像编辑窗口中，如图 13-81 所示。

图 13-81 拖入素材效果

步骤 14 按 Ctrl ＋ T 组合键，调出变换控制框，适当地缩放图像；选择“图层 6”图层，添加图层蒙版；选取画笔工具，适当地涂抹图像，效果如图 13-82 所示。

图 13-82 涂抹图像效果

步骤 15 选取横排文字工具，设置“字体”为“汉仪菱心体简”、“大小”为 68.32、颜色为白色，输入文字，如图 13-83 所示。

图 13-83 输入文字效果

步骤 16 双击文字图层，弹出“图层样式”对话框，在左侧“样式”列表框中选中“投影”复选框，设置各参数如图 13-84 所示。

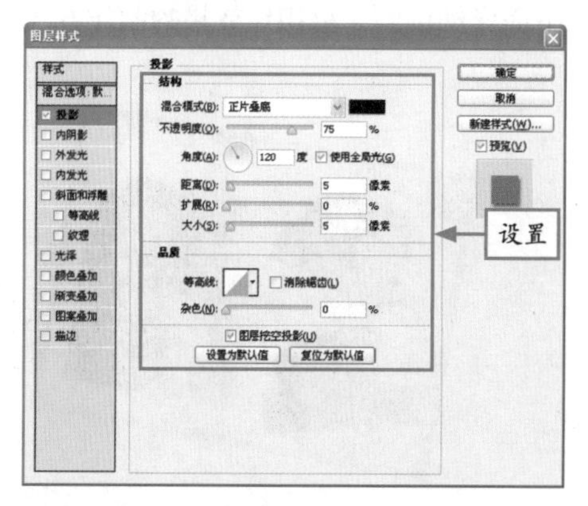

图 13-84 设置“投影”相应参数

步骤17 单击“确定”按钮，即可添加图层样式，效果如图 13-85 所示。

图 13-85 添加图层样式

步骤18 新建“色相 / 饱和度”调整图层，展开“色相 / 饱和度”调整面板，设置各参数如图 13-86 所示。

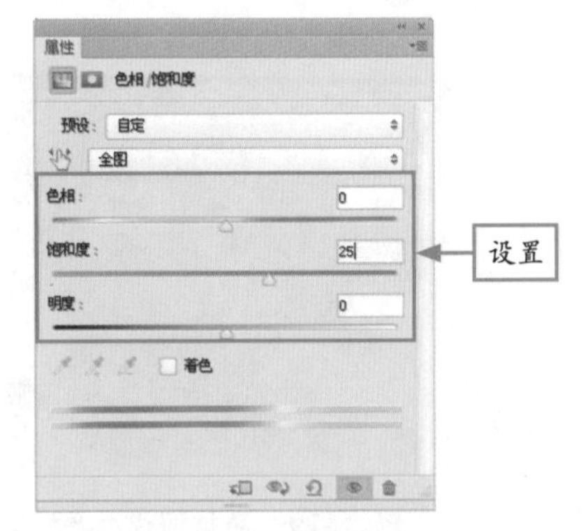

图 13-86 在“色相 / 饱和度”调整面板中设置各参数

步骤19 完成设置后，即可调整图像的饱和度，得到最终效果，如图 13-87 所示。

图 13-87 图像最终效果

13.4 制作幸福相伴效果

本例首先运用标尺创建参考线，然后通过矩形选框工具制作华丽的金色相框，并配以适当的背景底色，让照片显得更加雍容华贵。

下面详细讲解幸福相伴效果的制作方法，最终效果如图 13-88 所示。

图 13-88 幸福相伴最终效果

素材文件	光盘\素材\第13章\透明边框.psd、花朵.psd、幸福.psd、老年文字.psd
效果文件	光盘\效果\第13章\幸福相伴.psd
视频文件	光盘\视频\第13章\13.4　制作幸福相伴效果.mp4

步骤 1　选择“文件”|“新建”命令，新建一个指定大小的空白文档；然后新建“图层 1”图层，如图 13-89 所示。

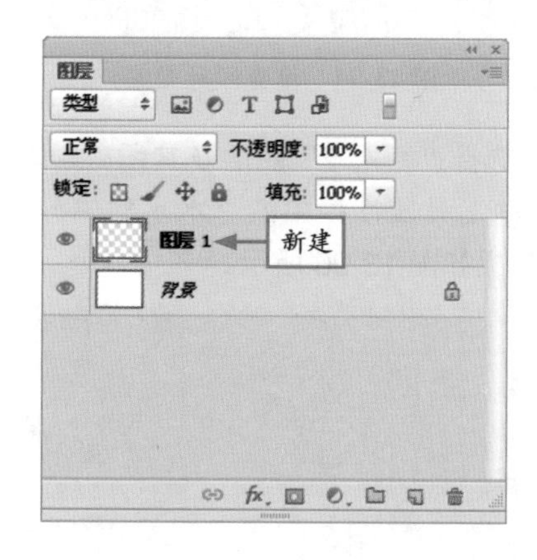

图 13-89　新建“图层 1”图层

步骤 2　将前景色的 R、G、B 参数分别设置为 214、167、59，按 Alt + Delete 组合键，填充颜色，效果如图 13-90 所示。

图 13-90　填充颜色效果

步骤 3　按 Ctrl + T 组合键，调出变换控制框，适当地缩小图像，效果如图 13-91 所示。

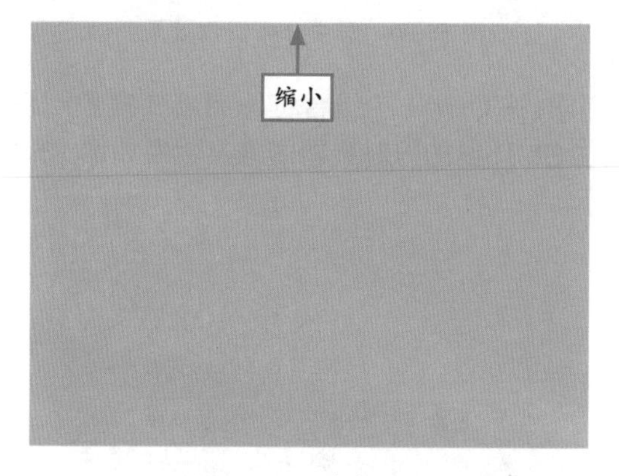

图 13-91　缩小图像

步骤 4　按 Ctrl + R 组合键，显示标尺；创建两条参考线，并调整其位置，如图 13-92 所示。

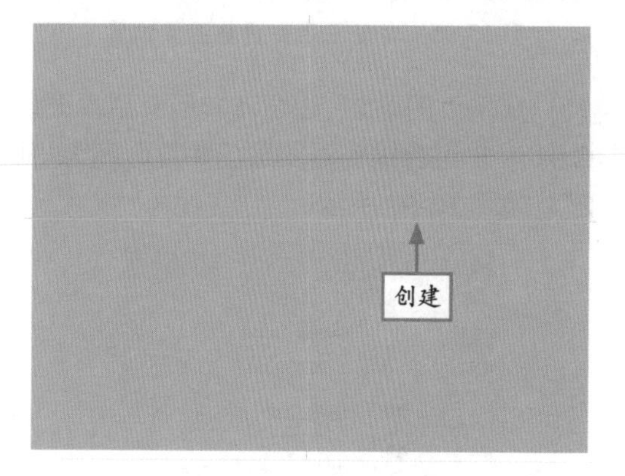

图 13-92　创建参考线

专家提醒　除了上述方法外，用户还可以选择“窗口”|“标尺”命令来显示标尺。

步骤 5　新建“图层 2”图层，选取矩形选框工具，创建矩形选区，如图 13-93 所示。

步骤 6　将前景色的 R、G、B 参数分别设置为 225、189、95，填充颜色，效果如图 13-94 所示。

图 13-93 创建矩形选区

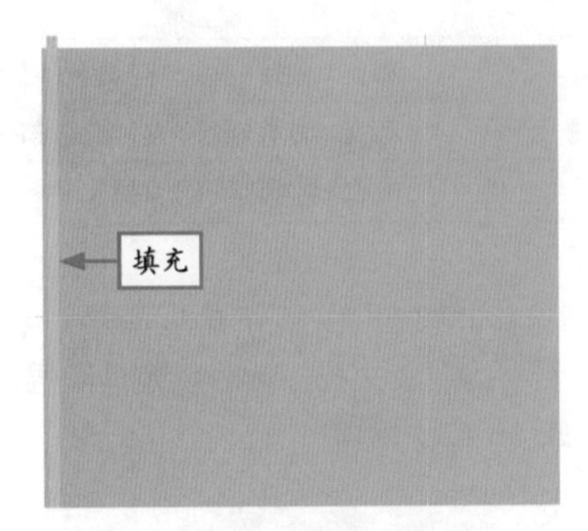

图 13-94 填充颜色效果

步骤 7 复制“图层 2”图层 41 份，选取移动工具，调整副本图像的位置，如图 13-95 所示。

图 13-95 复制图层并调整图像位置

步骤 8 选择“图层 2”图层及其所有副本图层，单击移动工具属性栏中的“水平居中分布”按钮，效果如图 13-96 所示。

图 13-96 居中分布图像效果

步骤 9 选择“图层 2”图层及其所有副本图层，按 Ctrl + E 组合键合并图层，并重命名为“图层 2”，如图 13-97 所示。

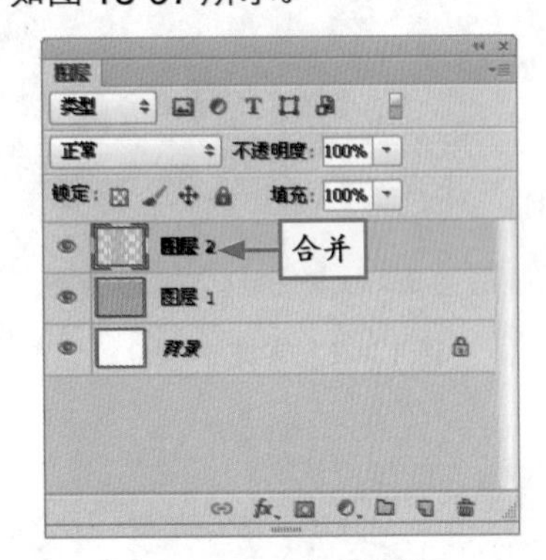

图 13-97 合并图层

步骤 10 按 Ctrl + T 组合键，调出变换控制框，按住 Shift 键的同时旋转图像，效果如图 13-98 所示。

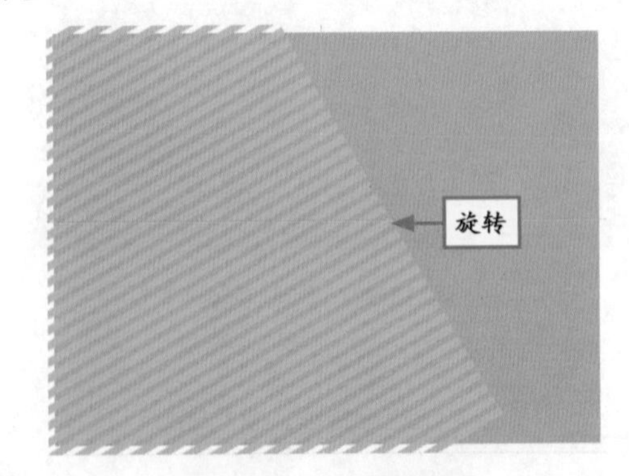

图 13-98 旋转图像效果

步骤 11 复制“图层 2”图层，得到“图层 2 副本”图层；选取移动工具，调整图像的位置，效果如图 13-99 所示。

步骤 12 复制“图层 2”图层，得到“图层 2 副本 2”图层；选取移动工具，调整图像的位置，效果如图 13-100 所示。

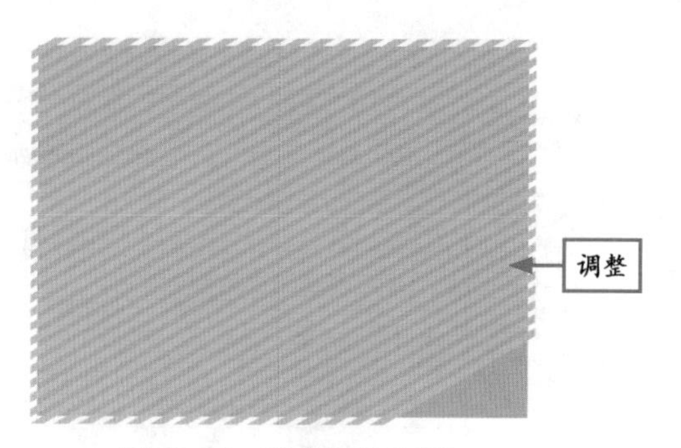

图 13-99　调整图像位置

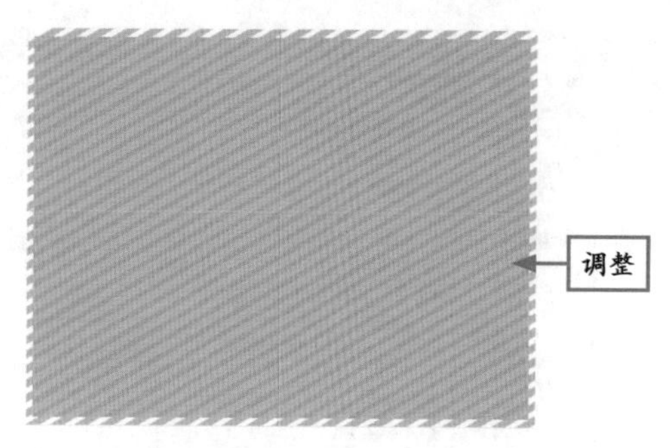

图 13-100　调整图像位置

步骤 13　选择“图层 2”图层、“图层 2 副本”图层、“图层 2 副本 2”图层，按 Ctrl + E 组合键合并图层，并重命名为“图层 2”，如图 13-101 所示。

图 13-101　合并图层

步骤 14　新建“图层 3”图层，单击“图层 1”图层缩览图，载入选区；按 Shift + Ctrl + I 组合键，反选选区，如图 13-102 所示。

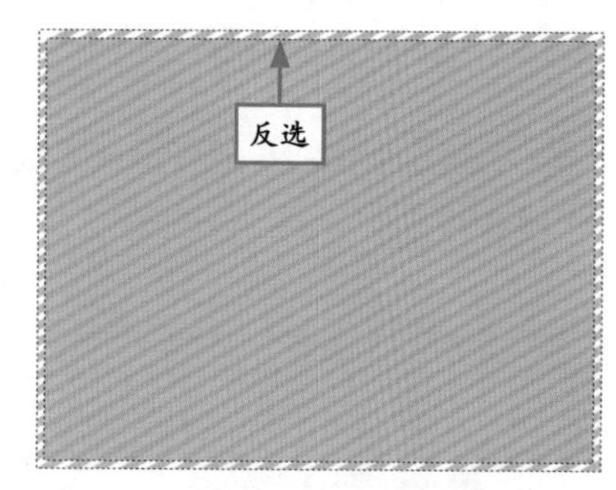

图 13-102　反选选区

步骤 15　将前景色的 R、G、B 参数分别设置为 214、167、59，按 Alt + Delete 组合键填充颜色，效果如图 13-103 所示。

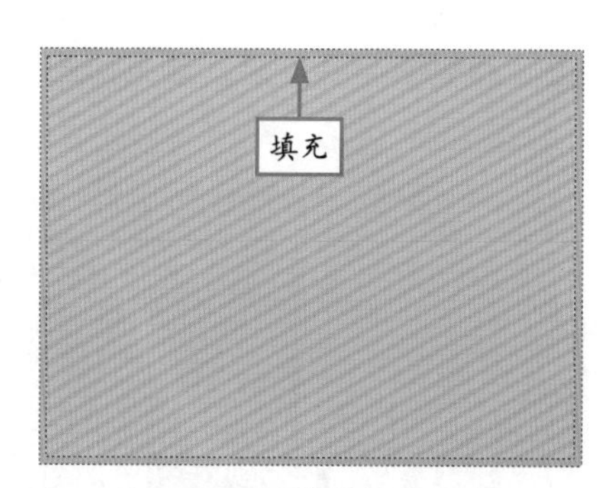

图 13-103　填充颜色效果

步骤 16　按 Ctrl + D 组合键，取消选区，双击“图层 3”图层。弹出“图层样式”对话框，设置各参数如图 13-104 所示。

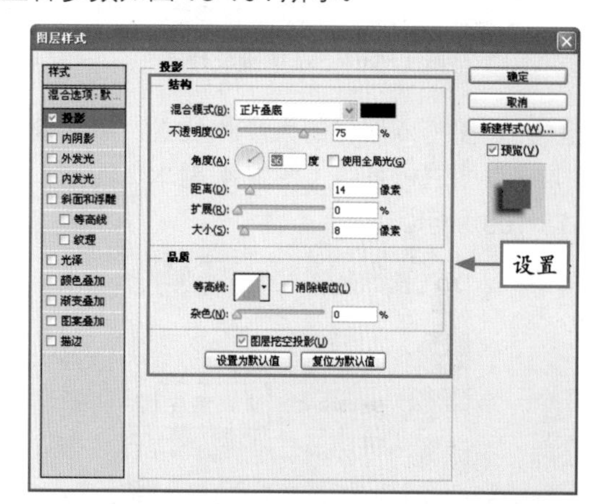

图 13-104　在“图层样式”对话框中设置参数

步骤 17　选中“斜面和浮雕”复选框，设置各参数如图 13-105 所示。

步骤 18　选中“描边”复选框，设置各参数如图 13-106 所示。

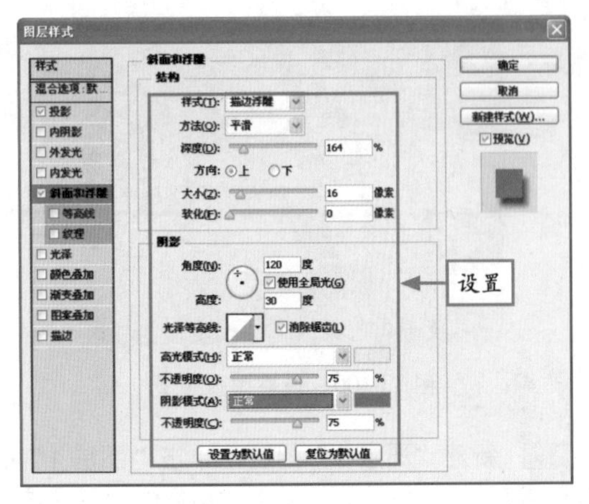

图 13-105　设置“斜面和浮雕”相应参数

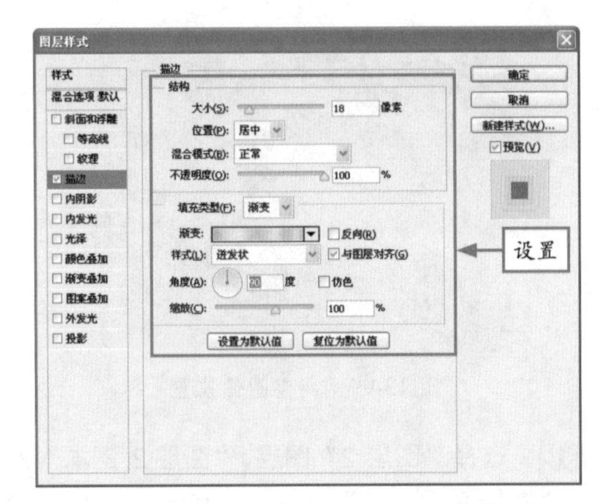

图 13-106　设置“描边”相应参数

专家提醒　在“描边”设置界面中的“填充类型”下拉列表框中提供了“颜色”、“渐变”和“图案”3 个选项，选择不同的填充类型，所得到的描边效果也会不同。

步骤 19　单击“确定”按钮，即可添加图层样式，效果如图 13-107 所示。

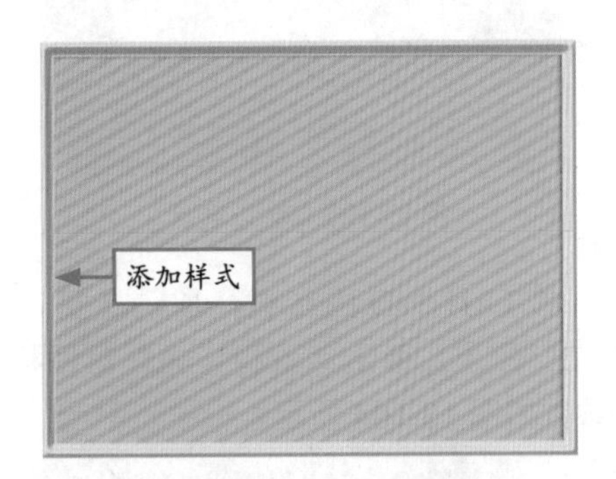

图 13-107　添加图层样式

步骤 20　打开配书光盘中的“素材＼第 13 章＼透明边框 .psd”，将其拖曳至“幸福相伴”图像编辑窗口中，如图 13-108 所示。

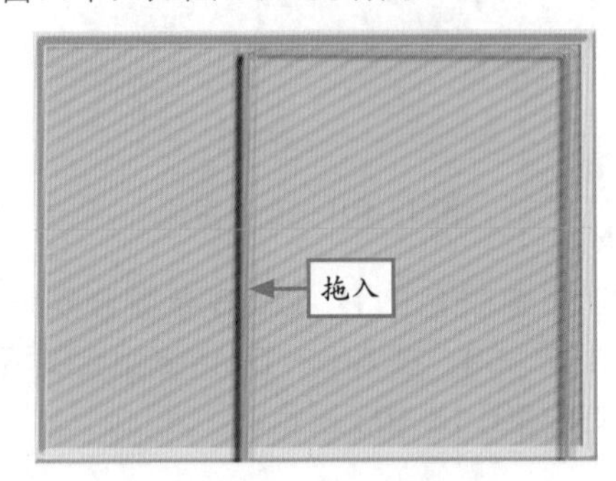

图 13-108　拖入素材

步骤 21　调整拖入素材的大小和位置，然后复制“图层 4”图层，得到“图层 4 副本”图层，如图 13-109 所示。

图 13-109　复制图层

步骤 22　选择“图层 4 副本”图层，拖曳图像至合适位置，然后缩小并旋转，效果如图 13-110 所示。

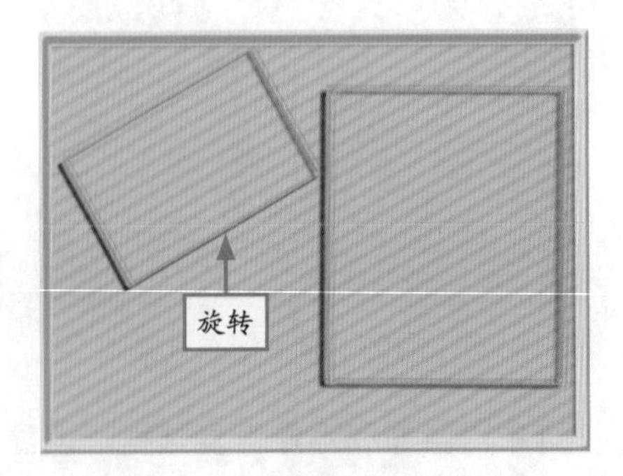

图 13-110　缩小并旋转图像

步骤23 复制“图层 4 副本”图层，得到“图层 4 副本 2”图层；调整图像的位置，水平翻转图像，如图 13-111 所示。

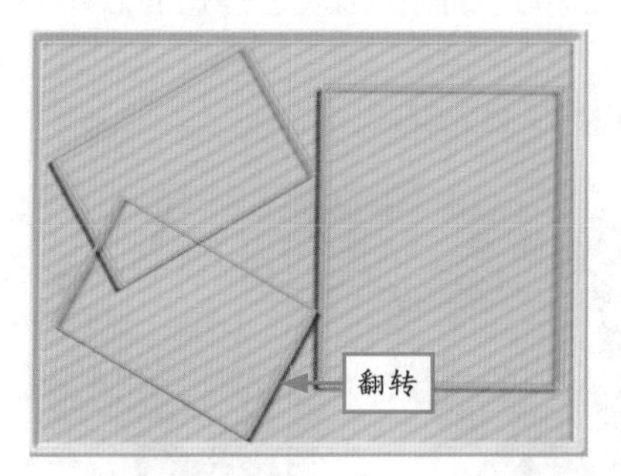

图 13-111 水平翻转图像

步骤24 打开配书光盘中的“素材\第 13 章\花朵 .psd”，将其拖曳至图像编辑窗口中，调整大小和位置，如图 13-112 所示。

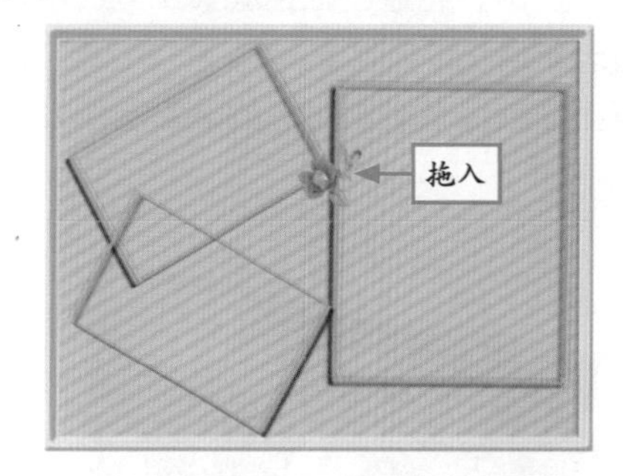

图 13-112 拖入素材

步骤25 复制“图层 5”图层，得到“图层 5 副本”图层；选取移动工具，调整图像位置并水平翻转，如图 13-113 所示。

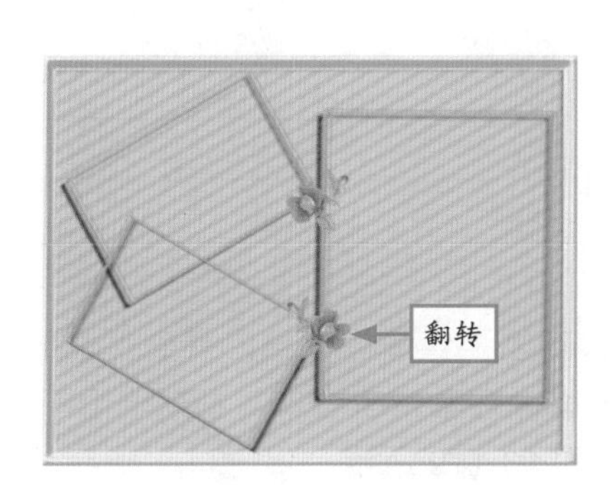

图 13-113 水平翻转图像

步骤26 在“幸福相伴”图像编辑窗口中，清除参考线，然后打开配书附带光盘中的“素材\第 13 章\幸福 .psd”，如图 13-114 所示。

图 13-114 打开素材图像

步骤27 将打开的素材图像拖曳至“幸福相伴”图像编辑窗口中，调整其大小和位置，如图 13-115 所示。

图 13-115 拖入素材效果

步骤28 打开配书光盘中的“素材\第 13 章\老年文字 .psd”，将其拖曳至图像编辑窗口中，调整大小和位置，如图 13-116 所示。

图 13-116 拖入素材效果

13.5 制作老年回忆效果

在本例中，将通过磁性套索工具、喷溅滤镜和图层混合模式等制作出灰色烧灼的照片效果，以体现出老年回忆的韵味。

下面详细讲解老年回忆效果的制作方法，最终效果如图 13-117 所示。

图 13-117 老年回忆最终效果

素材文件	光盘\素材\第13章\留恋.jpg、斑点.jpg
效果文件	光盘\效果\第13章\老年回忆.psd
视频文件	光盘\视频\第13章\13.5 制作老年回忆效果.mp4

步骤 1 选择“文件”|“打开”命令，打开配书光盘中的“素材\第 13 章\留恋 .jpg”，如图 13-118 所示。

图 13-118 打开素材图像

步骤 2 双击“背景”图层，得到“图层 0”图层；选取磁性套索工具，创建一个不规则选区，如图 13-119 所示。

图 13-119 创建不规则选区

步骤 3 选择“选择”|“反向”命令，反选选区，为“图层 0”图层添加图层蒙版，效果如图 13-120 所示。

步骤 4 选择“滤镜”|“画笔描边”|“喷溅”命令，弹出“喷溅”对话框，设置各参数如图 13-121 所示。

图 13-120　添加图层蒙版效果

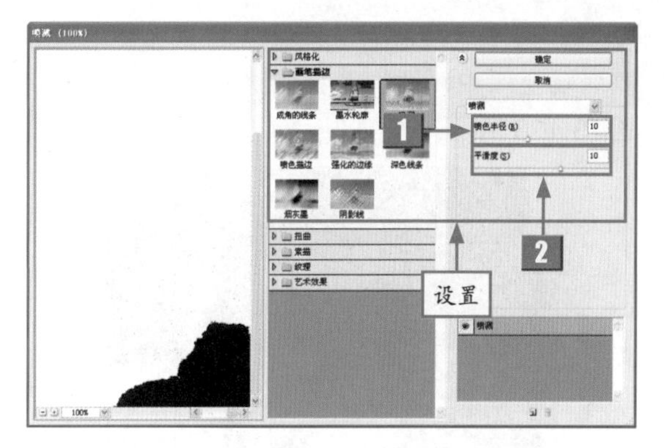

图 13-121　在“喷溅”对话框中设置各参数

标　　号	名　　称	介　　绍
1	喷色半径	用于处理不同颜色的区域。数值越高，颜色越分散
2	平滑度	用于设置喷射效果的平滑程度

步骤 5　单击“确定”按钮，即可使图像边缘出现锯齿状的效果，如图 13-122 所示。

图 13-122　添加滤镜效果

步骤 6　双击“图层 0”图层，弹出“图层样式”对话框，设置各参数如图 13-123 所示。

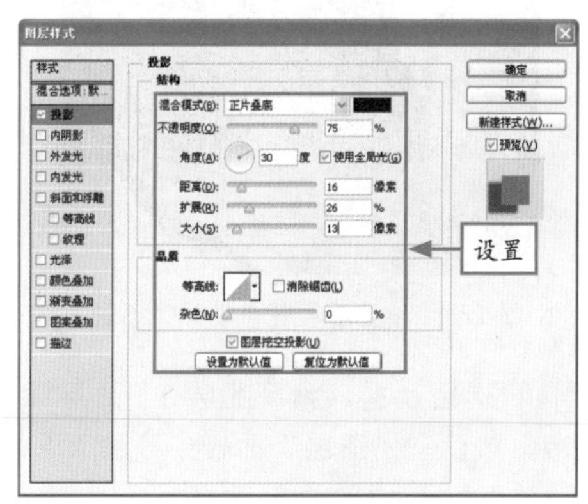

图 13-123　在“图层样式”对话框中设置各参数

步骤 7　单击“确定”按钮，即可添加图层样式，如图 13-124 所示。

图 13-124　添加图层样式后的效果

步骤 8　新建“图层 1”图层，创建剪贴蒙版，如图 13-125 所示。

图 13-125　创建剪贴蒙版

步骤 9 选取黑色画笔工具，将光标移动到图像编辑窗口中，适当涂抹撕边的边缘，效果如图 13-126 所示。

图 13-126 涂抹图像效果

步骤 10 新建“图层 2”并创建剪贴蒙版，将前景色的 R、G、B 参数分别设置为 210、165、86，使用画笔工具涂抹图像，如图 13-127 所示。

图 13-127 涂抹图像效果

步骤 11 设置“图层 2”图层的“混合模式”为“颜色减淡”、“不透明度”为 60，图像效果如图 13-128 所示。

图 13-128 设置图层混合模式和不透明度

步骤 12 盖印图层，得到“图层 3”图层；选取磁性套索工具，创建一个不规则选区，如图 13-129 所示。

图 13-129 创建选区

步骤 13 将选区反向，为“图层 3”图层添加图层蒙版，然后在“图层”面板中隐藏“图层 0”图层，效果如图 13-130 所示。

图 13-130 隐藏图层效果

步骤 14 重复步骤 8 ～ 11，制作出图像右上角的灼烧效果，如图 13-131 所示。

图 13-131 制作右上角的灼烧效果

步骤 15 新建“色相 / 饱和度”调整图层，展开“色相 / 饱和度”调整面板，设置各参数如图 13-132 所示。

步骤 16 执行操作后，即可调整图像的色相 / 饱和度，效果如图 13-133 所示。

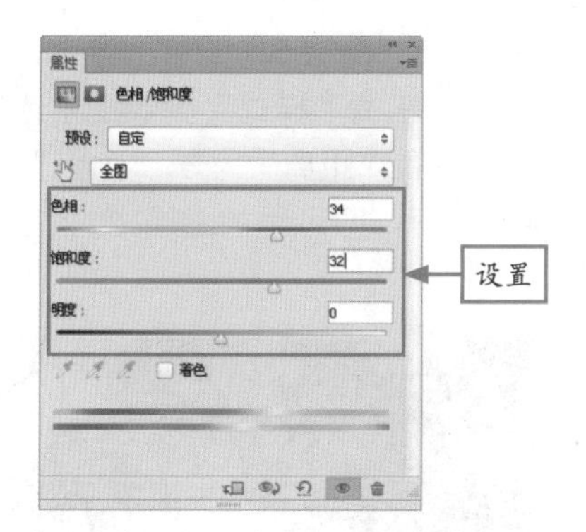

图 13-132　在“色相 / 饱和度”调整面板中设置参数

图 13-133　调整图像色相 / 饱和度

步骤 17 盖印图层，得到“图层 6”图层，然后将该图层以外的所有图层隐藏，如图 13-134 所示。

图 13-134　盖印图层后隐藏其他图层

步骤 18 打开配书光盘中的“素材\第 13 章\斑点 .jpg”，将其拖曳至“留意”图像编辑窗口中，如图 13-135 所示。

图 13-135　拖入素材效果

步骤 19 选取魔棒工具，单击白色背景，创建选区并反向；选择“图层 6”图层，按 Delete 键删除选区内的图像；隐藏“图层 7”图层，效果如图 13-136 所示。

图 13-136　删除选区内的图像

步骤 20 选择“图像”|“画布大小”命令，弹出“画布大小”对话框，设置“宽度”为 32.5、“高度”为 24，单击“确定”按钮，即可扩大画布，如图 13-137 所示。

图 13-137　扩大画布效果

专家提醒 除了上述方法外，用户还可以按 Alt + Ctrl + C 组合键快速打开“画布大小”对话框。

步骤21 在“图层6”图层的下方新建“图层8”图层，将前景色的R、G、B参数分别设置为224、195、134，然后按Alt＋Delete组合键填充图层，效果如图13-138所示。

步骤22 双击“图层6”图层，弹出“图层样式”对话框，在左侧“样式”列表框中选中“投影”复选框，设置“距离”为5、“大小”为9，单击“确定”按钮，即可添加图层样式，如图13-139所示。

图13-138 填充颜色效果

图13-139 添加图层样式效果

13.6 制作品味秋韵效果

本例通过调整色相/饱和度的方法，将一幅春天的照片处理成秋天的景色，并通过特殊的创意修饰，将秋韵的感觉融入到老年人的相册中。

下面详细讲解品味秋韵效果的制作方法，最终效果如图13-140所示。

图13-140 品味秋韵最终效果

素材文件	光盘\素材\第13章\树林.jpg等
效果文件	光盘\效果\第13章\品味秋韵.psd
视频文件	光盘\视频\第13章\13.6 制作品味秋韵效果.mp4

步骤1 选择“文件”|“打开”命令，打开配书光盘中的“素材\第13章\树林.jpg”，如图13-141所示。

步骤2 新建“色相/饱和度”调整图层，展开“色相/饱和度”调整面板，设置各参数如图13-142所示。

图 13-141　打开素材图像

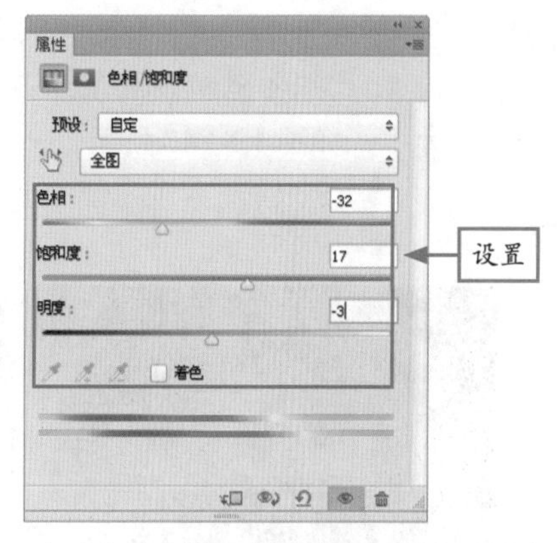

图 13-142　在“色相 / 饱和度”调整面板中设置参数

步骤 3　执行操作后，即可调整图像的色相 / 饱和度，效果如图 13-143 所示。

步骤 4　新建“色彩平衡”调整图层，展开调整面板，设置各参数如图 13-144 所示。

图 13-143　调整图像色相 / 饱和度效果

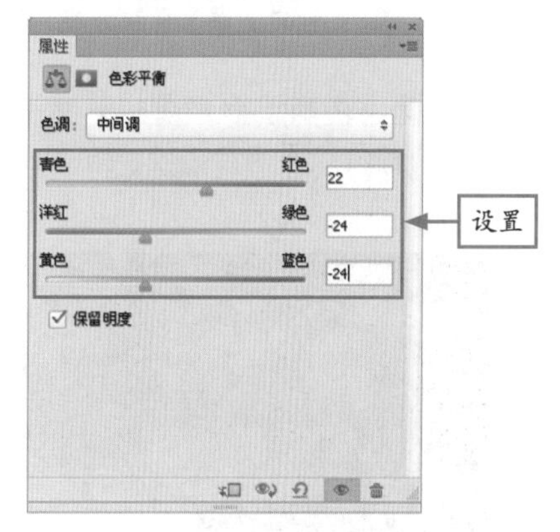

图 13-144　在“色彩平衡”调整面板中设置参数

步骤 5　新建“图层 1”图层，设置其“混合模式”为“柔光”，如图 13-145 所示。

步骤 6　选取渐变工具，设置颜色为四色渐变（R、G、B 参数为 255、182、142；232、84、4；255、182、142；238、106、34），填充效果如图 13-146 所示。

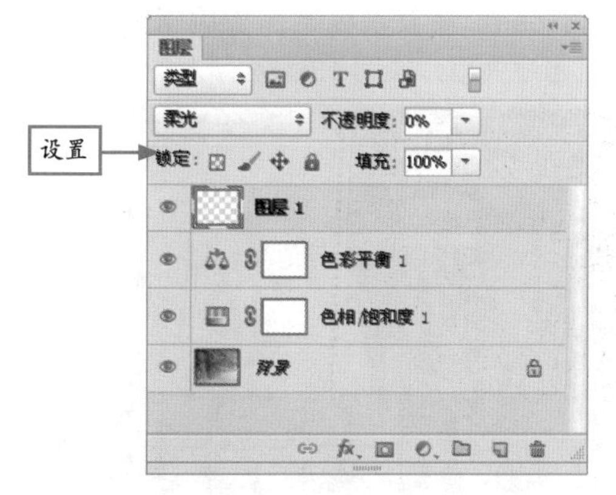

图 13-145　设置图层混合模式

图 13-146　填充渐变效果

步骤7 打开配书光盘中的“素材\第13章\落叶.psd，将其拖曳至图像编辑窗口中，并调整至合适大小，如图13-147所示。

图13-147 拖入素材效果

步骤8 新建“图层3”图层，设置前景色为黄色按F5键，调出“画笔”面板，设置各参数如图13-148所示。

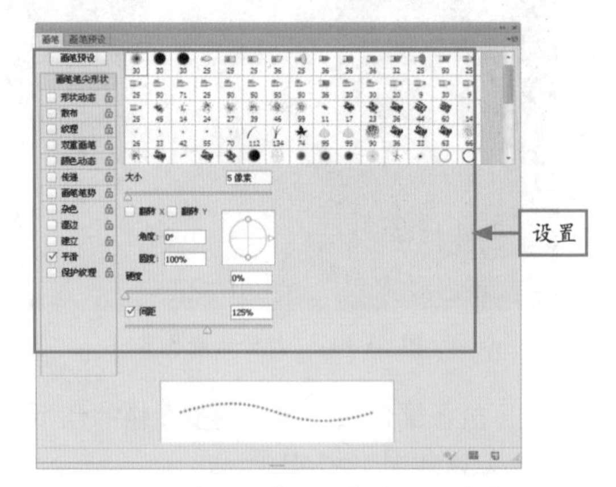

图13-148 在“画笔”面板中设置参数

步骤9 选取工具箱中的钢笔工具，在图像编辑窗口中创建两条不闭合路径，效果如图13-149所示。

图13-149 创建路径效果

步骤10 调出“路径”面板，单击“用画笔描边路径”按钮，描边路径，然后取消路径，效果如图13-150所示。

图13-150 描边路径效果

步骤11 打开配书光盘中的“素材\第13章\图框.psd，将其拖曳至图像编辑窗口中，并调整至合适大小，如图13-151所示。

图13-151 拖入素材效果

步骤12 打开配书光盘中的“素材\第13章\矩形相框.psd，将其拖曳至图像编辑窗口中，并调整至合适大小，如图13-152所示。

图13-152 拖入素材效果

步骤13 打开配书光盘中的“素材\第 13 章\树叶.psd，将其拖曳至图像编辑窗口中，如图 13-153 所示。

图 13-153 拖入素材效果

步骤14 双击“图层 4”图层，弹出“图层样式”对话框，在左侧“样式”列表框中选中“渐变叠加”复选框，设置各参数如图 13-154 所示。

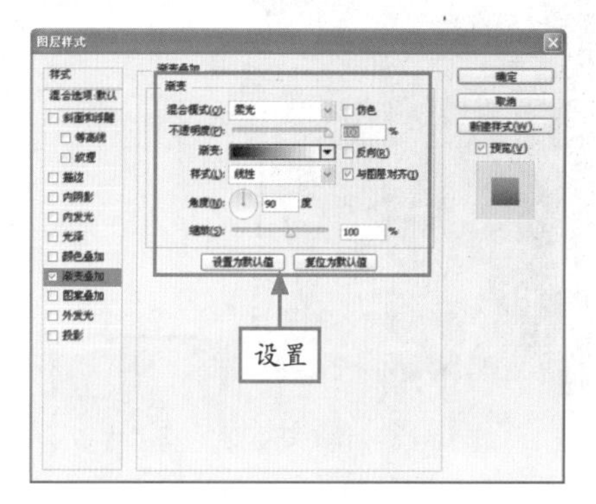

图 13-154 设置“渐变叠加”相应参数

步骤15 选中“颜色叠加”复选框，设置各参数如图 13-155 所示。

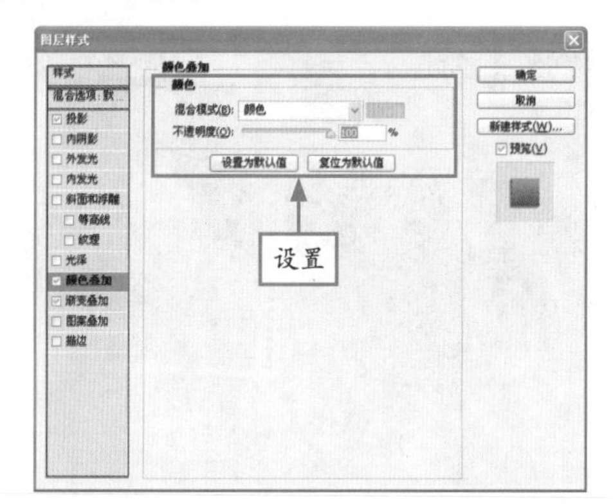

图 13-155 设置“颜色叠加”相应参数

步骤16 单击“确定”按钮，即可添加图层样式，效果如图 13-156 所示。

图 13-156 添加图层样式

步骤17 复制“图层 4”图层，得到“图层 4 副本”图层，如图 13-157 所示。

图 13-157 复制图层

步骤18 双击“图层 4 副本”图层，弹出“图层样式”对话框，设置各参数如图 13-158 所示。

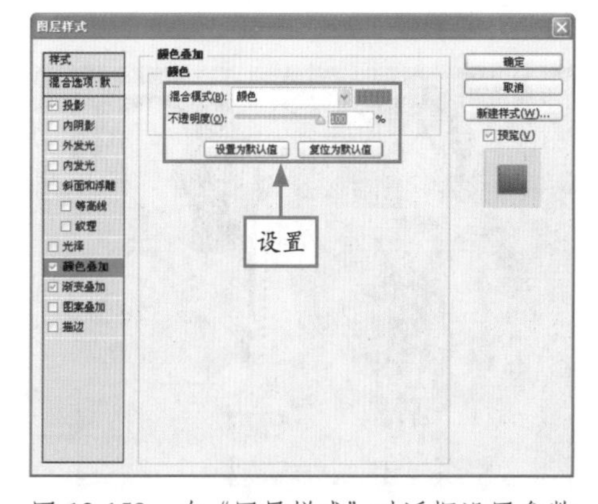

图 13-158 在“图层样式”对话框设置参数

步骤19 单击“确定”按钮，添加图层样式。选取移动工具，移动图像，然后按Ctrl＋T组合键调整图像大小，效果如图13-159所示。

图13-159 调整图像大小

步骤20 打开配书光盘中的“素材\第13章\星光.psd，将其拖曳至图像编辑窗口中，如图13-160所示。

图13-160 拖入素材效果

步骤21 打开配书光盘中的“素材\第13章\相片.jpg，将其拖曳至图像编辑窗口中，效果如图13-161所示。

图13-161 拖入素材

步骤22 选取移动工具，移动图像，然后按Ctrl＋T组合键调整图像，效果如图13-162所示。

图13-162 调整图像效果

步骤23 选取横排文字工具T，设置“字体”为“方正超粗黑简体”、“大小”为32、颜色为黄色，输入文字，如图13-163所示。

图13-163 输入文字效果

步骤24 打开配书光盘中的“素材\第13章\文字2.psd，将其拖曳至图像编辑窗口中，效果如图13-164所示。

图13-164 拖入素材效果

第 14 章　婚纱与写真照片的处理

学习提示

随着数码相机的普及，婚纱与个人写真照片形式也变得越来越多样化，照片模板的设计已经逐渐形成一个产业。本章将运用独特的创意与特殊的技巧，制作出各种不同类型、不同色调以及不同风格的婚纱与写真模板。

主要内容

- 制作良辰美景效果
- 制作相亲相爱效果
- 制作爱的告白效果
- 制作生如夏花效果
- 制作夏日阳光效果
- 制作星语星愿效果

重点与难点

- 制作良辰美景效果
- 制作夏日阳光效果
- 制作爱的告白效果

学完本章后你会做什么

- 掌握制作生如夏花效果的操作方法
- 掌握制作相亲相爱效果的操作方法
- 掌握制作星语星愿效果的操作方法

视频文件

14.1 制作良辰美景效果

在本例中，首先通过“图案叠加”命令制作背景；然后移动图像，调整图像的不透明度，制作模板；接着运用“以快速蒙版模式编辑”方式选取图像，应用蒙版合成图像；最后添加文字效果。

下面详细讲解良辰美景效果的制作方法，最终效果如图 14-1 所示。

图 14-1　良辰美景最终效果

素材文件	光盘\素材\第14章\婚纱1.jpg等
效果文件	光盘\效果\第14章\良辰美景.psd
视频文件	光盘\视频\第14章\14.1　制作良辰美景效果.mp4

步骤 1 选择“文件”|“打开”命令，打开配书光盘中的“素材\第 14 章\背景 .jpg”，如图 14-2 所示。

图 14-2　打开素材图像

步骤 2 选取矩形选框工具，创建矩形选区选择“编辑”|“定义图案”命令，弹出“图案名称”对话框，在“名称”文本框中输入“底纹 1”，如图 14-3 所示。

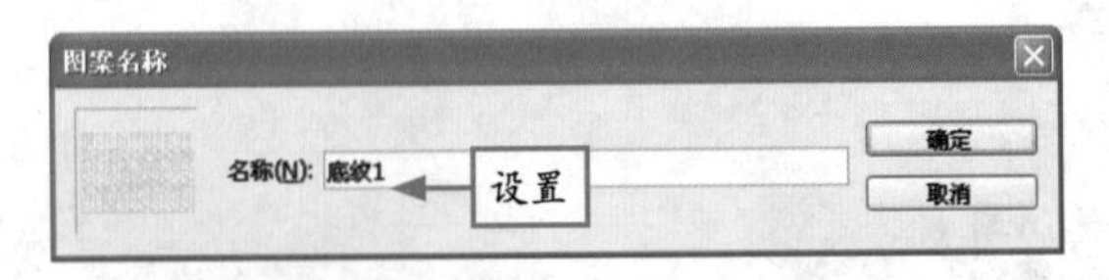

图 14-3　设置名称

步骤 3 选择“文件”|“新建”命令，弹出“新建”对话框，设置各参数如图 14-4 所示，然后单击“确定”按钮。

步骤 4 将“背景”图层转换为“图层 0”图层，然后为其填充图案，效果如图 14-5 所示。

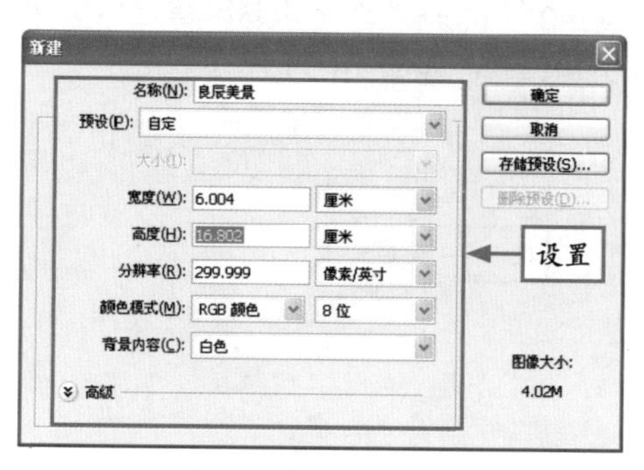

图 14-4　在“新建”对话框中设置参数

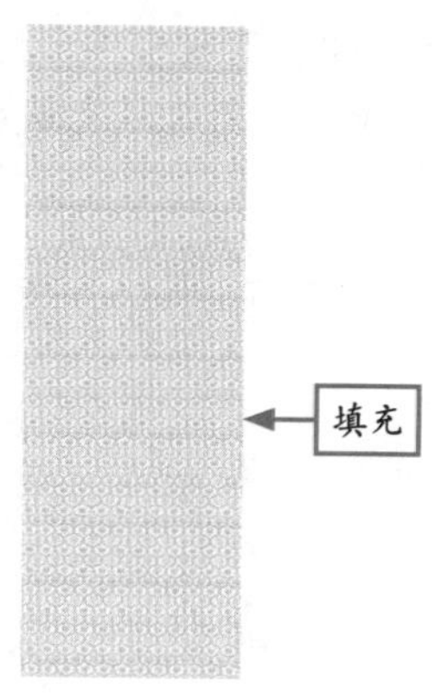

图 14-5　填充图案效果

步骤 5 选取矩形选框工具，创建矩形选区。新建“图层 1”图层，按 D 键设置默认前景色和背景色。按 Ctrl + Delete 组合键，填充背景色，如图 14-6 所示。

步骤 6 选择“编辑”|“描边”命令，弹出“描边”对话框，设置“宽度”为 1、颜色 RGB 参数为 11、5、255，单击“确定”按钮，即可描边图像，如图 14-7 所示。

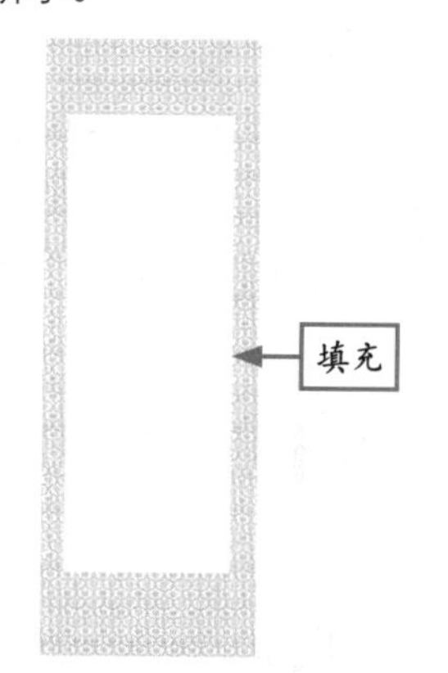

图 14-6　填充背景色

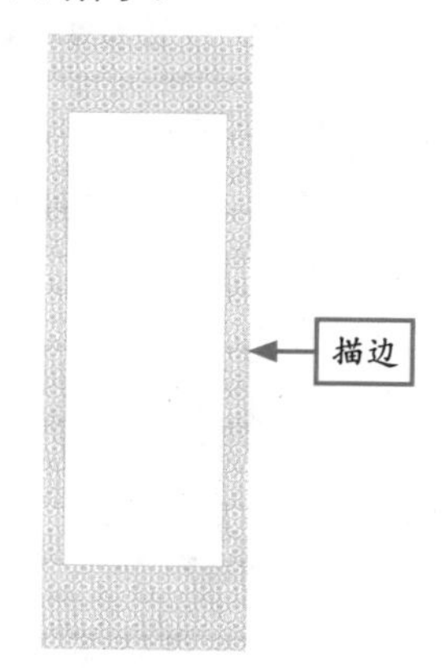

图 14-7　描边图像效果

步骤 7 打开配书光盘中的“素材\第 14 章\国画 1.jpg”，将其拖曳至图像编辑窗口中，并调整大小和位置，如图 14-8 所示。

步骤 8 打开配书光盘中的“素材\第 14 章\国画 2.jpg”，将其拖曳至图像编辑窗口中，并调整大小和位置，如图 14-9 所示。

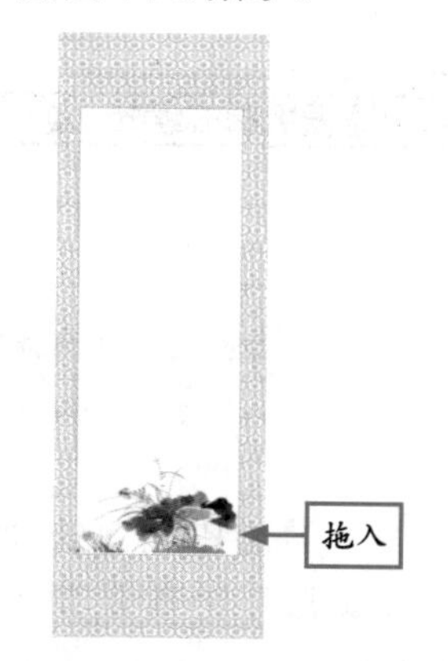

图 14-8　拖入素材效果

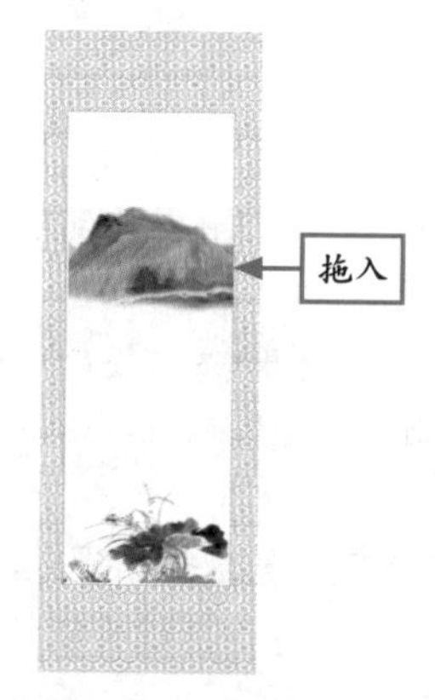

图 14-9　拖入素材效果

步骤 9 在“图层”面板中，设置“图层 3”图层的“不透明度”为 31，效果如图 14-10 所示。

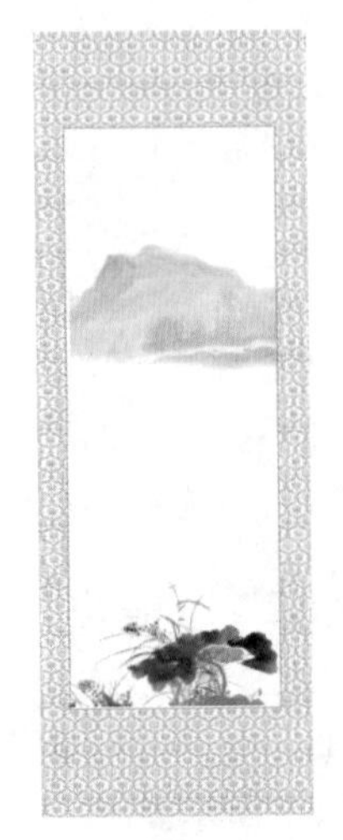

图 14-10 设置不透明度效果

步骤 10 打开配书光盘中的“素材\第 14 章\国画 3.jpg”，将其拖曳至图像编辑窗口中，并调整大小和位置，如图 14-11 所示。

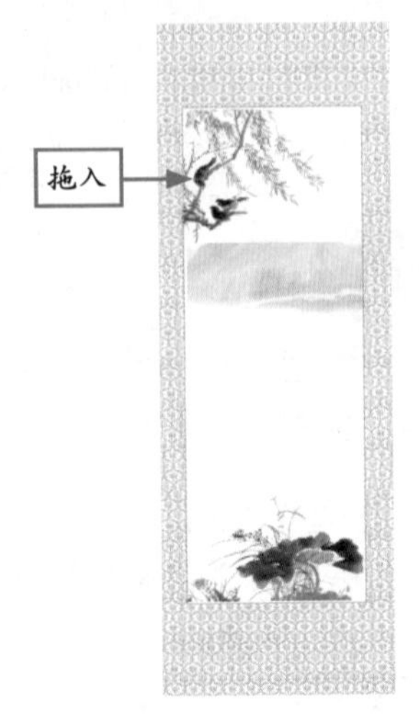

图 14-11 拖入素材效果

步骤 11 在“图层”面板中，设置“图层 4”图层的“混合模式”为“正片叠底”，并调整图像位置，效果如图 14-12 所示。

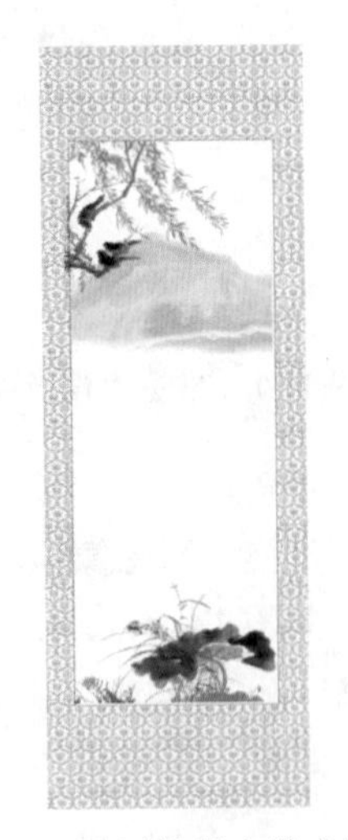

图 14-12 设置图层混合模式后的效果

步骤 12 打开配书光盘中的“素材\第 14 章\婚纱 1.jpg”，选取工具箱中的以快速蒙版模式编辑工具，如图 14-13 所示。

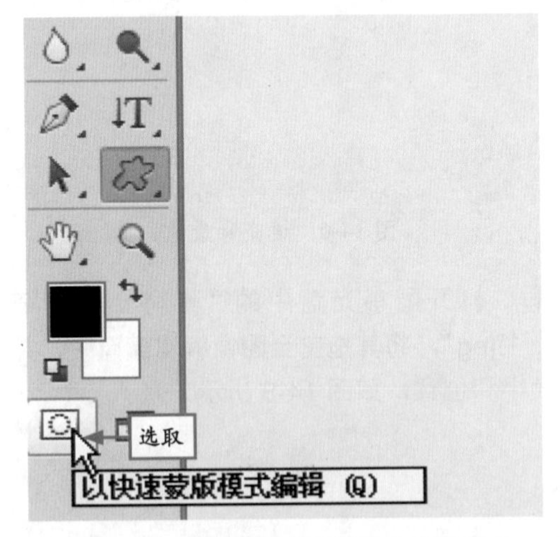

图 14-13 选取以快速蒙版模式编辑工具

专家提醒 在使用“正片叠底”混合模式时，当前图层中的像素与底层的白色混合时保持不变，与底层的黑色混合时则被其替换，混合效果通常会使图像变暗。

步骤 13 进入快速蒙版编辑模式，选取画笔工具，在图像编辑窗口中涂抹除人物外的所有图像，效果如图 14-14 所示。

步骤 14 选取工具箱中的以快速蒙版模式编辑工具，将蒙版以外的图像创建为选区，如图 14-15 所示。

图 14-14 涂抹图像效果

图 14-15 创建选区

步骤 15 按 Ctrl ＋ J 组合键，将其复制到一个新的图层中，如图 14-16 所示。

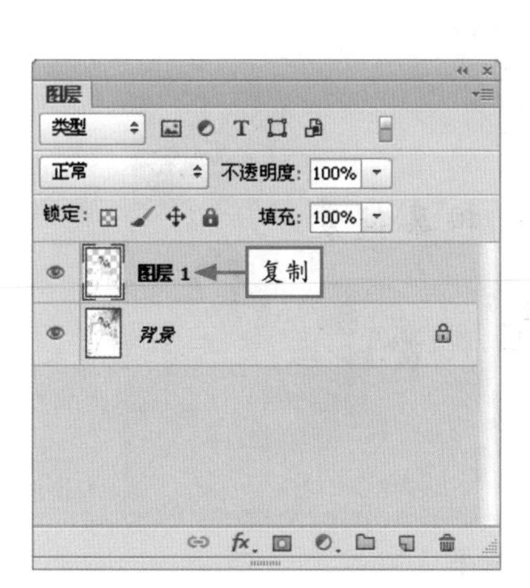

图 14-16 复制图层

步骤 16 将"图层 1"图层复制到"良辰美景"图像编辑窗口中，如图 14-17 所示。

图 14-17 复制图层对象

专家提醒 如果按 Shift ＋ Ctrl ＋ J 组合键或选择"图层"|"新建"|"通过剪切的图层"命令，则相当于将图层的选中区域和非选中区域分离成两个独立的图层。

步骤 17 调整"图层 5"图层中的图像大小和位置，然后为"图层 5"图层添加图层蒙版，再使用画笔工具涂抹图像，如图 14-18 所示。

步骤 18 选取直排文字工具 IT，设置"字体"为"长城中隶体繁"、"大小"为 12，输入相应的文字，效果如图 14-19 所示。

图 14-18　涂抹图像效果

图 14-19　输入文字效果

14.2 制作相亲相爱效果

本例以古韵风格为基础，结合古典气息的相应元素，进行婚纱照片的创意与合成，完成相亲相爱效果的制作。

下面详细讲解相亲相爱效果的制作方法，最终效果如图 14-20 所示。

图 14-20　相亲相爱最终效果

素材文件	光盘\素材\第14章\伞下情缘.jpg等
效果文件	光盘\效果\第14章\相亲相爱.psd
视频文件	光盘\视频\第14章\14.2　制作相亲相爱效果.mp4

步骤 1　选择“文件”|“新建”命令，弹出“新建”对话框，设置各参数如图 14-21 所示，然后单击“确定”按钮。

步骤 2　将前景色的 R、G、B 参数分别设置为 247、235、207，按 Alt + Delete 组合键填充颜色，如图 14-22 所示。

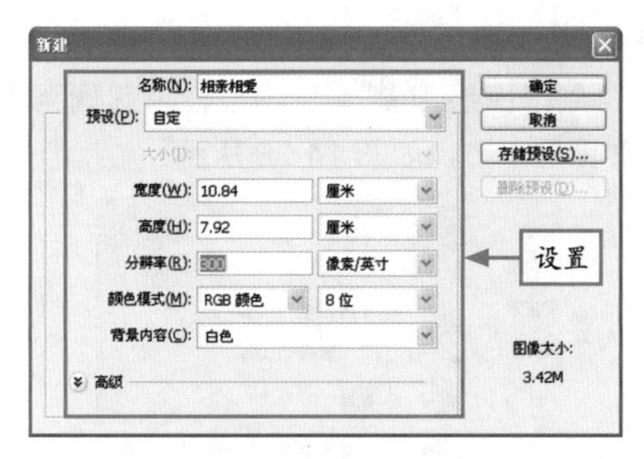

图 14-21　在“新建”对话框中设置参数

图 14-22　填充颜色效果

专家提醒 除了上述方法外，用户还可以按 Ctrl + N 组合键快速打开“新建”对话框。

步骤 3 选取椭圆选框工具，在按住 Shift 键的同时单击鼠标左键并拖曳，创建一个圆形选区，如图 14-23 所示。

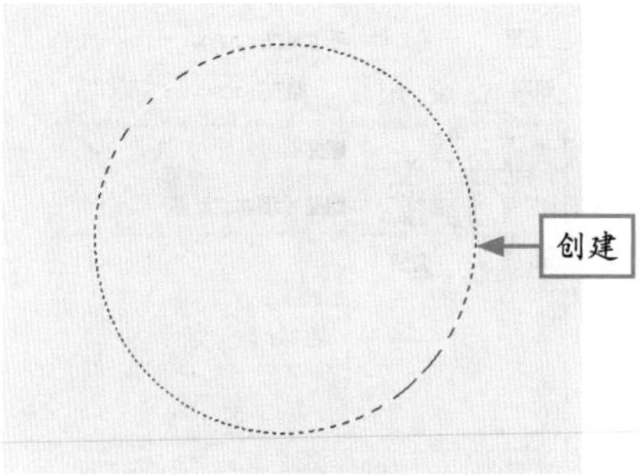

步骤 4 选取工具箱中的渐变工具，在其属性栏中单击“点按可编辑渐变”按钮，弹出“渐变编辑器”对话框，设置各参数如图 14-24 所示，然后单击“确定”按钮。

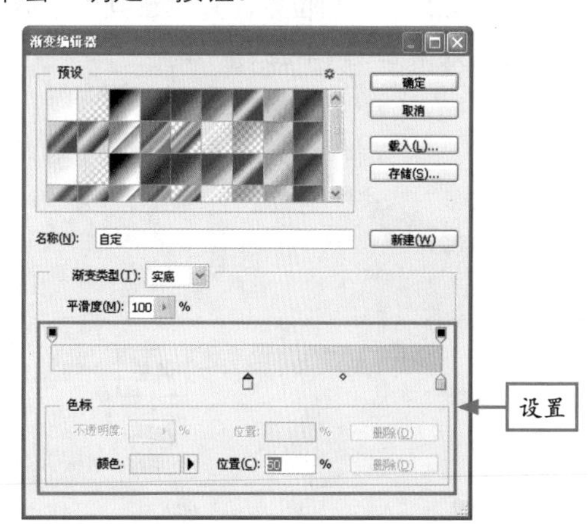

图 14-23　创建圆形选区

图 14-24　在“渐变编辑器”对话框中设置各参数

步骤 5 单击渐变工具属性栏中的“径向渐变”按钮，新建“图层 1”图层，由内向外拖曳鼠标，填充渐变色，效果如图 14-25 所示。

步骤 6 按 Ctrl + D 组合键，取消选区；按 Ctrl + T 组合键，调出变换控制框，根据需要对圆形图像进行变形，效果如图 14-26 所示。

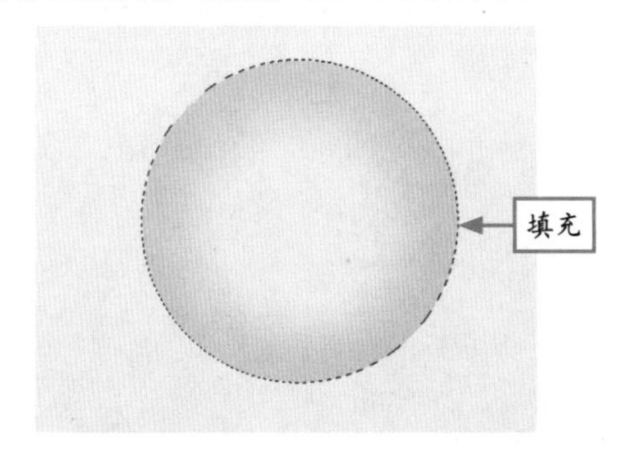

图 14-25　填充渐变色效果

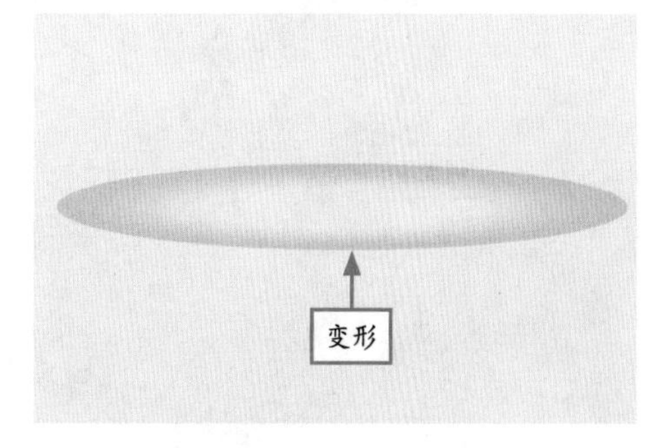

图 14-26　变形图像效果

步骤 7 选择“图层 1”图层，为其添加图层蒙版；选取黑色画笔工具，对图像进行适当涂抹，效果如图 14-27 所示。

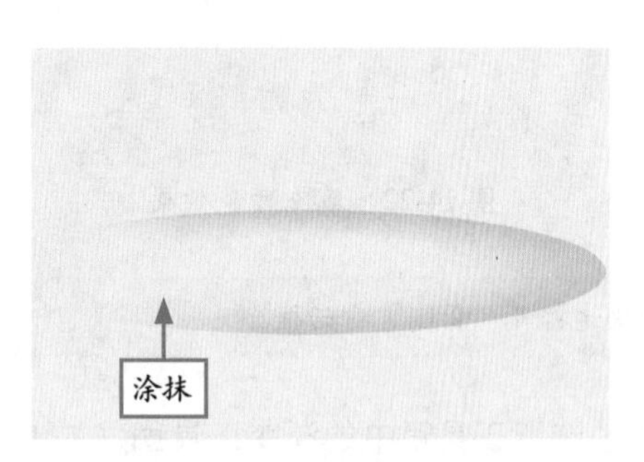

图 14-27 涂抹图像效果

步骤 8 在“图层”面板中，复制“图层 1”图层，得到“图层 1 副本”图层，将其调至“图层 1”图层下方，如图 14-28 所示。

图 14-28 复制并调整图层

步骤 9 按 Ctrl ＋ T 组合键，调出变换控制框，调整图像的大小和位置，并设置其“不透明度”为 50，效果如图 14-29 所示。

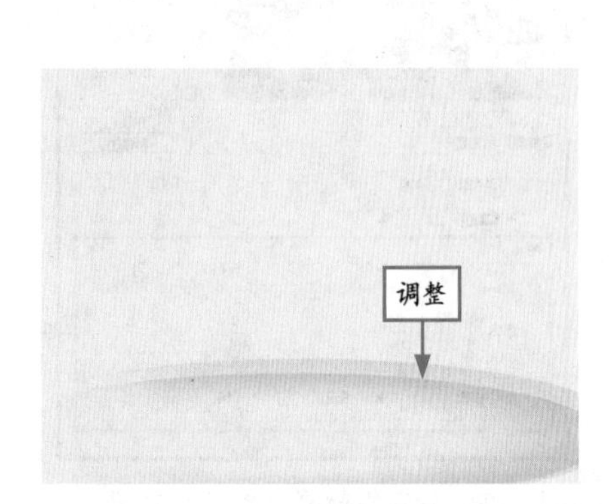

图 14-29 调整图像效果

步骤 10 在“图层”面板中选择“图层 1”图层和“图层 1 副本”图层，单击底部的“链接图层”按钮，链接两个图层，如图 14-30 所示。

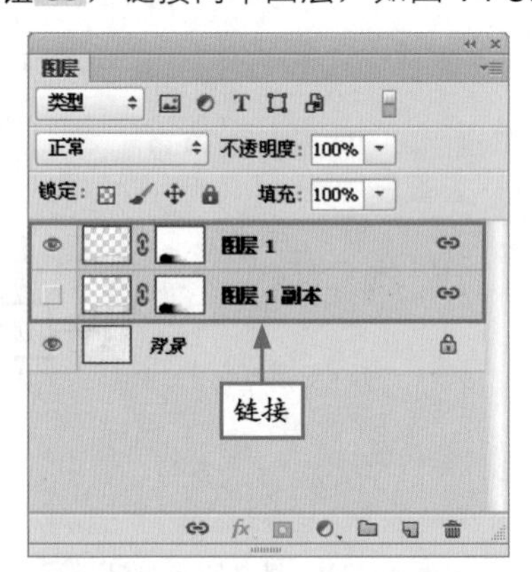

图 14-30 链接图层

步骤 11 复制“图层 1”和“图层 1 副本”图层，得到“图层 1 副本 2”和“图层 1 副本 3”图层，调整图像的位置，效果如图 14-31 所示。

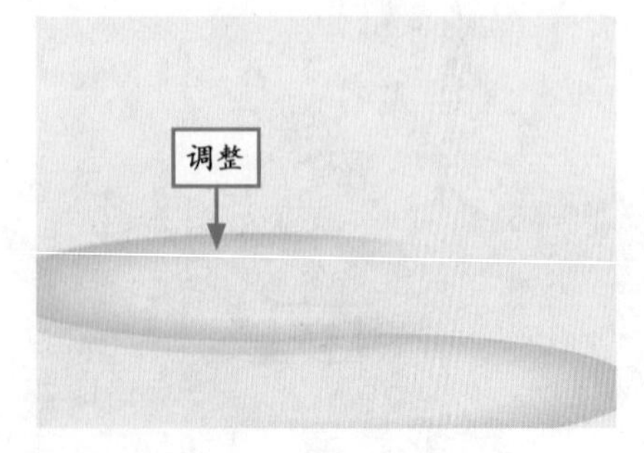

图 14-31 调整图像位置

步骤 12 在“图层”面板中，分别设置“图层 1 副本”图层和“图层 1 副本 3”图层的“不透明度”为 80 和 60，效果如图 14-32 所示。

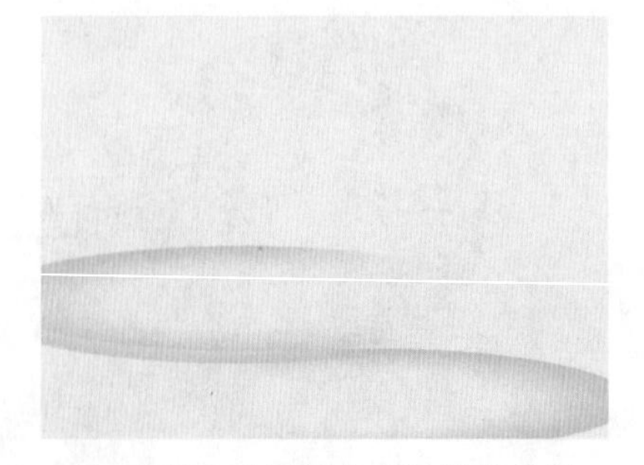

图 14-32 设置图像不透明度效果

专家提醒 在选择的图层上，按 Ctrl + T 组合键调出变换控制框，然后单击鼠标右键，在弹出的快捷菜单中选择“水平翻转”命令或“垂直翻转”命令，即可调整图像的位置。

步骤 13 选取画笔工具，利用“图层 1 副本 2”图层和“图层 1 副本 3”图层上的图层蒙版，用黑色画笔对各图像进行适当的涂抹，效果如图 14-33 所示。

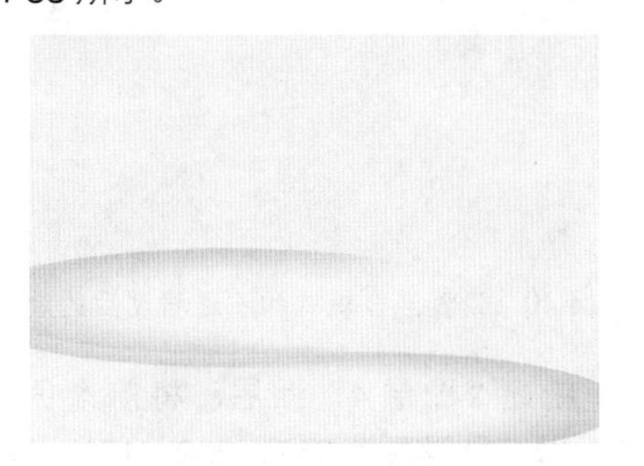

图 14-33 涂抹图像效果

步骤 14 选择“文件”|“打开”命令，打开配书光盘中的“素材\第 14 章\水墨莲 .psd”，将其拖曳至“相亲相爱”图像编辑窗口中，如图 14-34 所示。

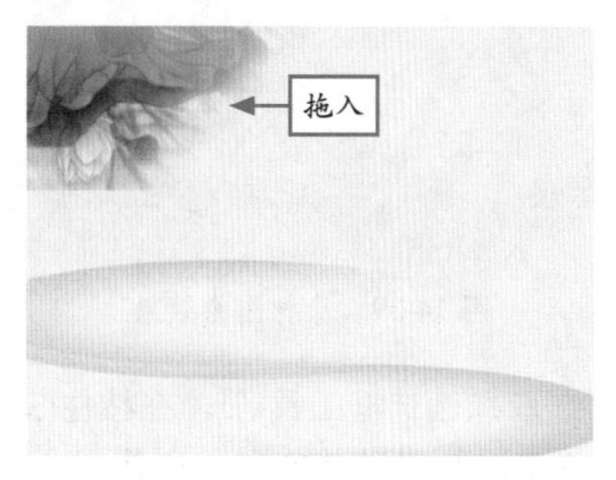

图 14-34 拖入素材效果

步骤 15 为“图层 2”图层添加图层蒙版，选取画笔工具，用黑色画笔对图像进行适当的涂抹，效果如图 14-35 所示。

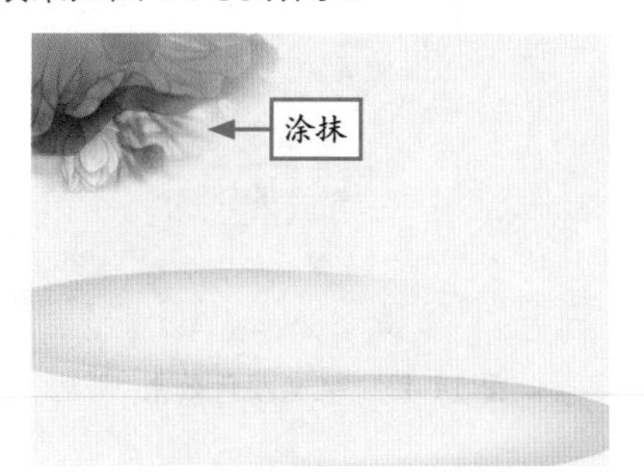

图 14-35 涂抹图像效果

步骤 16 复制“图层 2”图层，得到“图层 2 副本”图层，水平翻转图像并调整其位置，效果如图 14-36 所示。

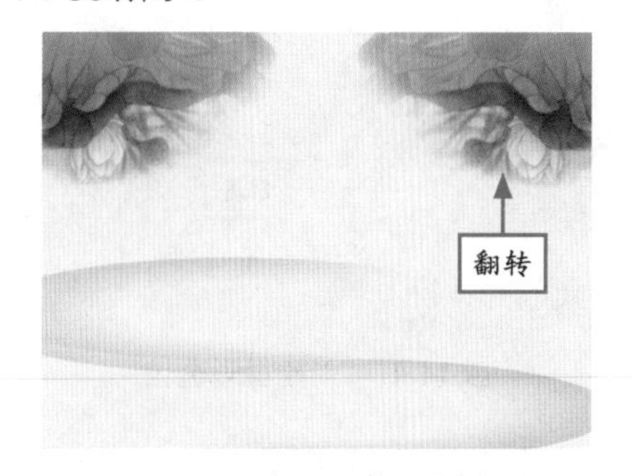

图 14-36 水平翻转图像效果

步骤 17 打开配书光盘中的“素材\第 14 章\牡丹 .jpg”，将其拖曳至“相亲相爱”图像编辑窗口中，如图 14-37 所示。

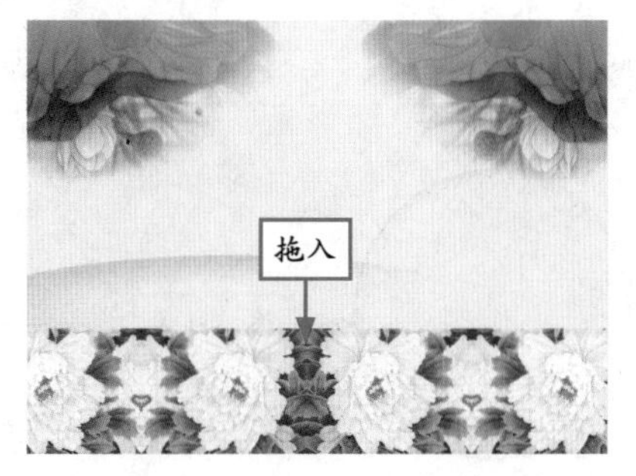

图 14-37 拖入素材效果

步骤 18 在“图层”面板中，设置“图层 3”图层的“不透明度”为 20，效果如图 14-38 所示。

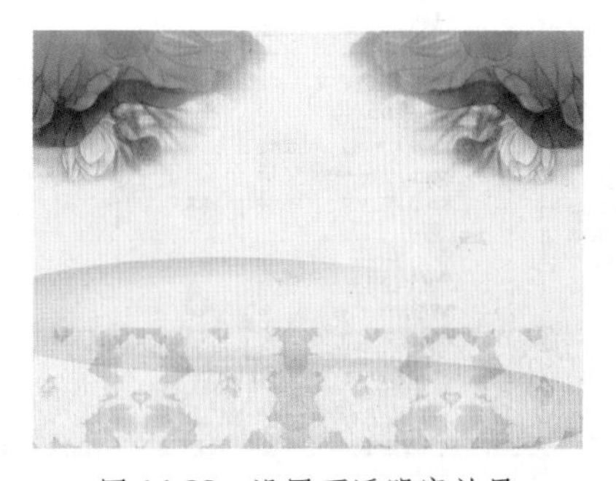

图 14-38 设置不透明度效果

步骤19 为“图层3”图层添加图层蒙版，选取画笔工具，用黑色画笔对图像进行适当的涂抹，效果如图14-39所示。

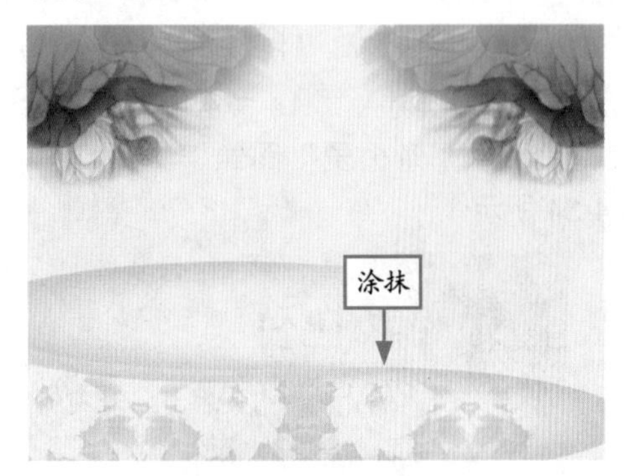

图14-39 涂抹图像效果

步骤20 复制“图层3”，得到“图层3 副本”图层，然后设置其“混合模式”为“叠加”、“不透明度”为35，如图14-40所示。

图14-40 设置混合模式和不透明度后的效果

步骤21 选取椭圆选框工具，在按住Shift键的同时单击鼠标左键并拖曳，创建一个圆形选区，如图14-41所示。

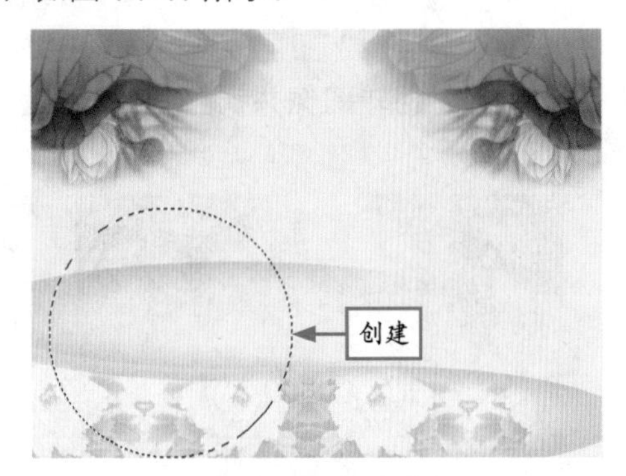

图14-41 创建圆形选区

步骤22 新建“图层4”图层，将前景色的R、G、B参数分别设置为217、200、171，填充颜色并取消选区，如图14-42所示。

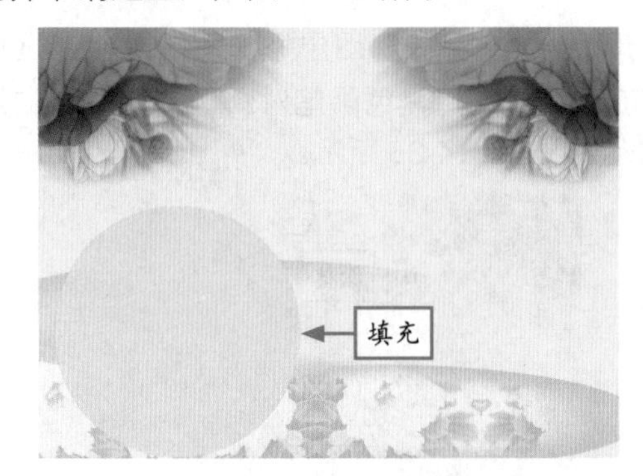

图14-42 填充颜色效果

步骤23 双击“图层4”图层，弹出“图层样式”对话框，设置各参数如图14-43所示。

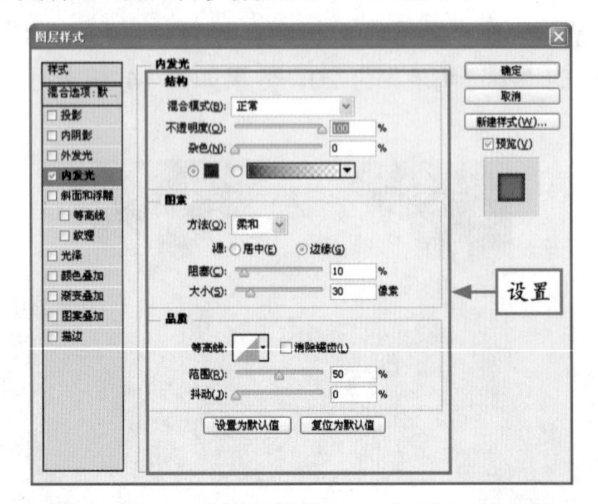

图14-43 在“图层样式”对话框中设置参数

步骤24 单击“确定”按钮，即可添加图层样式，效果如图14-44所示。

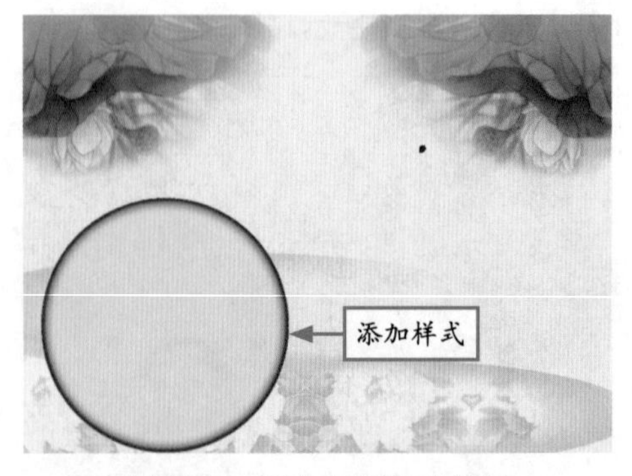

图14-44 添加图层样式效果

步骤 25 在“图层”面板中，设置“图层 4”图层的“不透明度”为 40，效果如图 14-45 所示。

图 14-45 设置不透明度效果

步骤 26 复制“图层 4”图层，得到“图层 4 副本”图层；按 Ctrl + T 组合键，根据需要等比例缩小图像，如图 14-46 所示。

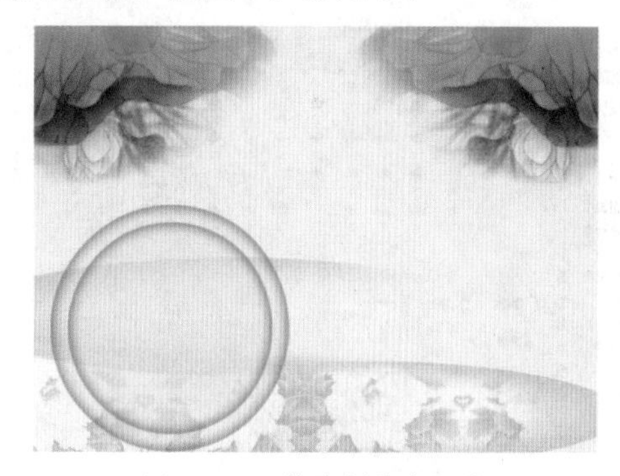

图 14-46 等比例缩小图像

步骤 27 在“图层”面板中，设置“图层 4 副本”图层的“不透明度”为 100，效果如图 14-47 所示。

图 14-47 设置不透明度效果

步骤 28 双击“图层 4 副本”图层，弹出“图层样式”对话框，设置各参数如图 14-48 所示。

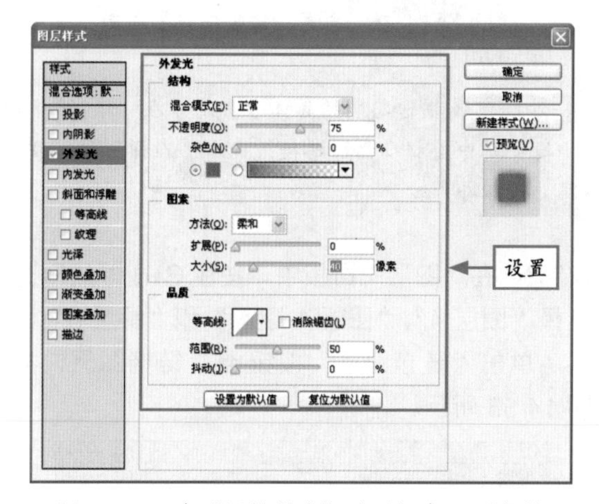

图 14-48 在“图层样式”对话框中设置参数

步骤 29 单击“确定”按钮，即可添加图层样式，效果如图 14-49 所示。

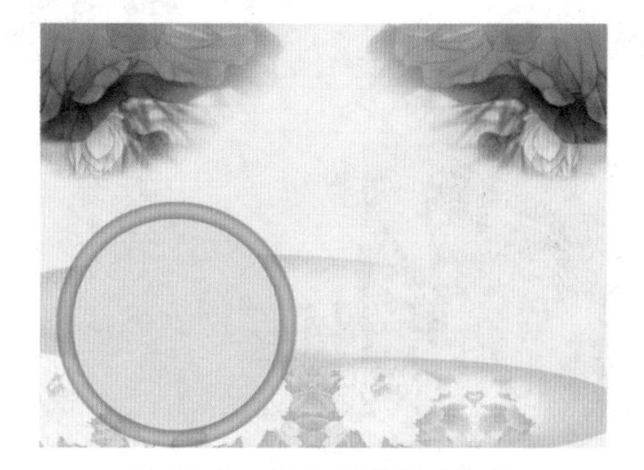

图 14-49 添加图层样式效果

步骤 30 选取椭圆工具，绘制与第一个圆形图像大小相同的路径，如图 14-50 所示。

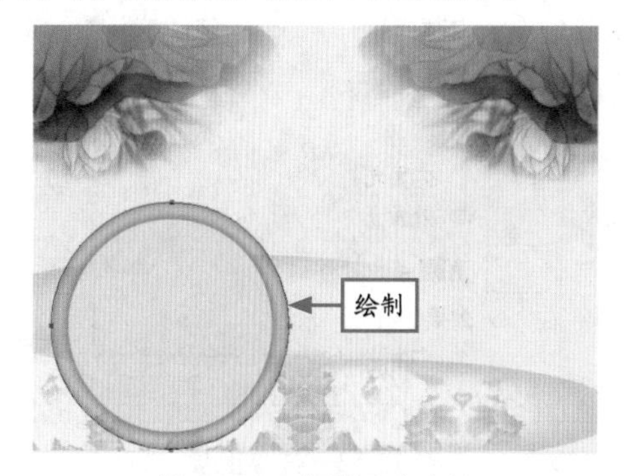

图 14-50 绘制圆形路径

步骤31 选取画笔工具，按F5键，调出“画笔”面板，设置各参数如图14-51所示。

图14-51 在“画笔”面板中设置参数

步骤32 新建“图层5”图层，将前景色的R、G、B参数分别设置为139、108、76，调出“路径”面板，描边路径，效果如图14-52所示。

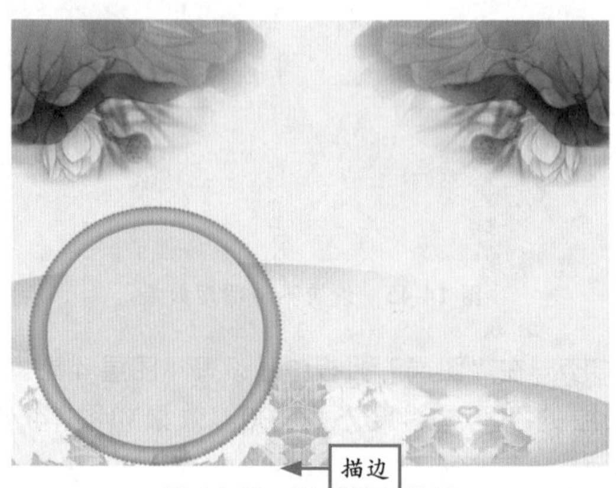

图14-52 描边路径效果

专家提醒 描边路径的具体方法是：在“路径”面板中选择“工作路径”选项，单击鼠标右键，在弹出的快捷菜单中选择“描边路径”命令，在弹出的“描边路径”对话框中，设置“工具”为“画笔”，单击“确定”按钮即可。

步骤33 在“图层”面板中，按住Ctrl键的同时选择“图层4”、“图层4副本”和“图层5”图层，单击“链接图层”按钮，链接图层，如图14-53所示。

图14-53 链接图层

步骤34 打开配书光盘中的“素材\第14章\伞下情缘.jpg”，将其拖曳至“相亲相爱”图像编辑窗口中，然后根据需要适当调整大小，效果如图14-54所示。

图14-54 拖入素材效果

步骤35 按住 Ctrl 键的同时，单击“图层 6”图层缩览图，调出选区；新建“自然饱和度”调整图层，展开调整面板，设置“自然饱和度”为 100，效果如图 14-55 所示。

图 14-55 调整自然饱和度效果

步骤36 按住 Ctrl 键的同时，单击“图层 4 副本”图层缩览图，调出选区。选择“图层 6”图层和“自然饱和度 1”图层，按 Ctrl + E 组合键，合并图层，如图 14-56 所示。

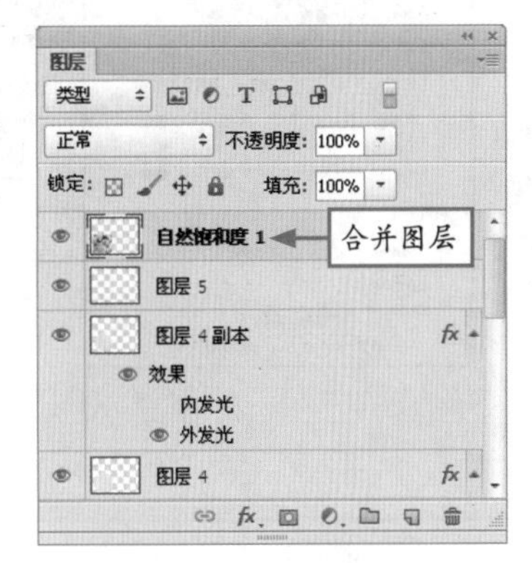

图 14-56 合并图层

步骤37 为“自然饱和度 1”图层添加图层蒙版，此时图像的部分区域将被隐藏，效果如图 14-57 所示。

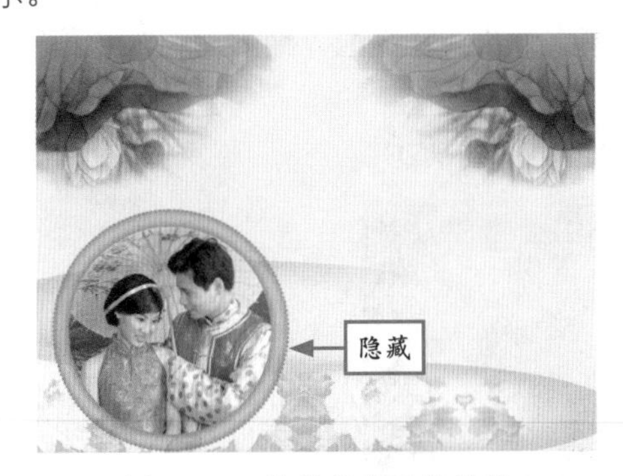

图 14-57 隐藏部分图像效果

步骤38 打开配书光盘中的“素材\第 14 章\国色天香 .psd”，将其拖曳至“相亲相爱”图像编辑窗口中，如图 14-58 所示。

图 14-58 拖入素材效果

步骤39 打开配书光盘中的“素材\第 14 章\花藤 .psd”，将该文件拖曳至“相亲相爱”图像编辑窗口中，如图 14-59 所示。

图 14-59 拖入素材效果

步骤40 选取横排文字工具，设置“字体”为“华文行楷”、“大小”为 24，输入相应的文字，效果如图 14-60 所示。

图 14-60 输入文字效果

步骤41 双击文字图层，弹出“图层样式”对话框，设置各参数如图 14-61 所示。

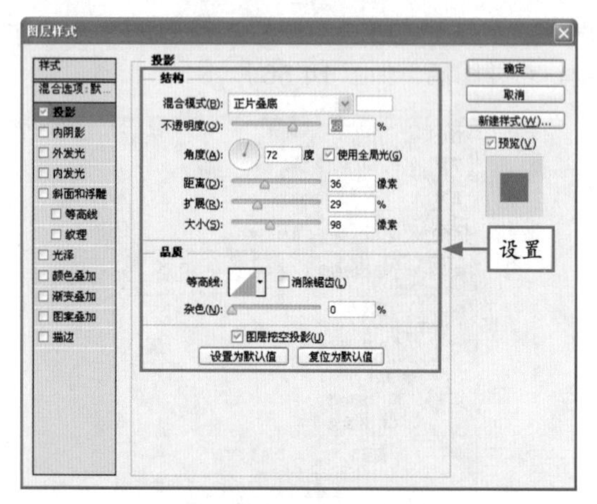

图 14-61 在“图层样式”对话框中设置参数

步骤42 单击“确定”按钮，即可添加图层样式，效果如图 14-62 所示。

图 14-62 添加图层样式效果

14.3 制作爱的告白效果

本例以春天绿色的色调为基础，结合春天的其他元素，如花朵和泡泡等细节，制作出爱的告白效果。

下面详细讲解爱的告白效果的制作方法，最终效果如图 14-63 所示。

图 14-63 爱的告白最终效果

素材文件	光盘\素材\第14章\绿色背景.jpg等
效果文件	光盘\效果\第14章\爱的告白.psd
视频文件	光盘\视频\第14章\14.3 制作爱的告白效果.mp4

步骤1 选择“文件”|“新建”命令，弹出“新建”对话框，设置各参数如图 14-64 所示，然后单击“确定”按钮。

步骤2 将前景色的 R、G、B 参数分别设置为 75、163、13，按 Alt + Delete 组合键，填充颜色，效果如图 14-65 所示。

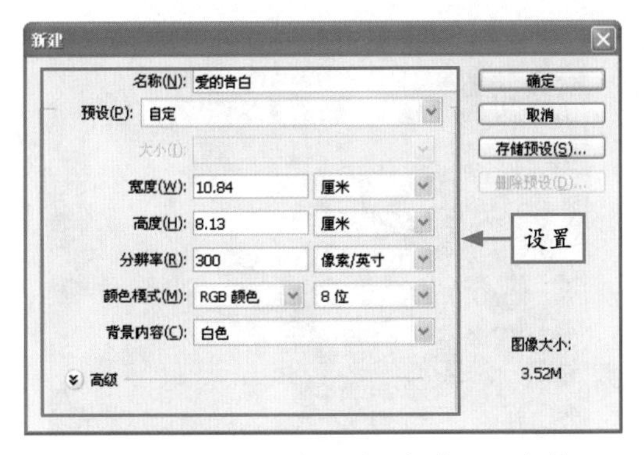

图 14-64　在“新建”对话框中设置参数

图 14-65　填充颜色效果

步骤 3　打开配书光盘中的“素材\第 14 章\绿色背景.jpg”，将其拖曳至“爱的告白”图像编辑窗口中，如图 14-66 所示。

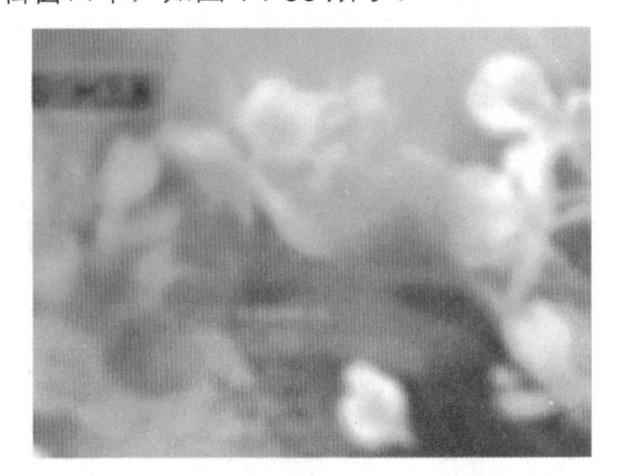

图 14-66　拖入素材效果

步骤 4　新建“图层 2”图层，选取椭圆选框工具，在按住 Shift 键的同时单击鼠标左键并拖曳，创建一个圆形选区，如图 14-67 所示。

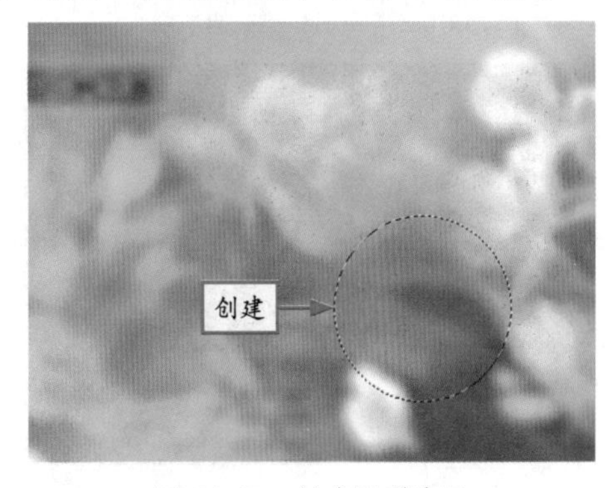

图 14-67　创建圆形选区

步骤 5　设置前景色为白色，按 Alt + Delete 组合键，填充颜色，并取消选区，效果如图 14-68 所示。

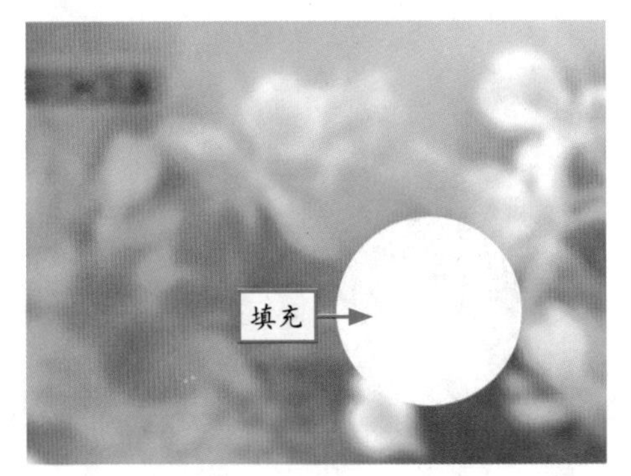

图 14-68　填充选区效果

步骤 6　在“图层”面板中，设置“图层 2”图层的“不透明度”为 20，效果如图 14-69 所示。

图 14-69　设置不透明度效果

步骤 7　复制“图层 2”图层，得到“图层 2 副本”图层。将复制的图像拖曳至合适位置，并等比例缩小，如图 14-70 所示。

步骤 8　以同样的方法，将“图层 2 副本”图层复制 4 次，并调整复制图像的大小和位置，效果如图 14-71 所示。

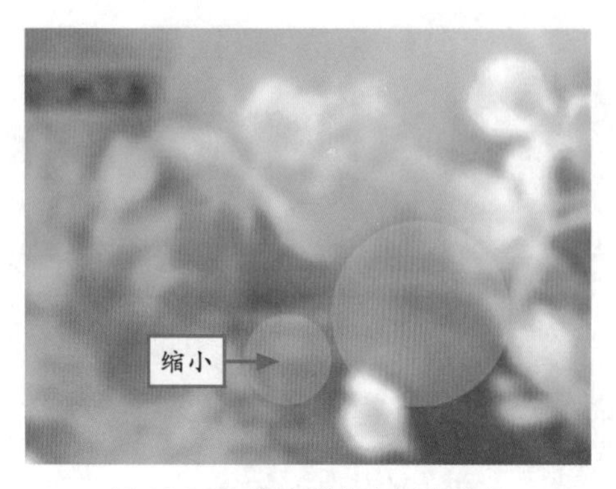

图 14-70　等比例缩小图像效果

图 14-71　复制并调整图像

步骤 9　打开配书光盘中的“素材\第 14 章\花.jpg”，将其拖曳至“爱的告白”图像编辑窗口中，如图 14-72 所示。

图 14-72　拖入素材效果

步骤 10　按 Ctrl + T 组合键，调出控制框，等比例缩小图像。设置“图层 3”图层的“混合模式”为“滤色”，效果如图 14-73 所示。

图 14-73　设置图层混合模式

步骤 11　为“图层 3”图层添加图层蒙版然后，使用黑色画笔工具在花的白色边缘区域进行涂抹，效果如图 14-74 所示。

图 14-74　涂抹图像效果

步骤 12　复制“图层 3”图层 3 次，调整复制图像的大小，并拖曳至合适的位置，效果如图 14-75 所示。

图 14-75　复制并调整图像

步骤 13　新建“图层 4”图层，选取椭圆工具在按住 Shift 键的同时单击鼠标左键并拖曳，创建一条圆形路径，如图 14-76 所示。

步骤 14　选取画笔工具，设置前景色为白色，调出“画笔”面板，设置各参数如图 14-77 所示。

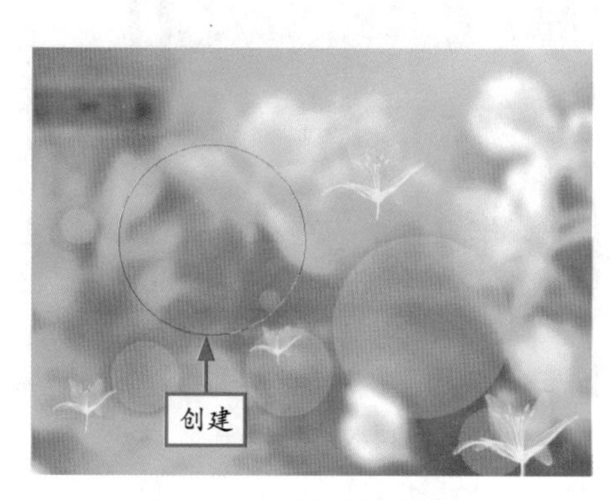

图 14-76 创建圆形路径

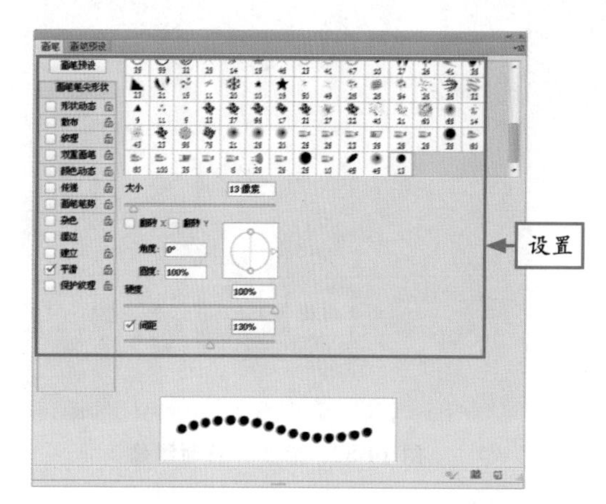

图 14-77 在“画笔”面板中设置参数

步骤 15 调出“路径”面板，选择“工作路径”选项，将其拖曳至“用画笔描边路径”按钮上，描边路径，如图 14-78 所示。

步骤 16 取消选择路径，选取移动工具，选中图像后拖曳至合适的位置，并适当调整其大小，效果如图 14-79 所示。

图 14-78 描边路径效果

图 14-79 移动图像效果

步骤 17 复制“图层 4”图层两次，分别将复制的两个图像拖曳至合适的位置，并调整其大小，效果如图 14-80 所示。

步骤 18 打开配书光盘中的“素材\第 14 章\婚纱 2.jpg”，将其拖曳至“爱的告白”图像编辑窗口中，如图 14-81 所示。

图 14-80 复制并调整图像

图 14-81 拖入素材效果

步骤 19 等比例缩放图像，然后拖曳至合适的位置，如图 14-82 所示。

步骤 20 按住 Ctrl 键的同时，单击“图层 2”图层缩览图，调出选区，如图 14-83 所示。

图 14-82　缩放并移动图像

图 14-83　调出选区

步骤21 选择“图层 5”图层，单击“添加图层蒙版”按钮，为其添加图层蒙版，效果如图 14-84 所示。

图 14-84　添加图层蒙版效果

步骤22 选择“编辑”|“变换”|“水平翻转”命令，将图像进行水平翻转，效果如图 14-85 所示。

图 14-85　水平翻转图像

步骤23 打开配书光盘中的“素材\第 14 章\婚纱 3.jpg”，将其拖曳至“爱的告白”图像编辑窗口中，如图 14-86 所示。

图 14-86　拖入素材效果

步骤24 等比例缩放“图层 6”图层中的图像，然后为“图层 6”图层添加图层蒙版，再使用画笔工具涂抹图像，如图 14-87 所示。

图 14-87　涂抹图像效果

步骤25 新建“图层 7”图层，选取矩形工具，创建矩形路径，如图 14-88 所示。

步骤26 选取画笔工具，设置前景色为白色，设置其他各参数如图 14-89 所示。

图 14-88 创建矩形路径

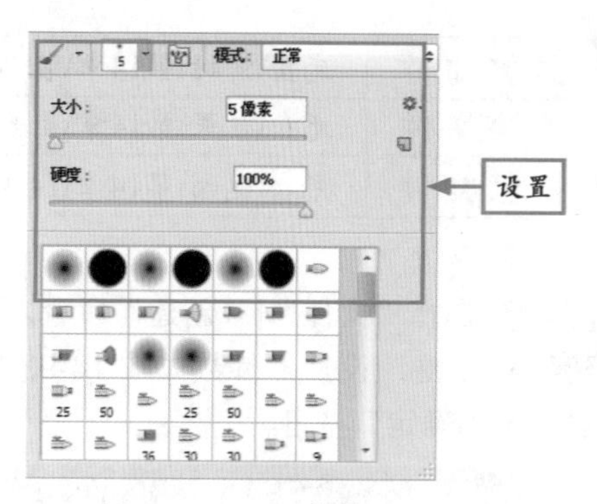

图 14-89 设置参数

步骤 27 调出“路径”面板，选择“工作路径”选项，将其拖曳至“用画笔描边路径”按钮上，描边路径，如图 14-90 所示。

图 14-90 描边路径

步骤 28 打开配书光盘中的“素材\第 14 章\文字 .psd”，将其拖曳至“爱的告白”图像编辑窗口中，如图 14-91 所示。

图 14-91 拖入素材效果

14.4 制作生如夏花效果

本例以粉红为主色调，以淡雅的白色线条做陪衬，制作一幅充满欢快气息的个人写真。下面详细讲解生如夏花效果的制作效果，最终效果如图 14-92 所示。

图 14-92 生如夏花最终效果

素材文件	光盘\素材\第14章\装饰品1.psd、装饰品2.psd、美女1.jpg、生如夏花.jpg
效果文件	光盘\效果\第14章\生如夏花.psd
视频文件	光盘\视频\第14章\14.4　制作生如夏花效果.mp4

步骤 1 选择“文件”|“新建”命令，弹出“新建”对话框，设置各参数如图 14-93 所示，然后单击“确定”按钮。

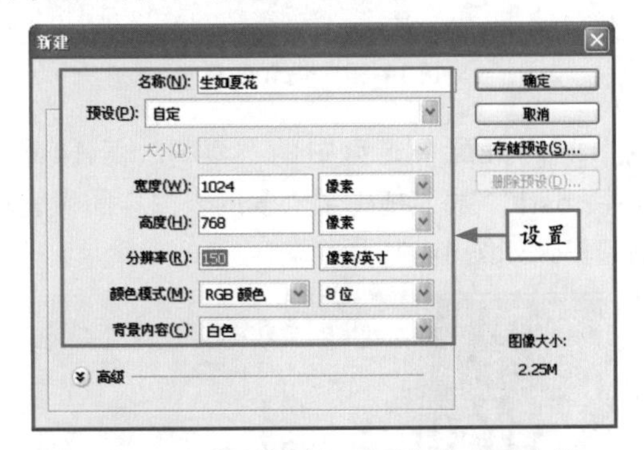

图 14-93　在“新建”对话框中设置参数

步骤 2 将前景色的 R、G、B 参数分别设置为 244、98、139，然后按 Alt + Delete 组合键填充颜色，效果如图 14-94 所示。

图 14-94　填充颜色效果

步骤 3 选取钢笔工具，随意创建一条不规则的闭合路径，如图 14-95 所示。

图 14-95　创建闭合路径

步骤 4 按 Ctrl + Enter 组合键，将路径转换为选区，如图 14-96 所示。

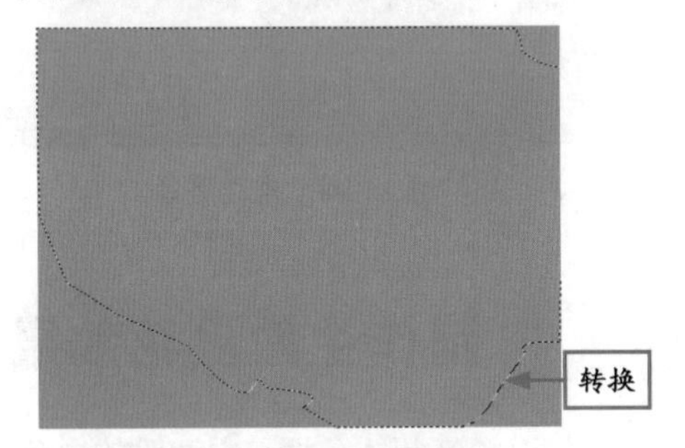

图 14-96　将路径转换为选区

步骤 5 按 Shift + F6 组合键，弹出“羽化选区”对话框，设置“羽化半径”为 5，单击“确定”按钮，如图 14-97 所示。

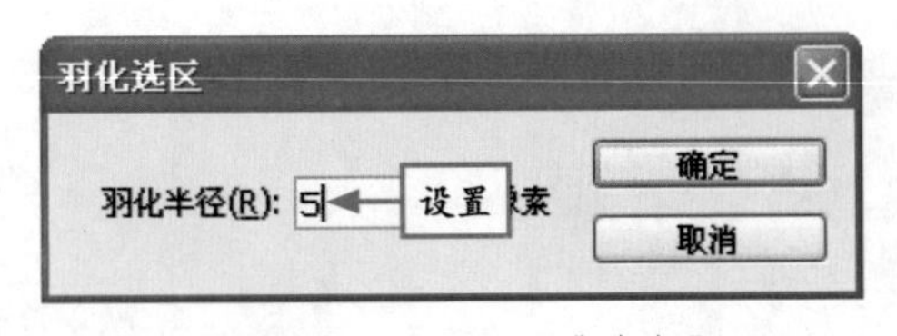

图 14-97　设置“羽化半径”

步骤 6 将前景色的 R、G、B 参数分别设置为 253、176、206，然后按 Alt + Delete 组合键填充颜色，并取消选区，效果如图 14-98 所示。

图 14-98　填充颜色效果

步骤 7　打开配书光盘中的“素材\第 14 章\装饰品 1.psd”，将其拖曳至“生如夏花”图像编辑窗口中，如图 14-99 所示。

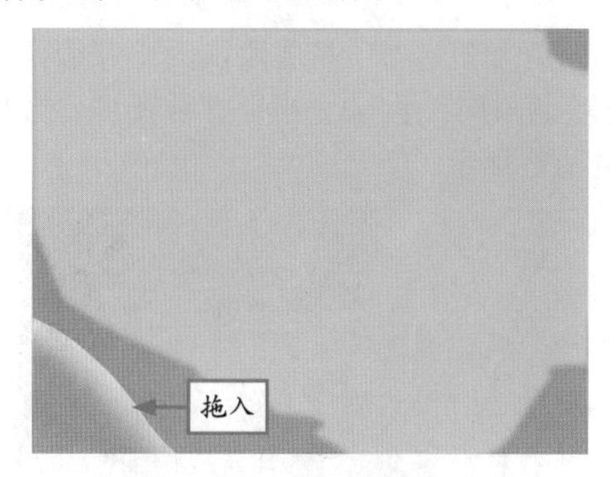

图 14-99　拖入素材效果

步骤 8　将“图层 1”图层复制 3 次，根据需要调整各图像的大小、位置以及不透明度，效果如图 14-100 所示。

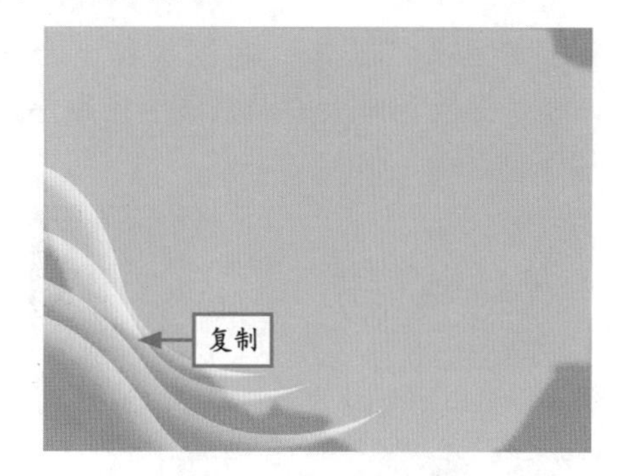

图 14-100　复制并调整图像效果

步骤 9　选择“图层 1”图层及其所有副本图层，单击“链接图层”按钮，链接图层，如图 14-101 所示。

图 14-101　链接图层

步骤 10　打开配书光盘中的“素材\第 14 章\装饰品 2.psd”，将其拖曳至“生如夏花”图像编辑窗口中，如图 14-102 所示。

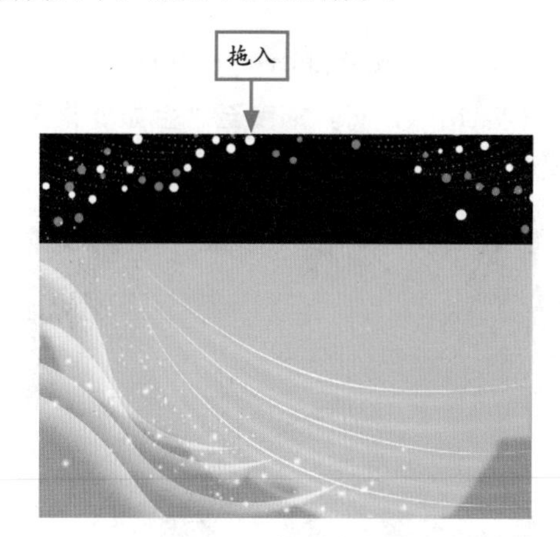

图 14-102　拖入素材效果

步骤 11　在“图层”面板中，设置“图层 2”图层的“混合模式”为“滤色”，效果如图 14-103 所示。

图 14-103　设置图层混合模式

步骤 12　打开配书光盘中的“素材\第 14 章\美女 1.jpg”，将其拖曳至“生如夏花”图像编辑窗口中，如图 14-104 所示。

图 14-104　拖入素材效果

专家提醒 将图层"混合模式"设置为"滤色"时，任何颜色与黑色混合都不会受到黑色的影响；任何颜色与白色混合得到的颜色为白色。

步骤13 选取移动工具，将图像移至合适的位置，在"图层"面板中调整图层的顺序，如图 14-105 所示。

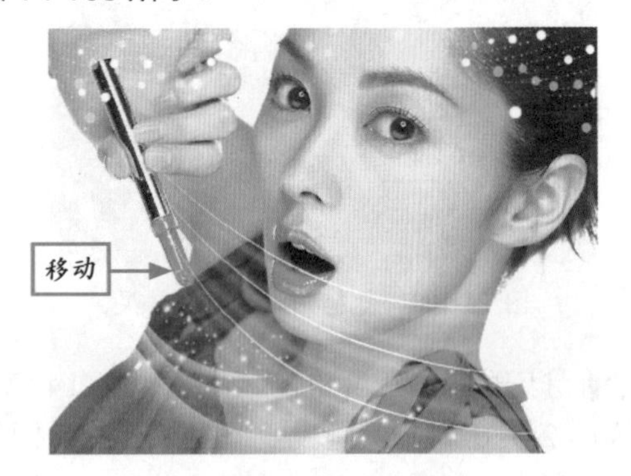

图 14-105 移动图像效果

步骤14 为"图层 3"图层添加图层蒙版，然后使用黑色画笔工具适当地涂抹图像，效果如图 14-106 所示。

图 14-106 涂抹图像效果

步骤15 打开配书光盘中的"素材 \ 第 14 章 \ 生如夏花 .jpg"，将其拖曳至"生如夏花"图像编辑窗口中，如图 14-107 所示。

图 14-107 拖入素材效果

步骤16 选取工具箱中的移动工具，将拖入的素材图像移动至合适的位置，效果如图 14-108 所示。

图 14-108 移动图像效果

14.5 制作夏日阳光效果

本例将通过新建图层、绘制圆角矩形路径、填充颜色、复制图层以及拖曳素材等方法，制作夏日阳光效果。

下面详细讲解夏日阳光效果的制作方法，最终效果如图 14-109 所示。

素材文件	光盘\素材\第14章\美女2.jpg等
效果文件	光盘\效果\第14章\夏日阳光.psd
视频文件	光盘\视频\第14章\14.5 制作夏日阳光效果.mp4

图 14-109　夏日阳光最终效果

步骤 1　选择“文件” | “新建”命令，弹出“新建”对话框，设置各参数如图 14-110 所示，然后单击“确定”按钮。

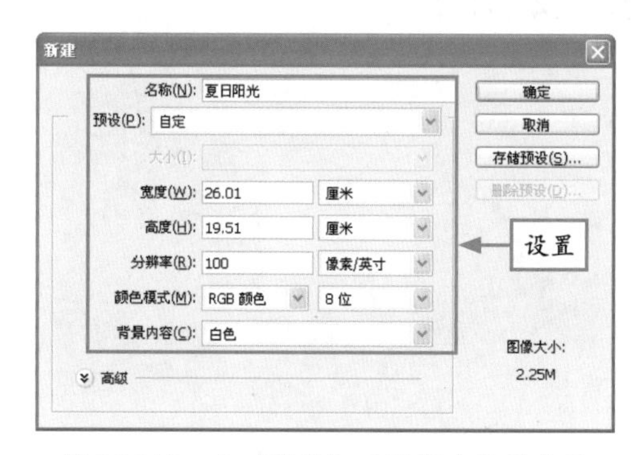

图 14-110　在“新建”对话框中设置参数

步骤 2　新建“图层 1”图层，将前景色的 R、G、B 分别设置参数为 226、213、204，然后按 Alt + Delete 组合键填充前景色，如图 14-111 所示。

图 14-111　填充前景色效果

步骤 3　选择“图层” | “图层样式” | “图案叠加”命令，弹出“图层样式”对话框，设置各参数如图 14-112 所示。

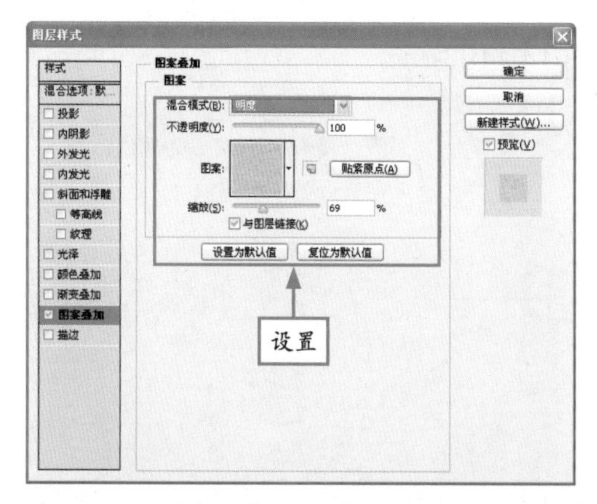

图 14-112　在“图层样式”对话框中设置参数

步骤 4　单击“确定”按钮，即可为“图层 1”图层添加“图案叠加”图层样式，效果如图 14-113 所示。

图 14-113　添加图层样式效果

步骤 5 新建“亮度/对比度”调整图层，展开“亮度/对比度”调整面板，设置各参数如图 14-114 所示。

图 14-114 在“亮度/对比度”调整面板中设置参数

步骤 6 执行操作后，即可调整图像的亮度/对比度，效果如图 14-115 所示。

图 14-115 调整亮度/对比度效果

步骤 7 新建“色阶”调整图层，展开调整面板，设置各参数如图 14-116 所示。

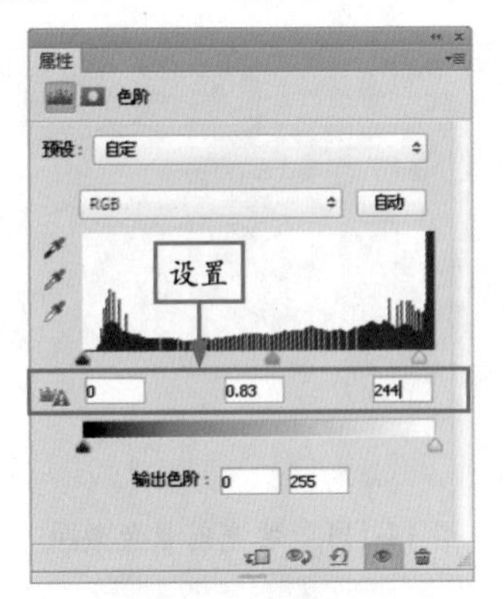

图 14-116 在“色阶”调整面板中设置各参数

步骤 8 执行操作后，即可调整图像的色阶，效果如图 14-117 所示。

图 14-117 调整色阶效果

步骤 9 选取圆角矩形工具，设置“半径”为 20，在图像编辑窗口中创建一条闭合路径，如图 14-118 所示。

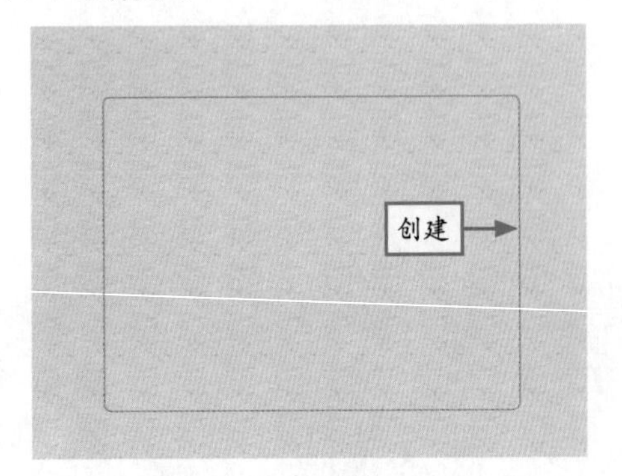

图 14-118 创建闭合路径

步骤 10 将路径转换为选区，新建“图层 2”图层，在选区内填充白色，然后取消选区，效果如图 14-119 所示。

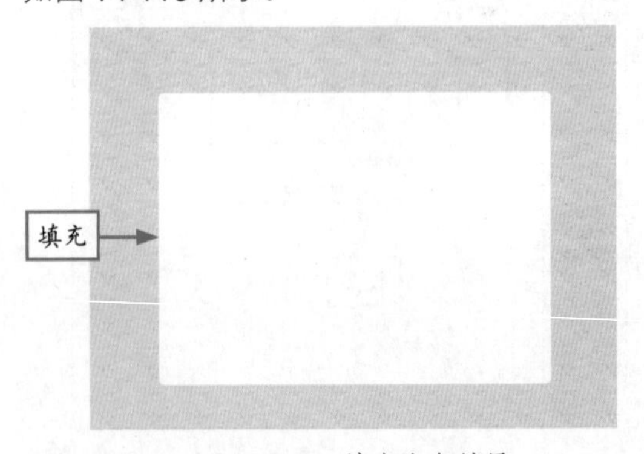

图 14-119 填充白色效果

步骤 11 双击“图层 2”图层，弹出“图层样式”对话框，在左侧“样式”列表框中选中“投影”复选框设置各参数如图 14-120 所示。

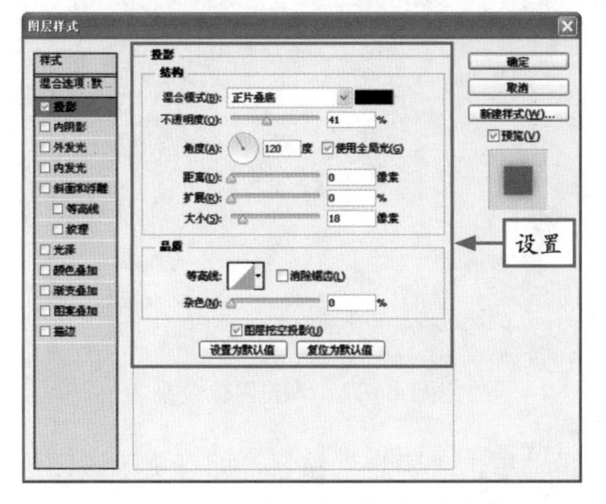

图 14-120　设置“投影”相应参数

步骤 12 单击“确定”按钮，即可添加投影样式，效果如图 14-121 所示。

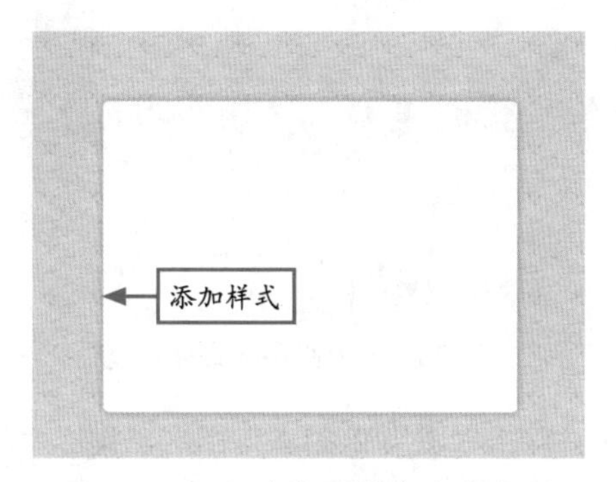

图 14-121　添加投影样式后的效果

步骤 13 按 Ctrl + T 组合键，旋转图像至合适位置，如图 14-122 所示。

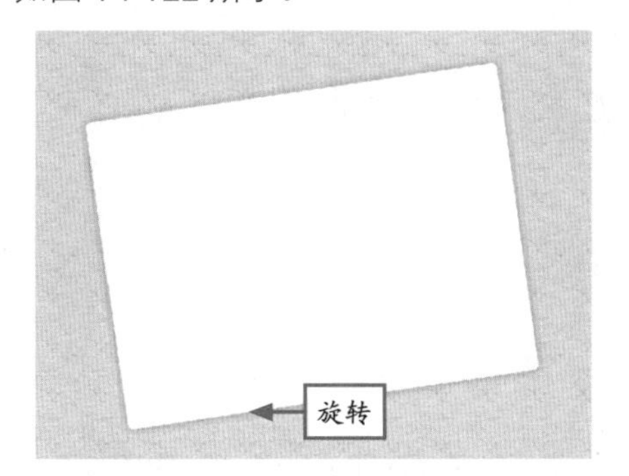

图 14-122　旋转图像至合适位置

步骤 14 复制“图层 2”图层，调整复制图层的图像位置，如图 14-123 所示。

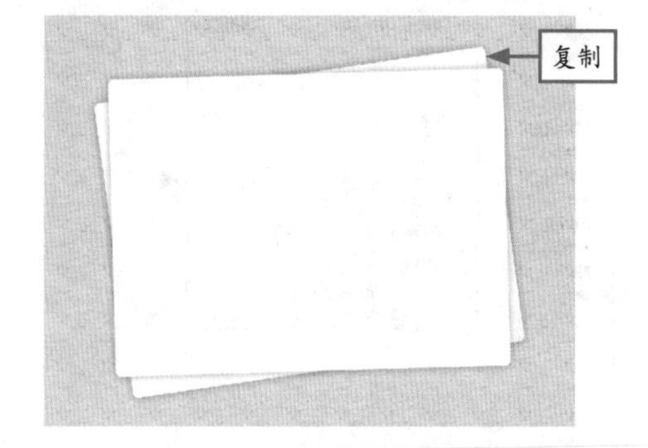

图 14-123　调整图像位置

步骤 15 将“图层 2 副本”图层拖曳至“图层 2”图层的下方，如图 14-124 所示。

图 14-124　调整图层顺序

步骤 16 双击“图层 2 副本”图层，弹出“图层样式”对话框，设置各参数如图 14-125 所示。

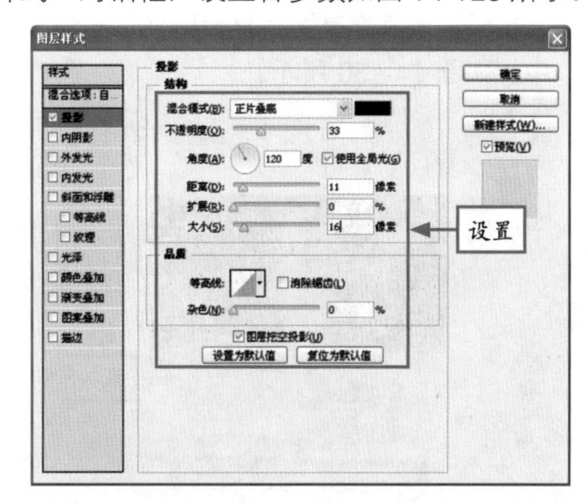

图 14-125　在“图层样式”对话框中设置参数

步骤17 单击“确定”按钮，即可添加图层样式，效果如图 14-126 所示。

图 14-126 添加图层样式后的效果

步骤18 复制“图层 2 副本”图层，调整图像位置和图层顺序，效果如图 14-127 所示。

图 14-127 调整图像效果

步骤19 双击“图层 2 副本”图层，弹出“图层样式”对话框，在左侧“样式”列表框中选中“投影”复选框，设置各参数如图 14-128 所示。

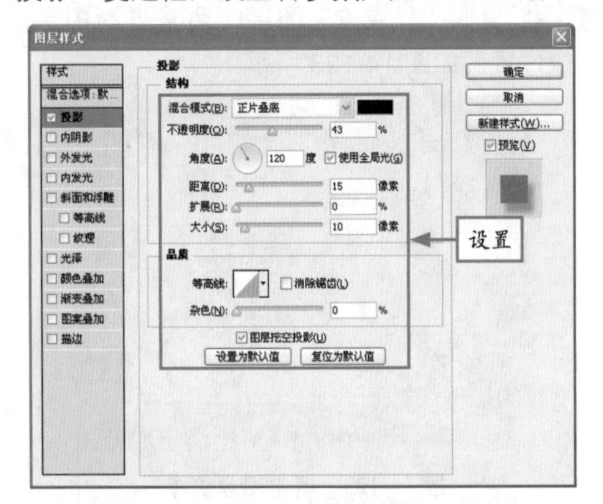

图 14-128 设置“投影”相应参数

步骤20 单击“确定”按钮，即可更改该图层的图层样式，效果如图 14-129 所示。

图 14-129 更改图层样式效果

步骤21 打开配书光盘中的“素材 \ 第 14 章 \ 美女 2.jpg”，将其拖曳至“夏日阳光”图像编辑窗口中，如图 14-130 所示。

图 14-130 拖入素材效果

步骤22 按 Ctrl + T 组合键，调出变换控制框，将图像旋转缩放至合适大小，效果如图 14-131 所示。

图 14-131 缩放图像效果

步骤23 选择“图像”|“调整”|“自然饱和度”命令，弹出“自然饱和度”对话框，设置各参数如图 14-132 所示。

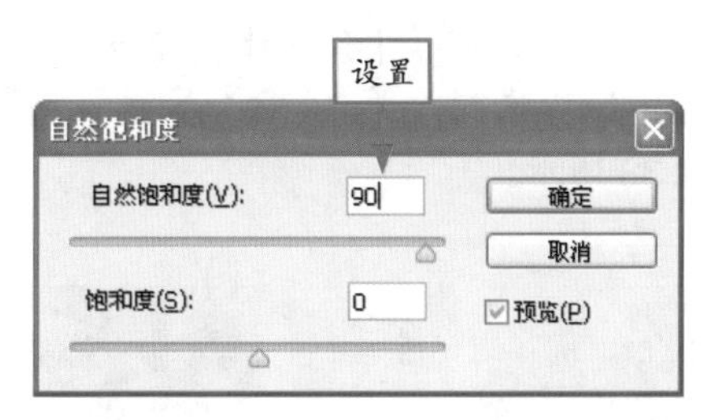

图 14-132 在“自然饱和度”对话框中设置参数

步骤24 单击“确定”按钮，即可调整图像的自然饱和度，效果如图 14-133 所示。

图 14-133 调整自然饱和度

步骤25 打开配书光盘中的“素材\第 14 章\美女 3.psd”，将其拖曳至“夏日阳光”图像编辑窗口中，如图 14-134 所示。

图 14-134 拖入素材效果

步骤26 打开配书光盘中的“素材\第 14 章\流动 .psd”，将其拖曳至“夏日阳光”图像编辑窗口中，如图 14-135 所示。

图 14-135 拖入素材效果

14.6 制作星语星愿效果

本例以清澈的天空和绿色的青草为背景，将时尚与自然环保相结合，通过个人写真模板的合成，完成星语星愿效果的制作。

下面详细讲解星语星愿效果的制作方法，最终效果如图 14-136 所示。

图 14-136 星语星愿最终效果

素材文件	光盘\素材\第14章\风景.jpg等
效果文件	光盘\效果\第14章\星语星愿.psd
视频文件	光盘\视频\第14章\14.6　制作星语星愿效果.mp4

步骤 1 选择“文件”|“新建”命令，弹出“新建”对话框，设置各参数如图14-137所示，然后单击“确定”按钮。

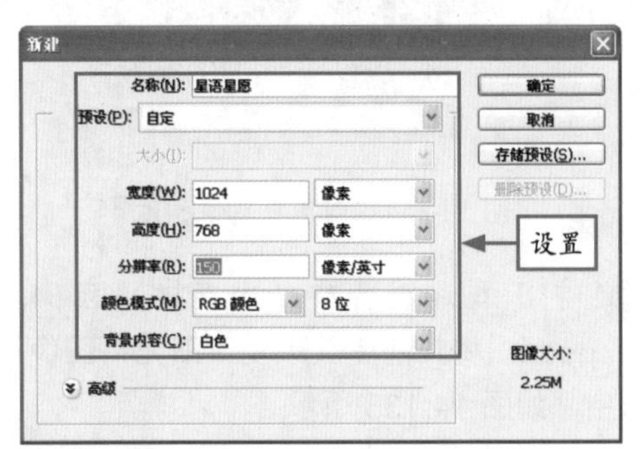

图 14-137　在“新建”对话框中设置参数

步骤 2 选择“文件”|“打开”命令，打开配书光盘中的“素材\第14章\风景.jpg”，如图14-138所示。

图 14-138　打开素材图像

步骤 3 将打开的素材图像拖曳至“星语星愿”图像编辑窗口中，并调整其大小和位置，如图14-139所示。

图 14-139　拖入素材效果

步骤 4 新建“图层2”图层，选取圆角矩形工具，设置“半径”为20，创建圆角矩形路径，如图14-140所示。

图 14-140　创建圆角矩形路径

步骤 5 按Ctrl＋Enter组合键，将路径转换为选区，并填充前景色为白色，效果如图14-141所示。

图 14-141　填充颜色效果

步骤 6 按Ctrl＋D组合键，取消选区；按Ctrl＋T组合键，调出变换控制框，旋转并缩放图像，调整至合适位置，如图14-142所示。

图 14-142　旋转并缩放图像效果

步骤 7 在“图层”面板中，复制“图层 2”图层，得到“图层 2 副本”图层，如图 14-143 所示。

图 14-143 复制图层

步骤 8 双击“图层 2 副本”图层，弹出“图层样式”对话框，设置各参数如图 14-144 所示。

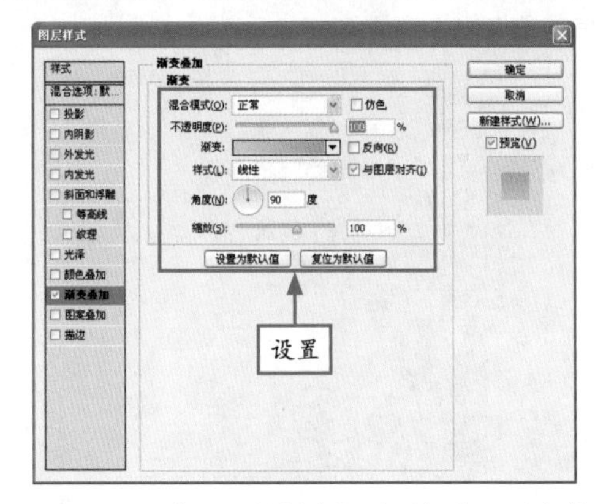

图 14-144 在“图层样式”对话框中设置参数

步骤 9 单击“确定”按钮，即可添加“渐变叠加”图层样式，效果如图 14-145 所示。

图 14-145 添加图层样式效果

步骤 10 按 Ctrl + T 组合键，调出变换控制框，放大图像，将“图层 2 副本”图层调整至“图层 2”图层下方，如图 14-146 所示。

图 14-146 调整图层顺序效果

步骤 11 复制“图层 2 副本”图层，得到“图层 2 副本 2”图层。双击“图层 2 副本 2”图层，弹出“图层样式”对话框，设置各参数，如图 14-147 所示。

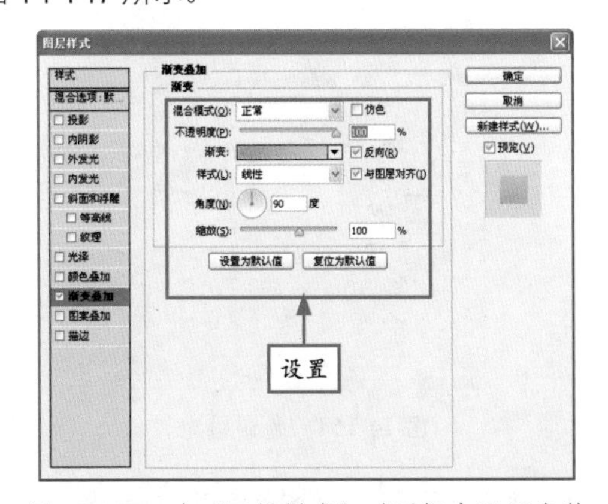

图 14-147 在“图层样式”对话框中设置参数

步骤 12 单击“确定”按钮，添加图层样式。按 Ctrl + T 组合键，调出变换控制框，放大图像。将“图层 2 副本 2”图层调整至“图层 2 副本”图层下方，如图 14-148 所示。

图 14-148 调整图层顺序效果

步骤13 选择“图层 2”、“图层 2 副本”和“图层 2 副本 2”图层，按 Ctrl + G 组合键，编组图层，如图 14-149 所示。

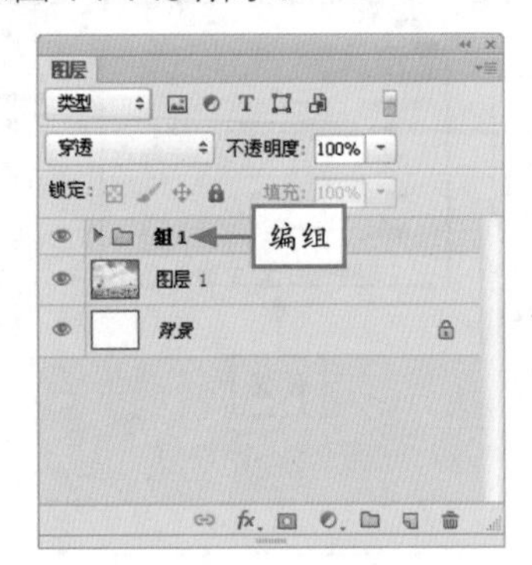

图 14-149　编组图层

步骤14 打开配书光盘中的“素材\第 14 章\飘带 .psd”，将其拖曳至“星语星愿”图像编辑窗口中，如图 14-150 所示。

图 14-150　拖入素材效果

步骤15 打开配书光盘中的“素材\第 14 章\树枝 .psd”，将其拖曳至“星语星愿”图像编辑窗口中，如图 14-151 所示。

图 14-151　拖入素材效果

步骤16 在“图层”面板中，选择“图层 3”图层，将其拖曳至“组 1”下方，并放大图像，效果如图 14-152 所示。

图 14-152　调整图层顺序效果

步骤17 选择“图层 2”、“组 1”和“图层 3”图层，按 Ctrl + G 组合键，编组图层，如图 14-153 所示。

图 14-153　编组图层

步骤18 在“图层”面板中，选择“组 2”，按 Ctrl + J 组合键，复制编组对象，如图 14-154 所示。

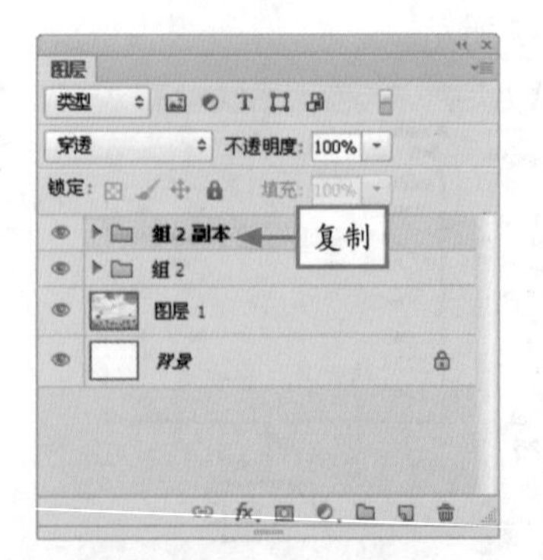

图 14-154　复制编组

专家提醒 在 Photoshop CS6 中，图层组就类似于文件夹，用户可以将图层按照类别放在不同的组内。

步骤19 按 Ctrl + T 组合键，调出变换控制框，适当地调整两个组图像的位置和大小，并旋转图像，如图 14-155 所示。

图 14-155 调整图像效果

步骤20 打开配书光盘中的“素材\第 14 章\美女 4.jpg”，选取魔棒工具，创建选区，如图 14-156 所示。

图 14-156 创建选区

步骤21 将“背景”图层转换为“图层 0”图层，按 Delete 键，删除选区内的图像，然后取消选区，如图 14-157 所示。

图 14-157 删除选区内的图像

步骤22 将“美女 4”图像拖曳至“星语星愿”图像编辑窗口中，并调整其位置，效果如图 14-158 所示。

图 14-158 调整图像的位置

步骤23 新建“图层 5”图层，选择“组 1 副本”和“图层 5”图层，按 Ctrl + E 组合键，合并图层，如图 14-159 所示。

图 14-159 合并图层

步骤24 选择“图像”|“调整”|“色相 / 饱和度”命令，弹出“色相 / 饱和度”对话框，设置各参数如图 14-160 所示。

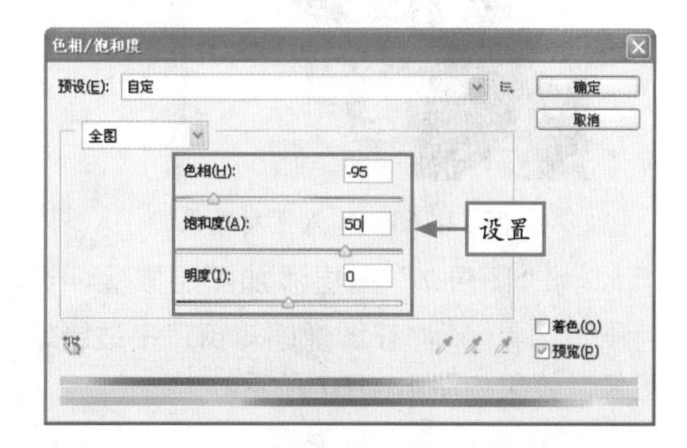

图 14-160 在“色相 / 饱和度”对话框中设置参数

步骤25 单击“确定”按钮，即可调整图像的色相 / 饱和度，效果如图 14-161 所示。

步骤26 打开配书光盘中的“素材\第 14 章\美女 5.jpg”，将其拖曳至“星语星愿”图像编辑窗口中，如图 14-162 所示。

图 14-161　调整图像的色相 / 饱和度

步骤27 按 Ctrl ＋ T 组合键，调出变换控制框，调整图像的大小和位置，并旋转图像，如图 14-163 所示。

图 14-163　调整图像效果

步骤29 打开配书光盘中的“素材 \ 第 14 章 \ 美女 6.jpg”，将其拖曳至“星语星愿”图像编辑窗口中，如图 14-165 所示。

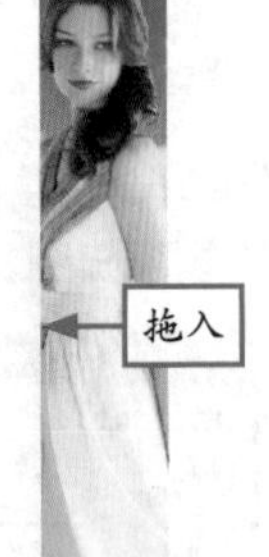

图 14-165　拖入素材效果

步骤31 为“图层 7”图层添加图层蒙版，选取黑色画笔工具，在图像编辑窗口中适当地涂抹图像，效果如图 14-167 所示。

图 14–162　拖入素材效果

步骤28 为“图层 6”图层添加图层蒙版，选取黑色画笔工具，在图像编辑窗口中适当地涂抹图像，效果如图 14-164 所示。

图 14-164　涂抹图像效果

步骤30 按 Ctrl ＋ T 组合键，调出变换控制框，调整图像的大小和位置，并旋转图像，如图 14-166 所示。

图 14-166　调整图像效果

图 14-167　涂抹图像效果

第 15 章　照片在生活中的应用

学习提示

随着生活水平的不断提高，数码科技产品逐渐融入到人们的日常生活中。本章将通过 6 个实例来讲解数码照片在生活中的应用，帮助读者进一步提高照片处理水平。

主要内容

- 制作证件寸照效果
- 制作 T 恤头像效果
- 制作肖像邮票效果
- 制作时尚胸卡效果
- 制作手机挂件效果
- 制作个性台历效果

重点与难点

- 制作证件寸照效果
- 制作 T 恤头像效果
- 制作时尚胸卡效果

学完本章后你会做什么

- 掌握制作手机挂件效果的操作方法
- 掌握制作肖像邮票效果的操作方法
- 掌握制作个性台历效果的操作方法

视频文件

15.1 制作证件寸照效果

在本例中，首先使用矩形选框工具创建选区，通过“裁剪”命令和移动工具置入图像；然后使用魔棒工具创建选区并填充背景色；最后复制图像，制作多张证件照，从而完成整体效果的制作。

下面详细讲解证件寸照效果的制作方法，最终效果如图 15-1 所示。

图 15-1　证件寸照最终效果

素材文件	光盘\素材\第15章\小女孩.jpg
效果文件	光盘\效果\第15章\证件寸照.psd
视频文件	光盘\视频\第15章\15.1　制作证件寸照效果.mp4

步骤 1 选择“文件”|“新建”命令，弹出“新建”对话框，设置各参数如图 15-2 所示，然后单击“确定”按钮。

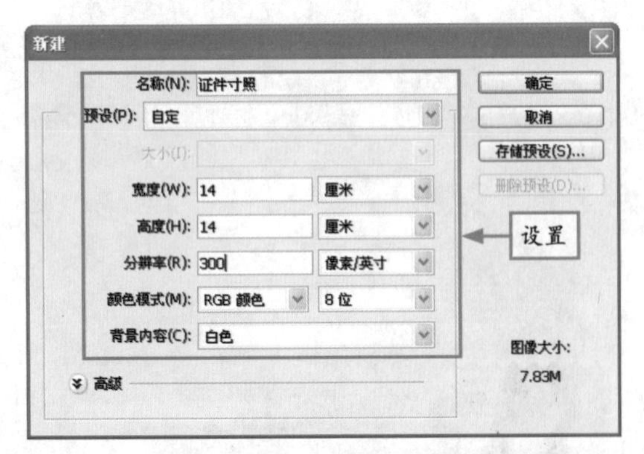

图 15-2　在“新建”对话框架中设置参数

步骤 2 选择“文件”|“打开”命令，打开配书光盘中的“素材 \ 第 15 章 \ 小女孩 .jpg”，如图 15-3 所示。

图 15-3　打开素材图像

步骤 3 选取工具箱中的矩形选框工具，在图像编辑窗口中拖曳鼠标，创建一个矩形选区，如图 15-4 所示。

步骤 4 选择“图像”|“裁剪”命令，裁剪图像，然后将其拖曳至“证件寸照”图像编辑窗口中，如图 15-5 所示。

图 15-4　创建矩形选区

图 15-5　拖入素材效果

步骤 5　单击工具箱下方的“设置前景色”色块，弹出“拾色器（前景色）”对话框，设置各参数如图 15-6 所示，然后单击“确定”按钮。

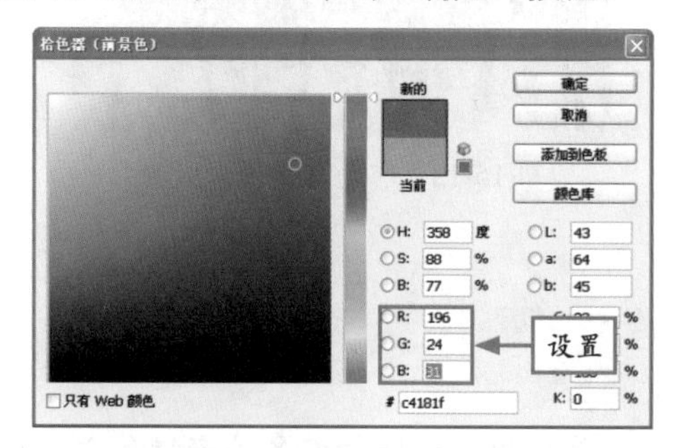

图 15-6　在“拾色器（前景色）”对话框中设置各参数

步骤 6　选取工具箱中的魔棒工具，在人物以外的白色区域上单击鼠标左键，创建选区，如图 15-7 所示。

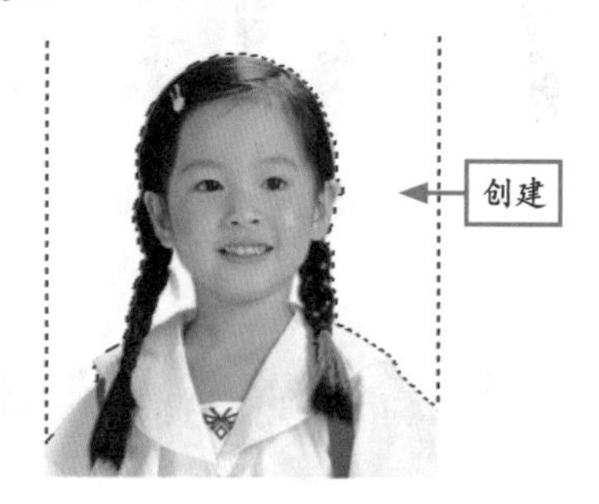

图 15-7　创建选区

步骤 7　选择“选择”|“修改”|“扩展”命令，弹出“扩展选区”对话框，设置“扩展量”为 2，如图 15-8 所示。单击“确定”按钮，即可扩展选区。

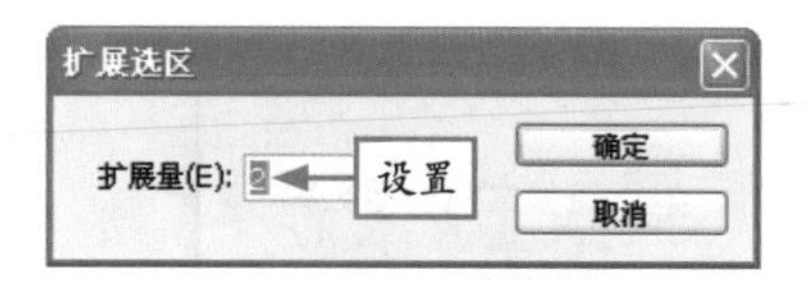

图 15-8　设置“扩展量”

步骤 8　按 Shift + F6 组合键，弹出“羽化选区”对话框，设置“羽化半径”为 3，单击“确定”按钮，如图 15-9 所示。

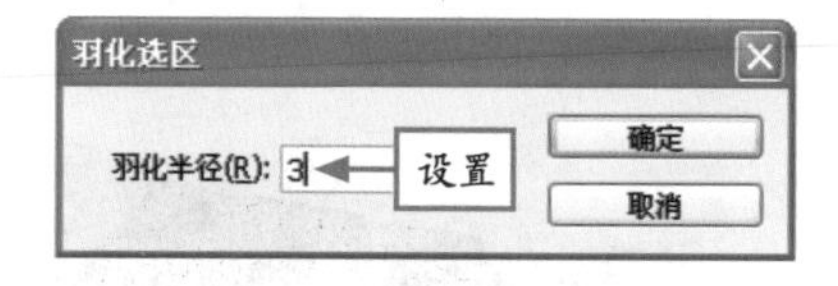

图 15-9　设置“羽化半径”

步骤 9　按 Alt + Delete 组合键，填充前景色，然后取消选区，效果如图 15-10 所示。

图 15-10　填充前景色效果

步骤 10　在“图层”面板中选择“图层 1”图层，将其进行多次复制处理如图 15-11 所示。

图 15-11　复制图层

步骤11 选择“图层 1 副本”图层，选取工具箱中的移动工具，移动图像至合适的位置，如图 15-12 所示。

图 15-12　移动图像效果

步骤12 以同样的方法，选取工具箱中的移动工具，移动其他图层中的图像至合适位置，效果如图 15-13 所示。

图 15-13　移动其他图像效果

15.2 制作时尚胸卡效果

在本例中，首先运用矩形选框工具制作出胸卡的主体效果，然后加入各种素材和文字来完善，从而实现最终效果。

下面详细讲解时尚胸卡效果的制作方法，最终效果如图 15-14 所示。

图 15-14　时尚胸卡最终效果

素材文件	光盘\素材\第15章\靓丽.jpg等
效果文件	光盘\效果\第15章\时尚胸卡.psd
视频文件	光盘\视频\第15章\15.2　制作时尚胸卡效果.mp4

步骤 1 选择“文件”|“新建”命令，弹出“新建”对话框，设置各参数如图 15-15 所示，然后单击“确定”按钮。

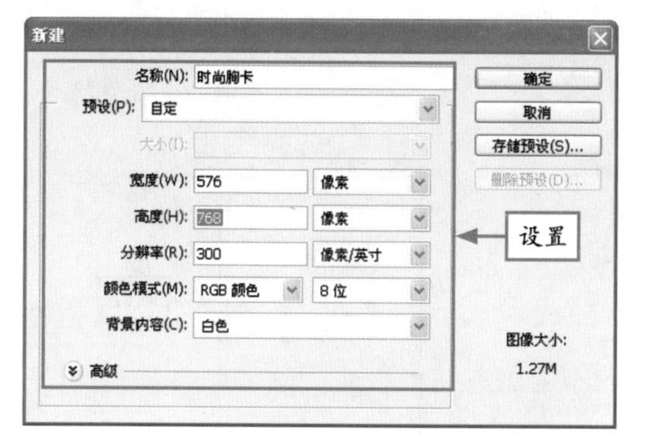

图 15-15 在“新建”对话框中设置参数

步骤 2 选取矩形选框工具，在图像编辑窗口中创建一个合适大小的矩形选区，效果如图 15-16 所示。

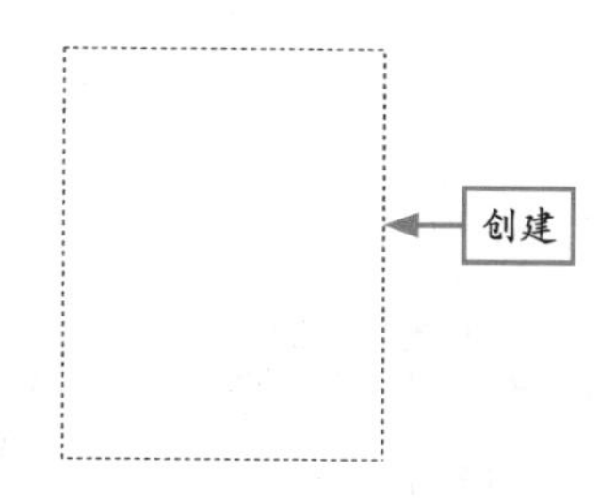

图 15-16 创建矩形选区

步骤 3 新建“图层 1”图层，按 D 键，恢复前景色和背景色，为选区填充背景色，如图 15-17 所示。

图 15-17 填充背景色

步骤 4 选择“编辑”|“描边”命令，弹出“描边”对话框，设置各参数如图 15-18 所示。

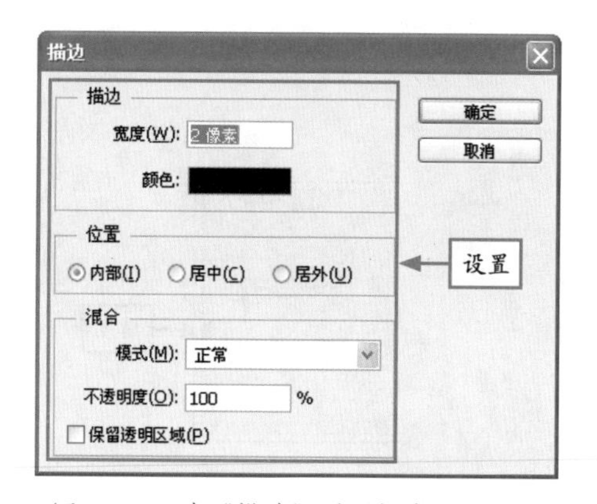

图 15-18 在“描边”对话框中设置参数

步骤 5 单击“确定”按钮，然后取消选区，描边效果如图 15-19 所示。

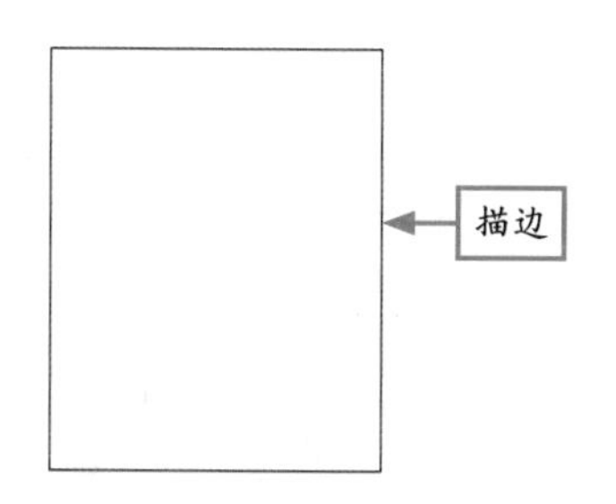

图 15-19 描边效果

步骤 6 在“图层”面板中，新建“图层 2”图层，如图 15-20 所示。

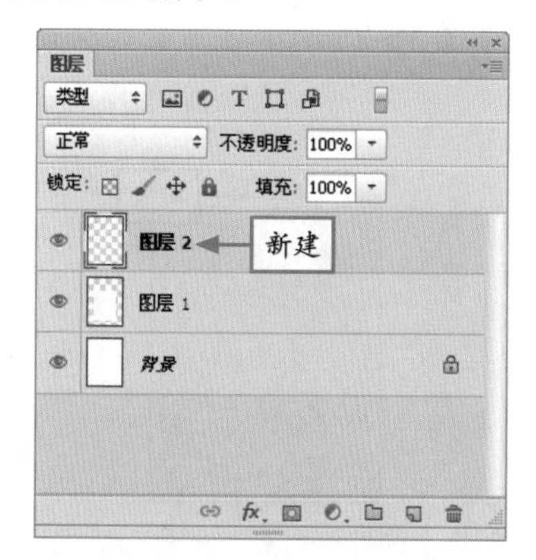

图 15-20 新建“图层 2”图层

步骤7 按住Ctrl键的同时，单击“图层1”缩览图，载入选区。选择“选择”|“修改”|“收缩”命令，弹出“收缩选区”对话框，设置“收缩量”为15，如图15-21所示。

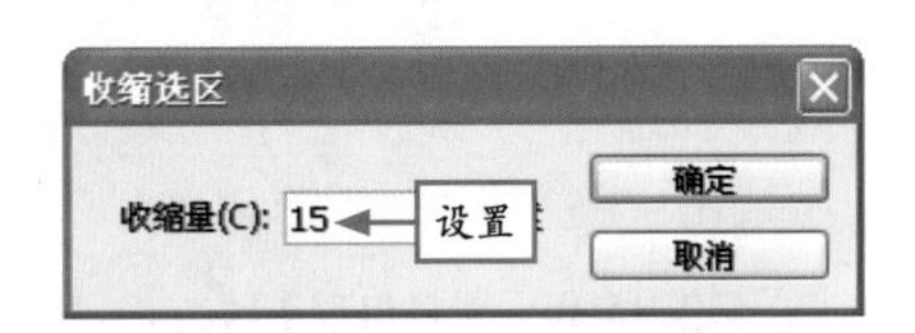

图15-21 设置“收缩量”

步骤8 单击“确定”按钮，即可收缩选区，如图15-22所示。

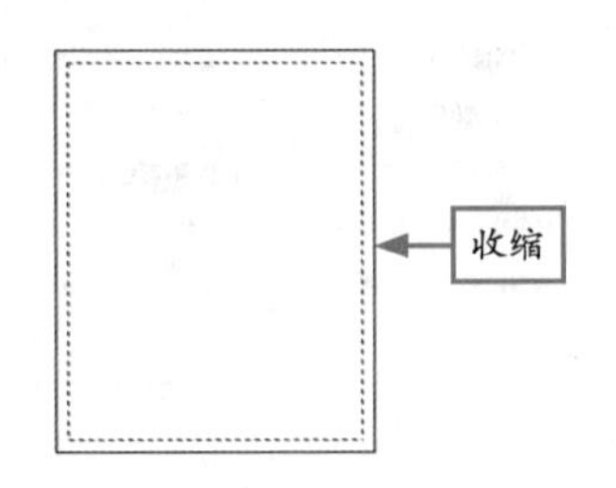

图15-22 收缩选区效果

步骤9 将前景色的R、G、B参数分别设置为255、189、208，为选区填充颜色，效果如图15-23所示。

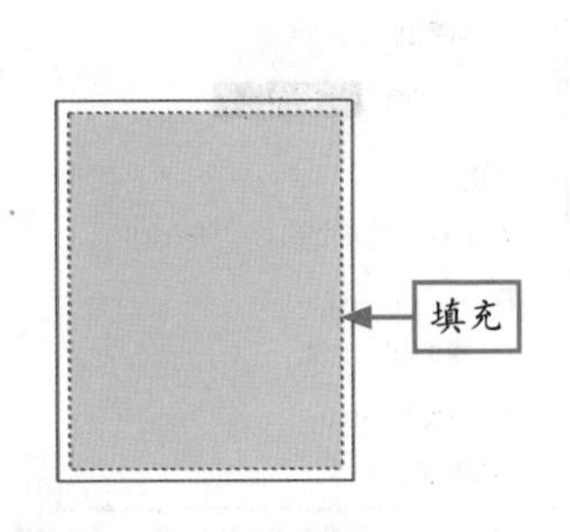

图15-23 填充选区效果

步骤10 新建“图层3”图层，选择“编辑”|“变换”|“透视”命令，调整选区形状和位置，如图15-24所示。

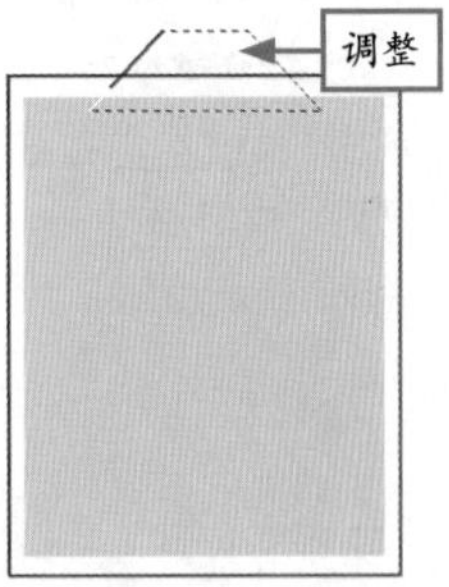

调整

图15-24 调整选区效果

步骤11 重复步骤3～5，新建图层，为选区填充白色并进行描边，然后取消选区，将图层下移两层，如图15-25所示。

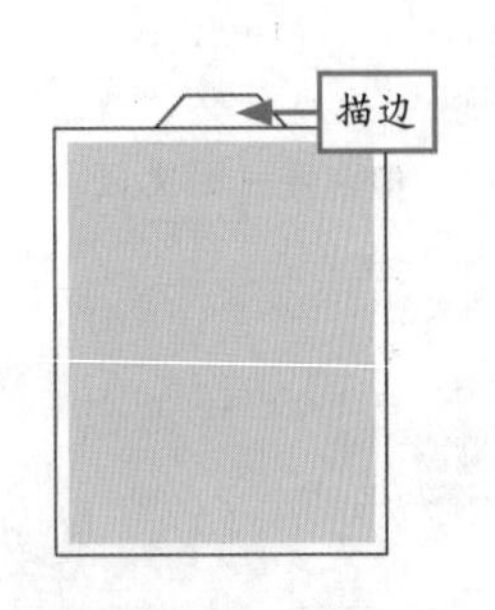

图15-25 描边图像效果

步骤12 选取圆角矩形工具，设置“半径”为50，绘制圆角矩形路径，如图15-26所示。

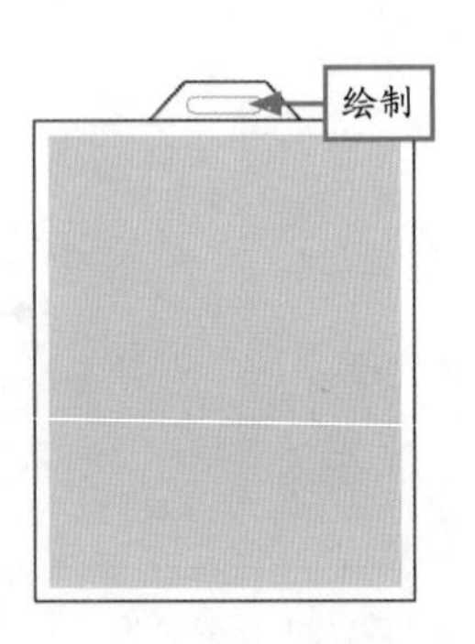

图15-26 绘制圆角矩形路径

步骤 13 双击“形状 1”图层，弹出“图层样式”对话框，在左侧“样式”列表框中选中“描边”复选框，设置“大小”为 1，单击“确定”按钮，即可添加图层样式，效果如图 15-27 所示。

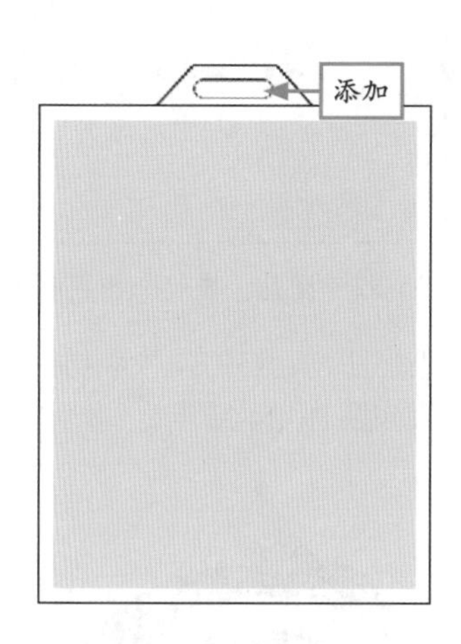

图 15-27　添加图层样式

步骤 14 打开配书光盘中的“素材 \ 第 15 章 \ 金属扣 .psd”，将其拖曳至“时尚胸卡”图像编辑窗口中，然后调整至合适的位置，效果如图 15-28 所示。

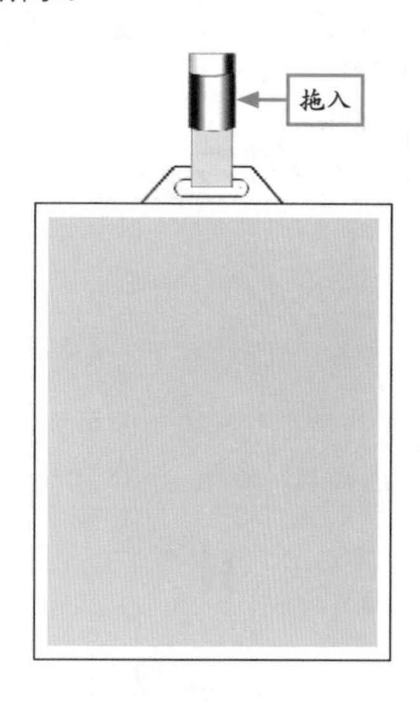

图 15-28　拖入素材效果

步骤 15 打开配书光盘中的“素材 \ 第 15 章 \ 靓丽 .jpg”，将其拖曳至“时尚胸卡”图像编辑窗口中，如图 15-29 所示。

图 15-29　拖入素材效果

步骤 16 按 Ctrl + T 组合键，调出变换控制框，按 Shift + Alt 组合键，等比例缩小图像，效果如图 15-30 所示。

图 15-30　缩小图像效果

步骤 17 双击“图层 5”图层，弹出“图层样式”对话框，在左侧“样式”列表框中选中“投影”复选框，设置各参数如图 15-31 所示。

步骤 18 选中“描边”复选框，设置各参数如图 15-32 所示。

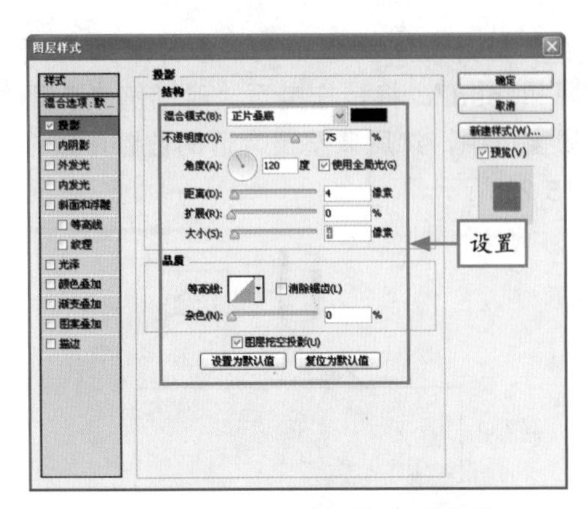

图 15-31　设置“投影”相应参数

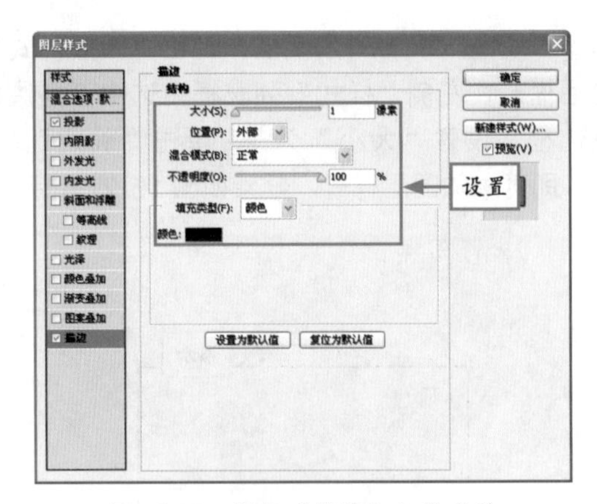

图 15-32　设置“描边”相应参数

步骤 19　单击“确定”按钮，即可为图像添加投影和描边图层样式，如图 15-33 所示。

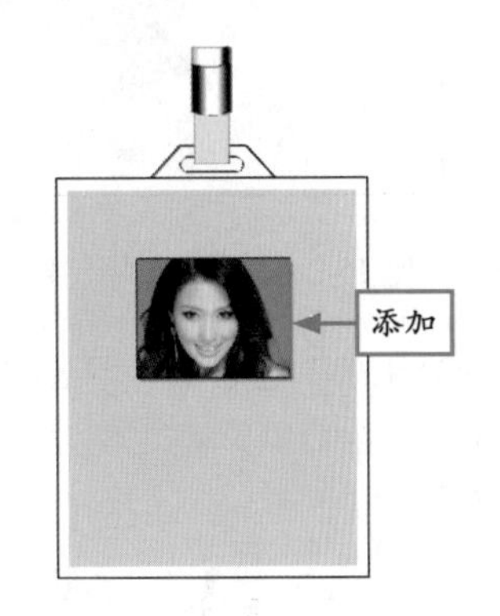

图 15-33　添加图层样式效果

步骤 20　打开配书光盘中的“素材 \ 第 15 章 \ 标识 .jpg”，如图 15-34 所示。

图 15-34　打开素材图像

步骤 21　选取魔术橡皮擦工具，擦除白色背景，如图 15-35 所示。

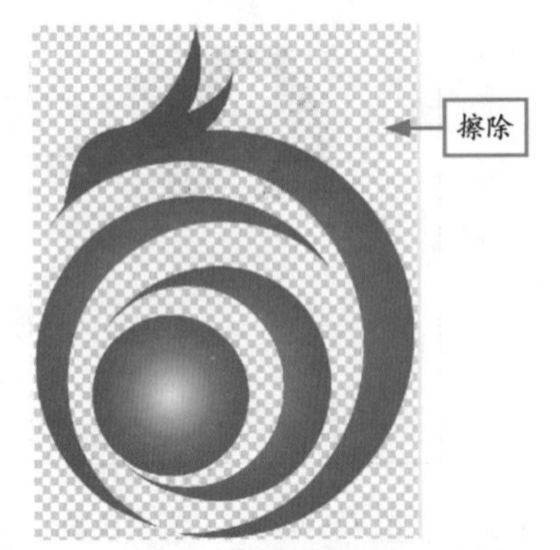

图 15-35　擦除背景图像

步骤 22　将“标识”图像拖曳至“时尚胸卡”图像编辑窗口中，如图 15-36 所示。

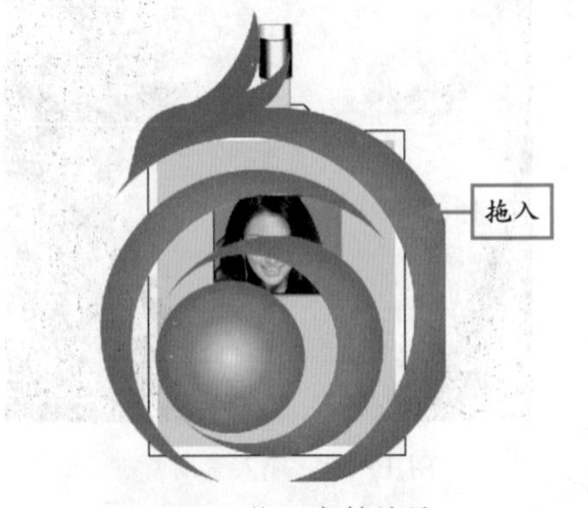

图 15-36　拖入素材效果

步骤 23　按 Ctrl ＋ T 组合键，调出变换控制框，适当地调整图像的大小和位置，然后垂直翻转，效果如图 15-37 所示。

步骤 24　选取矩形选框工具，创建一个矩形选区，新建“图层 7”图层，填充黑色后取消选区，绘制出线段图像，如图 15-38 所示。

图 15-37　调整图像效果

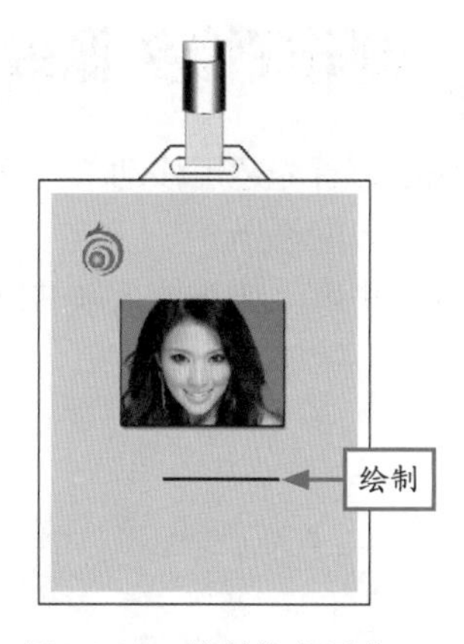

图 15-38　绘制线段图像

步骤 25 将“图层 7”图层进行两次复制，调整好第 1 条与第 3 条间的距离，效果如图 15-39 所示。

步骤 26 选取横排文字工具，在图像编辑窗口中分别输入相应的文字，并调整好各文字的属性和位置，效果如图 15-40 所示。

图 15-39　复制并调整图像

图 15-40　输入文字效果

步骤 27 打开配书光盘中的“素材\第 15 章\花边 .psd”，将其拖曳至“时尚胸卡”图像编辑窗口中，如图 15-41 所示。

步骤 28 设置“图层 8”图层的“混合模式”为“划分”，复制花边图像并将其调整至合适位置，效果如图 15-42 所示。

图 15-41　拖入素材效果

图 15-42　复制并调整花边图像

15.3 制作T恤头像效果

在本例中，首先运用移动工具移动图像，然后设置图层混合模式，对图像进行进一步修饰，从而完成整体效果的制作。

下面详细讲解T恤头像效果的制作方法，效果如图15-43所示。

图 15-43　T恤头像最终效果

素材文件	光盘\素材\第15章\T恤.jpg、人物.jpg
效果文件	光盘\效果\第15章\T恤头像.psd
视频文件	光盘\视频\第15章\15.3　制作T恤头像效果.mp4

步骤1 选择“文件”|“打开”命令，打开配书光盘中的“素材\第15章\T恤.jpg”，如图15-44所示。

图 15-44　打开素材图像

步骤2 选择“文件”|“打开”命令，打开配书光盘中的“素材\第15章\人物.jpg”，效果如图15-45所示。

图 15-45　打开素材图像

步骤 3　在“T 恤”图像编辑窗口中，选择“背景”图层，按 Ctrl + J 组合键，即可复制图层，如图 15-46 所示。

图 15-46　复制图层

步骤 4　将“人物”图像拖曳至“T 恤”图像编辑窗口中，按 Ctrl + T 组合键，适当地调整图像的大小和位置，如图 15-47 所示。

图 15-47　拖入“人物”图像并调整其大小和位置

步骤 5　在“图层”面板中，设置“图层 2”图层的“混合模式”为“叠加”，效果如图 15-48 所示。

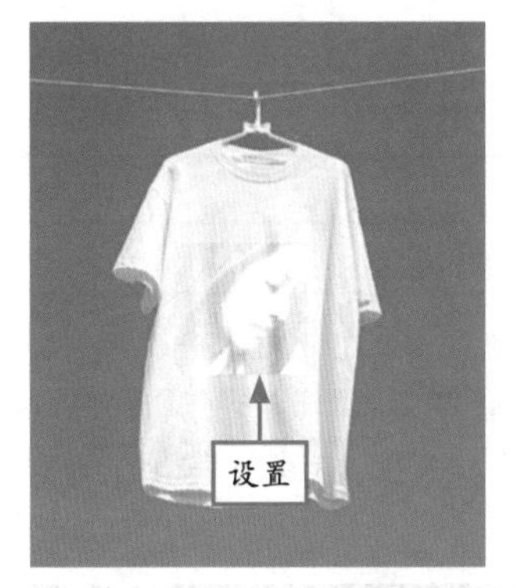

图 15-48　设置图层混合模式

步骤 6　选择“图层 2”图层，将其进行 3 次复制，效果如图 15-49 所示。

图 15-49　复制图层效果

步骤 7　新建“亮度 / 对比度”调整图层，展开“亮度 / 对比度”调整面板，设置各参数如图 15-50 所示。

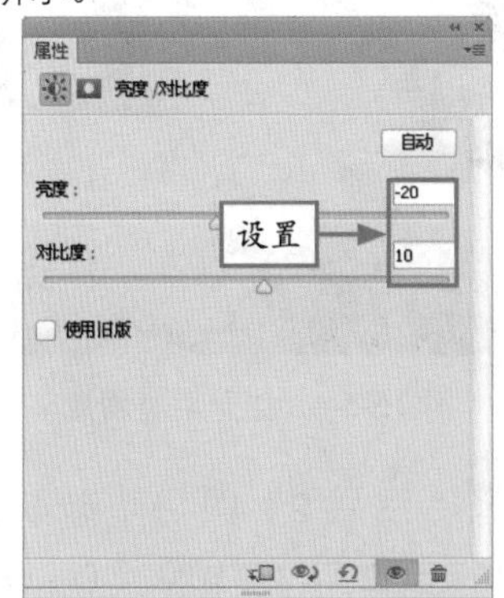

图 15-50　在“亮度 / 对比度”调整面板中设置参数

步骤 8　执行操作后，即可调整图像的亮度 / 对比度，效果如图 15-51 所示。

图 15-51　调整图像亮度 / 对比度效果

15.4 制作手机挂件效果

在本例运中，首先通过变换控制框调整图像的形状和大小，然后使用魔棒工具创建创建圆角边缘，最后调整图像的整体色调，打造出时尚效果。

下面详细讲解手机挂件效果的制作方法，最终效果如图 15-52 所示。

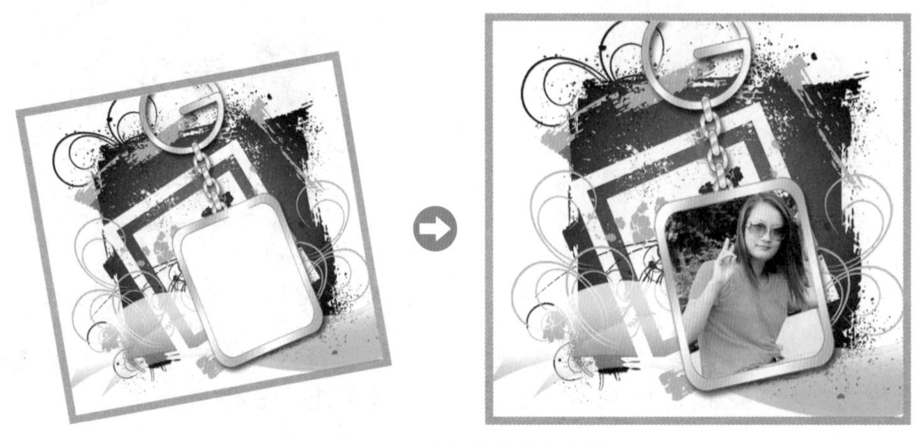

图 15-52　手机挂件最终效果

素材文件	光盘\素材\第15章\挂件.psd、美女.jpg
效果文件	光盘\效果\第15章\手机挂件.psd
视频文件	光盘\视频\第15章\15.4　制作手机挂件效果.mp4

步骤 1 选择“文件”|“打开”命令，打开配书光盘中的“素材\第 15 章\挂件 .psd”，如图 15-53 所示。

图 15-53　打开素材图像

步骤 2 选择“文件”|“打开”命令，打开配书光盘中的“素材\第 15 章\美女 .jpg”，如图 15-54 所示。

图 15-54　打开素材图像

步骤 3 将“美女”图像拖曳至“挂件”图像编辑窗口中，适当缩小图像，然后旋转并拖曳至合适的位置，如图 15-55 所示。

步骤 4 选择“图层 2”图层，选取魔棒工具，单击挂件白色部分，创建选区，如图 15-56 所示。

图 15-55　拖入素材效果

图 15-56　创建选区

专家提醒 在使用魔棒工具创建选区的过程中，按住 Shift 或 Alt 键，可以增加或减小选区范围。

步骤 5 选择“图层 3”图层，选择“选择”|“反向”命令，反选选区，按 Delete 键删除图像，然后取消选区，效果如图 15-57 所示。

步骤 6 选择“图像”|“调整”|“亮度/对比度”命令，在弹出的“亮度/对比度”对话框中设置“亮度”为 27、“对比度”为 16，单击“确定”按钮，即可调整图像的亮度/对比度，最终效果如图 15-58 所示。

图 15-57　删除图像效果

图 15-58　图像最终效果

15.5 制作肖像邮票效果

本例将使用椭圆选框工具创建出多个圆形选区，然后通过排列，将一幅普通的人物照片制作成一张肖像邮票。

下面详细讲解肖像邮票效果的制作方法，最终效果如图 15-59 所示。

图 15-59　肖像邮票最终效果

素材文件	光盘\素材\第15章\制服女孩.jpg等
效果文件	光盘\效果\第15章\肖像邮票.psd
视频文件	光盘\视频\第15章\15.5　制作肖像邮票效果.mp4

步骤 1 选择“文件”|“新建”命令，新建一个指定大小的空白文档，如图 15-60 所示。

步骤 2 打开配书光盘中的“素材\第 15 章\制服女孩 .jpg”，将其拖曳至图像编辑窗口中，如图 15-61 所示。

图 15-60　新建空白文档

图 15-61　拖入素材效果

步骤 3 按 Ctrl ＋ T 组合键，调出变换控制框，适当地调整图像的大小，效果如图 15-62 所示。

步骤 4 新建“图层 2”图层，使用椭圆选框工具创建一个圆形选区，填充黑色后取消选区，效果如图 15-63 所示。

图 15-62　调整图像大小

图 15-63　填充颜色效果

步骤 5　复制“图层 2”图层 7 次，然后选取移动工具，调整各副本图像至合适位置，效果如图 15-64 所示。

图 15-64　复制并调整图像

步骤 6　选择“图层 2”图层，然后按住 Shift 键的同时选择“图层 2 副本 7”图层，水平居中分布图像，效果如图 15-65 所示。

图 15-65　水平居中分布图像

步骤 7　按 Ctrl + G 组合键，将图层编组，复制“组 1”。得到“组 1 副本”，然后调整图像位置，效果如图 15-66 所示。

图 15-66　复制图层组效果

步骤 8　复制“组 1”，得到“组 1 副本 2”，然后使用移动工具将图像移至合适位置，效果如图 15-67 所示。

图 15-67　复制图层组效果

步骤9 打开“组1 副本2”，复制其中的“图层2”图层3次，并调整图像至合适位置，效果如图15-68所示。

图15-68 复制图层组效果

步骤10 复制“组1 副本2”，得到“组1 副本3”，然后调整图像至合适位置，效果如图15-69所示。

图15-69 复制图层组效果

步骤11 选择“组1”，然后按住Shift键的同时，选择“组1 副本3”；按Ctrl＋Alt＋E组合键，合并组，得到“组1 副本3（合并）”，如图15-70所示。

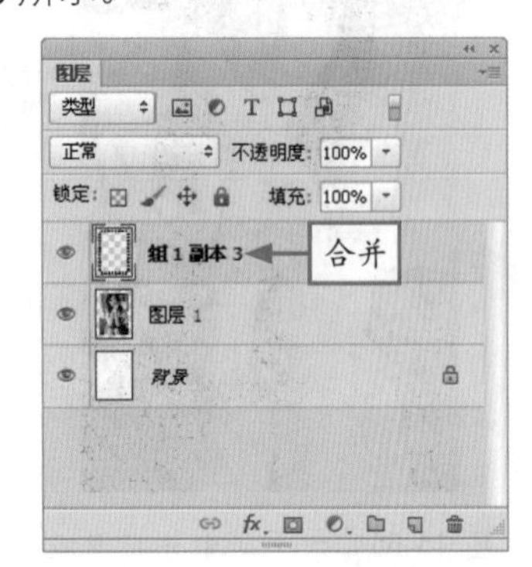

图15-70 合并图层组

步骤12 按住Ctrl键的同时，单击“组1 副本3（合并）”图层组缩览图，载入选区，并隐藏除“背景”和“图层1”图层外的所有图层，效果如图15-71所示。

图15-71 载入选区效果

步骤13 选择“图层1”图层，按Delete键，删除部分图像，并取消选区；双击“图层1”图层，添加默认设置的“投影”样式，效果如图15-72所示。

图15-72 删除部分图像后添加“投影”样式

步骤14 打开配书光盘中的“素材\第15章\花纹.psd”，将其拖曳至图像编辑窗口中，并输入合适的文字，图像最终效果如图15-73所示。

图15-73 图像最终效果

15.6 制作个性台历效果

在本例中，首先运用魔棒工具、“反选”命令、“后移一层”命令、“外发光”命令、矩形工具和横排文字工具等制作台历的平面效果；然后运用“扭曲”命令、多边形套索工具、“垂直翻转”命令、“水平翻转”命令以及降低不透明度等制作台历的立体效果，从而完成整体效果的制作。

下面详细讲解个性台历效果的制作方法，最终效果如图 15-74 所示。

图 15-74　个性台历最终效果

素材文件	光盘\素材\第15章\婚纱.jpg等
效果文件	光盘\效果\第15章\个性台历.psd
视频文件	光盘\视频\第15章\15.6　制作个性台历效果.mp4

步骤 1 选择“文件”|“新建”命令，弹出“新建”对话框，设置各参数如图 15-75 所示，然后单击“确定”按钮。

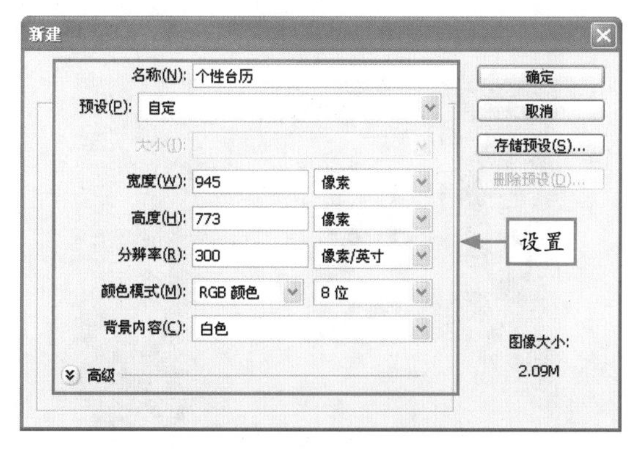

图 15-75　在“新建”对话框中设置各参数

步骤 2 选择“文件”|“打开”命令，打开配书光盘中的“素材\第 15 章\婚纱.jpg”，如图 15-76 所示。

图 15-76　打开素材图像

步骤 3 选取工具箱中的魔棒工具，设置“容差”为 35，单击图像编辑窗口中的黄色背景，创建选区，如图 15-77 所示。

步骤 4 选择“选择”|“反向”命令，反选选区，然后使用移动工具将其拖曳至“个性台历”图像窗口中，如图 15-78 所示。

图 15-77　创建选区

图 15-78　拖入素材效果

步骤 5　打开配书光盘中的“素材\第 15 章\风景 .jpg”，将其拖曳至“个性台历”图像编辑窗口中，如图 15-79 所示。

图 15-79　拖入素材效果

步骤 6　按 Ctrl + T 组合键，调出变换控制框，调整图像的大小和位置，并调整图层的顺序，如图 15-80 所示。

图 15-80　调整图层顺序效果

步骤 7　双击“图层 1”图层，弹出“图层样式”对话框，设置各参数如图 15-81 所示。

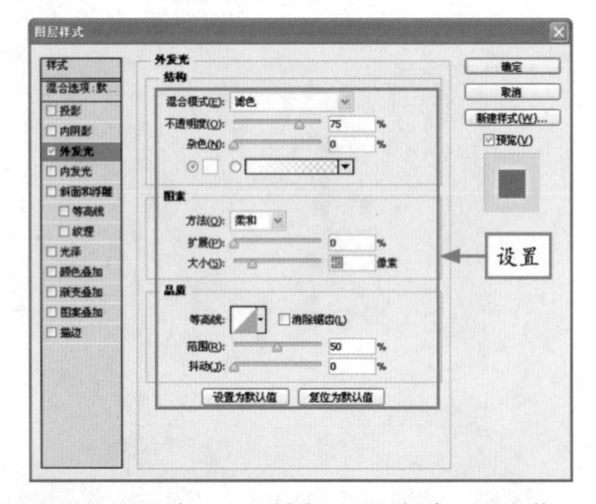

图 15-81　在“图层样式”对话框中设置参数

步骤 8　单击“确定”按钮，即可添加图层样式，效果如图 15-82 所示。

图 15-82　添加图层样式效果

步骤 9　新建“图层 3”图层，设置前景色为黑色，选取矩形选框工具，创建一个矩形选区，并填充前景色，如图 15-83 所示。

步骤 10　取消选区后，选取横排文字工具 T，在其属性栏中设置各参数如图 15-84 所示。

图 15-83　绘制矩形选区

图 15-84　在属性框中设置参数

步骤 11　将光标移至图像编辑窗口中的合适位置，输入相应的文字，然后调整至合适的位置，效果如图 15-85 所示。

步骤 12　双击“爱在”文字图层，弹出“图层样式”对话框，设置各参数如图 15-86 所示。

图 15-85　输入文字效果

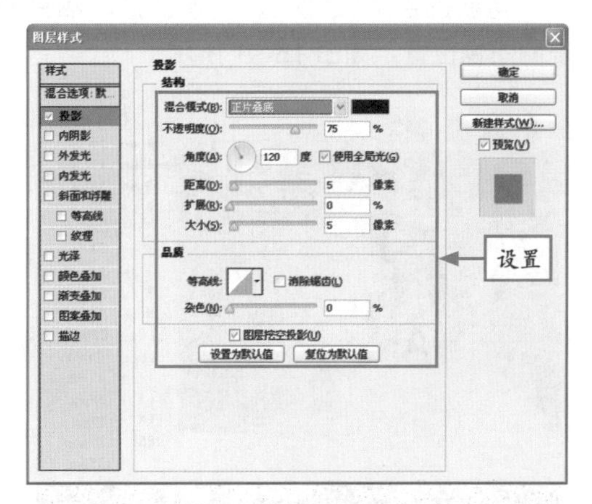

图 15-86　在“图层样式”对话框中设置参数

步骤 13　单击“确定”按钮，即可添加图层样式，效果如图 15-87 所示。

步骤 14　以同样的方法，输入其他的文字，效果如图 15-88 所示。

图 15-87　添加图层样式效果

图 15-88　输入其他文字效果

步骤 15　新建“图层 4”图层，设置前景色为灰色，选取直线工具，绘制直线，如图 15-89 所示。

步骤 16　按住 Ctrl 键的同时，在“图层”面板中单击“图层 4”图层缩览图，载入选区，如图 15-90 所示。

图 15-89　绘制直线效果

图 15-90　载入选区

步骤17　将“图层 4”拖曳至“图层”面板底部的“创建新图层”按钮上，复制图层，然后移动复制图像位置，如图 15-91 所示。

图 15-91　复制图层效果

步骤18　以同样的方法，复制其他的图层对象，并向下移动复制的图像，取消选区后的效果如图 15-92 所示。

图 15-92　复制并调整图层效果

步骤19　打开配书光盘中的“素材\第 15 章\台历背景 .jpg”，如图 15-93 所示。

图 15-93　打开素材图像

步骤20　切换至“个性台历”图像编辑窗口，将所有图层合并，如图 15-94 所示。

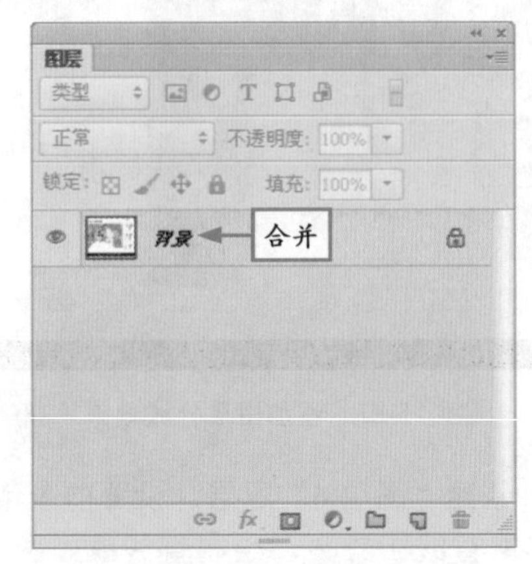

图 15-94　合并图层

步骤21 选取移动工具，将其拖曳至“台历背景”图像编辑窗口中，然后调整其大小和位置，效果如图 15-95 所示。

图 15-95 拖入素材效果

步骤22 选择“编辑”|“变换”|“扭曲”命令，调出变换控制框，调整控制柄，扭曲图像，效果如图 15-96 所示。

图 15-96 扭曲图像效果

步骤23 按 D 键，恢复默认前景色和背景色，新建“图层 2”图层，选取多边形套索工具，在图像编辑窗口中创建两个节点，如图 15-97 所示。

图 15-97 创建两个节点

步骤24 创建第 3 个节点，并将光标移至第 1 个节点上，当其下方出现一个圆圈时单击鼠标左键，创建三角形选区，如图 15-98 所示。

图 15-98 创建三角形选区

步骤25 按 Alt + Delete 组合键，填充前景色；按 Ctrl + D 组合键，取消选区，效果如图 15-99 所示。

图 15-99 填充选区效果

步骤26 设置前景色为灰色（R、G、B 参数为 166、169、170），选取多边形套索工具，创建选区并填充颜色，如图 15-100 所示。

图 15-100 填充选区效果

步骤27 设置前景色为灰色（R、G、B参数为229、228、228），选取多边形套索工具，创建选区并填充颜色，然后调整“图层2”图层的图像大小，如图15-101所示。

图 15-101　填充选区效果

步骤28 复制“图层2”图层，得到“图层2副本”图层；选择“编辑”|“变换”|“垂直翻转”命令，垂直翻转图像，并调整至合适的位置，效果如图15-102所示。

图 15-102　调整图像效果

步骤29 按Ctrl＋T组合键，调出变换框。在变换控制框中，单击鼠标右键，在弹出的快捷菜单中，选择“斜切”命令。拖曳控制框，变换图像，效果如图15-103所示。

图 15-103　变换图像效果

步骤30 在“图层”面板中，设置“图层2副本”图层的“不透明度”为30，效果如图15-104所示。

图 15-104　设置图层不透明度效果

步骤31 确认“图层1”为当前图层，重复步骤28～30，复制图层并调整图像，效果如图15-105所示。

图 15-105　调整图像效果

第 16 章　照片在平面设计中的应用

学习提示

在信息化高速发展的今天，平面广告无处不在，而照片，在其中就扮演了相当重要的角色，尤其是名人、名模、明星等更是广告的宠儿。本章将结合大量的实例，详细介绍照片在平面设计中的应用。

主要内容

- 制作光盘封面效果
- 制作数码广告效果
- 制作化妆品广告效果
- 制作书籍包装效果
- 制作房产广告效果
- 制作手提袋包装效果

重点与难点

- 制作光盘封面效果
- 制作数码广告效果
- 制作书籍包装效果

学完本章后你会做什么

- 掌握制作房产广告效果的操作方法
- 掌握制作化妆品广告效果的操作方法
- 掌握制作手提袋包装效果的操作方法

视频文件

16.1 制作光盘封面效果

本例将使用椭圆选框工具来删除部分图像，并巧妙地利用图层之间的遮挡关系，通过多个图层来制作光盘封面效果。

下面详细讲解光盘封面效果的制作方法，最终效果如图 16-1 所示。

图 16-1 光盘封面最终效果

素材文件	光盘\素材\第16章\封面.jpg等
效果文件	光盘\效果\第16章\光盘封面.psd
视频文件	光盘\视频\第16章\16.1 制作光盘封面效果.mp4

步骤 1 选择“文件”|“打开”命令，打开配书光盘中的“素材\第 16 章\封面 .jpg”，如图 16-2 所示。

图 16-2 打开素材图像

步骤 2 选择“文件”|“打开”命令，打开配书光盘中的“素材\第 16 章\圆盘 .psd”，如图 16-3 所示。

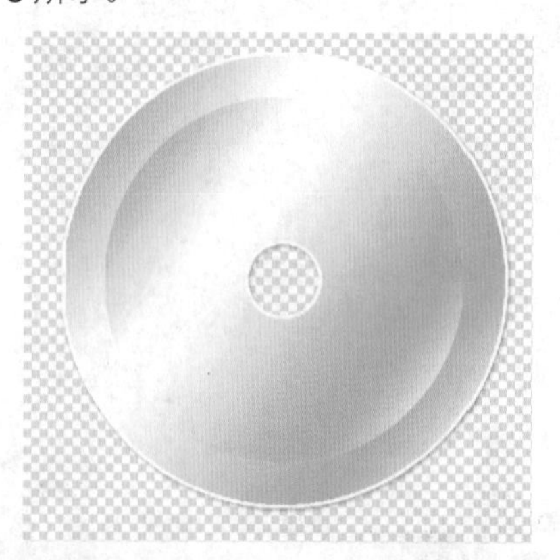

图 16-3 打开素材图像

步骤 3 将“圆盘”素材拖曳至“封面”图像编辑窗口中，调整图像的大小，如图 16-4 所示。

步骤 4 新建“图层 2”图层，设置前景色为白色，然后按 Alt + Delete 组合键填充前景色，效果如图 16-5 所示。

图 16-4 拖入素材效果

图 16-5 填充前景色效果

步骤 5 拖曳“图层 2”图层至“图层 1”图层下方，复制“背景”图层，并调整“背景 副本”图层的位置，如图 16-6 所示。

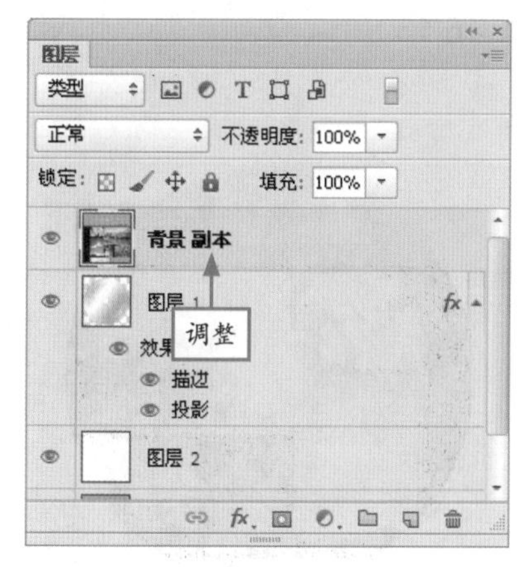

图 16-6 调整图层顺序

步骤 6 选择“图层”|“创建剪贴蒙版”命令，隐藏部分图像，效果如图 16-7 所示。

图 16-7 隐藏部分图像效果

步骤 7 新建“图层 3”图层，使用椭圆选框工具创建一个圆形选区，并填充白色，效果如图 16-8 所示。

图 16-8 填充白色效果

步骤 8 在“图层”面板中，设置“图层 3”图层的“填充”为 50，并取消选区，效果如图 16-9 所示。

图 16-9 设置图层填充

步骤 9 新建“图层 4”图层，选取矩形选框工具，创建矩形选区，并填充为白色，取消选区的效果如图 16-10 所示。

图 16-10 填充白色效果

步骤 10 在“图层”面板中，设置“图层 4”图层的“不透明度”为 75，效果如图 16-11 所示。

图 16-11 设置图层不透明度

步骤 11 双击“图层 4”图层，弹出“图层样式”对话框，设置各参数如图 16-12 所示。

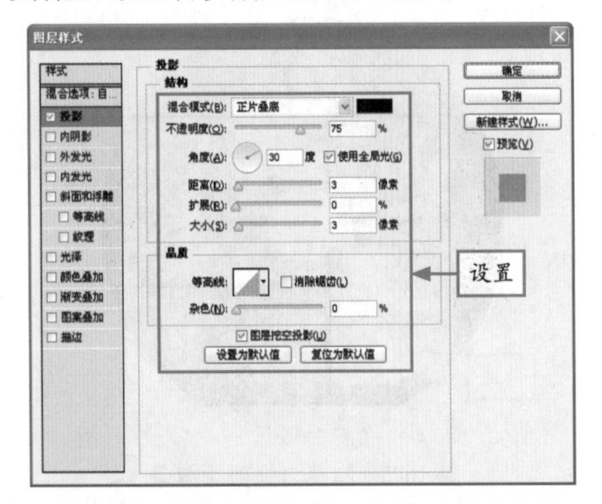

图 16-12 在“图层样式”对话框中设置参数

步骤 12 单击“确定”按钮，即可添加图层样式，效果如图 16-13 所示。

图 16-13 添加图层样式效果

步骤 13 选取横排文字工具，设置“字体”为“黑体”、“大小”为 31.29，输入相应的文字，效果如图 16-14 所示。

图 16-14 输入相应的文字

步骤 14 打开配书光盘中的“素材\第 16 章\圆盘 .psd”，将其拖曳至图像编辑窗口中，并调整至合适的位置，效果如图 16-15 所示。

图 16-15 拖入素材效果

16.2 制作数码广告效果

在本例中，首先运用“亮度 / 对比度”命令、“外发光”命令等制作出广告的主体效果；然后运用横排文字工具、“外发光”命令、矩形工具以及“描边”命令等制作出海报的文字效果，从而完成整体效果的制作。

下面详细讲解数码广告效果的制作方法，最终效果如图 16-16 所示。

图 16-16 数码广告最终效果

素材文件	光盘\素材\第16章\婚纱.jpg等
效果文件	光盘\效果\第16章\数码广告.psd
视频文件	光盘\视频\第16章\16.2 制作数码广告效果.mp4

步骤 1 选择“文件” | “打开”命令，打开配书光盘中的“素材\第 16 章\风景 .jpg”，如图 16-17 所示。

图 16-17 打开素材图像

步骤 2 打开配书光盘中的“素材\第 16 章\数码相机 1.psd”，将其拖曳至“风景”图像编辑窗口中，并调整为合适的大小，如图 16-18 所示。

图 16-18 拖入素材效果

步骤 3 打开配书光盘中的“素材\第 16 章\数码相机 2.psd”，将其拖曳至“风景”图像编辑窗口中，并调整为合适的大小，如图 16-19 所示。

步骤 4 打开配书光盘中的“素材\第 16 章\婚纱 .jpg”，将其拖曳至“风景”图像编辑窗口中，如图 16-20 所示。

图 16-19　拖入素材效果

图 16-20　拖入素材效果

步骤 5　按 Ctrl + T 组合键，调整图像的大小和位置，效果如图 16-21 所示。

图 16-21　调整图像效果

步骤 6　复制"图层 3"图层，得到"图层 3 副本"图层，如图 16-22 所示。

图 16-22　复制图层效果

步骤 7　选择"图层 3 副本"图层，按 Ctrl + T 组合键，调整复制图像的大小和位置，效果如图 16-23 所示。

图 16-23　调整图像效果

步骤 8　选取横排文字工具 T，设置"字体"为"黑体"、"大小"为 18，输入相应的文字，如图 16-24 所示。

图 16-24　输入文字效果

步骤 9　选择除"屏"字外的所有文字，设置颜色为绿色（R、G、B 参数为 8、163、52），效果如图 16-25 所示。

步骤 10　选择文字"屏"，设置"大小"为 24、颜色为红色（R、G、B 参数为 237、13、45），如图 16-26 所示。

图 16-25　调整文字颜色

步骤 11　双击文字图层，弹出“图层样式”对话框，设置各参数如图 16-27 所示。

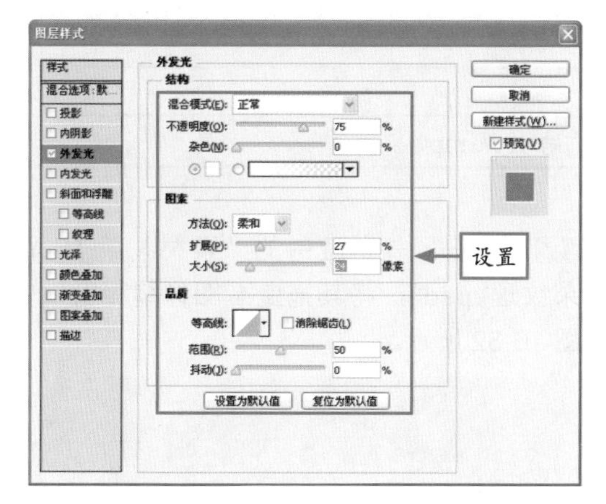

图 16-27　在“图层样式”对话框中设置参数

步骤 13　重复步骤 8 ～ 12，创建其他的文字效果，如图 16-29 所示。

图 16-26　调整文字效果

步骤 12　单击“确定”按钮，即可添加图层样式，效果如图 16-28 所示。

图 16-28　添加图层样式效果

图 16-29　创建其他文字效果

16.3　制作化妆品广告效果

在本例中，首先运用矩形选框工具框选花纹对象，对其进行填充处理；然后运用画笔工具和“动感模糊”命令等进一步修饰图像，从而完成整体效果的制作。

下面详细讲解化妆品广告效果的制作方法，效果如图 16-30 所示。

图 16-30　化妆品广告最终效果

素材文件	光盘\素材\第16章\粉色背景.jpg等
效果文件	光盘\效果\第16章\化妆品广告.psd
视频文件	光盘\视频\第16章\16.3　制作化妆品广告效果.mp4

步骤 1　选择“文件”|“打开”命令，打开配书光盘中的“素材\第 16 章\粉色背景 .jpg”，如图 16-31 所示。

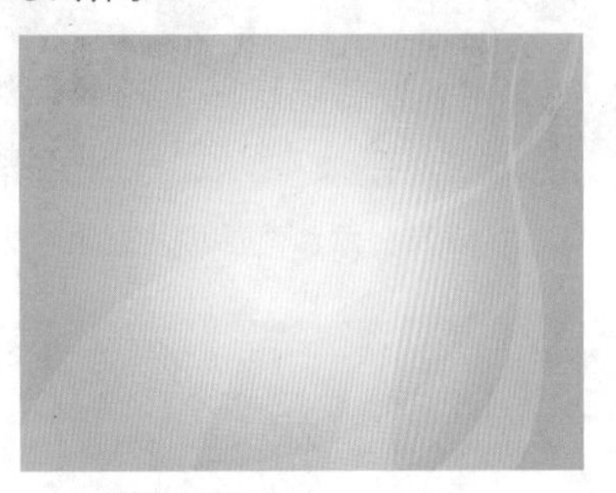

图 16-31　打开素材图像

步骤 2　打开配书光盘中的“素材\第 16 章\花朵纹理 .psd”，将其拖曳至图像编辑窗口中，如图 16-32 所示。

图 16-32　拖入素材效果

步骤 3　选取矩形选框工具，框选花纹对象按 Ctrl + J 组合键，复制图像，并调整其位置，效果如图 16-33 所示。

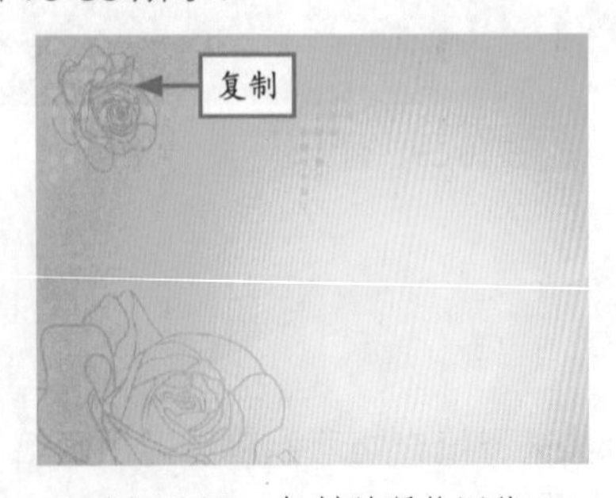

图 16-33　复制并调整图像

步骤 4　打开配书光盘中的“素材\第 16 章\玫瑰花 .psd”，将其拖曳至图像编辑窗口中，如图 16-34 所示。

图 16-34　拖入素材效果

步骤 5 将“组 1”进行 4 次复制，将复制的图像移至合适位置，并调整其大小，如图 16-35 所示。

图 16-35　复制并调整图像

步骤 6 打开配书光盘中的“素材\第 16 章\泡泡 .psd”，将其拖曳至图像编辑窗口中，如图 16-36 所示。

图 16-36　拖入素材效果

步骤 7 新建“图层 2”图层，设置前景色为白色，选取画笔工具，在图像编辑窗口中绘制圆点，效果如图 16-37 所示。

图 16-37　绘制圆点

步骤 8 打开配书光盘中的“素材\第 16 章\化妆品 .psd”，将其拖曳至图像编辑窗口中，如图 16-38 所示。

图 16-38　拖入素材效果

步骤 9 新建“图层 3”图层，设置前景色为白色，选取画笔工具，在图像编辑窗口中绘制线条，效果如图 16-39 所示。

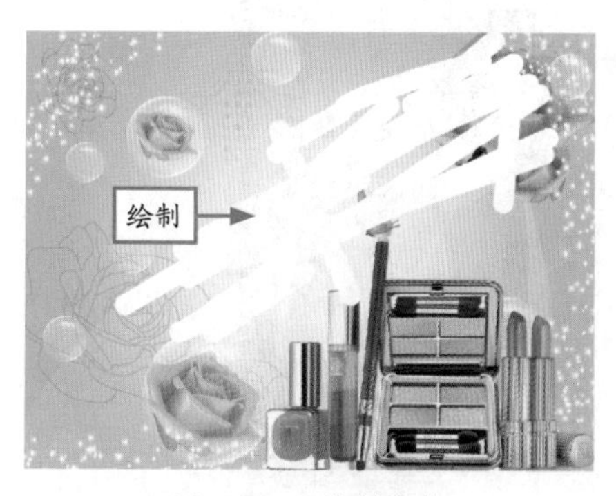

图 16-39　绘制线条

步骤 10 选择“滤镜”|“模糊”|“动感模糊”命令，弹出“动感模糊”对话框，设置各参数如图 16-40 所示。

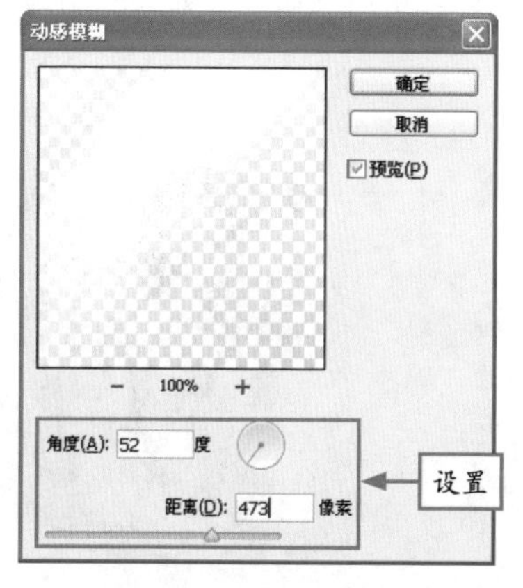

图 16-40　在“动态模糊”对话框中设置参数

步骤 11 单击“确定”按钮，即可添加动感模糊滤镜，效果如图 16-41 所示。

图 16-41 添加动态模糊滤镜后的效果

步骤 12 打开配书光盘中的“素材\第 16 章\美女 .psd”，将其拖曳至图像编辑窗口中，如图 16-42 所示。

图 16-42 拖入素材效果

步骤 13 打开配书光盘中的“素材\第 16 章\美丽优雅 .psd”，将其拖曳至图像编辑窗口中，如图 16-43 所示。

图 16-43 拖入素材效果

16.4 制作书籍包装效果

在本例中，首先运用矩形工具、矩形选框工具、渐变工具、横排文字工具、钢笔工具等制作出书籍包装的平面效果；然后运用“扭曲”命令、“缩放”命令等制作出书籍包装的立体效果，从而完成整体效果的制作。

下面详细讲解书籍包装效果的制作方法，最终效果如图 16-44 所示。

图 16-44 书籍包装最终效果

素材文件	光盘\素材\第16章\蝴蝶.psd等
效果文件	光盘\效果\第16章\书籍包装.psd
视频文件	光盘\视频\第16章\16.4　制作书籍包装效果.mp4

步骤 1 选择“文件”|“新建”命令，弹出“新建”对话框，设置各参数如图 16-45 所示，然后单击“确定”按钮。

图 16-45　在“新建”对话框中设置参数

步骤 2 按 Ctrl + R 组合键，显示出标尺，然后在图像编辑窗口中通过拖曳鼠标绘制水平参考线和垂直参考线，如图 16-46 所示。

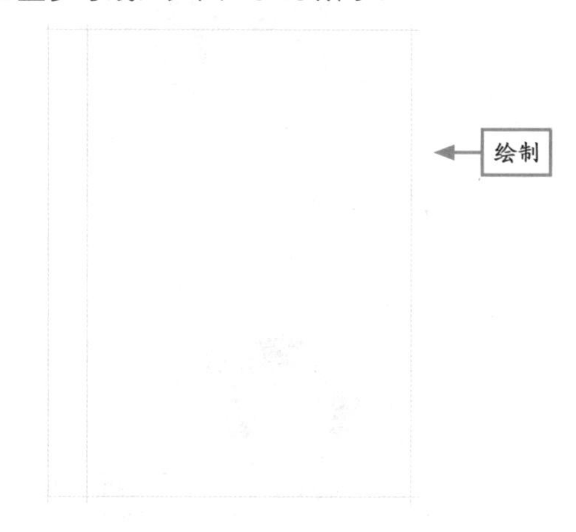

图 16-46　绘制参考线

步骤 3 按 Ctrl + R 组合键，隐藏标尺。新建“图层 1”图层，设置前景色为紫色（R、G、B 参数为 156、28、135），选取矩形工具，在图像编辑窗口中绘制两个矩形，如图 16-47 所示。

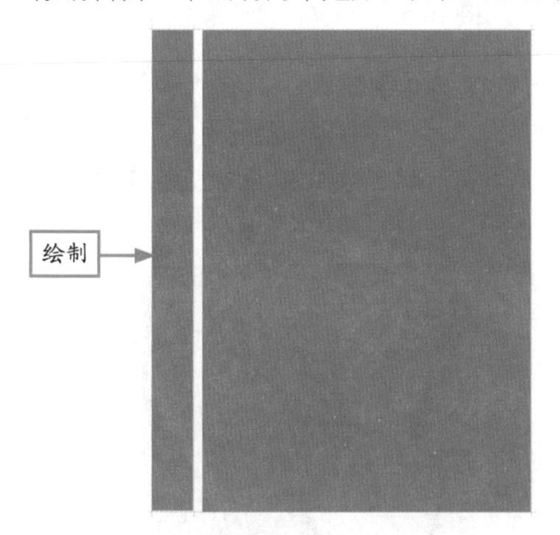

图 16-47　绘制两个矩形

步骤 4 选择“文件”|“打开”命令，打开配书光盘中的“素材\第 16 章\美女 2.psd”，将其拖曳至“书籍包装”图像编辑窗口中，并调整为合适的大小及位置，如图 16-48 所示。

图 16-48　拖入素材效果

步骤 5 选取矩形选框工具，在图像编辑窗口中的合适位置单击鼠标左键并拖曳创建一个矩形选区，如图 16-49 所示。

步骤 6 选择“选择”|“反向”命令，反选选区；然后按 Delete 键，删除选区内的图像，最后取消选区，效果如图 16-50 所示。

图 16-49 创建矩形选区

图 16-50 删除选区图像

步骤 7 清除参考线，打开配书光盘中的“素材\第 16 章\蝴蝶 .psd”，将其拖曳至“书籍包装”图像编辑窗口中，如图 16-51 所示。

图 16-51 拖入素材效果

步骤 8 按 Ctrl + T 组合键，调出变换控制框，调整图像的大小和位置，效果如图 16-52 所示。

图 16-52 调整图像效果

步骤 9 按住 Alt 键的同时，在图像编辑窗口中拖曳鼠标至合适位置，移动并复制出两个蝴蝶图像，效果如图 16-53 所示。

图 16-53 移动并复制图像效果

步骤 10 选取横排文字工具，在“字符”面板中设置“字体”为“方正小标宋简体”、“大小”为 30.28 点、颜色为红色，输入相应的文字，如图 16-54 所示。

图 16-54 输入相应的文字

步骤 11 设置前景色为红色（R、G、B 参数为 226、24、71），创建“图层 4”图层；选取工具箱中的钢笔工具，在图像编辑窗口中绘制一条闭合路径，如图 16-55 所示。

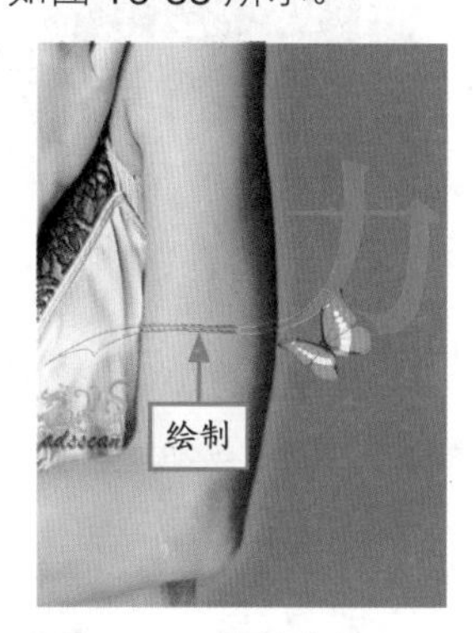

图 16-55　绘制路径

步骤 12 按 Ctrl + Enter 组合键，将路径转换为选区；按 Alt + Delete 组合键，填充前景色并取消选区；合并“图层 3”和“图层 4”图层，效果如图 16-56 所示。

图 16-56　填充选区效果

步骤 13 双击“图层 4”图层，弹出“图层样式”对话框，设置各参数如图 16-57 所示。

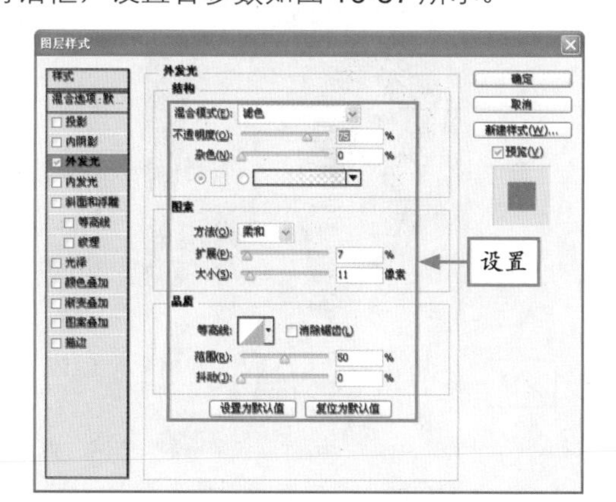

图 16-57　在“图层样式”对话框中设置参数

步骤 14 单击“确定”按钮，即可添加图层样式，效果如图 16-58 所示。

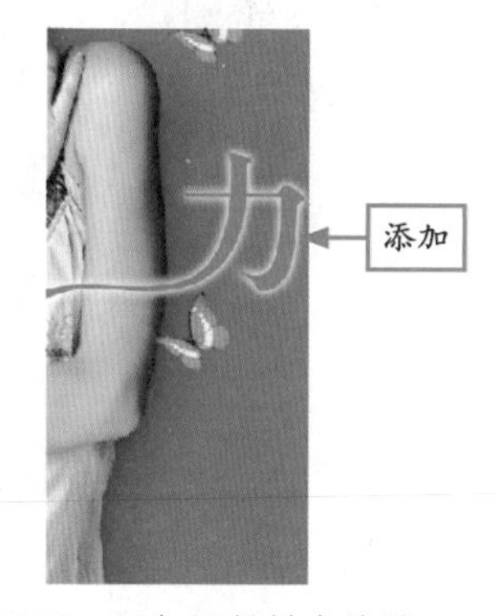

图 16-58　添加图层样式效果

步骤 15 以同样的方法，输入其他的文字，效果如图 16-59 所示。

图 16-59　输入其他文字

步骤 16 打开配书光盘中的“素材 \ 第 16 章 \ 书籍背景 .jpg”，如图 16-60 所示。

图 16-60　打开素材图像

步骤17 切换至“书籍包装”图像编辑窗口中，合并所有图层，如图16-61所示。

图16-61 合并图层

步骤18 选取矩形选框工具，在图像编辑窗口中创建矩形选区，如图16-62所示。

图16-62 创建矩形选区

步骤19 将选区内的图像拖曳至“书籍背景”图像编辑窗口中，选择“编辑”|“变换”|“扭曲”命令，调出变换控制框，分别将各控制柄拖至合适位置，如图16-63所示。

图16-63 变换图像效果

步骤20 以同样的方法，对书籍包装的侧面进行扭曲和缩放操作，效果如图16-64所示。

图16-64 变换其他图像效果

步骤21 选取魔棒工具，设置“容差”为32，按住Shift键的同时，依次在图像编辑窗口中创建两个选区，如图16-65所示。

图16-65 创建两个选区

步骤22 设置前景色的R、G、B参数为144、146、150；按Alt＋Delete组合键，填充前景色，并取消选区，效果如图16-66所示。

图16-66 填充前景色效果

步骤 23 按 Shift + Ctrl + N 组合键，新建“图层 3”图层，选取矩形选框工具，创建矩形选区，如图 16-67 所示。

图 16-67　创建矩形选区

步骤 24 选取渐变工具，在矩形选区内填充径向渐变，然后取消选区，效果如图 16-68 所示。

图 16-68　填充渐变色效果

步骤 25 选择“编辑”|“变换”|“扭曲”命令，调出变换控制框，分别将各控制柄拖至合适位置，并调整图层的顺序，效果如图 16-69 所示。

图 16-69　调整图像效果

步骤 26 将前景色的 RGB 参数分别设置为 92、98、110，新建“图层 4”图层；单击“图层 1”图层缩览图，载入选区；按 Alt + Delete 组合键，填充前景色，如图 16-70 所示。

图 16-70　填充前景色效果

步骤 27 按 Ctrl + D 组合键，取消选区，并调整图层的顺序，效果如图 16-71 所示。

图 16-71　调整图层顺序效果

步骤 28 按 Ctrl + M 组合键，在弹出的“曲线”对话框中添加一个节点，单击“确定”按钮，调整图像曲线，效果如图 16-72 所示。

图 16-72　调整图像曲线效果

16.5 制作房产广告效果

本例是一则由山水数码照片合成的房产宣传广告，整个画面带给人一种幽静、清新的自然气息，以此来表现房产所处地理环境的优势。

下面详细讲解房产广告效果的制作方法，最终效果如图 16-73 所示。

图 16-73　房产广告最终效果

素材文件	光盘\素材\第16章\山水画.jpg等
效果文件	光盘\效果\第16章\房产广告.psd
视频文件	光盘\视频\第16章\16.5　制作房产广告效果.mp4

步骤 1 选择“文件”|“打开”命令，打开配书光盘中的“素材\第 16 章\山水画 .jpg”，如图 16-74 所示。

图 16-74　打开素材图像

步骤 2 打开配书光盘中的“素材\第 16 章\凉亭 .psd”，将其拖曳至“山水画”图像编辑窗口中，如图 16-75 所示。

图 16-75　拖入素材效果

步骤 3 新建“色彩平衡”调整图层，展开“色彩平衡”调整面板，设置各参数如图 16-76 所示。

步骤 4 执行操作后，即可调整图像的色彩平衡，如图 16-77 所示。

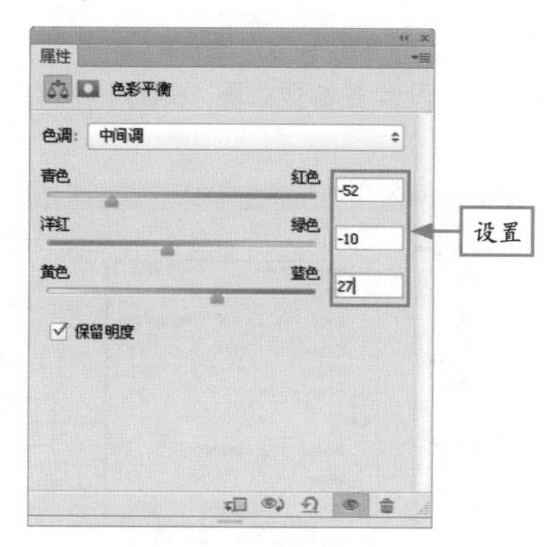

图 16-76　在“色彩平衡”调整面板中设置参数

图 16-77　调整图像色彩平衡

步骤 5 打开配书光盘中的“素材\第 16 章\护栏 .psd”，将其拖曳至“山水画”图像编辑窗口中，如图 16-78 所示。

图 16-78　拖入素材效果

步骤 6 按 Ctrl + T 组合键，调出变换控制框，调整图像的大小和位置，效果如图 16-79 所示。

图 16-79　调整图像效果

步骤 7 新建“色相 / 饱和度”调整图层，展开“色相 / 饱和度”调整面板，设置各参数如图 16-80 所示。

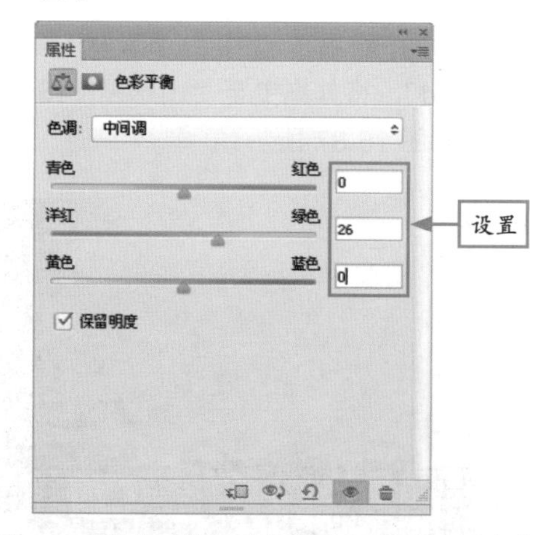

图 16-80　在“色相 / 饱和度”调整面板中设置参数

步骤 8 执行操作后，即可调整图像的色相 / 饱和度，效果如图 16-81 所示。

图 16-81　调整图像的色相 / 饱和度效果

步骤 9 打开配书光盘中的“素材\第 16 章\竹叶 .psd”，将其拖曳至“山水画”图像编辑窗口中，如图 16-82 所示。

图 16-82　拖入素材效果

步骤 10 双击“图层 3”图层，弹出“图层样式”对话框，设置各参数如图 16-83 所示。

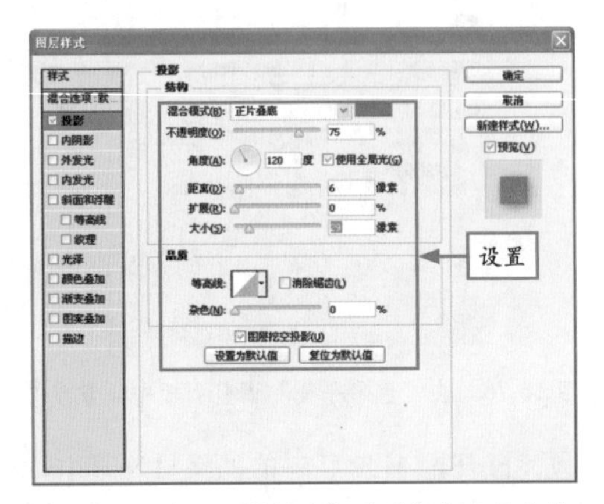

图 16-83　在“图层样式”对话框中设置参数

步骤 11 单击“确定”按钮，即可添加图层样式。将“图层 4”图层拖至“图层 3”图层的下方，如图 16-84 所示。

图 16-84　调整图像层顺序效果

步骤 12 打开配书光盘中的“素材\第 16 章\花朵 .psd”，将其拖曳至“山水画”图像编辑窗口中，如图 16-85 所示。

图 16-85　拖入素材效果

步骤 13 打开配书光盘中的“素材\第 16 章\灯具 .psd”，将其拖曳至“山水画”图像编辑窗口中，如图 16-86 所示。

图 16-86　拖入素材效果

步骤 14 打开配书光盘中的“素材\第 16 章\桌椅 .psd”，将其拖曳至“山水画”图像编辑窗口中，如图 16-87 所示。

图 16-87　拖入素材效果

步骤15 复制“图层 6”图层，得到“图层 6 副本”图层，然后设置其“混合模式”为“强光”，效果如图 16-88 所示。

图 16-88　设置图层混合模式

步骤16 打开配书光盘中的“素材\第 16 章\古典美女 .jpg”，将其拖曳至“山水画”图像编辑窗口中，如图 16-89 所示。

图 16-89　拖入素材效果

步骤17 调整图像至合适的大小；然后为“图层 7”图层添加图层蒙版；再选取画笔工具，涂抹图像，效果如图 16-90 所示。

图 16-90　涂抹图像效果

步骤18 新建“色相 / 饱和度”调整图层，展开“色相 / 饱和度”调整面板，设置各参数如图 16-91 所示。

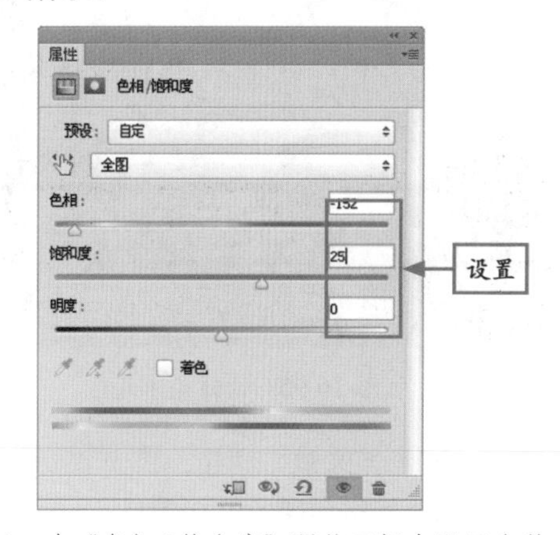

图 16-91　在“色相 / 饱和度”调整面板中设置参数

步骤19 执行操作后，即可调整图像的色相 / 饱和度，效果如图 16-92 所示。

图 16-92　调整图像色相 / 饱和度

步骤20 按 Ctrl + Alt + G 组合键，创建剪贴蒙版，效果如图 16-93 所示。

图 16-93　创建剪贴蒙版效果

步骤21 为“色相/饱和度2”调整图层添加图层蒙版，并涂抹图像，如图16-94所示。

图16-94 涂抹图像效果

步骤22 选取横排文字工具T，在图像编辑窗口中输入相应的文字，如图16-95所示。

图16-95 输入文字效果

步骤23 选取矩形选框工具，在图像编辑窗口中单击鼠标左键并拖曳，创建一个矩形选区，如图16-96所示。

图16-96 创建矩形选区

步骤24 新建“图层8”图层，选择“编辑”|“描边”命令，弹出“描边”对话框，设置各参数如图16-97所示。

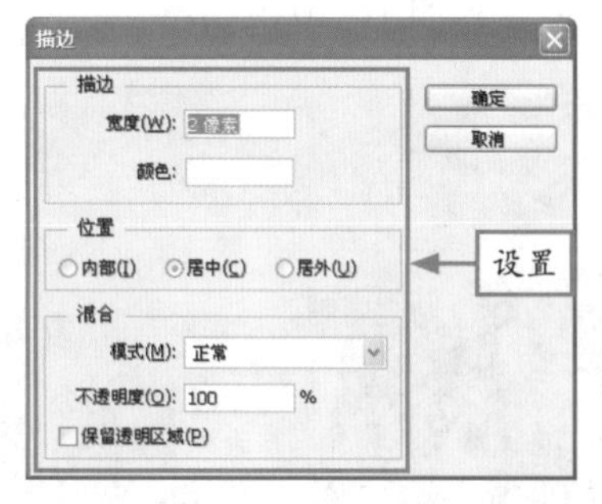

图16-97 在“描边”对话框中设置参数

步骤25 单击“确定”按钮，即可描边选区，取消选区后的效果如图16-98所示。

图16-98 描边选区效果

步骤26 双击文字图层，弹出“图层样式”对话框，在左侧的“样式”列表框中选中“描边”复选框，设置各参数如图16-99所示。

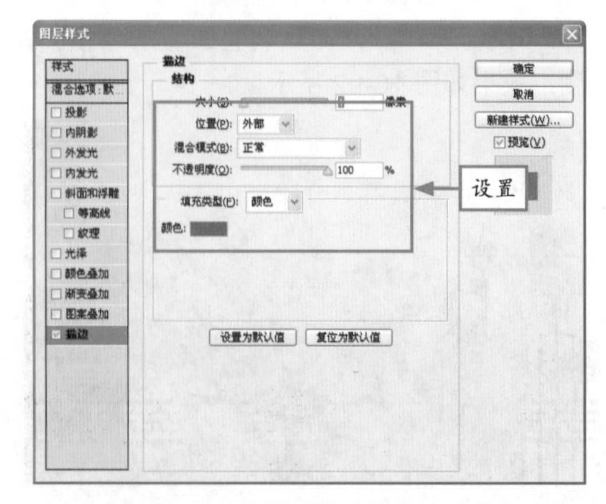

图16-99 设置“描边”相应参数

步骤27 单击“确定”按钮，即可添加“描边”样式，然后将该样式粘贴至其他图层，如图 16-100 所示。

图 16-100　添加图层样式效果

步骤28 打开配书光盘中的“素材\第 16 章\文字 .psd”，将其拖曳至“山水画”图像编辑窗口中，如图 16-101 所示。

图 16-101　拖入素材效果

16.6 制作手提袋包装效果

在本例中，首先运用移动工具、载入选区、横排文字工具等制作出手提袋的平面效果；然后运用自由变换、渐变工具、画笔工具等制作出手提袋的立体效果，从而完成整体效果的制作。

下面详细讲解手提袋包装效果的制作方法，最终效果如图 16-102 所示。

图 16-102　手提袋包装最终效果

素材文件	光盘\素材\第16章\婚纱.jpg等
效果文件	光盘\效果\第16章\手提袋包装.psd
视频文件	光盘\视频\第16章\16.6　制作手提袋包装效果.mp4

步骤1 选择“文件”|“新建”命令，弹出“新建”对话框，设置各参数如图 16-103 所示，然后单击“确定”按钮。

步骤2 打开配书光盘中的“素材\第 16 章\婚纱 2.jpg”，将其拖曳至“手提袋包装”图像编辑窗口中，如图 16-104 所示。

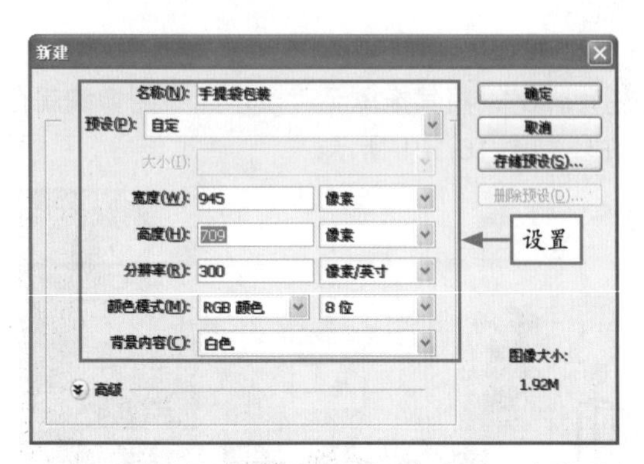

图 16-103　在“新建”对话框中设置参数

图 16-104　拖入素材效果

步骤 3　按 Ctrl ＋ T 组合键，调出变换控制框，调整图像的大小和位置，效果如图 16-105 所示。

步骤 4　选取矩形选框工具，在人物图像上单击鼠标左键并拖曳，创建一个矩形选区，如图 16-106 所示。

图 16-105　调整图像的大小和位置

图 16-106　创建矩形选区

步骤 5　选择“选择”|“反向”命令，反选选区按 Delete 键，删除选区内的图像，然后取消选区，效果如图 16-107 所示。

步骤 6　重复步骤 2 ～ 5，拖入其他的素材图像，并调整至合适的位置，效果如图 16-108 所示。

图 16-107　删除选区内的图像

图 16-108　拖入其他素材效果

步骤 7　打开配书光盘中的“素材\第 16 章\标识 .psd”，将其拖曳至“手提袋包装”图像编辑窗口中，如图 16-109 所示。

步骤 8　按 Ctrl ＋ T 组合键，调出变换控制框，调整图像的大小和位置，效果如图 16-110 所示。

图 16-109　拖入素材效果

图 16-110　调整图像的大小和位置

步骤 9 选取横排文字工具，在“字符”面板中设置“字体”为“华文中宋”、“字号”为 18 点、“字间距”为 320、“颜色”为黑色，输入相应文字，如图 16-111 所示。

步骤 10 以同样的方法，输入其他的文字，并设置好字体、字号、字间距及位置，效果如图 16-112 所示。

输入 → 爱恋国际数码婚纱摄影

图 16-111　输入相应文字

爱恋国际数码婚纱摄影
AILIANGUOJISHUMAHUNSHASHEYING

图 16-112　输入其他文字效果

专家提醒 在选取横排文字工具后，在其属性栏中单击“字符”按钮，即可打开“字符”面板。

步骤 11 打开配书光盘中的“素材\第 16 章\手提袋背景 .jpg”，如图 16-113 所示。

步骤 12 切换至“手提袋包装”图像编辑窗口中，合并所有图层，如图 16-114 所示。

图 16-113　打开素材图像

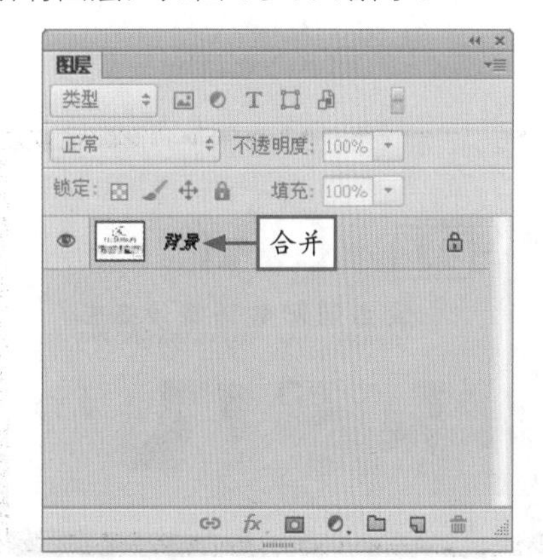

图 16-114　合并图层效果

步骤13 选取移动工具，将“手提袋背景”拖曳至“手提袋包装”图像编辑窗口中，调整其位置，效果如图 16-115 所示。

图 16-115 拖入素材效果

步骤14 按 Ctrl ＋ T 组合键，调出变换控制框，将中间的控制柄向左拖曳至合适的位置，效果如图 16-116 所示。

图 16-116 缩放图像效果

步骤15 在变换控制框中单击鼠标右键，在弹出的快捷菜单中选择“扭曲”命令，调整各控制柄至合适位置，如图 16-117 所示。

图 16-117 扭曲图像效果

步骤16 新建“图层 2”图层，选取多边形套索工具，在图像编辑窗口中创建一个多边形选区，如图 16-118 所示。

图 16-118 创建多边形选区

步骤17 设置前景色为淡灰色（R、G、B 参数为 198、200、202），按 Alt ＋ Delete 组合键，填充前景色，如图 16-119 所示。

图 16-119 填充前景色效果

步骤18 将前景色的 R、G、B 参数分别设置为 182、183、185，新建“图层 3”图层，然后按 Alt ＋ Delete 组合键填充前景色，取消选区后的，效果如图 16-120 所示。

图 16-120 填充前景色效果

步骤 19 将前景色的 R、G、B 参数分别设置为 161、162、164，新建“图层 4”图层，然后按 Alt + Delete 组合键填充前景色，取消选区后的效果如图 16-121 所示。

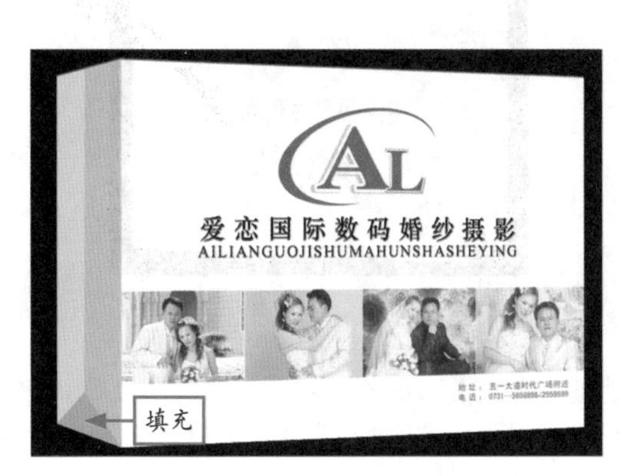

图 16-121 填充前景色效果

步骤 20 将前景色的 R、G、B 参数分别设置为 234、236、237，新建“图层 5”图层，然后选取钢笔工具，绘制曲线路径，如图 16-122 所示。

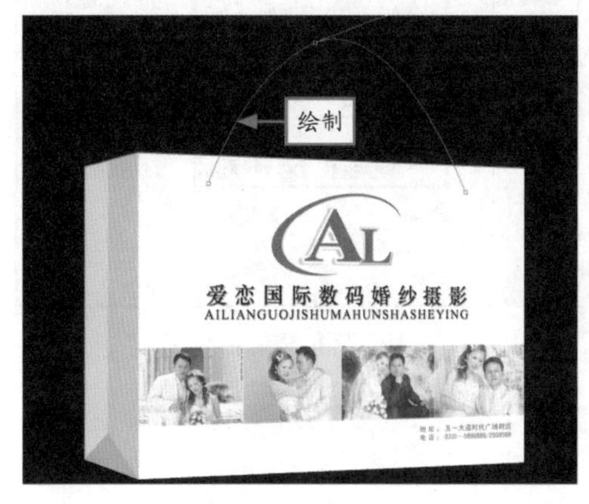

图 16-122 绘制曲线路径

步骤 21 选取工具箱中的画笔工具，调出“画笔”面板，设置各参数如图 16-123 所示。

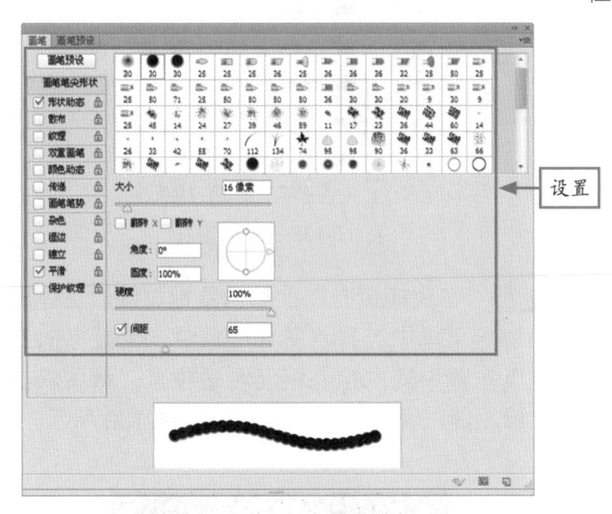

图 16-123 设置各参数

步骤 22 调出“路径”面板，单击“用画笔描边路径”按钮，沿路径用画笔描边，然后隐藏路径，效果如图 16-124 所示。

图 16-124 用画笔描边路径效果

专家提醒 使用画笔描边路径，可以为选取的路径制作边框，以实现某些特殊效果。描边路径时，除了可以使用画笔工具来完成，还可以选用橡皮擦工具、模糊工具和涂抹工具等绘图工具。

步骤 23 双击“图层 5”图层，弹出“图层样式”对话框，设置各参数如图 16-125 所示。

步骤 24 单击“确定”按钮，即可添加“投影”图层样式，效果如图 16-126 所示。

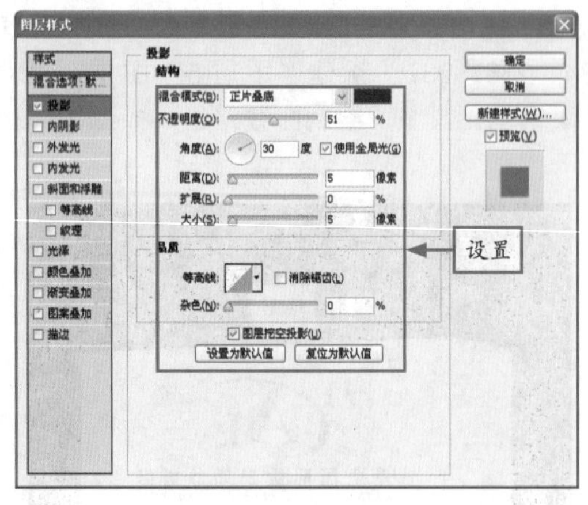

图 16-125 设置各参数

图 16-126 添加投影样式效果

步骤25 复制“图层5”图层，得到“图层5副本”图层，然后调整图层的顺序，效果如图16-127所示。

图 16-127 调整图层顺序

步骤26 选择“图层4”图层，然后按住Shift键的同时选择“图层2”图层，对其进行复制，如图16-128所示。

图 16-128 复制图层

步骤27 按Ctrl＋T组合键，调出变换控制框。在变换控制框上单击鼠标右键，在弹出的快捷菜单中选择“垂直翻转”命令，将其进行垂直翻转。按住Shift键的同时，向下拖曳鼠标至合适位置，如图16-129所示。

图 16-129 调整图像位置

步骤28 在变换控制框上单击鼠标右键，在弹出的快捷菜单中选择“斜切”命令；用鼠标向上拖曳左侧中间的控制柄至合适位置；然后双击鼠标左键，确认变换操作，如图16-130所示。

图 16-130 翻转并移动图像

步骤29 重复步骤 26～27，复制“图层 1 副本”图层，将其进行垂直翻转和斜切变形操作，并设置该图层的“不透明度”为 45%，效果如图 16-131 所示。

图 16-131 调整图像效果

步骤30 为“图层 1 副本”图层添加图层蒙版；然后选取渐变工具，在图像编辑窗口的下方单击并向上拖曳鼠标，填充黑色到白色的渐变，如图 16-132 所示。

图 16-132 填充渐变效果

步骤31 以同样的方法，降低相应图层的不透明度，并为其添加图层蒙版；然后选取渐变工具，填充黑色到白色的渐变，图像最终效果如图 16-133 所示。

图 16-133 图像最终效果